本书资助：黑龙江省自然科学基金资助项目——毛酸浆气调保鲜过程传热传质理论及实验研究（项目编号：LH2023E027）

果蔬储藏保鲜理论与应用研究

李　杰　著

中国商业出版社

图书在版编目（CIP）数据

果蔬储藏保鲜理论与应用研究 / 李杰著. -- 北京 ：中国商业出版社，2024. 6. -- ISBN 978-7-5208-2949-6

Ⅰ. TS255. 3

中国国家版本馆 CIP 数据核字第 20243SV232 号

责任编辑：黄世嘉

中国商业出版社出版发行

（www. zgsycb. com　100053　北京广安门内报国寺 1 号）

总编室：010-63180647　编辑室：010-63033100

发行部：010-83120835/8286

新华书店经销

北京虎彩文化传播有限公司印刷

*

710 毫米×1000 毫米　16 开　26. 75 印张　420 千字

2024 年 6 月第 1 版　2024 年 6 月第 1 次印刷

定价：68. 00 元

* * * *

（如有印装质量问题可更换）

前言

FOREWORD

中国有句古话，民以食为天。新鲜优质的食品与国民健康有密切的关系，随着我国经济的迅速发展，人们消费水平的提高，对保持食品原有的外观和质量的要求越来越高。但是，我国在保鲜、冷冻冷藏食品方面的理论科学知识还比较缺乏，导致易腐食品腐烂变质的情况严重。保鲜果蔬在市场上的销售比例越来越大，相应的保鲜新方法、新理论及配套设备也在不断地更新，这就要求从事冷冻冷藏工程专业的人员掌握最新的知识。为此，亟须有关食品保鲜冷藏技术方面的著作作为参考指导书。

本书从介绍食品的化学成分入手，找出影响食品储存、流通中质量变化的因素；详述了食品化学、气调、冷冻、冻干、加热等保鲜技术理论及实验方法；针对我国食品冷藏链的现状和易腐食品新品名的不断出现，详述了如何科学合理地确定适宜的储运条件。

本书覆盖面广，内容丰富，专业性和实用性较强。本书由哈尔滨商业大学能源与建筑工程学院李杰撰写，并特邀哈尔滨商业大学杨晓庄教授、郑大宇教授审稿。

本书出版得到“黑龙江省自然科学基金资助项目——毛酸浆气调保鲜过程传热传质理论及实验研究”（项目编号：LH2023E027）的资助。在撰写本书的过程中，引用了有关食品保鲜和气调保鲜等多方面的硕士论文和博士论文，在此对这些论文作者表示衷心的感谢。由于本书涉及的领域较广，著者水平所限，可能存在一些欠妥或者错误之处，真诚希望各界读者批评指正。

李杰

2024 年 1 月

于哈尔滨商业大学能源与建筑工程学院

目录

CONTENTS

第一章

绪　论

第一节　果蔬保鲜的原理及现状

中国是果蔬农产品生产第一大国，也是果蔬等生鲜物流运输量最大的国家。果蔬是人类食物中所需矿物质、维生素、膳食纤维等营养素的主要来源，并以具独特的风味和美丽的外观受到消费者的喜爱。但由于其生产具有地区性和季节性，新鲜果蔬采收后保持着较高的生理活性，且含水量大，易腐烂变质，给果蔬的储藏和运输带来了极大的困难。由于果蔬采收后依然保有一定的细胞呼吸代谢作用，会消耗糖类等营养物质并降低商品品质，导致内源乙烯释放，从而加快果蔬成熟老化。同时，果蔬表面易受有害微生物的侵入，从而导致果蔬储藏运输过程中极易发生腐烂变质，从而造成了果蔬的品质劣变。统计表明，我国每年在果蔬的新鲜采摘、运输、储藏以及面向市场销售的整个过程中，因果蔬储藏保鲜不当而导致的损耗率高达30%~50%，而欧美等发达国家的果蔬平均损耗率仅为7%。我国果蔬储藏、运输过程中损耗率高的主要原因包括先进的保鲜技术应用范围小以及果蔬种植、保鲜加工、物流销售的第一、第二、第三产业融合率低。而欧美等发达国家不同果蔬类别的保鲜技术先进成熟，同时具备了较完整的生产加工流水线，能对果蔬进行高度的机械化和自动化加工，从而有效降低了储藏运输和货架周转时间，保证了较低的损耗率。因此，果蔬保鲜研究具有重要的实际意义，成为农业工程领域研究的热点。当前果蔬保鲜技术主要采用物理保鲜、化学保鲜以及生物保鲜等类型，其作用机制主要为降低果蔬自身的呼吸作用，抑制病原微生物的侵害，控制储藏环境中的温度湿度等环境因子。目前常用的保鲜技术有临界低温高湿保鲜技术、气调保鲜技术、真空预冷减压保鲜技术、浸泡型保鲜技术、熏蒸保鲜技术、可食用膜保鲜技术、拮抗菌保鲜技术、植物源防腐剂以及纳米保鲜技术、结构化水保鲜技术、生物可降解涂膜保鲜技术等。由于现有冷链系统不完善，缺乏先进的果蔬保鲜技术，我国果蔬采收后损失严重，每年经济损失达千亿元。

因此，如何大力发展乡村果蔬种植加工产业，实现果蔬农作物的种植采摘、加工保鲜、配送销售的第一、第二、第三产业融合发展，是我国“十四五”期间乡村振兴战略中产业振兴的主要着力点。

一、影响果蔬成熟衰老的因素

果蔬的成熟衰老过程与品种、采收成熟度及储藏温度有关。对某一品种的果蔬在常温下进行储藏时，其成熟衰老过程主要受果蔬表皮结构和成分、环境气体成分、自由基、钙处理、机械损伤等因素的影响。

（一）果蔬表皮结构和成分

在植物的水分平衡中，表面蜡质层的憎水性起着关键作用，而憎水性与这些蜡质的表面形态和成分有关。在果蔬的成熟过程中，随着乙烯的生成，表皮蜡质层的形态和成分也在不断变化，逐渐失去同细胞一起延展的能力而翘起，暴露出表皮细胞和气孔，使果蔬易受损伤且失水增加。若果蔬在采摘后经过热处理，使翘起的蜡板熔融后重新均匀地覆盖在果蔬表皮上，可有效地延长储藏期。蜡的合成过程有大量的基因参与，但基因的作用机理及蜡膜在表面沉积形成的过程，现在还在研究中。

（二）环境气体成分

在果蔬保鲜过程中，首先，要控制储存环境中氧气和二氧化碳的含量在最适宜的浓度，使果蔬的生命活动降至最低，同时防止果蔬发生厌氧呼吸。其次，要控制乙烯的含量，乙烯的生成会加速果蔬的成熟与衰老。最后，要调节气体的水分含量，防止果蔬在保藏中失水过多而导致品质下降和重量损失。因此，控制储藏环境中气体成分是果蔬保鲜中最关键的因素。

（三）自由基

在衰老过程中，果蔬体内自由基生成能力增加，抵抗氧化伤害的防御机制效率下降，使果蔬组织内自由基水平提高。自由基的大量生成可氧化生物膜膜脂，影响细胞的功能，导致细胞内物质外渗增加；自由基还可促进乙烯的合成，加速果蔬的衰老。实验证明，聚胺等自由基清除剂能减少细胞内物质外渗的现象，起到延缓衰老的作用。

（四）钙处理

钙对果蔬的成熟衰老过程具有调节作用：可以阻止膜脂过氧化，维持生物膜的结构，降低果蔬的呼吸强度和减少乙烯的释放量；可以延迟果蔬表皮蜡质层的破坏；可以延缓颜色的变化和果蔬的软化；可以增加果蔬的防腐能力。有研究认为，最佳的钙盐浓度是1%~5%。

（五）机械损伤

新鲜果蔬在运输中会产生机械损伤，引起果蔬呼吸加强、营养成分损失增加、组织褐变。机械损伤还会破坏果蔬组织细胞膜系统和细胞结构的完整性，导致有关代谢物质的改变。例如，脂质过氧化物质（MDA）含量增加和脂氧合酶（LOX）活性升高，使膜透性增加，加速果蔬采后成熟衰老进程，造成果蔬品质下降。在以上几种影响因素中，环境气体成分和机械损伤的影响通过果蔬的表面起作用，因此，研究果蔬表面特性对果蔬的保鲜具有重要意义。

二、果蔬保鲜技术研究进展

目前我国现有的果蔬保鲜技术很多，大致可以划分为物理保鲜技术、化学保鲜技术和生物保鲜技术三种类型。不同的果蔬保鲜技术虽然应用侧重点各有不同，但总的来说都是围绕三大因素进行调控的：一是降低果蔬自身的呼吸作用；二是抑制病原微生物的侵害；三是控制储藏环境中的温度、湿度等环境因素。

（一）物理保鲜技术

1. 临界低温高湿保鲜技术

临界低温高湿保鲜技术又称为低温冷冻保鲜技术，是通过控制冷藏系统的温度、湿度，使其保持在果蔬冷害点温度以上0.5℃~1℃，相对湿度保持在90%~98%，在这种特殊的低温环境中保证果蔬新鲜度和商品品质。其工作原理是通过对果蔬冷藏室的低温条件进行不断优化，降低储藏温度和提高环境湿度，既保证了果蔬在储藏期内不腐烂变质，又减少了果蔬的水分流失，控制了果蔬成熟度和含水量。其保鲜作用主要体现在两个方面：一是果蔬在不发生自然冷害的前提条件下，相对低温可以降低果蔬组织的酶活性，抑制保鲜期内果蔬的正常呼吸活动，使大部分由于呼吸作用导致腐败变软的果蔬可以进入不完全休眠生存状态。二是在高湿度的低温环境下，可以高效抑制果蔬体内水分的蒸发，减少水分的损失。因此，临界低温高湿保鲜技术作为一种安全、有效、无害的方法处理果蔬保鲜，在储藏、物流等果蔬销售环节得到广泛应用。

2. 气调保鲜技术

气调保鲜技术是指在一定的温度、湿度等储藏环境条件下，通过调节二氧化碳等气体浓度，降低果蔬代谢水平从而延长储藏保鲜期的方法。该方法可维持果蔬的营养成分与风味，与普通机械冷藏库相比可以延长约1倍的保鲜期。目前国内外普遍采用的气调保鲜技术可分为两类：一类是气体浓度一直保持恒定的CAP（Controlled Atmosphere Package）形式，其主要依靠气动空调控制设备，快速创造一个高浓度二氧化碳、低浓度氧气等适宜果蔬气调的保鲜环境。另一类是MAP（Motified Atmosphere Package）形式，是利用PET、PA、PVDC等复合包装薄膜材料，通过气调系统建立预定的调节气体浓度，对果蔬进行封闭包装并建立预定的二氧化碳和氧气气体浓度，后期依靠果蔬自身的呼吸和薄膜的相互作用，达到果蔬包装内外部二氧化碳和氧气的平衡，抑制呼吸作用并保持果蔬新鲜的状态。MAP方法是利用包装塑料薄膜等对果蔬进行封闭包装，因此，对气调包装材料的质量要求相对较高。目前以硅橡胶膜为材料的MAP方法，由于有较高的选择透气性，具有自动调气功能，在茶树菇等保鲜储藏中具有极好的效果。气调保鲜作为一类安全、无公害、低成本的保鲜技术，通过气调包装能维持果蔬5～14d的保鲜期，因此在我国具有广阔的发展前景。

3. 真空预冷减压保鲜技术

真空预冷减压保鲜技术是利用真空条件下，果蔬组织中的自由水沸点随气压下降而降低，可以让储藏室不需要电源制冷，通过果蔬中的水蒸发而达到制冷效果。由于真空减压技术对果蔬的整体外观及其形状不挑剔，具有操作方便、能耗低、冷却快和加热流动速率快且均匀等特点，但长期采用真空预冷会使果蔬内部水分流失严重，可能对其营养素和品质产生不良影响。同时，真空保鲜技术能降低果蔬的呼吸代谢强度，抑制二氧化碳、乙烯等气体释放。因此，相较于传统低温高湿保鲜技术，采用真空预冷减压保鲜技术的果蔬保存期至少延长2～4倍。我国学者胡欣等研究发现，将真空减压与低温冷藏技术相结合用于果蔬原材料保鲜时，再进行真空切割，可有效减缓冷切西兰花的黄化、萎蔫，有效延长鲜切的货架期。果蔬保鲜真空预冷及减压低温保鲜对果蔬原料无任何化学污染及其他化学物质残留，是一种适用于鲜切果蔬原材料的理想保鲜储藏技术。

（二）化学保鲜技术

1. 浸泡型保鲜技术

浸泡型保鲜技术是指通过化学制剂配合涂抹、浸泡等操作技术，将致密薄膜材料涂抹在果蔬表层上，对果蔬生物体的生理代谢活动产生影响，进而实现储藏保鲜的技术方式。杀菌防腐剂和乙烯抑制剂是目前使用较多的保鲜剂。杀菌剂和防腐剂可以抑制或杀灭外源有害微生物，但由于不同果蔬表面组织的有害微生物种类不同，因此，需要将多种杀菌剂和防腐剂组合或复配使用，才能达到理想的保鲜杀菌效果。乙烯抑制剂能抑制细胞呼吸作用，防止果蔬进一步后熟老化。不同浓度的 Ca、1-甲基环丙烯（1-MCP）和复合保鲜剂对黄瓜采摘及加工处理后的保鲜效果，通过对黄瓜失重率、果实呼吸强度、商品率等 8 个指标进行分析，表明 1%的复合保鲜剂的保鲜效果最好，并且能较好地保持黄瓜的商品性和食用价值。以含有乙二胺四乙酸二钠、D-异抗坏血酸钠、柠檬酸、脱氢乙酸钠、亚硫酸钠等 0.01%～0.05%浓度的混合保鲜剂在冷藏条件下浸泡新鲜莲藕，结果发现混合浸泡保鲜剂能降低莲藕表皮的多酚含量，使表皮 PPO 活性下降，从而显著抑制莲藕表皮褐变，表现出较好的储藏保鲜效果。

2. 熏蒸保鲜技术

熏蒸保鲜技术是指在封闭空间内利用乙醇、一氧化氮、二氧化硫、1-MCP 等气体形式的熏蒸剂，抑制果蔬表面细菌等微生物生长，调控新陈代谢和酶活性等方式实现储藏保鲜效果。挥发性乙醇对果蔬的熏蒸作业，能抑制乙烯合成、降低呼吸代谢等，有效延缓果蔬成熟老化，延长货架期。一氧化氮熏蒸能降低果蔬的呼吸作用，抑制乙烯生物合成，有效延缓果皮转色和后熟，是一种处理方便、省时省力的化学熏蒸剂。采用硫黄熏蒸法以延长葡萄保质期具有百年的历史，二氧化硫类保鲜剂能抑制真菌的生长，从而抑制病害的发生，使葡萄衰老减慢，避免病害导致的营养物质流失，并对葡萄的口感以及风味不会产生较大影响，因此在葡萄储藏中占主导地位。我国学者佟继旭等研究表明，进行二氧化硫防腐保鲜的葡萄最长储藏可近 5 个月。

3. 可食用膜保鲜技术

可食用膜是指多糖、蛋白质、脂质、聚乙烯醇等可食用物质制成的复合物，通过包裹、浸渍、涂布、喷洒等方式形成覆盖于果蔬表面的一层或多层薄膜。这种复合膜能阻隔空气、防止水分损失、抑制呼吸代谢、延迟乙烯产生，保护果蔬的颜色、香气、营养成分。可食用膜还能提高果蔬抗机械损伤、抑制细菌等微生物繁殖的作用，提高果蔬的储藏保鲜性能，延长其货架期。利用乳清分离蛋白、羟丙基甲基纤维素、蜂蜡等配制可食用复合膜进行苹果保鲜研究，结果显示蜂蜡乳清蛋白涂层能有效延缓苹果褐变，不同添加剂的使用能提高复合膜的强度和韧性，抑制微生物生长，保持果蔬产品的色泽、风味和商品性状。因此，作为工艺简单、成本低、易于热降解、对环境无污染的可食用膜保鲜技术，与高能射线保鲜、精油保鲜、纳米技术等保鲜技术相结合，将是未来果蔬化学保鲜的研究应用重点。

（三）生物保鲜技术

1. 拮抗菌保鲜技术

拮抗菌保鲜技术是指利用拮抗菌能产生抗生素、溶菌酶、蛋白酶和有机酸等多种具有生物活性的化学物质，这些物质能通过竞争性生长抑制病原菌的重寄生作用、诱导防御酶产生等方式，抑制果蔬表面的有害病原微生物，或阻止果蔬内部的VC、糖类等营养物质流失，从而达到果蔬防腐保鲜效果。番茄果腐病的病原微生物是葡萄座腔菌，通过某种放线菌可抑制该真菌的生长繁殖，具有良好的拮抗防腐效果。利用茉莉酸甲酯和复合酵母拮抗菌LP2，联合对由匍枝根霉所引起的哈密瓜软腐病进行研究，结果显示该复合处理能诱导相关抗病酶活性上升，抑制哈密瓜呼吸轻度，保持果实的硬度、糖度和VC含量，具有较高的储藏保鲜效果。国内外文献显示，假丝酵母、丝孢酵母、汉逊德巴利酵母等酵母菌以及芽孢杆菌、放线菌、木霉菌、青霉菌等微生物，可作为有效的生物拮抗菌，与其他抗生素复配使用，可获得良好的抑菌保鲜效果。

2. 植物源防腐剂

植物源防腐剂是指以草本植物为原料，通过提取具有抗菌效果的生物活性物质或化学物质，并调配成一定浓度的液态或半固态混合物，作为浸泡或涂膜保鲜剂进行使用的保鲜技术。由于植物源防腐剂作为一种天然植物活性物质，一般对人体无毒害作用，且能在人体消化道内分解代谢，不影响消化道内的原生菌群活性。因此，作为一种安全、无公害的果蔬保鲜技术，其具有广泛的研究开发前景。挥发性的香辛料精油能抑制微生物的生长，但单种香料中的精油抑菌效果单一，利用多种香辛料精油进行复配，可以达到广谱抑菌效果。我国传统中草药也含有各种不同的有效抗菌成分，利用其进行复配可得到植物源复配型防腐剂。研究发现，葡萄籽的提取物能有效降低葡萄果实的呼吸代谢速率和乙烯释放速率，增强各类氧化酶的活性，有效延长葡萄果实的储藏期。将植物源防腐剂细分为挥发油、生物碱、有机酸、黄酮、多糖、多酚、皂苷、单宁 8 种类型，并综述 8 种提取物的抑菌活性成分及抑菌机理，认为天然植物防腐剂可逐步替代化学保鲜剂，在果蔬保鲜、包装加工方面有广泛的应用前景。

（四）新时代果蔬保鲜研究方向

1. 纳米保鲜技术

纳米科技进步带动了一种新型的纳米保鲜技术，通过将纳米级别的无机生物抗菌材料制成相关的包装物，从而具备长效的无机杀菌防腐性能。常用的纳米银、纳米氧化锌、纳米二氧化钛等具有抗菌杀毒、低透氧透水性、能阻隔二氧化碳等特性，可以作为抑菌剂进行涂膜或作为果蔬的包装材料，在果蔬保鲜中起着重要作用。利用壳聚糖添加纳米碳酸钙助剂进行枇杷果实的涂膜实验，结果表明该涂膜剂能抑制多酚氧化酶和过氧化物酶活性，减少果实褐变和水分流失，比对照的果实硬度和酸度分别高 11% 和 20%，货架期增加 3d。四川大学何贵萍等研究了新型的 PE/Ag_2O 纳米包装袋对苹果切块后营养及商品性状的影响，结果显示该纳米袋比普通 PE 保鲜袋具有更低的透气性，能阻止水分和氧气传递、抑制果实呼吸代谢和病原菌繁殖，具有较好的苹果切块保鲜效果。由于纳米包装涂膜材料可能存在 Ag^+、Zn^{2+} 等向自然环境泄漏，从而引起多种环境行为和可能的生物体毒害效应，因此，纳米技术虽然是一种新型有效的保鲜技术，但安全性评价和无公害纳米材料的开发，还有待于进一步研究和完善。

2. 结构化水保鲜技术

结构化水保鲜技术主要是利用一类非极性的分子（如惰性气体）在一定的温度和压力下，与游离水结合而形成笼形水合物结构的技术。这种技术能使果蔬细胞间的组织液水分参与反应形成结构化水，使果蔬组织内的细胞间溶液黏度升高，从而抑制体内的酶促反应速度，并使果蔬水分蒸发过程受到抑制。例如，用氙气高温保鲜过的茄子，可以使其机体呼吸代谢速率降低从而延缓其腐败、褐变。采用氩气、氙气的混合气体对芦笋进行保鲜，结果显示该方法能有效地延长芦笋的保鲜期至12d。目前结构化水保鲜技术作为一种新型食品保鲜技术手段，在科学技术应用方面和实际作用于机体各种生理功能方面，仍然需要我们进行更加深入地科学研究。

3. 生物可降解涂膜保鲜技术

生物可降解化学材料泛指那些能够在某种自然或城市环境下，在各种生物的作用下，材料逐渐解体、降解为各种小分子基础氧化物的高分子材料。具有代表性的可降解材料有 PLLA、PCL、PBS、PBH、PVA 及其共聚体。例如，PLLA 是一种以各种富含淀粉质植物经处理、聚合而成的可降解的天然高分子材料。相对于其他高分子材料而言，它的制造成本相对较低，阻隔性也相对较高，安全环保，使用后被丢弃在环境中可以自然发生降解，对环境资源影响较小，不会造成长期化学性或物理性的污染，具有很大的发展前景和研究价值。

第二节 易腐食品的质量变化的研究

易腐食品品种多、分布广，按其来源可分为两大类：动物性食品和植物性食品。动物性食品包括肉、鱼、禽、蛋、乳和动物脂肪等，植物性食品包括水果和蔬菜等。

一、食品的化学成分

食品的化学成分是极其复杂的，除水分、挥发性成分外，固形物成分可分为有机物和无机物两类。有机物中最主要的有蛋白质、糖类、脂类、维生素及酶等，无机物则有无机盐类和其他无机物。这些化学成分大部分是人体必需的营养成分，其功能见图 1-1。在加工和储藏过程中，食品的化学成分会发生变化，以致影响食品的食用价值和营养价值。例如在果蔬冷加工过程中，维生素的损失、蛋白质的冻结变性和动物组织解冻过程中的汁液损失等。因此，研究食品的化学成分及其变化是极其重要的。

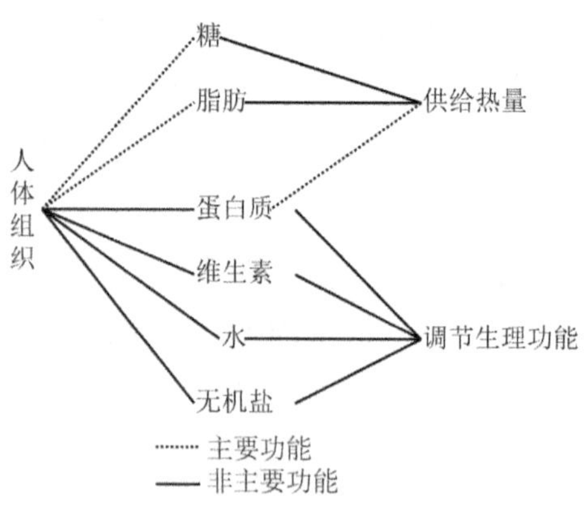

图 1-1　食品化学成分功能

（一）蛋白质

1. 蛋白质的组成

蛋白质是一类复杂的高分子含氮化合物，它是一切生命活动的基础，是构成生物体细胞的主要原料。每克蛋白质能为人体提供 16.7kJ 热量。

蛋白质种类繁多、结构复杂，但不管来源和种类如何，它们的化学元素组成均相似，主要由碳、氢、氧、氮、硫、磷 6 种元素组成，另有少量的铁、铜、锌等元素。碳、氧、氢、氮、硫、磷的含量大致如下：碳 0.6%~54.5%；氧 21.5%~23.5%；氢 6.5%~7.3%；氮 15.0%~17.6%；硫 0.3%~2.5%；磷 0~4%。

2. 蛋白质的性质

蛋白质分子是由 20 种 α-氨基酸以不同顺序通过肽键连接而成的高分子有机化合物，分子量在 10^4~10^6 道尔顿或更高。蛋白质在溶液中的形状根据不对称称常数可分为球形、椭圆形、纤维状等，根据扩散系数、黏度或其他物理方法可推算出蛋白质的不对称常数。作为蛋白质分子形状的衡量，不对称常数接近于1，分子呈球形（如 β-脂蛋白）；不对称常数越大，分子呈纤维状（如肌球蛋白）；不对称常数介于二者之间，则为椭圆形（如白蛋白、β-球蛋白等）。

（1）蛋白质的胶体性质

蛋白质是高分子化合物，在溶液中所形成的粒子为 1~9μm，为胶体颗粒范围，因此，蛋白质具有胶体性质，如布朗运动、光散射现象、不能透过半透膜及具有吸附能力等。

（2）蛋白质的变性

食物中的蛋白质是极不稳定的，它是同时具有酸性和碱性的两性物质。在温度为52℃～54℃时，蛋白质的水溶液具有胶体性质，是胶体状溶液。如果温度升高或冷冻时，蛋白质则从溶液中结块沉淀，成为变性蛋白质。蛋白质的沉淀作用可分为可逆性和不可逆性两种。

①可逆性沉淀。碱金属和碱土金属的盐如 Na_2SO_4、NaCl、$(NH_4)_2SO_4$、Mg_2SO_4 等能使蛋白质从水溶液中沉淀析出，其原因主要是这些无机盐夺去了蛋白质分子外层的水化膜。被盐析出来的蛋白质保持原来的结构和性质，用水处理后又复溶解。在一定条件下，食品冷加工后所引起的蛋白质的变化是可逆性的。

②不可逆性沉淀（又称为变性作用）。在许多情况下，由于各种物理和化学因素的影响，致使蛋白质溶液凝固而变成不能再溶解的沉淀，这种过程称为变性。这样的蛋白质称为变性蛋白质。变性蛋白质不能恢复为原来的蛋白质，是不可逆的，并失去了生理活性。

总之，蛋白质的变性在最初阶段是可逆的，但在可逆阶段后即进入不可逆变性阶段。酶也是一种蛋白质，当其变性时即失去活性。

（3）蛋白质的分解

蛋白质的分解按照下列步骤逐步进行：蛋白质→胨→胨→多肽→氨基酸→胺→$NH_3+CO_2+H_2S+CH_4+H_2O$，最终的分解产物 NH_3、H_2S 具有强烈的刺激气味。

3. 蛋白质的分类

蛋白质分类方法很多，主要分类方法如下：

动物性蛋白可以分为纤维蛋白类和球蛋白类；植物性蛋白可以分为谷蛋白类和醇溶谷蛋白类。

（1）根据分子形状分类

①球蛋白类。这类蛋白质主要存在于动物性食品中，分子形状长短轴比小于10，包括肌球蛋白、酪蛋白、白蛋白、血清球蛋白。这类蛋白质的营养价值往往较高，通常含有人体必需氨基酸，且易于被机体消化吸收。

②纤维蛋白。它是机体组织结构不可缺少的蛋白质，由长的氨基酸肽链连接成为纤维状态或卷曲成各种盘状结构，成为各种组织的支持物质，结缔组织中的胶原蛋白，如肌腱和韧带等。这种蛋白的分子形状长短轴比

大于10，一般不溶于水。

（2）根据组成分类

①单纯蛋白质。其水解产物仅是氨基酸。

②结合蛋白质。由单纯蛋白质和非蛋白辅基组成。

（3）根据溶解度分类

①可溶性蛋白。

②醇溶性蛋白。

③不溶性蛋白。

（4）根据氨基酸组成分类

①完全蛋白质。这类蛋白质所含必需氨基酸种类齐全、数量充足，各种氨基酸的比例也与人体所含的氨基酸比例相似，不但能保证人体生长的正常需要，而且能促进儿童的生长发育。属于这类蛋白质的主要有奶类中的酪蛋白、乳白蛋白；蛋类中的卵白蛋白和卵黄磷蛋白；肉类鱼类中的白蛋白和肌蛋白；大豆中的大豆球蛋白；小麦中的麦谷蛋白和玉米中的谷蛋白；等等。

②半完全蛋白质。这类蛋白质所含的各种必需氨基酸种类比较齐全，但由于种类多少不均匀，互相之间的比例不合适，如果把它们作为膳食中唯一的蛋白质来源时，只能维持生命，但不能促进儿童良好的生长和发育。如小麦和大麦中的麦胶蛋白就属于这类蛋白质。

③不完全蛋白质。这类蛋白质中所含的必需氨基酸种类不全，如果把它们作为膳食中唯一的蛋白质来源时，既不能促进儿童良好的生长发育，也不能维持生命。例如，玉米中的玉米胶蛋白、动物的结缔组织和肉皮中的胶质蛋白，以及豌豆中的球蛋白等。

4. 蛋白质的食物来源及生理意义

（1）蛋白质的食物来源

蛋白质广泛存在于动物和植物体内，最重要的是肉、鱼、乳、蛋、谷类、豆类和坚果类食物。

动物性蛋白质中各种必需氨基酸种类齐全，而且所组成的比例适合人体的需要，因此利用率较高，通常可达85%～90%。但色氨酸含量普遍稍低。牛奶中蛋白质主要为酪蛋白，消化率为85%，鸡蛋中的蛋白质不但含有人体所需的各种氨基酸，而且组成模式与人体模式十分相近，生物学价值达95%以上。大豆中的蛋白质含量高达35%~40%，蛋白质的生物价值较高，是唯一一种能够代替动物性蛋白的植物性食物。玉米中含有蛋白质85%左右，主要为玉米醇溶蛋白，色氨酸和赖氨酸含量较低，所以生物学价值也低。

（2）蛋白质的生理意义

①构成机体组织。蛋白质是组成机体所有组织、细胞的主要成分。脂肪、碳水化合物及其他任何营养素都不能代替蛋白质，因为它们都不含氮。人体内的神经、肌肉、内脏、血液、骨骼，甚至指甲和头发，没有一处不含蛋白质。人体的生长发育、组织细胞的新陈代谢都离不开蛋白质。人体蛋白质始终处于合成与分解的动态平衡过程，每天约有3%的蛋白质参与更新。蛋白质占人体总重量的16%~18%，占人体总固体量的45%。

②构成酶和激素的成分。机体的新陈代谢是通过无数种化学反应来实现的，而这些反应的进行都是通过各种酶来催化。酶是蛋白质，它参与了机体内环境的各项生命活动，如肌肉收缩、血液循环、呼吸、消化、神经传导、感觉功能、能量转换、信息加工、遗传、生长发育、繁殖及多次思维活动。如果没有酶，生命将无法存在。调节生理机能的一些激素也由蛋白质或多肽参加。

③肌肉收缩作用。机体的运动是靠肌肉收缩来完成的。肌肉收缩是由肌肉的主要成分，即肌动蛋白和肌球蛋白发生化学变化，相互结合产生。

④运载工具。机体生物氧化过程中所需的氧和生成的二氧化碳，是由血液中的血红蛋白输送完成。血红蛋白是球蛋白与血红素的复合物。

细胞代谢过程中的某些物质，也往往以蛋白质作为载体。如血液中的脂肪、脂肪酸、胆固醇、磷脂等。生物氧化过程中的电子得失现象也是由一些色素蛋白等载送完成。

⑤构成抗体。当机体受到外界“非已”抗原（异体蛋白）侵袭后，机体能产生一种相应的抗体，并与其进行特异性反应，以消除它对正常机体的影响，即免疫反应。抗体使人具有防御疾病和抵抗外界病原侵袭的免疫能力。如近年来被用来抑制病毒和抗癌的干扰素即是一种糖和蛋白的复合物。

⑥供给能量。为人体提供能量的主要来源为糖和脂肪。当它们的供应不足时，机体即会动用蛋白质氧化分解提供能量。正常情况下，每天有一

部分蛋白质氧化分解，向机体提供的能量占每日所需总能量的10%~15%。

5. 氨基酸

（1）氨基酸的分类

氨基酸的分类可以根据化学结构及营养价值来区分。根据化学结构来分，是根据氨基酸分子中氨基所处的位置分为α-氨基酸、β-氨基酸、γ-氨基酸及δ-氨基酸等。按营养价值分类，可把氨基酸分为两大类，即必需氨基酸和非必需氨基酸。如果人体内氮的供给适当的话，那么在合适的条件下，人体本身可以合成一部分氨基酸类，或者是由其他氨基酸转换而成。但还有8种氨基酸不能在人体内合成，必须由食物蛋白质来供给，否则就不能维持机体的需要。我们称这8种氨基酸为必需氨基酸，包括异亮氨酸、亮氨酸、赖氨酸、蛋氨酸、苯丙氨酸、苏氨酸、色氨酸和缬氨酸。对于生长发育的婴儿，还要加上组氨酸，这也是婴儿所必需的氨基酸。

（2）必需氨基酸的生理意义

氨基酸是组成蛋白质的单位，所以它们的生理功能基本上与蛋白质相同。首先是合成蛋白质，其能够维持氮平衡，构成体内各种酶、抗体及某些激素的原料，并且能调节生理机能，供给热能、促进生长发育，补充代谢消耗。此外，还可以维持毛细血管的正常渗透压。

①赖氨酸。赖氨酸是合成人体组织蛋白质最需要的氨基酸，也是儿童生长发育所必需的。如果人体每日膳食摄取量不足时，体内的氮平衡会遭到破坏，血液中的非蛋白氮和尿液中的全氮及尿素氮的含量均会增加，从而出现食欲减退、精神不振、容易疲倦等症状。

②色氨酸。缺乏色氨酸时，体内的氮平衡也会受到影响，血液中的血浆蛋白和血红蛋白含量会降低，从而出现秃发病、腹泻、贫血、脂肪肝及食欲减退等症状。

③苯丙氨酸。苯丙氨酸可以供给体内合成甲状腺素的来源，而甲状腺素是组成甲状腺蛋白质的主要氨基酸。苯丙氨酸能够转变为酪氨酸。苯丙氨酸在肝脏内可以氧化产生乙酰醋酸。人体缺乏苯丙氨酸时，容易出现食欲减退、精神不振、易疲劳等症状。

④苏氨酸。苏氨酸是成糖氨基酸，苏氨酸在脱去氨基后，再经氧化脱羧而成丙酸，膳食内必须含有充分的苏氨酸，如缺乏会使人们出现食欲减退、疲劳、神经兴奋的症状，有时会引起血尿和破坏体内氮平衡。

⑤蛋氨酸。蛋氨酸是一种含硫的必需氮基酸，又称为甲硫氨酸。在人体代谢过程中，蛋氨酸除了有转甲基作用外，还可以用来综合胆碱及肌酸。胆碱是一种抗脂肪肝的物质，在肝中毒时能够起到保护作用。蛋氨酸是合成表皮中的蛋白质，以及合成某些激素如胰岛素所必需的氨基酸。缺乏蛋氨酸时，会影响氮平衡，尿氮增加，血液中非蛋白氮的含量也增加，有时易产生脂肪肝，所以人们的日常膳食中不可缺少蛋氨酸。

⑥组氨酸。组氨酸是幼儿正常生长的一种必需氨基酸，在人体内组氨酸脱羧基后即转变为组织胺，对人体有过敏反应。为了防止这种反应，人体经常自行调节，排泄多余的组氨酸。幼儿缺乏组氨酸时，会出现贫血症状。成年人缺乏组氨酸时，则会出现食欲减退、疲倦、神经兴奋、血尿变动异常等症状。

⑦亮氨酸。亮氨酸又称为白氨酸，人体缺乏亮氨酸时，一般没有特殊症状。

⑧异亮氨酸。异亮氨酸又称为异白氨酸，其功能和亮氨酸相同。

⑨缬氨酸。人体缺乏缬氨酸时，体重会失去平衡，行动失调，脊髓退化。

⑩酪氨酸。酪氨酸是组成蛋白质的主要成分，膳食内需要供给一定数量的酪氨酸，但苯丙氨酸在体内可以转变为酪氨酸，酪氨酸能转变为肾上腺素及黑色素（皮肤、毛发及视网膜的色素），所以它们在生理上都是很重要的物质。

（3）氨基酸的平衡

营养学家通过分析各种食物所含的氨基酸性质及其组成比值，发现各种天然食物的蛋白质内所含的胱氨酸的量和组成比值与人体所需要的比值不相同，又发现在食物中，某种必需氨基酸的量与需要量相比最为缺乏。在某种食物蛋白质内，这种必需而又最少的氨基酸限制了这份蛋白质的营养价值，又称为“第一缺乏氨基酸”或“第一限制氨基酸”。

蛋白质内第二缺少的氨基酸，称为“第二缺乏氨基酸”。例如，面包内必需氨基酸组成比值，赖氨酸含量最低，是“第一缺乏氨基酸”。赖氨酸和色氨酸的比例以（6~7）：1 最为理想，可以提高蛋白质的利用率。我国婴幼儿的营养除了母乳、牛奶及大豆制品外，还以谷类蛋白质作为主要来源。谷类食品缺乏赖氨酸，就是“第一限制氨基酸”。如能设法补充赖氨酸，就可以提高谷类的营养价值。

（二）糖类

糖类是由碳、氢、氧 3 种元素组成的多羟基醛或多羟基酮。绝大多数糖含氢和氧的比例与河水中的氢、氧比例一样，因此，糖又称为碳水化合物。在人体内除少量的粗纤维不能被消化吸收外，大部分糖类能被利用。1g 糖在人体内可产生 17. 15kJ 的热量。

糖类可分为单糖、二糖、多糖 3 类。

1. 单糖

单糖是不能水解的多羟基醛（酮），如葡萄糖、果糖、半乳糖等。果实中存在大量的葡萄糖和果糖。

在新鲜果菜中，单糖在呼吸酶的催化下能参与呼吸，发生以下反应：

$$C_6H_{12}O_6 + 6O_2 \xrightarrow{\text{呼吸酶}} 6H_2O + 6CO_2 + 2818.4\text{kJ}$$

呼吸作用的结果，不仅消耗了糖类，产生的热量还能促进果蔬的其他化学变化，并为微生物的生长繁殖创造适宜的条件。针对果蔬的这种特点，可采用冷却储藏或气调储藏的方法控制它们的呼吸作用，延长它们的储藏期。

单糖在自然界很少以游离体存在。在食品营养学上，比较重要的单糖有戊糖和己糖。

（1）戊糖（五碳糖）

戊糖分子式的基本结构为 $C_5H_{10}O_5$，戊糖主要有阿拉伯糖（聚戊糖）、木糖及机体生理代谢中起重要作用的核糖。

（2）己糖（六碳糖）

己糖分子式的基本结构为 $C_6H_{12}O_6$，具有重要营养意义的己糖有葡萄糖、半乳糖、果糖。果糖和葡萄糖在自然界可以以游离状态存在。一个分子的半乳糖与一个分子的葡萄糖结合为乳糖的形式存在于动物的乳汁中，半乳糖在自然界不存在，只有当乳糖水解后，半乳糖分子转变为葡萄糖后才能被机体吸收。

①葡萄糖。葡萄糖可由蔗糖、乳糖、淀粉等水解得到。葡萄糖在机体吸收速度最快，向机体提供能量，并与其他物质一起构成机体的重要组成成分如黏蛋白、糖蛋白、核糖核酸、脱氧核糖核酸、糖脂、脂类等。人体内血糖为葡萄糖。

②果糖。果糖是最甜的一种糖，因果糖分子是含 OH 的酮糖。机体的果糖是由蔗糖水解为一个分子的果糖和一个分子的葡萄糖而得。吸收时部分果糖被肠黏膜细胞转变成葡萄糖和乳酸。只有人体的肝脏可以将果糖迅速转化，其他部位果糖含量极低。

果糖多存在于水果中，蜂蜜含量最高。以果葡糖浆为原料，经过模拟流动床的现代色层分离装置，在一种特殊的吸附剂上将果糖和其他糖分分离，可以得到高纯度果糖。

果糖在胃肠道的吸收速度比蔗糖和葡萄糖慢，果糖不刺激胰岛素的分泌，其代谢也不受胰岛素的制约，不会引起饭后明显的高血糖症。果糖代谢的第一步是在肝脏的磷酸化。由于吸收速度慢，它在肝脏中代谢转化为葡萄糖的速度比较稳定，可以减少机体的生酮效应。

目前市场上的果糖多以果葡糖浆形式存在，果糖含量分别为 42%、55%、90%。由于果糖甜度高、风味好、溶解度高、保湿性强，可用来制作面包、糕点、果酱、蜜饯、罐头及其他食品。

③半乳糖。半乳糖在自然界几乎不单独存在，它是乳糖经消化以后分解成一个分子的葡萄糖和一个分子的半乳糖。半乳糖为稍具甜味的白色晶体，吸收后在肝脏内转变成二苷糖，然后分解为葡萄糖被机体利用。它是神经组织的重要成分。琼脂的主要成分就是多缩半乳糖。半乳糖的醛酸为植物果胶和半纤维素成分之一，软骨蛋白中也含有半乳糖的化合物。

2. 二糖

把 2~10 个单糖分子结合所形成的糖称为低聚糖。大部分低聚糖是多糖分子的部分水解产生的，具有重要营养意义的低聚糖都是双糖。

（1）蔗糖

蔗糖为一个分子的葡萄糖和一个分子的果糖结合失去一个分子的水形成，为右旋。水解成单糖后呈左旋。蔗糖本身为非还原糖，但水解后为还原糖，当加热到 200℃时变为黑色焦糖。

蔗糖广泛存在于植物的根、茎、叶、花、果实和种子中，尤以甘蔗中和甜菜中含量最高。蔗糖易于发酵或被酸和酶水解。蔗糖发酵可产生溶解牙齿牙釉质和矿物质的物质。被牙垢中的某些细菌和酵母作用，在牙齿上形成一层黏着力很强的不溶性葡聚糖，同时产生作用于牙齿的酸，引起龋齿。

长期食用大量蔗糖与糖尿病、龋齿、动脉硬化等疾病有关。动物实验表明，大量摄入低分子糖对机体产生的副作用要远远高于高聚糖。

蔗糖在食品工业上广泛应用，一般按色泽和形状分为白糖、红糖、冰糖和方糖等。

①白糖。白糖包括白砂糖和绵白糖。白砂糖含蔗糖99.65%以上，绵白糖含蔗糖97.94%。绵白糖纯度不如白砂糖，但因含有2%~2.5%的还原糖，其中的果糖甜度为白砂糖的1.7倍，又因颗粒小易溶化，与味蕾接触面广，因而比白砂糖甜。

②红糖。红糖是把机制甘蔗糖时制白砂糖的糖液，经蒸发、浓缩和结晶得到的。因它不再经过分蜜和洗蜜，所以蔗糖含量在89%以上，其他为糖蜜、还原糖和杂质等。红糖中所含的杂质有各种色素、胡萝卜素、钙、铁质等。每千克红糖含有约450mg钙和约20mg铁，这使红糖的营养价值大大高于白糖。

③冰糖。冰糖是白砂糖的再制品，有盆冰糖和单晶冰糖两种。前者采用自然结晶法生产，即将砂糖溶解、澄清、过滤，熬至114℃~115℃，再将糖膏注入挂有白线的结晶盆中，于35℃~40℃保温静置，自然结晶6~7d而成。后者是以优质盆冰糖的小碎块作为“晶体”，投入再次过滤除杂的白砂糖糖汁，在摇摆式的真空结晶设备中浓缩保温70℃~77℃，经过40多小时而生成的蔗糖单斜晶体。

④方糖。方糖是以优质白砂糖为原料，经磨细、润湿、压制和干燥制成的再制品。

（2）异构蔗糖

异构蔗糖又称为异麦芽酮糖。它在蜂蜜和甘蔗汁中微量存在，也可由α-葡萄糖转移酶将蔗糖转化制取。

异构蔗糖与蔗糖性质相似，但耐酸性强。如浓度为20%的蔗糖溶液在pH为2.0的条件下，经100℃加热60min，可全部水解为葡萄糖和果糖，而异构蔗糖在此环境下不会水解。异构蔗糖的甜度约为蔗糖的42%，摄入后在小肠内被异构蔗糖酶分解为葡萄糖和果糖，被机体吸收参与正常代谢。

异构蔗糖的特点是它不被口腔中的细菌及酵母发酵和产酸，也不易产生强黏着力的不溶性葡聚糖，可以防止龋齿。因此，可以把它作为甜味剂，代替蔗糖在食品工业上应用。

(3) 麦芽糖

麦芽糖由两个分子葡萄糖脱一分子水形成，为针状溶于水的结晶体。

麦子在发芽时产生的淀粉酶，能将淀粉水解并生成中间产物麦芽糖。食品工业所用的麦芽糖主要是由淀粉被酶水解而得到。

(4) 乳糖

乳糖由一分子葡萄糖和一分子半乳糖脱一分子水构成。乳糖是哺乳动物乳汁的主要成分。牛乳中乳汁含量约7%，牛乳约5%，羊乳约5%，乳糖是婴儿体内碳水化合物的主要来源。乳糖对于婴儿的重要意义还在于它能够保持肠道中最佳肠菌丛数，并能促进钙的吸收。

有些成人体内乳糖酶缺乏，不能把乳糖在小肠内水解为单糖，因此当摄入牛奶或其他乳制品时，不能正常消化此物质。由于未分解的乳糖分子使肠道正常渗透压改变，致使大量水分子被肠道吸收，出现急性腹痛和腹泻反应等代谢紊乱症状，叫作乳糖不耐症。这种症状可以通过乳糖的经常摄入，使乳糖酶在肠道内逐渐形成而加以改善。

此外，乳糖还参与构成许多重要的糖脂（如脑苷脂、神经节苷脂）和糖蛋白，细胞膜也含有半乳糖的多糖，所以在营养上也有一定意义。

(5) 异构乳糖

异构乳糖是乳糖的异构体，它在自然界中不存在，是由乳汁经加工处理后的乳制品中的乳糖发生部分转化而得的异构乳糖。例如，淡炼乳中含有0.4%~0.9%的异构乳糖，每一百毫升经超高温灭菌乳中含异构乳糖约为50mg。

异构乳糖的甜度约为蔗糖的一半。由于机体内没有异构乳糖酶，因此它不被机体吸收，但它在肠道内有助于肠道双歧杆菌的生长，从而抑制肠道碱性腐败菌的繁殖而发挥生理作用。它的抑菌作用为：促进肠道双歧乳酸杆菌的增殖，抑制腐败菌的生长；促进肠道中双歧杆菌自行合成维生素B_1、维生素B_2、维生素B_6、烟酸、泠酸以及维生素E、维生素K等，特别是对于硫胺素的合成最重要；不被机体吸收，具有促进肠蠕动、通便作用。

3. 高聚糖（多糖）

一分子多糖完全水解后，可生成多分子的单糖，如淀粉、纤维素和糖原等均为多糖。淀粉在米、面、白薯和马铃薯中含量较高。纤维素存在于蔬菜、水果及谷类的外皮中，它不能被人体消化吸收，但有助于肠壁蠕动，帮助肠胃对食物的消化。糖原储存在动物组织中，肝脏和肌肉中含量较高。动物肌肉中的肌糖原在自溶酶所促进的无氧分解的酵解作用下产生乳酸，使肉的 pH 降低，由中性变成酸性，促进了肉的成熟。

高聚糖为由许多单糖分子残基构成的大分子化合物。按其多糖能否被人体消化吸收，分为可消化多糖和不可消化多糖。

（1）可消化多糖

可消化多糖又称为有效碳水化合物。这些大分子物质在酶的作用下，最后在肠道中水解为单糖（主要为葡萄糖）被机体吸收。

①淀粉。淀粉是人体能量的主要来源，它是自然界供给人类最丰富的碳水化合物，淀粉分子是以高达 6500 个葡萄糖分子为单位构成的多糖。淀粉是由 α-1、4 糖苷键和 α-1、6 糖苷键连接而成，有直链淀粉和支链淀粉两种。

直链淀粉为一种重复的葡萄糖分子的直链结构，为易溶解于热水的可溶性淀粉。直链淀粉与碘反应呈蓝色。支链淀粉为高分支化合物，不溶于水，但在水中膨胀。支链淀粉与碘反应呈棕色。

淀粉与水加热至沸形成糨糊状为淀粉的糊化，具有胶黏性。未糊化的淀粉称为 β-淀粉；糊化后称为 α-淀粉。糊化后的 α-淀粉消化吸收率显著提高。由于淀粉在肠道中是被逐渐水解的，机体不会突然出现葡萄糖过多，血糖水平上升较慢。因此，摄取淀粉对绝大部分人能较好适应。

②糊精。糊精是淀粉水解的中间产物，其葡萄糖分子链较短，由 5 个以上的葡萄糖分子构成。糊精的溶解度比淀粉大，被机体摄入后，被分解成葡萄糖分子在小肠中吸收。糊精在肠道中有利于嗜酸杆菌的生长，能减少肠内细菌的腐败作用。

③糖原。糖原是葡萄糖在动物体及人体内储存的主要形式，又称为动物性淀粉或肝淀粉。它是由 3000~6000 个萄糖分子所构成的有侧链的分子，每个侧链含有 12~18 个葡萄糖分子。人体内的淀粉有 1/3 存在于肝脏，称为肝糖原；有 2/3 存在于肌肉，称为肌糖原。人体吸收的葡萄糖约有 20%以糖原的形式储存，当机体需要时，在相应酶的作用下，迅速转化为葡萄糖参与体内代谢。由于糖原在体内储存量很少，总量不超过 0. 5kg，

因此，当需要能量而没有及时提供足够量的碳水化合物时，就会动用体内储存的脂肪、蛋白质来满足机体热能的消耗。

肌肉中所含的肌糖原为1%~2%，总量可超过200g，比肝糖原多得多。肝糖原和肌糖原对维持能量的消耗有重要意义。

葡萄糖在体内的运输是靠血液完成的。在正常情况下，糖的分解及合成保持动态平衡，使血糖浓度相对恒定。血糖水平的变化反映糖在体内代谢的状况。当血糖含量下降时，肝糖原会加速分解。保持人体血液浓度的相对恒定，对神经系统，特别是大脑的活动有重要作用。大脑内储存的葡萄糖和糖原极少，仅能维持几分钟的正常活动。脑内不具备氧化放能的脂肪，脑功能复杂、活动频繁，随时需要能量的供给，完全靠循环血液随时供给葡萄糖。

（2）不可消化多糖（无效碳水化合物）

①纤维素。纤维素的化学结构与淀粉相似，也是以1，4-β苷键相连的直链聚合物，但不能被人类肠道淀粉酶分解。因为人类淀粉酶只对空间结构为1，4-α苷键连接的淀粉起作用，而不对空间结构为1，4-β甙键连接的纤维素起作用。

②果胶。果胶是存在于水果、蔬菜等软组织中的葡萄糖醛酸，以甲基酯的形式存在。果胶是一种无定形的物质，可溶于热水中。在稀酸性溶液中可以变成果冻，利用此成胶性质可以制作果冻。

（三）脂类

1. 脂肪的化学组成

凡是可用低级性溶剂提取的任何生物材料都叫作脂类。脂肪的主要作用是向机体提供能量，还具备其他重要生理功能。脂类物质在体内的含量变动范围较大，含量仅次于蛋白质。

脂类是中性脂肪和类脂的总称。中性脂肪主要为油和脂肪，通常是由一分子的甘油和三分子的脂肪酸组成的三酰甘油酯。日常食用的动植物油脂为中性脂肪（见图1-2）。类脂是一类性质类似油脂的物质，包括磷脂（如卵磷脂、脑磷脂、肌醇磷脂）、糖脂（如脑苷脂类、神经节苷脂）、脂蛋白（如乳糜微粒、各种密度脂蛋白）。

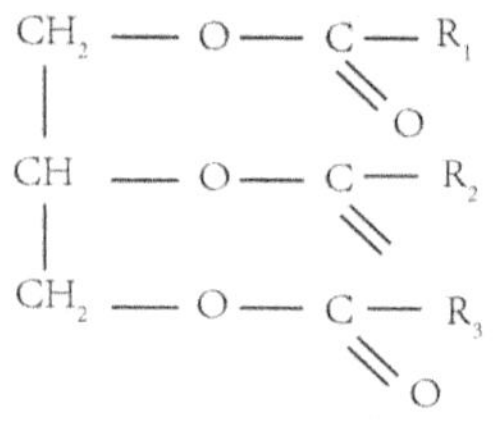

```
CH2 — O — C — R1
|          \\
|           O
CH  — O — C — R2
|          \\
|           O
CH2 — O — C — R3
           \\
            O
```

图 1-2　中性脂肪

所有细胞都含有磷脂，它们是细胞膜和血液中的化合物，在脑神经和肝中含量最高，其中卵磷脂是膳食和体内最丰富的磷脂之一。脂蛋白是血液中脂类的主要运输工具，其在体内的形式有四种：乳糜微粒、极低密度脂蛋白（VL-DL）、低密度脂蛋白（LDL）和高密度脂蛋白（HDL）。

脂类中脂肪酸主要为油酸、硬脂酸及亚麻酸等。类脂中的类固醇主要有胆固醇、麦角固醇、皮质甾醇、胆酸、维生素 D、雄激素、雌激素和孕激素等。

在营养学上，特别重要的类脂类有磷脂、胆固醇和脂蛋白等化合物。

2. 分类

脂类分为两大类：真脂和类脂。真脂是各种高级脂肪酸的甘油酯，即油脂。组成甘油酯的高级脂肪酸的种类较复杂，这些高级脂肪酸多数含有偶数碳原子，并不带侧链，有饱和的和不饱和的，其中最重要的有软脂酸［CH_3—（CH_2）$_{14}$—COOH］、硬脂酸［CH_3—（CH_2）$_{16}$—COOH］和油酸［CH_3—（CH_2）$_7$—CH＝CH—（CH_2）$_7$—COOH］等。类脂包括磷脂、固醇脂、蜡等。

脂类是一般成分中变动最大的。根据化学分析，种类之间的变动在 0.2%~64%，含量最低的与含量最高的，实际差别达 320 倍之多。而且即使是同一种类，也因年龄大小、生理状态、营养条件等不同而有很大差异。

3. 脂肪的食物来源及生理意义

（1）食物来源

动物性食物如猪、牛、羊肉中含有大量脂肪，即使瘦猪肉中脂肪含量也达 30%以上。禽类、乳类及鱼类脂肪含量稍低，而蛋黄中脂肪含量极高。动物脂肪中含饱和脂肪酸较高。

植物性的油料作物及坚果类食物如大豆、芝麻、花生、菜籽、葵花籽、松籽中含有丰富的脂肪，通常脂肪的含量在20%~60%。植物油中含较多的不饱和脂肪酸。

（2）生理意义

①构成机体组织。脂肪占体重的10%~14%。类脂是多种组织细胞的组成成分。如脑髓和神经组织含有磷脂和糖脂，细胞膜是由磷脂、糖脂和固醇组成的类脂质。

②提供必需脂肪酸，促进脂溶性维生素的吸收。机体重要的营养成分维生素A、维生素D、维生素E、维生素K等为脂溶性成分，这些维生素在调节生理代谢等方面具有重要意义。当机体摄取脂肪时，食物中的脂溶性维生素也随脂肪被机体吸收。当饮食中缺乏脂肪时，体内的脂溶性维生素也会缺乏。

③作为保护机体的成分。脂肪可以起到保护机体和内脏器官的作用。脂肪本身不易导热，并且由于它主要储存于皮下，可以防止体内热量的散失，对保持人的正常体温有重要作用。

机体组织的任何细胞都含有脂类，主要集中在细胞外膜和细胞内各种细胞器膜上，统称为生物膜。生物膜占细胞干重的80%，细胞实质上是膜结构，主要由蛋白质和类脂组成。类脂（即磷脂和胆固醇等）占生物膜组成的40%~50%。细胞通过膜结构从周围环境中有选择地摄取营养，类脂在体内的新陈代谢中起到重要作用。

④调节生理功能。亚油酸、亚麻酸和花生四烯酸三种不饱和脂肪酸人体不能合成，必须从食物脂肪中摄取，我们称之为必需脂肪酸。近年来，有人认为亚麻酸不属于必需脂肪酸，因为虽然它在机体的代谢中不能合成，而且具有一定的促生长作用，但却不能消除亚油酸缺乏症。

已经研究证明，亚油酸是最重要的必需脂肪酸，而且它可以在体内转变为花生四烯酸。如果从食物中摄取足量的亚油酸，也可以部分解决人体对花生四烯酸的需求。这几种必需脂肪酸都是类脂的重要成分，也是合成前列腺素的原料，具有调节生理功能的作用。缺乏必需脂肪酸还会出现皮炎，人的抵抗力会下降，甚至生长停滞。必需脂肪酸还具有降低血液中胆固醇、防止动脉粥样硬化的作用。一般植物油中含有的必需脂肪酸比动物油多。另外，一些不饱和脂肪酸和固醇类物质是一些激素和维生素的前体。

⑤提供能量。脂肪是人体所需能量的主要来源之一，平均每克脂肪在体内彻底氧化可提供 9kcal 的热能，相当于碳水化合物和蛋白质的两倍多。脂肪每天向人体提供的热能占热能总摄入的 20%～25%。

4. 脂肪的酸败

脂肪经过长期储存，会产生一系列化学变化，包括甘油三酯的水解和不饱和游离脂肪酸的氧化，即脂肪发生酸败，表现为油脂产生一种哈喇味。如果酸败较轻会降低油脂本身食品的风味，酸败严重则不能食用。

油脂的酸败取决于许多因素，如氧、光线、温度、催化剂、油脂中的水分、杂质的含量、包装容器的种类等。光线对油脂的酸败有促进作用，特别是阳光中的紫外线作用更大，较高的室温可加快油脂的水解和不饱和游离脂肪酸的氧化分解，使酸败加速。

酸败的油脂在其自身的氧化过程中，维生素 E 首先被氧化，接着维生素 A、维生素 D 也很快被氧化，不饱和脂肪酸如亚油酸、亚麻酸等也遭到破坏。摄入的酸败油脂，还能破坏同时摄入的其他食物中的 B 族维生素。因此，长期食用变质油脂可出现必需脂肪酸缺乏的中毒症状及缺乏脂溶性维生素与核黄素。

反复煎炸食物用油脂的营养价值及毒性有以下几点：

（1）生成油脂热聚合物

所有的油脂在煎炸食物过程中，随温度升高黏度越来越大。当温度达到 250℃～300℃时，同一分子甘油酯中的脂肪酸之间或不同分子甘油酯的脂肪酸之间会发生聚合，使油脂黏稠度增大。亚麻油、大豆油、葵花籽油等在 275℃时加热 12h～26h 或 300℃时加热 10h，均可形成多种形式的聚合体。由于环状单聚体能被机体吸收，所以毒性较强，会引起肝脏损伤。三聚体以上由于分子太大，不易被机体吸收，故无毒。

（2）油脂的热氧化反应

油在煎炸过程中因与空气接触，其中的不饱和脂肪酸首先被空气氧化产生氢过氧化物，然后分解为低级的醛、酮、羰基酸、醇等。这些反应与常温下的油脂自动氧化相同，但反应速度更快。在高温下，低级羰基化合物还能聚合，形成黏稠的胶状聚合物。由于胶状聚合物的分子较大，在体内很难被分解为游离脂肪酸，所以容易被人体消化吸收。油脂被热氧化后，其中的必需脂肪酸和脂溶性维生素都遭到破坏，并有难闻气味。其中热聚合物与蛋白质形成复合物，因而妨碍了人体对蛋白质的吸收，氨基酸也遭到破坏，蛋白质的营养价值降低。

（3）生成丙烯醛

煎炸油在高温下会部分水解，生成甘油和脂肪酸，甘油在高温下脱水生成丙烯醛。丙烯醛具有强烈的辛辣气味，对鼻、眼黏膜有较强的刺激作用。油在达到发烟点的温度时会冒出油烟，油烟中的主要成分是丙烯醛。用质量差、烟点低的油煎炸食物，较多的丙烯醛就会随同油烟一起冒出。

（4）油煎腌肉可形成致癌物质

腌制的腊肉、咸鱼中含有脯氨酸、亚硝胺等化合物，油煎后该物质可转变成具有致癌性的亚硝基吡咯烷。

（四）维生素

1. 维生素的定义

维生素是维持生物正常生命活动所需的一类有机物质。维生素是维持身体健康所必需的一类低分子有机化合物，它们既不是构成组织的原料，也不是供应能量的物质。人体对各种维生素的需要量很小。大多数维生素在人体内不能合成，必须由食物来供给。当机体内某种维生素缺乏时，就会导致新陈代谢某些环节发生障碍，影响正常生理功能，甚至引起特殊的疾病如维生素缺乏症。患有此病的人，初期没有明显的症状。但长期缺乏维生素，可以使劳动能力下降，对传染病的抵抗力降低。一般在临床上，常见的是混合型的多种维生素缺乏症，在防治时要多加注意。

目前，已知的维生素有 20 多种，它们多数在体内不能合成，但有些 B 族维生素和维生素 K 能由肠道细菌丛合成。通常体内自身不能合成维生素的必须由食物供给。因此，引起维生素缺乏的原因，主要是食物摄入量不足或食物中维生素含量不足，或由于食物的储存、烹调方式不当，使维生素遭到破坏或损失。

2. 维生素的分类

各种维生素化学结构差别较大。科学家们发现维生素的生理作用与其溶解度有很大关系，因此，通常按维生素的溶解性能将其分为脂溶性维生素、水溶性维生素以及类维生素物质三大类。

（1）脂溶性维生素

脂溶性维生素主要有维生素 A（视黄醇，抗干眼病维生素）、维生素 D

(钙化醇，抗佝偻病维生素)、维生素 E（生育酚，抗不育维生素)、维生素 K（凝血维生素)。

(2) 水溶性维生素

水溶性维生素主要是维生素 B 族及维生素 C（抗坏血酸，脱氢抗坏血酸)。维生素 B 族包括 9 种水溶性维生素，这 9 种维生素都大量存在于肝脏中，并且全部含氮，而且在机体内主要以辅酶的形式存在。它们是维生素 B_1（硫胺素，抗脚气病维生素)、维生素 B_2（核黄素)、泛酸（维生素 B_5、遍多酸)、维生素 B_6（吡哆醇，抗皮炎维生素)、烟酸（维生素 PP、尼克酸，抗癞皮病维生素)、生物素、叶酸（叶精)、维生素 B_{12}（钴胺素，抗恶性贫血维生素）和胆碱。

(3) 类维生素物质

机体内存在的一些物质，尽管不是真正的维生素类，但它们所具有的生物活性却是非常类似于维生素，因而在某些文献书籍上，有时也把它们列入复合维生素 B 族这一类中，通常称它们为类维生素物质。其中包括生物类黄酮（维生素 P)、肉毒碱（维生素 B_T)、辅酶 Q（泛醌)、肌醇、苦杏仁苷（维生素 B_{17}，氮川苷、扁核苷)、硫辛酸、对氨基苯甲酸（PABA)、潘氨酸（维生素 B_{15})、乳清酸（维生素 B_{13})。

(五) 矿物质（无机盐)

1. 矿物质的定义

矿物质是指除去碳、氢、氧、氮主要以有机化合物的形式存在外，其余各种元素，统称为无机盐或矿物质。

人体是由许多元素组成的，它们在人体内的含量与当地的土壤、水、食物和空气中的含量密切相关。特别是微量元素，在土壤、水和食物中含量极微，容易受环境因素的影响，例如地质年代、地理位置、气候变化、工业污染等。无机盐和微量元素是构成机体内调节生理功能的重要物质，缺乏时就会引起疾病。北方地区与水土有关的常见三大地方病——地方性甲状腺肿、克山病、大骨节病均和某些微量元素的缺乏有关。

2. 矿物质的主要作用

无机盐在体内的主要作用是构成机体组织和维持正常生理功能，而每种元素又具有各自特殊的作用，归纳起来主要包括以下几个方面：

(1) 构成机体组织

如钙、磷、镁是骨骼和牙齿的主要成分，并使骨骼具有一定的强度和硬度。磷、硫是构成组织蛋白的成分，这些化合物构成身体的肌肉、器官、血细胞及其他软组织。

(2) 维持体液酸碱平衡

矿物质与蛋白质协同维持细胞内、外液的正常渗透压和排泄，维持体液酸碱平衡。

(3) 维持肌肉、神经兴奋性和细胞膜的通透性

在体液中的各种无机离子如钾、钠、钙、镁以一定的比例维持肌肉、神经兴奋性和细胞膜的通透性。

(4) 无机元素是机体某些具有特殊生理功能的重要物质成分

例如，血红蛋白和细胞色素酶系中的铁、甲状腺激素中的碘和谷胱甘肽过氧化物酶中的硒。

(5) 矿物质是体内很多酶的激活剂和组成成分

例如，盐酸对胃蛋白酶原，氯离子对唾液淀粉酶，镁离子对氧化磷酸化的多种酶类。

机体在新陈代谢过程中，随时都有一定量的矿物质通过不同的途径排出体外，因而必须通过膳食及时给以补充。矿物质在食物中广泛存在，所以一般不易引起缺乏，但由于生理状况和地理环境不同或其他特殊条件会导致某些元素的缺乏，应给以特殊的补充。

(六) 水

1. 水在食品中的含量及存在形式

(1) 水在食品中的含量

水是一切食品的主要组成成分之一，各种食品中的含水量是不同的。例如，水果的含水量为73%~90%，蔬菜的含水量为65%~96%，鱼的含水量为70%~80%，肉的含水量为50%。有的食品含水量较少，如乳粉的含水量为3%~4%，食糖的含水量为1.5%~3%。

(2) 食品中水分的存在形式

食品中的水分是以自由水和胶体结合水两种形式存在。食品的汁液和细胞液中含有自由水，胶体结合水是构成胶粒周围水膜的水，胶体结合水的冻结点较自由水低。食品冻结后，在解冻过程中，自由水易被食品组织

重新吸收，但胶体结合水则不能完全被组织吸收。

水是溶剂，能够维持各种电解质在水中的离解，维持生物体各部分一定的渗透压，它直接参与生物的生理反应。食品经消化后所有养料靠水输送到生物体各部分，代谢的废物也通过水溶解后排出体外。由此可见，水和生命有着密切关系。

2. 水分活度

食品中的水分为微生物繁殖创造了条件，所以为了降低食品水分以防止微生物的繁殖，必须把食品中的水分去掉或冻结。

目前用水分活度（A_W）对介质内能参与化学反应的水分进行估量，食品水分含量的质量分数不能直接反映食品储藏的安全条件，而水分活度能直接反映食品的储藏条件。

水分活度是指食品中呈液体状态的水的蒸汽压与纯水的蒸汽压之比，即

$$A_W = \frac{P}{P_0} \tag{1-1}$$

式（1-1）中，P——食品中呈液体状态的水的蒸汽压；

P_0——纯水的蒸汽压。

食品中只有自由水能溶解可溶性的成分（如糖分、盐、有机酸等）。呈溶液状态的水，其蒸汽压随着可溶性成分的增加而减少。所以，食品中呈液体状态的水，其蒸汽压都小于纯水的蒸汽压，食品的水分活度都小于1。

不同的微生物在繁殖时所需要的水分活度范围是不同的。多数细菌最低的水分活度界限为0.86，酵母是0.78，霉菌为0.65。

许多生鲜食品的水分活度都在0.9以上，均在细菌繁殖的水分活度范围之内，所以生鲜食品是一种易腐性的食品。经过冻结的食品，水结成冰后，其水分活度降低，这也是抑制微生物繁殖的一个有效措施，所以冻藏是食品最常用的储藏方法。

3. 水的生理意义及代谢

由于水具有溶解能力强、介电常数大、黏度小、比热高等理化特性，因此它在生物体内具有特殊重要的意义。

（1）水是人体的基本组成成分

水是维持生命、保持细胞外形、构成各种体液所必需的物质，是人体

的基本组成成分。

（2）参与机体代谢

由于水具有较强的溶解性，各种有机和无机物质均可溶于水中，甚至一些脂肪和蛋白质也能在适当条件下分散于水中，构成乳浊液或胶体溶液。由于水的流动性强，可以作为体内各种物质的载体，对于各种营养素的运输与吸收、气体的运输与交换、代谢产物的运输与排泄起到了重要的作用。

水是体内生化反应的媒介，同时水本身也参与体内的化学反应。水是各种化学物质在体内正常代谢的保证。

（3）调节体温

水对体温的调节是由它的三个特性所决定的。

①水的比热高。由于体内含有大量的水，所以在代谢过程中所产生的热能多被水吸收，从而保持体温的恒定。

②水的蒸发热大。当机体在37℃时，每毫升水的蒸发热为2424.6J（579.5cal），因此蒸发少量水，即可散发体内储存的大量热。

③水的导热性强。水为非金属中最良好的导热体。虽然机体各组织代谢强度不一样，产热量不一样，但可通过水的导热作用来保证机体各组织和器官间的温度趋于一致。

④作为润滑剂。水的黏度小，可使体内摩擦部位滑润，减少损伤，体内关节、韧带、肌肉、膜等处的活动都由水作为润滑剂；水可以滋润身体细胞，使其经常保持湿润状态；水可以保持肌肤柔软，有弹性；水还可以维持腺体器官的正常分泌。

二、食品在流通过程中的质量变化

（一）流通过程中食品的质量变化

食品质量主要包括营养质量、卫生质量和感官质量（即食品的色、香、味、形、质）。食品在流通过程中其质量会发生一系列变化，下面介绍质量的变化趋势和各种影响因素。

不同食品有不同的质量变化形式。食品的原料主要来源于生物界，当这些生物体被采收或屠宰之后，它们就不能再从外界获得物质来合成自身的成分。虽然同化作用已告结束，但是异化作用并没有停止。例如，蔬菜、水果和鲜蛋等鲜活食品的呼吸作用和其他生理活动仍在进行，体内的营养成分不断地被消耗；畜、禽、鱼肉等生鲜食品虽然不像蔬菜、水果那样进行呼吸，但体内的酶仍然在活动，一系列生化反应在悄悄地进行，较为稳定的大分子有机物逐渐降解为稳定性较差的小分子物质。食品内部各种各样的化学变化和物理变化都在以不同的速度进行着，引起蛋白质变性、淀粉老化、脂肪酸败、维生素氧化、色素分解，有的变化还产生有毒物质等不良现象，新鲜食品的水分散失或干燥食品吸附水分也会导致食品质量的下降。含有丰富水分和营养物质的食品是微生物生长活动良好的培养基，当其他环境条件适宜时，微生物就会迅速生长繁殖，把食品中的大分子物质降解为小分子物质，引起食品腐败、霉变和“发酵”等各种劣变现象，从而使食品的质量急速下降。

上述所有的变化都具有一个共同的特点，即食品中稳定性较高的大分子物质分解为稳定性较低的小分子物质，使食品的结构发生变化，原来的有序结构不断演变为无序结构，也就是朝着无序化的方向发展，导致食品的稳定性不断减弱，在质量方面表现为营养价值和感官品质逐渐下降。

食品质量的变化趋势是自身的无序化，这种变化是不可逆的、积累的，因此，食品质量变化的趋势与其在流通中所经历的时间有着密切的关系。这种趋势与时间的关系可分为以下三种类型：

1. 第一种类型：食品的质量逐渐下降阶段

在一定环境条件下，食品的质量随着时间的延长而逐渐下降，但质量下降的速度是不均匀的，一般是随着时间的延长而加速，特别是到达某一阶段，食品的质量就会急剧下降。例如，蔬菜、水果在储藏中一经呼吸高峰就会迅速衰老，脆硬度下降，风味变差；许多生鲜食品和加工食品由于微生物的繁殖和水分含量变化等，经过一段时间，质量就会发生明显的劣变，出现异味，甚至发霉、腐败。当然，不同的食品及所处的环境条件不同，它们质量下降的速度是大不一样的，有的几天、几周就会发生质变，如鱼、虾、菜、果；有的几个月、几年，甚至更长时间，其质量都没有明显的变化，如某些干燥食品和罐头。

2. 第二种类型：食品的质量先上升后下降阶段

畜、禽肉在屠宰之后的一段时间内，为其成熟过程，体内酶的活动使肌肉变得多汁芳香，并有利于人体的消化，因此在这段时间里，食品质量是逐渐提高的。但随着时间的延长，肉品就进入自溶软化阶段，品质逐渐下降。一些低度酒和某些具有后熟性能的果品，在生产或采摘之后的一段时间里，质量也是逐渐上升的，但经过这段时间后，质量就随时间的延长逐渐下降。这一类型的食品，无论是在质量提高阶段，还是在质量下降阶段，其质量变化速度都与食品种类和所处环境条件具有密切的关系。

上述两种变化类型的食品，在质量发生剧变之前或开始进入下降阶段的时候，就必须进行适当的处理或改变储存的环境条件。例如畜、禽肉必须变常温为低温，进行冷藏或冻藏，以防品质急剧下降；而低度酒和某些属于第一类型的食品就应该消费掉。

3. 第三种类型：食品的质量逐渐上升阶段

许多高度酒在生产之后，酒的质量随着储存时间的延长而提高。其主要原因是酒中所发生的酯化反应是一种缓慢的可逆反应，因此，酒中酯的含量随着时间的延长而增多，酒的品质也随之提高。但质量的提高也并非与储存时间成正比例关系，在储存初期，酯化反应速度较快，质量上升的速度也较快，如白酒在储存的头三年内。之后酯化反应的速度减慢，质量的增加也就十分缓慢。因此，这类食品也应该确定适宜的储存期，既保证达到必须的质量标准，又有利于促进商品流通。

（二）食品质量变化速度的影响因素

食品在流通中质量逐渐下降是一个总的趋势，但是质量下降的速度会受到多种因素的影响。这些因素可归纳为内因和外因两个方面。

1. 内因

在内因方面主要包括食品的抗病能力、食品的加工与处理以及食品的包装等。

（1）食品的抗病能力

食品的抗病能力既与食品的种类、品种有密切的关系，又与它们在生长期间的发育、管理等因素有关。不同种类的食品，因组织结构、化学成分和生物学特性不同，它们对外界微生物的抵抗能力不同，内部所发生的化学变化与物理变化的速度也不同。因此，不同种类的食品在流通中质量下降速度不同。许多食品来源于植物界和动物界，如果它们在生长期间发育良好，除食用品质较佳外，还具有较强的抗病能力，采收或屠宰后，质量下降速度也较慢。例如，发育正常又实行无伤采收的果品，其抗病性就比发育不正常有机械伤的果品强得多；家畜屠宰前的饲养、管理与屠宰后肌肉微生物的感染率也有一定关系，饲养良好、屠宰前得到适当休息的家畜，屠宰后肌肉微生物的感染率要比管理不善的家畜低得多，显然感染率低的质量下降速度就比较慢。

（2）食品的加工与处理

食品的加工通过改变食品的组成、结构、状态或环境条件，使食品中的微生物和酶受到抑制，各种化学反应和物理变化的速度减慢，从而降低食品质量下降的速度。通常采用的方法有冷加工、干制、浓缩、脱水、盐腌、糖渍、酸渍、烟熏、气调、涂膜、辐照、杀菌密封、防腐剂处理等。有些食品加工之前还要进行前处理。例如，脱水蔬菜在干制之前要经过热烫，以破坏酶的活性、减少叶绿素的变化和维生素 C 的损失；冷藏的水果出库之前要经过回热，防止水蒸气在水果表面凝结，减少微生物的污染。食品加工除了可以增强食品在流通中的稳定性外，还有其他许多目的。例如，增加食品的花色品种，提高食品的营养价值，改善食品的色泽，增添香气和滋味，改进食用方便性。

（3）食品的包装

食品的包装在食品流通中起着许多方面的重要作用，其中最重要的作用是维护食品的质量。例如，防潮包装可防止食品含水量的变化；脱氧、充氮或真空包装可防止食品发生氧化酸败；气调包装可减弱包装袋内果品、蔬菜的呼吸强度；加热密封包装可杀死微生物，破坏酶的活性，可防止微生物的再次污染；等等。因此，食品有一个良好的包装，就可以大大减慢食品质量的下降速度。

2. 外因

外因方面是环境对食品质量变化速度的影响，主要是环境温度、相对湿度和气体成分等因素的影响。

（1）环境温度

温度是影响食品在流通中稳定性最重要的因素，它不仅影响食品中发生的化学变化和酶促反应以及由此引起的鲜活食品的呼吸作用和后熟、生长过程，生鲜食品的僵直过程和软化过程，还影响着与食品质量关系密切的微生物的生长繁殖过程，影响着食品中水分的变化及其他物理变化过程。简言之，温度影响着食品在流通中所有的质量变化速度。一般来说，温度升高，微生物的繁殖速度加快，一切变化速度也都加快，导致食品质量下降速度加快。温度每升高 10℃，食品质量的下降速度大约增快一倍，或者说，环境温度每降低 1℃，食品质量的下降速度大约减慢 10%。因此，食品在流通中保持低温状态是食品保鲜最普遍采用的方法。

（2）相对湿度

环境相对湿度之所以对食品质量变化速度有影响，是因为它直接影响食品的水分含量和水分活度。当环境相对湿度小于食品的水分活度时，食品的水分就逐渐溢出，水分活度下降直至与相对湿度相等为止；当相对湿度大于食品的水分活度时，环境的水蒸气就进入食品，使食品的水分活度增大，直至两者相等为止。水分在食品中具有重要的作用，它既是构成食品质量的要素，也是影响食品在流通中稳定性的重要因素。各种食品都有一定合理的含水量，过高或过低对食品的质量及其稳定性都是不利的。它不仅会影响食品营养成分、风味物质和外观形态的变化，还会影响微生物的生长发育和繁殖。食品的含水量，特别是食品的水分活度与食品的质量变化具有十分密切的关系。因此，含水量充足、水分活度高的新鲜食品应在相对湿度较大的环境中储存，以防止水分散失；含水量少、水分活度低的干燥食品则应在相对湿度较小的环境中储存，以防止吸附水分。采用防潮包装是防止食品在流通中水分变化的重要措施。

（3）气体成分

在气体成分中，氧气对食品质量变化具有重要的影响。正常空气中含有 21%的氧气，它具有较强的反应能力，会使食品的许多成分发生氧化反应，导致食品的质量发生劣变。例如，食品中脂肪的氧化酸败、水果和蔬菜中酚类物质的酶促褐变、蛋白质还原性基团和某些维生素（如维生素 C、维生素 A 和维生素 E 等）的氧化都是由于氧气作用的结果。氧气的浓度越低，上述氧化反应的速度就越慢，对食品质量的影响也就越轻。在食品流通中，为了减慢或避免食品成分的氧化作用，常常采用脱氧包装、充氮包装、真空包装等方法，或在包装中使用脱氧剂，有的则在食品中添加抗氧化剂。

果品、蔬菜的呼吸作用在维持自身的生命活动、抵御微生物的入侵方面具有积极的作用，但呼吸作用不断消耗呼吸底物，使果蔬的营养价值、重量、外观和风味发生不可逆转的变化。由于呼吸作用随着环境氧气分压的增减而增强或减弱，因此，果品、蔬菜在流通过程中可以通过降低环境中氧气的分压来减弱其呼吸作用，以减慢果蔬质量的下降速度。但是氧气的分压又不能降得太低，否则会出现缺氧呼吸，导致果蔬产生生理病害。因此，在实践中要根据果蔬的种类和品种，确定适宜的储藏温度和合理的气体成分，一般氧气浓度在 1%～3%。适量的二氧化碳可抑制呼吸作用，但不能过高，否则会引起果蔬出现生理病害。同时，还要注意排除环境中的乙烯，因为乙烯会促进果实的后熟，加快质量的下降速度。

气体成分之所以与食品质量变化有密切的关系，除上述原因外，还因为它对微生物的生长繁殖有明显的影响。对于好氧性微生物，由于它们在生命活动中需要氧，必须在有分子氧存在的条件下才能进行正常的新陈代谢，所以在其他条件适宜时，若空气中氧气充足，这类微生物就能迅速生长繁殖，若环境中氧气不足或被除去，它们的生长繁殖就会受到抑制。例如，蔬菜腌渍时把产品浸泡在菜卤中，使之与氧气隔绝，就能防止好氧性霉菌的污染。厌氧性微生物（又称专性厌氧微生物）的生命活动不需要分子态氧，氧气对这类微生物反而有毒害作用，如许多梭状芽孢杆菌只能在无氧状态下生长繁殖，氧气可以抑制这类微生物。对于嫌气性微生物，它们既能在有氧条件下生长，又能在无氧条件下活动，如酵母在有氧条件下迅速生长繁殖，产生大量菌体；在无氧条件下，则进行发酵，产生大量酒精。由于氧气与微生物生长繁殖的关系复杂，所以在实践中如何利用氧气来抑制微生物就要考虑食品的种类和它可能污染的微生物类型。

三、食品储存中的质量变化

食品在储存过程中往往由于本身的特性和外界环境的影响，会发生各种变化。其中，有属于酶引起的生理生化和生物学变化，有属于微生物污染造成的变化，还有属于外界环境温湿度影响而出现的化学和物理变化，等等。所有这些变化都会使食品质量和数量方面受到损失。弄清楚食品在储存中的各种变化，就能确定适宜的储存方法和条件。

（一）食品储存中颜色的变化

食品的颜色是由各种色素构成的，其中，有动植物体自有的天然色素，也有由于在加工中酶、热的作用而产生的色素，还有添加的某些食用色素等。这里着重阐述动植物体内的天然色素的变色和食品褐变。

1. 动物色素的变色

家畜肉、禽肉以及某些红色的鱼肉中都存在有肌红素和残留血液中的血红素。肌红素与血红素的化学性质很相似，它们都呈紫红色，与氧结合能形成氧合肌红素，呈鲜红色。新鲜的肉类多呈鲜红色或紫红色，但是当肉的新鲜度降低后因氧化形成羟基肌红蛋白或羟基血红蛋白呈暗红色或暗褐色，失去肉类原有的鲜艳颜色。因此，家畜肉、禽肉的颜色变化能反映它们的新鲜度。肌红素的氧化变色对于肉制品的质量影响较大，为了防止这种变色，一般在肉食加工过程中加入起色剂硝酸钠，利用硝酸钠生成的一氧化氮与肌红素结合生成稳定的鲜红色亚硝基肌红蛋白而保持肉制品的鲜艳颜色。这种起色剂用量过多会产生亚硝胺，而亚硝胺是一种能诱发癌症的物质。因此，在肉食品加工中对硝酸钠的用量需按照食品卫生标准规定严格加以控制。

2. 植物色素的变色

植物色素主要有叶绿素、类胡萝卜素和花青素等。这些色素在植物食品的加工、储存中都会发生变化而改变它们的天然颜色。

叶绿素有两种，分别为蓝绿色和黄绿色。叶绿素在碱性中比较稳定，在酸性中易分解，因耐热性弱，加热则分解生成黑褐色的植物黑质（脱镁叶绿素），绿色蔬菜经炒煮或腌制后会发生这种变色现象。如果在植物食品中增加适量的碳酸氢钠，使 pH 在 7.0~8.5，就可以生成比较稳定的叶绿酸钠盐，使产品仍保持鲜绿色。另外，叶绿素在低温或干燥状态时性质也较稳定，因此，低温储存的鲜菜和脱水蔬菜均能保持较好的鲜绿色。

类胡萝卜素呈现黄色、橙色和红色等，广泛分布在蔬菜、水果中，如胡萝卜、马铃薯、南瓜、柑橘、柿子、菠萝、西瓜等都是含有这种色素的食品。这类果蔬经过加热处理仍能保持其原有色泽，但是光线和氧却能引起类胡萝卜素的氧化褪色，因此，在储存中应尽量避免光线照射。

3. 褐变

褐变是食品中比较普遍的一种变色现象，尤其是以天然食品进行加工或储运时，因受机械损伤，容易发生褐变。褐变不仅影响食品的颜色，而且降低食品的营养和滋味。食品的褐变按照其变色的原因不同可分为酶褐变和非酶褐变。

酶褐变是指由氧化酶对食品中的多酚类物质氧化聚合而引起的褐色变

化。这种褐变所形成的褐色产物叫作黑色素。酶褐变主要发生在水果、蔬菜中。例如，苹果、梨、桃、藕、马铃薯、茄子、芹菜、花椰菜等，当被切开或摔碰受伤后，由于产品的细胞破裂，空气中的氧直接与产品的多酚接触，从而引起产品变为暗红色或黑色。

酶和空气中的氧是促使食品发生酶褐变的主要条件，因此，防止食品的酶褐变就要在加工和储存中控制这些条件。目前控制食品酶褐变的方法有多种，或以高温加热破坏酶，或以亚硫酸盐、抗坏血酸溶液浸泡以抑制酶的活性，或以清水、食盐水浸泡和真空充氮包装等隔绝空气中的氧等。从商业经营单位来讲，在食品储运和销售过程中做到轻装轻卸、轻拿轻放，使食品免受外伤，也是控制酶褐变的有效措施。

非酶褐变与酶无关，主要是由食品中的糖分、蛋白质、氨基酸等发生的化学变化所引起的。美拉德反应和焦糖化反应是造成非酶褐变的两个主要化学反应。

美拉德反应是食品中蛋白质或氨基酸的氨基与还原糖的羰基相互作用发生的复杂变化，最后生成暗褐色的类黑质。这种褐变多发生在调味品和某些酒类当中。酱油、食醋、黄酱的褐红色，炼乳的淡黄色，啤酒、黄酒的黄色都与美拉德反应有关系。

促进美拉德反应的因素有水分（10%～15%最适宜）、温度、氧、pH（6.0～58.5 最适宜）、光线以及铁、铜金属离子等，因此，调节食品的水分、降低储存温度、利用亚硫酸盐等，都能防止美拉德反应的褐变。

焦糖化反应是食品中的糖分在高温（150℃～200℃）条件下发生分解和聚合，最后生成具有黏稠性的黑褐色焦糖。焦糖又称为糖色，呈黑褐色，溶于水，带苦味，常用于酱油、食醋、威士忌酒、熟肉制品的着色。焦糖反应也常应用于一些烘烤加工的食品中，如面包、饼干、糕点等。一般情况下，在食品储存中不容易出现焦糖反应。

（二）食品储存中的脂肪氧化酸败

脂肪广泛存在于食品中，在储存期间往往由于脂肪氧化酸败而造成食品的变质。脂肪氧化酸败给食品在感官上造成的明显特点是产生一种难闻的哈喇气味（脂败味），直接影响食品的口味。一般含有脂肪成分的食品，经过储存都会由于脂肪氧化酸败而产生不同程度的哈喇气味。

脂肪氧化酸败是游离脂肪酸氧化、分解的结果。在这一变化过程中，首先，脂肪水解产生游离脂肪酸，而游离脂肪酸特别是不饱和的游离脂肪酸，受到空气中氧的氧化生成过氧化物；其次，这种性质不稳定的过氧化物分解成醛、酮和低分子脂肪酸等，使食品带有哈喇气味。脂肪氧化酸败不仅使食品的食味变劣，营养价值降低，而且产生的醛、酮化合物有害于人体健康。如果食用酸败脂肪过多，轻者则引起腹泻，重者还可造成肝脏疾病。

脂肪氧化酸败中生成的氢过氧化物性质活泼，它不但能分解而且能聚合，并且由于这种氢过氧化物的聚合使脂肪的黏度增加，而影响了食用油脂在烹调中的食用价值。需要指出的是，这种氢过氧化物的存在还能使食品中其他的游离脂肪酸连续不断地形成过氧化物，因此，脂肪氧化酸败又是一个自动氧化的过程。

促使脂肪氧化酸败的因素有温度、光线、氧、水分、金属离子（铁、铜）以及食品中的酶等。因此，在储存上采取低温、避光、隔绝空气、降低水分，减少与铁、铜等金属的接触都可以起到延缓脂肪氧化酸败的作用。另外，食品中添加维生素 E 等天然抗氧化剂，也可以延缓脂肪氧化酸败。

（三）食品储存中的生理变化和生物学变化

1. 呼吸作用

呼吸作用是鲜活食品（果蔬）储存中最基本的生理变化，它是鲜活食品中有机成分（主要是糖类）在氧化还原酶作用下逐步降解为二氧化碳和水的过程。此过程中还产生热量，实际上是有机物进行的生物氧化过程。

果蔬的呼吸作用分为有氧呼吸和缺氧呼吸两种类型。有氧呼吸是在供氧条件下进行的，以糖作为呼吸的基质，其化学反应式如下：

$$C_6H_{12}O_6+6O_2 \rightarrow 6CO_2+6H_2O+2820kJ$$

缺氧呼吸是在无氧条件下进行的，其化学反应式如下：

$$C_6H_{12}O_6 \rightarrow 2C_2H_5OH+2CO_2+117kJ$$

从果蔬的储存来讲，不论哪种类型的呼吸作用都要消耗养分，呼吸热的产生和积累往往会加速食品腐坏变质，尤其是缺氧呼吸产生的酒精还会引起活细胞中毒，造成生理病害，缩短储存期限，因此，应尽量防止缺氧呼吸。同时，正常的呼吸作用是鲜活食品最基本的生理活动，它是一种自卫反应，有利于抵抗微生物的侵害，因此，在食品储存中应做到保持较弱的有氧呼吸，防止缺氧呼吸，这是鲜活食品进行储存需要掌握的基本原理。

影响鲜活食品呼吸强度的外界条件主要是温度和空气成分。一般外温升高时，呼吸强度也随之加强，但外温低于0℃时，因酶的活性受阻碍而导致呼吸强度急速下降。鲜活食品进行呼吸最适宜温度为25℃~35℃。因此，降低环境温度是储存果蔬的重要措施。空气中二氧化碳的含量大小对于呼吸强度有显著的影响。空气中含氧量增加，则呼吸强度加强；适当增加二氧化碳（或氮气）的含量，则可减弱呼吸强度。目前采用的气调储存法，就是改变空气成分而达到抑制鲜活食品呼吸强度的一种较适宜的储存方法。

2. 后熟作用

后熟是果实、瓜类和以果实供食用的蔬菜类的一种生物学性质，它是果实、瓜类等鲜活食品脱离母株后成熟过程的继续。

后熟中酶会引起一系列生理生化变化。例如，淀粉水解为单糖而产生甜味；叶绿素分解消失，类胡萝卜素和花青素显露而呈现红、黄、紫等颜色；鞣质聚合而涩味降低；有机酸的数量相对减少，同时产生挥发油和芳香油而增加它们的芳香；原果胶质水解，降低它们的硬脆度；等等。总之，果实、瓜类的后熟能改进色、香、味及适口的硬脆度等方面的食用品质，达到食用成熟度。但是，果实、瓜类后熟是生理衰老的变化，当它完成后熟后，则很难继续储存，容易腐坏变质。因此，作为储存的果实和瓜类应该在它成熟前采收，采取控制储存的条件来延长其后熟过程，以达到延长储存期的要求。

影响果实后熟作用的主要因素是高温、氧气和某些有刺激性的气体（如乙烯、酒精）等。因此，在储存中要采用适宜的低温和掌握适量通风，以延缓后熟过程和延长储存期。

3. 萌发与抽苔

萌发与抽苔是两年生或多年生蔬菜打破休眠状态由营养生长期向生殖生长期过渡时发生的一种变化，主要发生在那些变态的根、茎、叶等作为食用的蔬菜，如马铃薯、洋葱、大蒜、萝卜、大白菜等。萌发与抽苔的蔬菜，其养分大量消耗，组织变得粗老，食用品质大为降低。在储存中采取延长蔬菜的休眠状态，是防止萌发与抽苔的有效措施，低温可以延长蔬菜的休眠状态。此外，还可以采用植物生长素，如抑芽丹以及利用 γ 射线辐照等也能延缓休眠期和抑制蔬菜萌发与抽苔。

4. 蒸腾与发汗

蒸腾是指由于鲜活商品含水量大，造成储存期间水分蒸发而发生萎蔫（细胞膨压降低）的现象。蒸腾过多，会使商品重量减轻，自然损耗大，降低鲜嫩品质；蒸腾过高，水解酶的活性加强，使复杂有机物水解为简单物质（如淀粉、蔗糖）。发汗是指由于空气湿度超过饱和点时在商品表面出现的“结露”现象。发汗对商品储存极为不利，会给微生物的侵蚀提供机会，特别是在商品的伤口部分很容易引起腐烂。

5. 僵直

僵直是畜、禽、鱼死后发生的生化变化，其特点是肌肉失去原有的柔软性和弹性，变得僵硬。例如，手握鱼头其尾部挺直而不下弯就是僵直的表现。

畜、禽、鱼肉的僵直与肌肉中的肌糖原酵解产生乳酸和三磷酸腺苷、磷酸肌酸的分解等有密切关系。这些成分的分解都会增加肌肉中酸性成分的积累，降低肌肉的 pH，使原来呈松弛状态的肌肉因肌纤蛋白质和肌球蛋白质结合形成无伸展性的肌凝蛋白质，丧失肌肉的弹性变为僵直状态。

畜、禽、鱼类死后僵直，因动物种类、致死原因和温度等不同而异。一般鱼类的僵直先于畜、禽类，带血致死的先于放血致死的，温度高的又先于温度低的。处于僵直期的鱼是新鲜度高的鲜鱼，食用价值大；而僵直期的畜、禽肉因弹性差、难煮烂，缺乏香味，消化率低，不适于食用。但是从储存角度而论，僵直期的肌肉 pH 低，腐败微生物难于发展；肌肉组织致密，主要成分尚未分解变化，基本上保持了肉类和鱼类的原有营养价值，所以适合于冷冻储存。

6. 软化

软化是畜、禽、鱼肉僵直后进一步的变化，其特点是肌肉由硬变软，恢复弹性；由于蛋白质和三磷酸腺苷分解使肌肉多汁，产生芳香的气味和滋味。软化是畜肉形成食用品质所必需的肉类成熟作用。由于鱼类含水多、组织细嫩，属于冷血动物，带有水中的微生物，经过软化后很快就会腐败变质，因此应防止其死后发生软化。

软化是由于肌肉中所含的自溶酶使蛋白质分解的结果，也叫作蛋白质自溶现象。一般受温度的影响较大，高温能加速软化，低温能延迟软化，当降温至0℃时则可停止软化，因此，冷冻储存可以防止畜、禽、鱼肉的软化。

（四）食品储存中由微生物引起的变化

食品含有丰富的营养，是微生物繁殖的良好条件，在储存中往往由于微生物的污染而发生腐败、霉变和发酵等生物学变化。

1. 腐败

腐败多发生在那些富含蛋白质的动物性食品中，如肉类、禽类、鱼类、蛋品等，植物性食品的豆制品也容易发生腐败。引起食品腐败的主要微生物是细菌，特别是那些能分泌体外蛋白质分解酶的腐败细菌。

2. 霉变

霉变是霉菌在食品中繁殖的结果。霉菌能分泌大量的糖酶，因此，富含糖类的食品容易发生霉变，如粮食、糕点、面包、饼干、淀粉制品、水果、蔬菜、干果、干菜、茶叶、卷烟等。霉变的食品，不仅营养成分损失、外观颜色因菌落的寄生被污染，而且使食品带有霉味。如果被含有毒素的黄曲霉菌株污染，还会产生具有致癌性的黄曲霉毒素。因此在储存中要防止食品的霉变。

引起食品霉变的霉菌有多种，危害性较大的是青霉属的白边青霉、扩张青霉，毛霉属的丝状毛霉，根霉属的黑根霉，曲霉属的灰绿曲霉、烟曲霉、棒曲霉和黑曲霉等。

3. 发酵

发酵在食品发酵工业中具有广泛的应用，但是在食品储存中它却能引起食品的变质。发酵是指在微生物的酶作用下，使食品中的单糖发生不完全氧化的过程。食品储存中常见的发酵有酒精发酵、醋酸发酵、乳酸发酵和酪酸发酵等。

（1）酒精发酵

含糖分的食品（如水果、蔬菜、果汁、果酱、果蔬罐头等）在储存中发生酒精发酵后会产生不正常的酒味。水果、蔬菜在严重缺氧的条件下由于缺氧呼吸的结果，也会产生酒味。这都表明它们的质量已发生变化。

（2）醋酸发酵

某些食品因醋酸发酵可以完全失去食用价值，如果酒、啤酒、黄酒、果汁、果酱、果蔬罐头等。

（3）乳酸发酵

食品在储存中发生乳酸发酵不仅能使风味变劣，而且因乳酸能改变食品的 pH，造成蛋白质凝固、沉淀等，如鲜奶的凝固。

（4）酪酸发酵

酪酸发酵是指食品中的糖在酪酸菌的作用下产生酪酸的过程。食品在储存中因酪酸发酵产生的酪酸，会使食品带有令人讨厌的气味，如鲜奶、奶酪、豌豆等食品变质时就有这种酪酸气味。

影响微生物变化的因素有水分、温度、pH、氧和光线等，其中水分和温度是微生物繁殖最重要的因素。含水量大、水分活性高的食品处在高温之下容易腐坏变质，含水量不大、水分活性较低的食品处在高温、高湿之下也容易腐坏变质。因此，控制食品水分和空气的温湿度是防止微生物对食品造成危害的主要措施。对于含水量低或干燥的食品应在相对湿度低于70%的条件下存放，尽量保持其原有的安全水分含量。对于含水量较大的生鲜食品应在低温条件下储存，因为危害食品的微生物多属于嗜温性菌，一般在 20℃～25℃条件下发育，所以储存温度一般应控制在 10℃以下，若长期储存则应冷冻。

第二章

食品化学保鲜技术的研究

第一节　老的化学保藏方法

人类为了生存，一直关注着减少食物腐烂的方法，经过几个世纪的探索，找到了醋渍、盐腌、糖渍及发酵等化学保藏的方法。盐藏和糖藏都是根据通过提高食物的渗透压来抑制微生物的活动。醋和酒在食物中达到一定浓度时能抑制微生物的生长繁殖。防腐剂能抑制微生物酶系的活性以及破坏微生物细胞的膜结构。

食品在物理、生物化学和有害微生物等因素的作用下，可失去固有的色、香、味、形而腐烂变质，有害微生物的作用是导致食品腐烂变质的主要因素。通常将蛋白质的变质称为腐败，碳水化合物的变质称为发酵，脂类的变质称为酸败。可以用物理方法或化学方法来防止有害微生物的破坏。所谓化学方法，就是利用抑菌或杀菌（延缓或制止腐烂）的化学药剂，这些化学药剂称为防腐剂。防腐剂的使用为食品防腐提供了有效、简便、经济的方法。

保鲜从字面上可理解为保持鲜度，实际上它的含义是不断发展、不断扩大的。比如水果、蔬菜的保鲜，开始时注重的是不腐烂，后来又逐渐增加了对品质方面的要求，现在发展到将香气的保持也列为保鲜的内容之一。比如新出炉的面包有一种特有的香气，时间长了就会消失；通过采用某些方法，在储藏期内可保持其香气，也称为保鲜。能起到保鲜作用的化学品称为保鲜剂。

一、醋藏

醋酸的学名是乙酸，它是一种有机酸，具有良好的抑菌作用。经研究，当醋酸浓度达到0.2%时便能发挥净菌（阻止微生物生长繁殖）的效果；当保藏液中醋酸的浓度达到0.4%时，就能对各种细菌和部分霉菌起到良好的抑制效果；当浓度达到0.6%时，就能对各种霉菌以及酵母菌发挥优良的抑菌防腐作用。

食醋是含醋酸的调味品，其成分除含醋酸以外还含有多种氨基酸、醇类及芳香物质，这些化合物质对微生物也有一定的抑制作用。自古以来，人类就利用食醋来保藏食品，如各种醋渍的瓜菜类和鱼虾类食品，近年来人们更是利用食醋制作各种加工食品。它不仅具有保藏的意义，而且赋予食品以优良风味，具有加工的意义。例如，加工番茄酱，食醋的用量为0.7%~1.4%；加工蛋黄酱，食醋的用量为0.4%~0.8%；加工沙司，食醋的用量为1.4%~2.0%。

另外，还可将食醋添加于面包中，提高其保质期，如当面包团调制经第一次发酵后，利用“中种法”第二次加料和面时，加入食醋1%~1.5%，面包保质期可延长1倍以上。醋渍在方便面生产中也得到广泛的应用，如在即食（含水的熟软面条）方便面制作时，将蒸熟的面条在食醋（酸度为0.15%~0.25%）的浸渍液中浸渍30~60min，再按常法包装和加热杀菌。这样，产品在30℃以下2个月内品质仍然良好。

二、盐藏

食品的盐藏是自古以来一直沿用的传统保藏法。食品经盐藏不仅能抑制微生物的生长、繁殖，而且可赋予其以新的风味，故兼有加工的效果。

食盐的防腐作用主要有以下几点：一是食盐添加到食品中以后，便慢慢溶解于食品的水分中，使渗透压增高，当这种渗透压超过微生物细胞内的渗透压时，微生物细胞内的水便向外渗透，使细胞原生质浓缩并与细胞壁分开，即发生所谓的质壁分离，微生物便难以维持其生命。二是使食品脱水，造成水分活度降低，不利于微生物生长。三是产生直接有害于微生物的氯离子。四是使水中氧的溶解度减少，好气性微生物的生长受到抑制。五是使蛋白酶的活性降低。

各种微生物对食盐浓度的适应性有所差别。大多数红色细菌、酵母和革兰氏阳性球菌在较高浓度的情况下仍能生长，一般称为嗜盐性微生物。另外，如接合酵母属等酵母能在15%以上浓度食盐溶液中生长，称为耐渗性微生物。无色（杆）菌属等一般腐败性微生物约在5%的食盐浓度下，生长便受到抑制，肉毒梭状芽孢杆菌等病原菌在食盐浓度为7%~10%时，生长也受到抑制。一般霉菌对食盐均有较强的耐受性，例如，某些青霉菌株即使在25%的食盐浓度中尚能生长。可是当pH下降时，微生物的耐盐性便显著降低，因此，若降低盐藏品的pH和温度，便可得到优良的保藏性。

以蔬菜为例，不同的食盐浓度对蔬菜的保藏效果有所不同：细胞的渗透压一般为5~6atm，盐藏时，当食盐水溶液接近2%以上时，细胞便会脱水，盐分则向细胞内渗透，这样就造成细胞的死亡和细胞内酶的自行消化。用2%~5%的食盐经一夜的盐渍，由于蔬菜的自行消化作用，淀粉转化为糖，蛋白质分解为肽和氨基酸，口味增加，但因腐败菌仍容易繁殖，保存性较差。利用5%~10%的食盐进行浸渍发酵，虽然自行消化缓慢，但因腐败菌的繁殖被抑制，有益的酵母和乳酸菌却仍进行繁殖，在它们所产酶的作用下形成特有的风味，同时可获得良好的保存性。当食盐浓度在10%以上时，蔬菜的自行消化被抑制，而且如乳酸菌等有益微生物的繁殖也被抑制，因而保藏性可显著提高，但风味却难以酿成。若单纯以储藏为目的，则可采用20%左右的食盐浓度进行盐藏。

三、糖藏

糖藏与盐藏一样，都是利用增加食品渗透压、降低水分活度，从而抑制微生物生长的一种储藏方法。

一般微生物在糖浓度超过50%时生长便受到抑制。但有些耐透性强的酵母和霉菌，即使糖浓度高达70%尚可生长，并且有个别酵母能在约80%的糖液中生长。可是若于其中添加少量酸，则微生物的耐渗透力会显著下降。这样，即使在较低的糖浓度下，微生物的生长也可被抑制。

果子糖酱等因其原料果实中含有有机酸，在加工时添加蔗糖并经加热，这样在糖（渗透压）、酸和加热（酵母对热的抵抗力弱）三个因子的联合作用下，便可得到非常好的保藏性。但有时果子糖酱也会出现因微生物作用而变质腐败，其主要原因仍是糖浓度不足。因此，在保持一定的酸度和加热的同时，仍不能忽视必要的糖浓度。

渗透压与溶液的摩尔浓度成一定比例，各种糖的防腐效果以分子量小、溶解度大的为好。因此，用转化糖或葡萄糖要比用同样重量的蔗糖效果好。但是转化糖在长期储藏中，溶解度会变小，造成结晶析出，渗透压下降，同时有损于外观。

在糖藏品调制中，重要的是糖的溶解度和结晶化。因为蔗糖在常温下的饱和浓度约为 67%，不能充分抑制微生物的生长，因此，要增加溶解度。但是对糖藏品进行过饱和蔗糖溶液的调制是困难的，即使调制以后也会立即形成结晶析出，这对储藏性的提高既无益，又影响商品外观。如果在蔗糖溶液中添加一些转化糖，则其饱和可溶性固形物最大可增加到 75%（20℃）。这样既有利于品质的保持，又改善了非结晶性，可起到完美的效果。

第二节 常用的化学保鲜技术

一、概述

随着社会的发展、人们生活水平的提高，传统的盐腌、糖渍、干制、罐藏等已不能满足人们生活的要求，现在人们需要的是常年供应新鲜食品，因此，近年来食品保鲜储藏迅速发展。将化学品应用到食品工业中，是食品防腐保鲜得以发展的重要因素之一。防腐保鲜剂的使用，作为简便、易行、有效的方法，在粮食、水果、蔬菜、肉、禽、蛋、水产等原料及其加工品的储藏中，起到了非常重要的作用。今后，在食品工业中，防菌、防霉技术必将有更大的发展，这是因为随着食品的长期储存、长途运输的发展，以食物为媒介的细菌性食物中毒和一些产毒霉菌的霉毒，特别是有致癌作用的黄曲霉毒素等对食品的污染问题逐渐突出，这必将促使人们对食品的防菌、防霉采取更为有效的措施。

食品防腐保鲜是指在储藏过程中保持食品固有的色、香、味、形及其营养成分，为此而应用的化学品称为防腐保鲜剂。防腐保鲜剂是我国特有的名词，因为我国所研制的保鲜剂多是以一定的药剂形式，将具有防腐与保鲜功能的药剂配合使用，一次用药而达到防腐、保鲜两种目的，因此，将防腐与保鲜联系起来称为防腐保鲜剂，简称保鲜剂。

防腐与保鲜是两个有区别而又互相关联的概念。防腐是针对有害微生物的，现在看来应该包括两个方面的意思：一是防止微生物造成食品的腐烂；二是防止产毒微生物（如黄曲霉等）的危害。保鲜是针对食品本身品质的。由此可见，要达到这两个目的，应采用不同的药剂和方法。但从食品自身来讲，防腐和保鲜又互相关联，比如，水果在储藏中受微生物浸染有两条途径：一是通过果子在采收或储藏过程中所造成的碰、压、擦伤及冻伤、虫孔、开裂的果皮侵入；二是随着果实的老化、过熟导致抵抗力降低而由果皮的皮孔侵入。由此可见，避免果实表皮的破伤和设法延缓与防止果实的衰老和过熟，提高果实自身的抵抗能力（即保鲜），是果实防腐的首要条件；消除污染源，减少微生物对果子的污染，是防腐的根本措施。因此，防腐与保鲜又是密不可分的。

从应用防腐保鲜剂的观点来看，可将食品分为两类：一类是各种加工食品，如糕点、糖果、饮料等，可以说是“死的”食品。另一类是水果、蔬菜等鲜活食品，它们在储藏过程中仍为“活体”，仍在进行生理活动。水果在采摘时已达到生理成熟，而蔬菜在采摘时仅达到商品成熟，即蔬菜比水果在储藏中保持更为旺盛的生理活动。由于这两类食品各具不同的特点，因此在防腐保鲜时要采用不同的保鲜剂。

食品化学储藏的卫生安全性是人们最为关注的问题。因此，在生产和选用化学保鲜剂时，要求保鲜剂必须符合食品添加剂的卫生安全性规定，并严格按照食品卫生标准规定控制食用量，以保证食用者的身体健康。

食品化学保鲜剂种类繁多，它们的理化性质和保藏的机理也各异。有的化学保鲜剂作为食品强化剂直接参加食品的组成，有的化学保鲜剂则是以改变或控制环境因素（如氧）对食品起保藏作用。化学保鲜剂有人工化学合成的，也有从天然生物体内提取的。按照化学保鲜剂的保鲜机理不同，可将其分为三类：防腐剂、杀菌剂和抗氧化剂。现将各类化学药剂的机理、主要种类、理化性质及使用技术等加以简要叙述。

二、食品防腐剂

从广义上讲，食品防腐剂包括能够抑制或杀灭微生物的防腐物质。但是从狭义上即对微生物的主要作用性质讲，防腐剂是指抑制微生物繁殖的物质，或称为抑菌剂，而杀灭微生物的物质则称为杀菌剂。

（一）食品防腐剂的抑菌原理

食品防腐剂的抑菌作用主要是通过改变微生物发育曲线使微生物发育停止在缓慢增殖的迟滞期，而不进入急剧增殖的对数期，延长微生物繁殖一代所需要的时间，即所谓的“净菌作用”。微生物的繁殖之所以受到阻碍，与防腐剂控制微生物生理活动，特别是呼吸作用的酶系统有密切关系。有的防腐剂能够阻止微生物酶系统活性，有的防腐剂能与微生物酶系统中的某种基相结合，有的防腐剂同时能阻碍或破坏微生物细胞膜的正常功能，等等，从而起到对微生物繁殖的净菌作用。

（二）食品防腐剂的种类、特性及使用

1. 食品防腐剂的分类

食品防腐剂按其来源可分为化学合成防腐剂和天然防腐剂。

化学合成防腐剂由人工合成，种类多，包括有机和无机的防腐剂，约50多种，其中常用的化学合成防腐剂主要有苯甲酸钠、山梨酸钾、二氧化硫、亚硫酸盐、对羟基苯甲酸酯、丙酸盐及硝酸盐和亚硝酸盐等。我国食品添加剂使用卫生标准中规定使用的化学合成防腐剂有苯甲酸、苯甲酸钠、山梨酸、山梨酸钾和二氧化硫。

天然防腐剂是生物体分泌或体内存在的防腐物质，经人工提取后即可用作食品防腐剂。该防腐剂为天然物质，有的本身就是某种食用成分，它对人体无毒害，并能增进食品的风味品质，因而是一类有发展前途的食品防腐剂。但是目前对天然防腐剂还缺乏研究。现在已知的天然防腐剂物质有香辛料中的羰基化合物和萜类，葱、蒜、韭菜中的含硫芳香油，卵蛋白中的溶菌酶以及某些细菌分泌的抗生素（主要是枯草菌素和乳酸链球菌素），均能对食品起到防腐保藏作用。在这里需要指出的是，由霉菌分泌的青霉素、棒曲霉素，放线菌分泌的金霉素、土霉素、氯霉素等抗生素，多属于医药。若用于食品防腐保鲜，当人们食用这种食品后会增强人体内病菌的耐药性，从而影响抗生素药物的疗效，因此，上述抗生素应禁止作为防腐剂用于食品储藏。

2. 主要化学合成防腐剂

（1）苯甲酸和苯甲酸钠

苯甲酸和苯甲酸钠又分别称为安息香酸和安息香酸钠，萨尔科夫斯基（Salkowski）于1875年发现苯甲酸及其钠盐有抑制微生物发育的效果。其抑菌作用的机理是阻碍微生物细胞呼吸系统，使三羧酸循环（TCA 循环）中乙酰辅酶 A—乙酰醋酸及乙酰草酸—柠檬酸之间的循环过程难以进行，并阻碍细胞膜的作用。

该防腐剂为白色结晶或颗粒，略带安息香气味，性质稳定，易溶于水，为广谱抑菌剂。其抑菌效果因 pH 而异，一般在低 pH 范围内抑菌效果显著，最适宜 pH 为 2.5~4.0，pH 高于 5.4 则失去对多数霉菌和酵母的抑菌作用。实验证明，pH 为 4.5 时苯甲酸完全抑制微生物的最低浓度为 0.05%~0.1%。

苯甲酸及其钠盐作为防腐剂比较安全，摄入体内经过肝脏，大部分在 9~15h 内与甘氨酸结合为马尿酸随尿排出体外，剩余部分再与葡萄糖酸结合解毒。实验证明，苯甲酸及其钠盐作为防腐剂在体内无积累，但对肝功能衰弱者不太适宜。

使用该防腐剂时需要注意下列事项：

①苯甲酸加热至 100℃ 能够升华。在酸性环境中容易随水蒸气蒸发，因此操作人员需要戴口罩、手套等防护措施。

②苯甲酸及其钠盐在酸性条件下防腐性能良好，但对产酸菌的抑制作用比较弱，所以使用该防腐剂时应将食品的 pH 调节到 2.5~4.0，以充分发挥防腐剂的作用。此外，苯甲酸溶解度低，使用时需加入适量碳酸氢钠或碳酸钠，并以 90℃ 以上的热水溶解以促使其转化为苯甲酸钠，再加入食品。

③严格控制使用数量，以保证食品的卫生安全性。联合国粮食及农业组织（FAO）和世界卫生组织（WHO）规定苯甲酸或苯甲酸钠，按人体的每千克体重日摄入量（ADI）为 0~5mg。我国对苯甲酸及其钠盐的用量规定和应用的食品种类范围见表 2-1。

（2）山梨酸和山梨酸钾

山梨酸和山梨酸钾又分别称为花楸酸和花楸酸钾，Gooding 于 1645 年发现山梨酸对微生物的抑制作用。其抑菌机理为阻碍微生物细胞中脱氢酶系统，并与酶系统中的巯基结合，使多种重要酶系统被破坏，从而达到抑菌和防腐的要求。

该防腐剂为无色或白色结晶，无臭或稍有刺鼻的气味，对光、热稳定，但久置空气中易氧化变色。山梨酸微溶于水及有机溶剂，加热至

228℃时分解；山梨酸钾易溶于水，并溶于乙醇，加热至270℃时分解。

山梨酸及其钾盐对污染食品的霉菌、酵母和好气性微生物有明显抑菌作用，但对于能形成芽孢的嫌气性微生物和嗜酸乳杆菌的抑制作用甚微。山梨酸的防腐效果，一般随pH升高而降低，实验证明山梨酸的抗菌力在pH低于5~6时最佳。

从化学结构讲，山梨酸及其钾盐属于不饱和脂肪酸，摄入人体后能在正常的代谢过程中被氧化成水和二氧化碳，一般属于无毒害的防腐剂。FAO/WHO规定山梨酸及其钾盐的ADI值为0~25mg/kg。表2-1规定了我国对山梨酸及其钾盐的用量和食品应用范围。

表2-1　保藏剂的ADI（mg/kg体重）（FAO/WHO）

苯甲酸、苯甲酸钠	0~5	丙酸钠、丙酸钙	不限制
山梨酸、山梨酸钠	0~25	邻苯酚	0~0.2
脱氢醋酸、脱氢醋酸钠	—	噻苯咪唑	0~0.05
对羟基苯甲酸酯	0~10		

根据山梨酸及其钾盐的理化性质，在食品中使用时应注意下列事项：一是山梨酸容易随着加热的水蒸气挥发，所以在使用该防腐剂时，应该先将食品加热后再按规定用量添加山梨酸，以减少挥发损失；二是山梨酸及其钾盐对人体皮肤和黏膜有刺激性，要求操作人员佩戴防护眼镜；三是山梨酸对微生物污染严重的食品其防腐效果不明显，因为微生物能利用山梨酸作为培养基，如果此时加入山梨酸会加速微生物的繁殖活动，起不到防腐作用。

（3）对羟基苯甲酸酯

对羟基苯甲酸酯又称为对羟基安息香酸酯或尼泊金酯，是国际上允许使用的一类食品防腐剂。由于对羟基苯甲酸的羧基与不同的醇发生酯化反应而生成不同的酯，目前在食品中应用的有对羟基苯甲酸乙酯、对羟基苯甲酸丙酯、对羟基苯甲酸异丙酯、对羟基苯甲酸丁酯和对羟基苯甲酸异丁酯五种。其中，对羟基苯甲酸丁酯防腐效果最佳。

对羟基苯甲酸酯多呈白色结晶，稍有涩味，几乎无臭，无吸湿性，对光和热稳定，微溶于水，而易溶于乙醇和丙二醇。其抑菌机理与苯甲酸基本相同，主要使微生物细胞呼吸酶系统与电子传递酶系统的活性受抑制，并能破坏微生物细胞膜的结构，从而起到防腐的效果。

对羟基苯甲酸酯的抑菌作用受 pH 影响较小，适用的 pH 范围为 4~8，但以酸性条件下防腐效果较好。该防腐剂属于广诺抑菌剂，对霉菌和酵母作用较强，而对细菌中的革兰氏阴性杆菌及乳酸菌作用较弱。其结构式中 R 上的碳链越长则抑菌效果越强。实验证明，在 pH 为 5.5 时对羟基苯甲酸丁酯完全抑制微生物的浓度最低，抗菌能力最强。通过动物毒理实验证明，对羟基苯甲酸脂的毒性低于苯甲酸，是较为安全的防腐剂。FAO/WHO 规定对羟基苯甲酸酯的 ADI 值为 0~10mg/kg。该防腐剂曾用于酱油、酱菜等食品的防腐，其最大用量以对羟基苯甲酸计，每千克食品为 0.1g。该防腐剂性质稳定，无毒性，使用时比较安全，无特别注意事项。

（4）脱氢醋酸和脱氢醋酸钠

脱氢醋酸和脱氢醋酸钠为白色、无味、无臭化合物。脱氢醋酸易溶于酒精，难溶于水（700∶1），但在碳酸氢钠水溶液中易溶（3∶1）。脱氢醋酸钠易溶于水、甘油、丙二醇，微溶于乙醇。

其防腐效果主要是由于三羰基甲烷结构与金属离子发生螯合作用从而损害微生物的酶系。两者有较强的抗菌力，而对霉菌、酵母的抗菌力尤强，0.1%的浓度可有效地抑制霉菌，而抑制细菌的浓度为 0.4%。

脱氢醋酸和脱氢醋酸钠是一种毒性很低、对热较稳定的防腐剂，当 pH 在酸性范畴内时，其抗菌力最强。

允许使用量：腐乳、什锦酱菜、原汁橘酱，0.3g/kg（以脱氢醋酸计）。

（5）丙酸钙和丙酸钠

丙酸是一元羧酸，属酸性防腐剂，需在 pH 较低的条件下使用。其抗菌力没有其他防腐剂强，对霉菌和好气性的产孢子菌比较有效，但对酵母几乎没有影响。因而可以利用这个特性，用于面包和糕点的防霉。

允许使用量：面包和糕点每千克为 2.5g 以下（以丙酸计）。在面包等发酵糕点类食品中，由于丙酸钠会减弱酵母的功能，故一般采用丙酸钙；丙酸钙抑制霉菌的有效剂量比丙酸钠小，但它能降低化学膨松剂的作用，故这类食品一般宜采用丙酸钠。

（6）双乙酸钠

双乙酸钠为白色结晶，略有醋酸气味，极易溶于水（1g/ml）；10%水溶液 pH 为 4.5~5.0，150℃时可分解。

双乙酸钠成本低，性质稳定，防霉防腐作用显著。可用于粮食、食品、饲料等防霉防腐（一般用量为 1g/kg），还可作为酸味剂和品质改良剂。该产品添加于饲料中可提高蛋白质的效价，增加适口性，提高饲养动物的产肉、产蛋和产乳率，还可防止肠炎，提高免疫力，是新近开发的添加剂，美国食品和药物管理局将其定为一般公认安全物质。1993 年美国撤除了双乙酸钠在食品、医药及化妆品中容许限量。

（7）邻苯基苯酚和邻苯酚钠

主要用作防止霉菌生长，对柑橘类果皮的防霉效果甚好，允许使用量为 100mg/kg 以下（以邻苯酚计）。

（8）联苯

联苯对柠檬、葡萄、柑橘类果皮上的霉菌，尤其对指状青霉和意大利青霉的防治效果更强。一般不直接使用于果皮，而是利用其升华性（25℃下蒸气压为 1.3Pa），将该药浸透于纸中，再将浸有此药液的纸放置于储藏和运输的包装容器中，让其慢慢挥发，待果皮吸附后，即可产生防腐效果。每千克果实所允许的药剂残留量应在 0.07g 以下。

（9）噻苯咪唑

噻苯咪唑是美国新发明的防霉剂，适用于柑橘和香蕉等水果。使用后允许残留量，柑橘类每千克 0.01g 以下；香蕉每千克为 0.003g 以下，香蕉果肉每千克为 0.0004g 以下。

（10）合成有机保藏剂的安全性评价和使用标准

用于食品的一切化学物质必须无毒，要经长期的动物试验，对其毒性状况作科学的评价。前文的表 2-1 是 FAO 和 WHO 共同设置的食品添加剂专门委员会公布的有机保藏剂的安全性及使用标准。这是按人体每千克体重每日允许摄取量（ADI）计的。

（三）天然有机防腐剂

1. 酒精

含有酒精成分 30%以上的蒸馏酒，可以抑制一切微生物的繁殖。当食品中含酒精浓度达 1%~2%时，便可对葡萄球菌、大肠杆菌、假单孢菌属等具有杀死作用，如此食品可延长保藏期 2~3 倍。

2. 有机酸

有机酸对微生物的生长、繁殖影响很大。各种微生物都有自己的生长最适条件以及上限和下限 pH 范围，因种类不同，其差别亦较大。例如，有一种硫黄细菌在 pH = 1.0 的情况下还能繁殖，大肠杆菌属、假单孢菌属、芽孢杆菌属等一般性食品细菌的生长下限则为 pH = 4.0 ~ 5.0，乳酸菌等产酸菌的生长下限可低至 pH = 3.3 ~ 4.0，霉菌、酵母的生长下限在 pH = 1.6 ~ 3.2（多数是 pH = 2.0 附近）。微生物可以进行生长繁殖的下限 pH，还因酸的种类而异。例如，沙门氏菌最适宜 pH，在柠檬酸的情况下为 pH = 4.1，而乳酸为 4.4，醋酸为 5.4，丙酸为 5.5，显然柠檬酸和丙酸之间 pH 相差达 1.5。有机酸发酵的食品（渍物、酸乳酪等）在成熟过程中，由于发酵作用，不仅赋予食品以特有的香气，也赋予其酸味，使 pH 下降，从而提高了保藏性。用醋渍或添加醋作调味的食品，当 pH 下降到 3.0 以下时，亦可获得良好的保藏性。

3. 辛辣成分

香辛料在通常的使用浓度下，无明显的净菌效果，但当食品中同时添加食盐或经烟熏处理，就可获得显著的防腐效果，其作用的大小因香辛料种类的不同而异，另外还要视微生物的种类而异。例如，肉桂皮和丁香中含有肉桂醛及丁香酚，大蒜中含有蒜氯酸和蒜辣素，较其他香辛料有更强的净菌作用。

4. 海藻糖

海藻糖是一种无毒低热值的二糖。它所具有良好的防腐作用是由它的抗干燥特性决定的。它可在干燥生物分子的失水部位形成氢链连接，构成一层保护膜，并能形成一层类似水晶的玻璃体。因此，它对于冷冻、干燥的食品，不仅能起到良好的防腐作用，还可防止品质发生变化。

5. 甘露聚糖

甘露聚糖是一种无色、无毒、无臭的多糖。以 0.05% ~ 1% 的甘露聚糖水溶液喷、浸涂布于生鲜食品表面或掺入某些加工食品中，能显著地延长食品保鲜期。如草莓用 0.05% 的甘露聚糖水溶液浸渍 10s，经风干，储存 1 周，仅表皮稍失光泽，3 周也未见长霉；而对照组 2d 后失去光泽，3d 开始发霉。

三、食品杀菌剂

从广义上讲，杀菌剂包括在上述防腐剂之中，但是不同于一般防腐剂（即抑菌剂）的是，其能对污染食品的微生物起杀灭作用。食品杀菌剂按其灭菌特性可分为两大类：氧化型杀菌剂和还原型杀菌剂。现将这两类杀菌剂的作用机理、种类和特性及使用等分别加以叙述。

（一）氧化型杀菌剂

1. 氧化型杀菌剂的作用机理

过氧化物和氯制剂是在食品储藏中常用的氧化型杀菌剂。这两种杀菌剂都具有很强的氧化能力，可以有效地杀灭食品中的微生物。过氧化物主要是通过氧化剂分解时释放强氧化能力的新生态氧使微生物氧化致死，而氯制剂则是利用其有效氯成分的强氧化作用杀灭微生物。有效氯渗入微生物细胞后，破坏酶蛋白及核蛋白的疏基或者抑制对氧化作用敏感的酶类，使微生物死亡。

2. 氧化型杀菌剂的种类和特性

如上所述，氧化型杀菌剂包括过氧化物和氯制剂两类。在食品储藏中常用的有过醋酸、漂白粉、漂白精以及其他的氧化型杀菌剂。

（1）过醋酸

过醋酸又称为过氧乙酸，其分子式为 $C_2H_4O_3$，无色液体，有强烈的刺鼻气味，易溶于水，性质极不稳定，尤其是低浓度溶液更易分解释放出氧，但在2℃~6℃的低温条件下分解速度减慢。

过醋酸是一种广谱、速效、无毒害的强力杀菌剂，对细菌及其芽孢、真菌和病毒均有较好的杀灭效果，特别是在低温下仍能灭菌，这对保护食品营养成分有积极的作用。一般使用0.2%浓度的过醋酸便能杀灭霉菌、酵母及细菌，用0.3%浓度的过醋酸溶液可以在3min内杀死蜡状芽孢杆菌。

过醋酸在我国多作为杀菌消毒剂，用于食品加工车间、工具及容器的消毒。使用的浓度为 $0.2g/m^3$ 浓度喷雾消毒车间，0.2%浓度的溶液浸泡消毒工具和容器。此外，也可用作某些食品的杀菌剂，例如，0.2%浓度的溶液浸泡新鲜蔬菜或果品2~5min即可杀死霉菌；0.1%浓度的溶液浸泡鸡蛋2~5min可杀灭蛋壳表面的细菌；食品加工中常用过醋酸溶液对草莓储藏保鲜，采用 0.2g/m^3 的浓度喷雾，在 4℃~6℃、相对湿度为 83.91%的条件下，3~6d 内能较好地保持草莓的色、香、味及营养成分。

（2）漂白粉

漂白粉是一种混合物杀菌剂，其组成包括次氯酸钙、氯化钙和氢氧化钙，杀菌的有效成分为次氯酸钙等复合物分解产生的有效氯。漂白粉为白色至灰白色粉末或颗粒，性质极不稳定，吸湿受潮，经光和热的作用而分解，有明显的氯臭，在水中的溶解度约为 6.9%。其主要成分次氯酸钙中的次氯酸根遇酸则释放游离氯，即有效氯，具有强杀菌作用。《中国药典》（1963 年）规定漂白粉的有效氯含量不低于 25%，目前生产的漂白粉有效氯含量在 28.35%。漂白粉对细菌、芽孢、酵母、霉菌及病毒均有强杀灭作用。其杀菌效果因作用时间、浓度和温度等因素而异，而 pH 的改变对其杀菌效果影响显著，pH 降低能提高其杀菌效果。漂白粉在我国主要用作饮用水、食品加工车间、库房、容器设备及蛋品等方面的消毒剂。使用时，先以清水将漂白粉溶解成乳剂澄清液密封存放待用。然后，按不同消毒要求配制澄清液的适宜浓度。一般对车间、库房预防性消毒，其澄清浓度为 0.1%~0.5%；消毒容器设备浓度为 0.1%；传染病消毒浓度为 1%~3%，炭疽芽孢污染场所消毒浓度为 10%；蛋品用水消毒按冰蛋操作规定要求水中有效氯为 800~100ppm，消毒时间不低于 5min；饮用水（包括食品加工用水）消毒按国家饮水标准规定，出厂水中的游离性余氯为 0.5~1ppm。

（3）漂白精

漂白精又称为高度漂白粉，化学组成与漂白粉基本相同，但纯度高，一般有效氯含量为 60%~75%，主要成分仍为次氯酸钙复合物。白色至灰白色粉末或颗粒，性质较稳定，吸湿性弱，但是，遇水和潮湿空气，或经阳光暴晒和升温至 150℃ 以上，则发生燃烧或爆炸。漂白精在酸性条件下分解，其消毒作用同漂白粉，但消毒效果比漂白粉高 1 倍。

3. 氧化型杀菌剂的使用注意事项

（1）过氧化物和氯制剂都是以分解产生的新生态氧或游离氯进行杀菌消毒的。这两种气体对人体的皮肤、呼吸道黏膜和眼睛有强烈的刺激作用和氧化腐蚀性，要求操作人员加强劳动保护，佩戴口罩、手套和防护眼镜，以保障人体健康与安全。

（2）根据杀菌消毒的具体要求，配制适宜浓度，并保证杀菌剂足够的作用时间，以达到杀菌消毒的最佳效果。

（3）根据杀菌剂的理化性质，控制杀菌剂的储存条件，防止因水分、湿度、高温和光线等因素使杀菌剂分解失效，并避免发生燃烧、爆炸事故。

（二）还原型杀菌剂

1. 还原型杀菌剂的作用机理

在食品储藏中，常用的还原型杀菌剂主要是亚硫酸及其盐类，它们包括在食品添加剂的漂白剂之中。其杀菌机理是利用亚硫酸的还原性消耗食品中的氧，使好气性微生物缺氧致死。同时，还能阻碍微生物生理活动中酶的活性，从而控制微生物的繁殖。亚硫酸属于酸性杀菌剂，其杀菌作用除与药剂浓度、温度和微生物种类等有关以外，pH 的影响尤为显著。因为此类杀菌剂的杀菌作用是由未电离的亚硫酸分子来实现的，如果发生电离则丧失杀菌作用，而亚硫酸的电离度与食品 pH 密切相关，只有食品的 pH 低于 3.5 时，保持较强的酸性条件下，亚硫酸分子不发生电离，此时杀菌效果最佳。亚硫酸随着浓度加大和温度升高，杀菌作用增强。但是，考虑到高温会加速食品质量变化和促使二氧化硫挥发损失，所以在生产实际中多在低温条件下使用还原性杀菌剂。亚硫酸对细菌杀灭作用强，对酵母杀灭作用弱。此外，还原型杀菌剂还具有漂白和抗氧化作用，这能够防止某些食品褪色，同时能阻止食品颜色的褐变。

2. 还原型杀菌剂的种类和特性

如上所述，还原型杀菌剂主要是亚硫酸及其盐类，在国内外食品储藏中常用的品种有二氧化硫、无水亚硫酸钠、亚硫酸钠、保险粉和焦亚硫酸钠等。

（1）二氧化硫

二氧化硫又称为亚硫酸酐，分子式为 SO_2，在常温下是一种无色而具有强烈刺激臭味的气体，对人体有害。易溶于水与乙醇，在水中形成亚硫酸，其溶解度在 0℃时为 22.8%。当空气中含二氧化硫浓度超过 $20mg/m^3$ 时，对眼睛和呼吸道黏膜有强烈刺激，如果含量过高则能使人窒息死亡。因此，在进行熏硫时需要注意防护和通风管理。在生产实际中多采用硫黄燃烧法产生二氧化硫，此操作称为“熏硫”。硫黄的用量及浓度因食品种类而异，一般熏硫室中二氧化硫浓度保持在1%~2%，每吨切分果品于制时熏硫需硫黄3~4kg，熏硫时间在30~60min。此外，还可直接采用二氧化硫气体熏硫。无论采取何种熏硫都需注意熏硫食品中的二氧化硫残留量应符合食品卫生标准规定，并要求硫黄含杂质少，其中砷含量应低于0.003%。FAO及WHO规定二氧化硫的ADI值为0~0.7mg/kg。

（2）无水亚硫酸钠

无水亚硫酸钠的分子式为Na_2SO_3，该杀菌剂为白色粉末或结晶，易溶于水，微溶于乙醇，0℃时在水中的溶解度为13.9%，比含结晶水的亚硫酸钠性质稳定，在空气中能缓慢氧化成硫酸盐，从而丧失杀菌效果。与酸反应产生二氧化硫，所以需要在酸性条件下使用。FAO及WHO规定的亚硫酸钠ADI值以二氧化硫计，为0~0.7mg/kg。

（3）亚硫酸钠

亚硫酸钠又称为结晶亚硫酸钠，该杀菌剂为无色至白色结晶，易溶于水，微溶于乙醇。0℃时在水中的溶解度为32.8%，遇空气中则慢慢氧化成硫酸盐，从而丧失杀菌作用。在酸性条件下使用，产生二氧化硫。FAO及WHO规定ADI值以二氧化硫计，为0~0.7mg/kg。

（4）保险粉

保险粉为杀菌剂的商品名称，其学名为低亚硫酸钠或连二亚硫酸钠，分子式为$Na_2S_2O_4$。该杀菌剂为白色粉末状结晶，有二氧化硫浓臭，易溶于水，久置空气中则氧化分解，潮解后能析出硫黄。应用于食品储藏时，具有强烈的还原性和杀菌作用。

（5）焦亚硫酸钠

焦亚硫酸钠又称为偏重亚硫酸钠，分子式为$Na_2S_2O_5$。该杀菌剂为白色结晶或粉末，有二氧化硫浓臭，易溶于水与甘油，微溶于乙醇，常温条件下在水中的溶解度为30%。焦亚硫酸钠与亚硫酸氢钠呈现可逆反应。目前生产的焦亚硫酸钠为焦亚硫酸钠与亚硫酸氢钠的混合物，在空气中吸湿后能缓慢释放出二氧化硫，具有强烈的杀菌作用，还可在葡萄防霉保鲜中应用，效果良好。FAO及WHO规定其ADI值以二氧化硫计，为0~7mg/kg。

3. 还原型杀菌剂使用注意事项

（1）亚硫酸及其盐类的水溶液在放置过程中容易分解逸散二氧化硫而失效，所以应现用现配制。

（2）在实际应用中，需要根据不同食品的杀菌要求和各亚硫酸杀菌剂的有效二氧化硫含量确定杀菌剂用量及溶液浓度，并严格控制食品中的二氧化硫残留量标准，以保证食品的卫生安全性。

（3）亚硫酸分解或硫黄燃烧产生的二氧化硫是一种对人体有害的气体，具有强烈的刺激性，并对金属设备有腐蚀作用，所以在使用时应做好操作人员和库房金属设备的防护管理工作，以确保人身和设备的安全。

四、食品抗氧化剂与脱氧剂

（一）食品抗氧化剂

食品抗氧化剂是防止或延缓食品氧化变质的一类物质。如前文所述，油脂或含油脂的食品在储藏、运输过程中由于氧化发生酸败或油烧现象，不仅降低食品营养，使风味和颜色劣变，而且产生有害物质危及人体健康。防止食品氧化变质有多种方法，除了对食品原料、加工和储运环节采取低温、避光、隔氧或充氮密封包装等措施以外，配合添加适量的抗氧剂可以有效地增加食品储藏效果。

1. 食品抗氧化剂的作用机理

食品抗氧化剂的种类繁多，抗氧化的作用机理也不尽相同。虽然如此，但它们的抗氧化作用都是以其还原性为理论依据的。例如，有的抗氧化剂被氧化，消耗食品内部和环境中的氧而保护食品品质；有的抗氧化剂作为给氢体或电子供给体，阻断食品自动氧化的连锁反应；有的抗氧化剂则是通过抑制氧化酶的活性而防止食品氧化变质；等等，所有这些抗氧化作用都与抗氧化剂的还原性密切相关。

2. 食品抗氧化剂的种类和特性

食品抗氧化剂按其溶解性质可分为脂溶性抗氧化剂和水溶性抗氧化剂两类。

（1）脂溶性抗氧化剂

脂溶性抗氧化剂易溶于油脂，主要用于防止食品油脂的氧化酸败及油烧现象，常用的种类有丁基羟基茴香醚、二丁基羟基甲苯、没食子酸丙酯及生育酚混合浓缩物等。此外，在研究和使用的脂溶性抗氧化剂还有愈创树脂、正二氢愈创酸、没食子酸及其酯类（十二酯、辛酯、异戊酯）、特丁基-对苯二酚、2，4，5-三羟基苯丁酮、乙氧基喹、3，5-二特丁基-4-

茴香醚以及天然抗氧化剂如芝麻酚、米糠素、棉花素、芳香素、胚芽油、褐变产物和红辣椒抗氧化物质等。

①丁基羟基茴香醚。丁基羟基茴香醚又称为特丁基-4-羟基茴香醚，或简称 BHA。BHA 由 3-BHA 和 2-BHA 两种异构体混合组成，分子式为 $C_{11}H_{16}O_2$。BHA 为白色或微黄色蜡状粉末晶体，有酚类的刺激性臭味。不溶于水，而易溶于油脂及丙二醇、丙酮、乙醇等溶剂。热稳定性强，可用于焙烤食品的抗氧化剂。BHA 吸湿性微弱，并具有较强的杀菌作用。实验证明，BHA 与其他抗氧化剂并用可以增加抗氧化效果。BHA 比较安全，为国内外广泛使用的抗氧化剂，其 ADI 值为 0~0. 5mg/kg。

②二丁基羟基甲苯。二丁基羟基甲苯又称为 2，6-二特丁基对甲酚，或简称 BHT。BHT 为白色结晶，无臭，无味，溶于乙醇、豆油、棉籽油、猪油，不溶于水和甘油，热稳定性强，对长期储藏的食品和油脂有良好的抗氧化效果，基本无毒性，其 ADI 值为 0~0. 5mg/kg。

③没食子酸丙酯。没食子酸丙酯简称 PG，为白色至淡褐色结晶，无臭，略带苦味，易溶于醇、丙酮、乙醚，而在脂肪和水中较难溶解。热稳定性强，但易与铜、铁离子作用生成紫色或暗紫色。有一定的吸湿性，遇光则能分解。PG 与其他抗氧化剂或增效剂并用可增强效果。PG 摄入人体可随尿排出，比较安全，其 ADI 值为 0. 02mg/kg。

④生育酚混合浓缩物。生育酚又称为维生素 E，广泛分布于动植物体内，已知的同分异构体有 7 种，经人工提取后，浓缩成为生育酚混合浓缩物。该抗氧化剂为黄色至褐色无臭透明黏稠液，比重为 0. 932~0. 955，溶于乙醇，不溶于水，能与油脂完全混溶，热稳定性强，耐光、耐紫外线和耐辐射性也较强。所以除用于一般的油脂食品外，还是透明包装食品的理想抗氧化剂，也是目前国际上应用广泛的天然抗氧化剂。其使用范围和添加量为：全脂乳粉、奶油或人造奶油添加 0. 005%~0. 05%，动物脂肪为 0. 001%~0. 5%，植物油为 0. 03%~0. 07%，焙烤及油炸食品用油为 0. 01%~0. 1%，肉制品、水产加工品、脱水蔬菜、果汁饮料、冷冻食品、方便食品可按其含油量的 0. 01%~0. 2%添加，效果显著。其 ADI 值为 0~2mg/kg。对人体无毒害。

（2）水溶性抗氧化剂

水溶性抗氧化剂主要用于防止食品氧化变色，常用的种类是抗坏血酸类抗氧化剂。此外，在研究和使用的水溶性抗氧化剂还有许多种，如异抗坏血酸及其钠盐、植酸、乙二胺四乙酸二钠以及氨基酸类、肽类、香辛料和糖醇类抗氧化剂。现将 L-抗坏血酸及 L-抗坏血酸钠叙述如下：

抗坏血酸又称为维生素 C，系由葡萄糖合成。抗坏血酸及其钠盐为白色微黄色结晶、细粒或粉末，无臭，抗坏血酸带酸味，其钠盐有咸味，干燥品性质较稳定，但热稳定性差，抗坏血酸在空气中氧化变成黄色。易溶于水和乙醇，可作为啤酒、无酒精饮料、果汁的抗氧化剂，能防止褐色、变色及品质风味劣变现象。此外，还可作为 α-生育酚的增效剂，防止动物油脂的氧化酸败，在内制品中起助色剂作用。经研究发现，抗坏血酸及其钠盐还有阻止亚硝胺生成的作用，所以又是一种防癌物质，其添加量约为 0.5%。抗坏血酸及其钠盐对人体无毒害，抗坏血酸的 ADI 值为 0~15mg/kg。

3. 食品抗氧化剂使用注意事项

（1）食品抗氧化剂的使用时机要恰当

食品中添加抗氧化剂需要特别注意时机，一般应在食品保持新鲜状态和未发生氧化变质之前使用抗氧化剂，否则，在食品已经发生氧化变质现象后再使用抗氧化剂则效果显著下降，甚至完全无效。这一点对防止油脂及含油脂食品的氧化酸败尤为重要。根据油脂自动氧化酸败的连锁反应，抗氧化剂应在氧化酸败的诱发期之前添加才能充分发挥抗氧化剂的作用。

（2）抗氧化剂与增效剂并用

增效剂是配合抗氧化剂使用并能增加抗氧化剂效果的物质。这种现象称为增效作用。例如，油脂食品为防止油脂氧化酸败，添加酚类抗氧化剂的同时使用某些酸性物质，如柠檬酸、磷酸、抗坏血酸等，则可有显著的增效作用。此外，抗氧化剂与食品稳定剂并用或两种抗氧化剂并用都可以起到增效作用。

（3）对影响抗氧化剂还原性的诸因素加以控制

如前文所述，抗氧化剂的作用机理是以其强烈的还原性为依据的，使用抗氧化剂应当对影响其还原性的各种因素进行控制。光、温度、氧、金属离子及物质的均匀分散状态等均会影响抗氧化剂的效果。

光中的紫外线及高温能促进抗氧化剂的分解和失效。例如，BHT 在 70℃以上、BHA 在 100℃以上便可升华挥发而失效。所以，在避光和较低温度下抗氧化剂效果容易发挥。氧是影响抗氧化剂的敏感因素，如果食品内部及其周围的氧浓度高则会使抗氧化剂迅速失效。为此，需要在添加抗氧化剂的同时采用真空和充氮密封包装，以隔绝空气中的氧，能获得良好的抗氧化效果。

铜、铁等金属离子起着催化抗氧化剂分解的作用，在使用抗氧化剂时，应尽量避免混入金属离子，或者采取某些增效剂螯合金属离子。抗氧化剂在食品中的用量微少，如果采取机械搅拌或添加乳化剂，增加其均匀性分布，则有利于增加抗氧化效果。

（二）食品脱氧剂

脱氧剂又称为游离氧吸收剂（FOA）或游离氧驱除剂（FOS），它是一类能够吸除氧的物质。当脱氧剂随食品密封在同一包装容器中时，能通过化学反应吸除容器内的游离氧及溶存于食品的氧，并生成稳定的化合物，从而防止食品氧化变质，同时利用所形成的缺氧条件也能有效地防止食品的霉变和虫害。

脱氧剂不同于作为食品添加剂的抗氧化剂，它不直接加入食品的组成，而是在密封容器中与外界呈隔离状态，吸除氧和防止氧化变化的，因而是一种对食品无污染、简便易行、效果显著的储藏辅助措施。

脱氧剂的研制实验始于 1925 年，最早以铁粉、硫酸铁、吸湿物质制成了脱氧剂，用于防止变压器的燃爆问题。之后，相继在英国、德国、美国、日本等国家开展了脱氧剂的研制工作，并制成多种类型的脱氧剂。脱氧剂至今已有近 70 年的历史，而其被人们重视并用于食品储藏是在 1976 年以后。目前已发展成为一种应用广泛的食品保藏剂。近年来，我国有关部门及科研单位已进行了脱氧剂的试制和应用的研究，在储藏粮食、果品保鲜等方面取得了可喜的成果。

1. 食品脱氧剂的种类和作用机理

脱氧剂种类繁多，基本可分为有机和无机两大类。每一大类中又包括多种类型的脱氧剂。目前在食品储藏上广泛应用的有特制铁粉、连二亚硫酸钠和碱性糖制剂三类。

（1）特制铁粉

特制铁粉由特殊处理的铸铁粉及结晶碳酸钠、金属卤化合物和填充剂混合组成。特制铁粉为主要成分，粉粒径在 300μm 以下，表面积比为 $0.5m^3/g$ 以上，呈褐色粉末状。脱氧作用机理是特制铁粉先与水反应，再与氧结合，最终生成稳定的氧化铁。

（2）连二亚硫酸钠

这种脱氧剂由连二亚硫酸钠为主剂与氢氧化钙和植物性活性炭为辅料配合而成。如果用于鲜活食品脱氧保藏时，能连同氧一起吸除二氧化碳，但需再配入碳酸氢钠作为辅料。连二亚硫酸钠脱氧机理是以活性炭为触媒，遇水则发生化学反应，并释放热量，温度可达60℃～70℃，同时产生二氧化碳和水。

（3）碱性糖制剂

这种脱氧剂是由糖为原料生成的碱性衍生物，其脱氧作用机理是利用糖的还原性能，进而与氢氧化钠作用形成儿茶酚等多种化合物，其机理尚不清楚。

2. 食品脱氧剂的效果及影响因素

脱氧剂的效果因化学反应的温度、水分、压力及催化物质等因素而不同，其脱氧反应速度和脱氧所需要的时间也各不相同。下面按上述三类脱氧剂分别说明脱氧效果与影响因素的关系。

（1）特制铁粉

这种脱氧剂的原料来源充足，成本较低，使用效果良好，在生产实际中得到广泛应用。特制铁粉的脱氧量由其反应的最终产物而定。在一般条件下，1g铁完全被氧化需要300ml（体积）或者重0.43g的氧。因此，1g铁大约可处理1500ml空气的氧。这是十分有效而经济的脱氧剂。在使用时对其反应中产生的氢应该注意，可在铁粉的配制当中增添抑制氢的物质，或者将已产生的氢加以处理。特制铁粉与使用环境的温度有关，如果用于含水分高的食品则脱氧效果发挥得快；反之，在干燥食品中则脱氧缓慢。

（2）连二亚硫酸钠

这种脱氧剂遇水后并不会迅速反应，如果以活性炭作为触媒则可加速其脱氧化学反应，并产生热量和二氧化硫，而形成的二氧化硫再与氢氧化钙反应而生成较为稳定的化合物。在水和活性炭与脱氧剂并存的条件下，脱氧速度快，一般在1h～2h内可以除去密封容器中80%～90%的氧，经过3h几乎达到无氧状态。

（3）碱性糖制剂

碱性糖制剂在反应过程中生成多种分解产物，对这些产物的形成目前尚不清楚，它们的脱氧能力也各不相同。这类脱氧剂的脱氧速度差异较大，有的在12h内除去密封容器中的氧，有的则需要24h或48h。此外，该脱氧剂只能在常温条件下显示其活性，当处在-5℃时除氧能力减弱，再回到常温下也不能恢复其脱氧活性，如果温度降至-15℃时则完全丧失脱氧能力。

3. 脱氧剂在食品储藏中的应用

脱氧剂是一类新型而简便的化学除氧物质，广泛应用于食品和其他物品的储藏。目前在食品储藏中主要用于防止各种包装加工食品的氧化变质现象、霉变；此外，在防治谷物的仓库虫害方面，脱氧剂也有显著杀虫效果。

第三节　常温可食涂膜保鲜技术理论与方法

一、可食涂膜保鲜的意义及仿生学含义

（一）自然界中果蔬表皮的特性

在植物界中，较耐储的有苹果、苹果梨等，在发育过程中表皮细胞上不断有角质和蜡的积累，蜡质的形成是果实成熟的标记，同时形成了对果实的保护，可以有效地阻止水分的散失、机械损伤和微生物的浸染。植物的表皮是一层没有细胞、没有生命的类似脂肪的膜，这层膜是水和其他可溶物质进出植物体的主要阻碍，由生物聚合物、角质及蜡质组成。每个果实的蜡量稳定增长，但当果实增长时，单位面积的蜡量保持稳定。除蜡的成分变化外，也有相应的结构变化：当果实还挂在树上时，硬蜡的增长速度远快于油分，但在冷库储藏期内，油分增加而硬蜡不变，在呼吸高峰时，油与硬蜡的比值最大。细胞壁在储藏后期的表现特征是蜡的降解，尤其是油分的减少。有学者研究了杧果果实在品质变化中的表皮超微观结构，发现在发育未完全的果实中，果皮可见明显的气孔，只有一层连续的

软蜡薄膜，却很少有表面结构，随着果实的逐渐成熟，当更多更硬的上表皮蜡形成之后，就从果皮的角质层中浮现出来，显示出明显的微结构，并伴有气孔的栓质化、角质层开裂、出现皮孔等现象。相反，不耐储的果品如草莓、黄瓜、叶菜类蔬菜等，其表面结构可见表面积大、有较多的气孔，失水多、呼吸作用强，使储藏保鲜期缩短。形成蜡膜时植物表皮中的脂质传输蛋白在起作用，当气孔关闭时，通过表皮的蒸腾作用是植物水分损失的主要因素。

（二）可食涂膜保鲜的仿生学原理及意义

生物系统经过几十亿年的进化，优化了生命系统的结构和功能，在生命科学的研究成果中，探索和模拟自然界生物系统的卓越功能，是最能激起人类竭尽智力的领域之一，回顾18~20世纪科学技术发展的历程，不难发现许多重大发明都得益于仿生学。但是还有些现象是人们每天都能看到、接触到的，却没有得到充分的重视，其中之一就是自然界中动物的自我保护功能和美化功能。自然界中，动物、植物甚至微生物都在几千年的进化中形成了适合自己的保护层，研究自然界中保护系统的结构和性质，用于指导商品的包装，尤其是对新鲜食品的包装就显得更为重要。研究表明，葡萄的表皮无气孔，当把表皮上的蜡质洗去后，葡萄迅速失水，品质下降，说明果蔬表皮蜡质可有效阻止水分散失、机械损伤和微生物浸染，涂膜保鲜法的仿生学原理就来源于此。由于某些果蔬表皮经过长期的进化具有独特的表皮结构和较好的保护功能，因此，把生物学和食品科学有机结合起来，从仿生学的角度，更深入地研究耐储果蔬表皮的天然蜡质成分和结构，在果蔬进入呼吸高峰前，模拟果蔬的表皮形貌，为果蔬添加一层具有一定微观结构的可食用膜，必然会对果蔬的保鲜起到积极作用。目前我国果蔬保鲜方法多采用单果的气调包装，使用了大量的塑料薄膜，使“白色污染”成为环境危害的主要原因之一，采用可食涂膜可以大量减少塑料薄膜的使用。可食涂膜保鲜是在果蔬表面人工涂一层薄膜，该薄膜能适当阻塞果蔬表面的气孔和皮孔，对气体的交换有一定的阻碍作用，因而能减少水分的蒸发，改善果蔬外观品质，提高商品价值。涂膜还可以作为防腐抑菌剂的载体，从而抑制微生物的浸染。此外，涂膜对减轻表皮的机械损伤也有一定的保护作用。同时，对果蔬的保鲜行为进行研究，把可食涂膜作为抗氧化剂、抗菌剂、营养强化剂及某些能延缓果蔬衰老的活性成分的载体，制成“活性包装”，可以为果蔬常温保鲜提供理想而有效的手段和方法。总之，涂膜是果蔬保鲜重要的发展方向，应用仿生理论探讨果蔬表皮天然的蜡质层，科学地改善或仿制果蔬表面的保护层，研制新型的具有环保功能和生理活性的包装薄膜，将会给食品包装和保鲜技术带来巨大的飞跃。

（三）果蔬可食涂膜保鲜技术的国内外研究概况

使用可食涂膜来延长鲜活食品的货架寿命，保护食品不受有害环境的影响具有悠久的历史，早在几百年前中国就已用蜂蜡封装水果，但对可食涂膜进行系统研究是在20世纪30年代才开始进行，如热熔石蜡被大量用于涂抹柑橘以减少失水，至50年代初，巴西棕榈蜡油或水乳化剂也被用于果蔬保鲜。可食涂膜保鲜技术可以兼备气调保鲜和化学保鲜的优点，具有独特的优越性，近几十年来发展非常迅速，在许多国家得到了推广应用。由于果蔬的种类繁多，表皮结构也各不相同，储藏特性存在非常大的差异，可食涂膜保鲜法的应用研究也是多种多样。目前国内外的研究主要集中在成膜原料的选择上，也有一些对果蔬在储藏期中变化的研究，但是从仿生学角度对果蔬可食涂膜保鲜机理的研究还极少。

1. 果蔬可食涂膜保鲜的成膜材料

可食涂膜的形成必须有至少一种材料能形成连续的、具有稳定黏性的膜，在天然存在的可食物质中，基本材料可以分为三种：脂类、多糖类和蛋白质类。

（1）脂类物质成膜的特点及应用

脂质具有极性弱和易于形成致密分子网状结构的特点，所形成的膜阻水能力极强。许多动物或植物油等脂类化合物都被用于可食涂膜，具有极好的阻湿性。Gontard 总结出脂质阻水能力由大到小为蜡质、脂质、脂肪酸、磷脂、乙酰单甘酯、液体油。Kamper 与 Fennma 研究了各种脂质在滤纸表面成膜的阻水能力，其中以蜂蜡最佳，依次为硬脂醇、乙酰单甘酯、三硬脂酸甘油酯、硬脂酸；而脂质阻氧性能则按硬脂醇、三硬脂酸甘油酯、蜂蜡、乙酰单甘酯、硬脂酸、烷烃顺序递减。目前可食用膜材中最常用的脂质为蜂蜡、石蜡、乙酰单甘酯、硬脂酸和软脂酸。但脂质膜在制备时易产生裂纹或孔洞，因而降低阻水能力，脂类还有易被氧化产生不良风味、所成的膜不透明和蜡味的口感等缺点。因此，20世纪90年代后，在可食用膜研究报道中，脂质已很少单独使用，而通常与蛋白质、多糖类组合形成所谓的复合膜。

(2) 蛋白质类物质成膜的特点及应用

蛋白质膜具有营养价值高、口感好、透性小等特点，且具有较强的乳化力，因而易与脂质形成复合膜，是食品保鲜的理想材料。研究还表明，以蛋白质为基的膜具有比多糖类更好的性能，这是由于多糖只是单一聚合物，而蛋白质则有特殊的结构，赋予膜较大的功能特性和很好的阻氧性。例如，含有巯基（—SH）的蛋白质变性时，形成以双硫键结合、不溶于水的空间网状结构，此时所形成的膜具有更好的阻隔性和机械性能，使蛋白质膜用于食品工业具有很大潜力。在20世纪90年代后期，可食用膜的理论研究集中在蛋白膜和蛋白—脂质复合膜方面，并研究膜的配方以及成膜工艺对膜的通透性的影响。以蛋白质作基质的可食用膜研究较多的是玉米醇溶蛋白、乳清蛋白、大豆分离蛋白、卵白蛋白、花生蛋白和小麦面筋蛋白。但是，玉米醇溶蛋白含有挥发性有机物，影响空气和水的质量，乳清蛋白、大豆分离蛋白也可由于发生美拉德褐变使感官和营养成分下降，所以要注意蛋白质类成膜材料的选择。

(3) 多糖类物质成膜的特点及应用

国内外研究较多的是利用多聚糖类物质进行食品涂膜保鲜，常用的主要是各种纤维素衍生物，由于这些生物大分子具有一定的亲水性，因而由这些成分所制成的膜显示出较强的透水性。多糖类物质具有良好的成膜性，阻气性较好，但阻湿性极差。常用的有淀粉及其改性产品、羧甲基纤维素钠及其衍生物、壳聚糖、植物胶（如瓜尔豆胶、刺槐豆胶等）、黄原胶等。

(4) 复合膜的成膜特点及应用

各种单一可食材料所成的膜具有不同的优点和缺点，同时使用几种不同种类的成分制成复合可食膜，可以弥补各自功能上的不足，因而成为研究的热点。由于多数蛋白质和脂类物质形成的复合膜透明度差、光泽度低，从而影响到产品的感官质量，目前的研究通常是以阻气性和光泽性好的多糖化合物为成膜基料，添加脂类物质来提高阻湿性制成复合可食膜，这种可食膜的透过率因脂类物质的种类、添加量和所形成的可食膜的形貌不同而不同。在多糖类化合物中，添加脂类物质，同时以钙等离子进行交联，可有效地提高阻湿性。因此，多糖类是使用较为广泛的成膜材料之一。对阻气性的研究表明，限制二氧化碳的交换，脂类物质的种类是最关键的因素，而涂料膜的厚度和表面张力的影响相对较小。几丁质与其他多糖类物质所成的膜一样，具有选择性气体透过率和较差的水蒸气的阻隔性，添加月桂酸时可以使膜的水蒸气透过率（WVP）降低49%，WVP与脂肪类型有关，而且不随脂肪酸的链长和疏水性的增加而增加，但可随复合膜的表面能的变化而变化。但是添加脂类物质并不是越多越好，而是与成膜后的结构有关。Sapru等以甲基纤维素、硬脂酸和聚乙二醇为原料，乳化后制成可食膜，其中硬脂酸的比例逐渐增加到22%，随着硬脂酸比例的增加，WVP增加，这是由于在硬脂酸微晶的空隙中，具有网状结构的甲基纤维素和聚乙二醇不能填充进去，故纯的硬脂酸具有最大的WVP值。Chen和Nussinovitch的研究证明，传统上使用蜡进行涂膜，表面相对均匀平坦，当添加黄原胶后，打乱了传统蜡膜规则有序的结构，而这种不完美的结构与传统的蜡膜相比，较小地影响水果的呼吸，且产生的乙烯、乙醛等也减少，他们把刺槐豆胶和瓜尔豆胶添加到蜡质膜中也起到了较好的效果。

2. 果蔬可食涂膜方法

在果蔬保鲜的研究中，具有较强的阻气性、阻湿性的可食膜被用于许多方面：控制果蔬内部的气体交换、改善食品外观、改变果蔬的表面特性、作为食品添加剂的载体等。尤其新鲜果蔬通常采用散装或大包装，采用可食涂膜可以有效地减少微生物再污染和交叉感染所引起的腐烂。目前，对可食涂膜方法的研究集中在以下几个方面：

(1) 可食复合膜的组成

复合膜具有明显的阻水性及一定的选择透气性，因而在果蔬保鲜方面具有广阔的应用前景，但过去30多年所进行的许多研究工作，并未推出几种可供商业应用的可食膜及可食涂膜，因此，国际食品界对可食膜的研究仍在继续。可食复合膜通常是以多糖—脂、蛋白质—脂为主，对其组成的研究，主要是以可食膜的透气性和阻湿性为参数，选择成膜的最佳条件和原料配方。由于不能对独立的可食涂膜进行分析，通过以下两种方法计算气体透过率和阻湿性：一是涂于具有较大透性的支持膜上进行分析；二是进行果蔬内外的气体成分的分析。

（2）可食涂膜的涂敷效果

果蔬非光滑表面和与成膜液形成的接触角可影响到涂敷的效果，涂敷效果可使用所成的膜和被涂膜表皮之间的内表面张力进行评价，并可以通过在涂膜液中添加表面活性剂加以改进，对不同的果蔬原料选择适合的涂膜液，需要更深入地研究涂膜液的物化性质。Hershko 等用原子力显微镜来描述洋葱和蒜的表皮形态和粗糙度与涂膜效果，发现粗糙度越高，涂膜液就越易在果蔬表面扩散，膜与表皮间的附着就越好，同时可更好地估计涂膜液的使用量。涂膜液进行涂膜时的黏附效果不仅与复合膜的组成和物化性质有关，还与果蔬的表面形貌有密切的关系。果蔬在成熟过程中伴随着果蔬表面成分和形貌的变化，因此果蔬涂膜后形成的形貌对保鲜效果有较大的影响，而且综合添加脂类的种类和量的影响，可食涂膜阻湿性效果归根结底也是与可食涂膜形成的形貌有关，这方面的研究还很少。利用仿生理论，对果蔬表皮结构和成分进行研究，探讨活性包装的理论和方法，可以为果蔬常温保鲜提供更为理想的手段。

（3）涂膜保鲜效果的应用研究

可食涂膜处理果蔬具有明显的保鲜效果，目前已商业化地用于部分柑橘、苹果、梨等的保鲜处理，对茄子、洋葱、猕猴桃、荔枝、龙眼等进行涂膜保鲜也有一些应用性实验研究，均有较好的效果。也有研究表明，将涂膜保鲜与冷藏、辐射等其他保藏方法复合使用会取得更好的效果，比仅采用可食涂膜进行保鲜的储藏期延长 1 倍以上。

3. 果蔬涂膜保鲜中存在的问题

以来源丰富的天然原料制成可食性包装，不仅可以减少对环境的破坏和污染，还会给农民和农业生产者带来巨大的利益。尽管有些可食涂膜已成功地用于某些产品的包装，但对有生命活力的新鲜果蔬来说，其稳定性和重现性不够好，在可食涂膜保鲜应用中还存在明显的问题。

（1）材料选择盲目

不同的果蔬存在不同的储藏特性，不同的成膜材料也有不同的阻隔性，组成的复合膜对果蔬的储藏保鲜效果更是千差万别，目前针对某种果蔬进行保鲜时选择最佳的涂膜材料和最优组合的方法学研究还较少，在选材和优化上存在盲目性和偶然性。

（2）涂膜效果不稳

涂膜保鲜方法简便，成本低廉，材料易得，但目前只能作为短期储藏。目前多采用浸、喷、刷等方法进行涂膜，难以保证涂膜厚度的均匀性，一方面涂膜过薄起不到保鲜作用；另一方面，不同果蔬具有不同的呼吸特点，其表皮的表面形貌和化学成分也各不相同，过度的涂膜将会导致厌氧呼吸，因而造成涂膜效果不稳而影响该技术的推广。因此，成功的涂膜要依靠对果蔬表皮的结构和化学特性的了解。

（3）干燥时间过长

人们对蜡味较敏感，因此，可食涂膜中的成膜材料较少采用蜡质，多选用亲水性多糖或蛋白质类，使用其水溶液进行涂膜。这样会导致成膜时干燥时间长、易滋生微生物，给涂膜保鲜的工业化生产带来不便。

二、果实储藏过程中的质量评价

大多数水果和蔬菜在呼吸速度上升时，都伴随着能代表成熟的颜色、风味和结构的明显变化，这种具有呼吸速度上升特点的果蔬被称为呼吸跃变型果蔬。对呼吸跃变型果实来说，当乙烯含量达到极限浓度（0.1～1mg/kg）时就可引发呼吸突跃，而当突跃开始后，乙烯的浓度就不再影响呼吸速度。由于呼吸突跃标志着最佳成熟期的终止和衰老的开始，所以呼吸的突变一直是重点研究的课题。番茄是呼吸跃变型果实。

任何食品产品的优劣程度及稳定性都有一系列品质指标来描述，食品品质是人们所期望的各种性质的总和，通常包括感官特性（如外观、组织状态、口感和风味）、营养特性、化学组成成分、机械特性和缺点。值得一提的是，通常内部成分多种多样，产品的质量并不是对所有成分的变化分析后得出的，而是对几个重要的成分进行分析，最终总是影响到产品的感官性质。因此，存在检测哪些项目、用什么方法测定、人们可接受的标准如何界定等问题。科技工作者常用呼吸速度和内部的化学成分分析果实的品质，如还原糖、总酸、果胶、维生素、乙烯、乙醇含量等，但这些项目的检测需要相应的分析仪器和一定的专业技术。消费者选择果蔬通常是用感官来评价产品的质量：用眼睛看、用手摸、用嘴品尝、用鼻子嗅等，对外观、香味、颜色、手感、口感等进行综合的分析，然后才作出相应的判断，一个产品的质量通常因产品的不同或消费者的不同而产生一定的倾向性，这就导致消费者对产品的可接受性因人而异。科研工作者、生产者和消费者为寻找一种通用的“语言”，使用各种仪器对食品的感官性质进行测定成为目前研究的主要方向之一，目前对果蔬感官评定的研究是对单一指标进行的，缺乏对产品系统的、综合的评定。本章就是以番茄为对象，寻找简单、精确、有效的测定方法，在研究各单项指标储藏动力学模型的基础上，分析番茄在储藏和保鲜过程中各项性质的变化，通过分析和判断，建立番茄品质分析的综合评价体系，完成对储藏期的预测，并将该方法应用于其他果蔬储藏中。

（一）实验一

1. 实验原料

番茄：5 月初，长春市郊无公害示范区温室内，青熟期果实，略带淡粉红色，选择均匀、饱满、形状一致的果实带蒂采摘，密度为 1.05×103kg/m^3，采后 4h 内开始测定各项指标的初值。

2. 化学药品

苯酚：分析纯，吉林市金丰有限公司；浓硫酸：分析纯，辽宁化学试剂厂；氢氧化钠：分析纯，天津市大茂化学仪器供应站；无水乙醇：分析纯，吉林省军区化工厂；淀粉酶：生化试剂，张家港市金源生物化工有限公司；葡萄糖：分析纯，上海化学试剂采购供应站；2,4-二硝基苯肼：分析纯，天津市联兴化工厂；活性炭：上海培业物贸有限公司；标准抗坏血酸：分析纯，沈阳市试剂三厂；草酸：分析纯，开原辽北化学试剂厂。

3. 仪器与设备

DSC-P7 索尼数码相机：日本索尼公司；普通微机：普通主机，奔腾ⅢCPU，IBM 硬盘 10G，64M 内存；DZKW-C 恒温水浴箱：河北省星宇医疗器械厂；HR2828 飞利浦榨汁机：珠海经济特区飞利浦家庭电器有限公司；JA31002 型电子天平：上海天平仪器制造厂；WDW-20 型万能试验机：上海华龙测试仪器厂；721 型分光光度计：上海精密仪器厂；302A 型恒温恒湿箱：上海市实验仪器总厂；HG303-4 恒温干燥箱：南京实验仪器厂制造；自制密封三层瓦楞纸箱：尺寸为 600mm×600mm×500mm，内壁涂成白色，并安置 4 个 100W 白炽灯。

4. 实验方法

将番茄样品分为 7 组，每组 10 个样品，储存在恒温恒湿箱中，控制温度为 25±2℃（298. 15K），相对湿度为 85%～90%，每 3d 测定一组数据，每项检测取 10 个样品的平均值。首先测定番茄果实的失重率、颜色；其次用万能试验机测定果实的硬度；最后用榨汁机将果实分别打成浆，过滤后测定果实内部成分还原糖、总酸、维生素 C 等的含量。

（1）果实失重率

番茄的重量变化是通过电子天平称出，其失重率都是以各组的初始重量为基准，公式如下：

$$失重率 = \frac{w_0 - w_t}{w_0} \times 100\%$$

式中，w_0——番茄新采摘时的初始重量，g；

w_t——番茄储存时间为 t 时的重量，g。

（2）含水量

常压干燥法。

（3）还原糖

酚—硫酸比色法。

（4）总酸含量

用氢氧化钠滴定法。

（5）维生素 C 含量

采用 2,4-二硝基苯肼比色法。

（6）果实颜色

颜色采集系统一般由计算机、CCD 摄像机、图像采集卡、照明室等组成。

（7）果实硬度

使用 GY-1 型等果实硬度计测量果实硬度时，需将果皮剥去，以压头压入果肉中，仅得到果实内部的硬度值。这种测量方法得到的数据单一，同时测量结果会因仪器和操作者的因素产生误差。考虑到果皮特性亦反映储藏中果蔬的内在品质，实验根据 GY-1 型果实硬度计的原理，研究带皮测定果实硬度的方法。设计了一个具有挡板的圆柱形压头，压头端面面积为 $1cm^2$，挡板外端压头长 10mm，安装在非金属精密万能试验机上，见图 2-1。测定时，番茄放置时蒂端向下，并使压头对着番茄的中心点。在测试过程中，选用量程为 25kN 的压力传感器，用计算机控制压头以 5mm/s

的速度挤压番茄，设定压头的最大行程为20mm，记录其单位面积上承受的压力（硬度）和变形量。

图2-1　万能试验机整体示意图

（二）结果与分析

1. 番茄果实储藏过程中含水量的变化

番茄采收后的含水量是不断变化的，在储藏过程中含水量开始时是增加的，原因是果实在采收后的代谢中水解作用加强，从而产生大量的水分，三天之后变化较小，原因是水解产生的水分量和表面蒸发的水分量大致相抵。可见含水量不能灵敏地反映番茄的品质变化，故在讨论各种化学成分的浓度时将不考虑因番茄果实含水量的变化而造成的波动。

2. 番茄果实储藏过程中失重率的变化

在储藏期内果实内部的水分会从表皮蒸发，产品的重量不断减少，"自然损耗"增加，同时失水使细胞的膨胀压力下降，宏观表现为果实的硬度下降、蔫萎。有时虽没达到蔫萎，但失水已影响到果蔬的口感、脆度、颜色和风味，而不被消费者接受。经计算失重率的变化趋势符合方程

$$y = 0.0213x^2 + 0.5112x \tag{2-1}$$

式（2-1）中，y——番茄果实的失重率，%；

x为番茄果实的保藏时间，d。

该方程的回归系数$R^2=0.9925$，拟合效果良好。

同时注意到番茄果实在不同储藏期内的失重率存在较大的差异，在储藏至14d后番茄果实的阶段失重明显增加。在其他研究中也存在储藏的后

期失重率明显增加的现象，表明失重作为反映番茄品质的指标之一，在后期的变化更为显著。

3. 番茄果实储藏过程中还原糖含量变化

番茄果实在储藏过程中还原糖含量的变化在初期存在峰值，随时间推移而逐渐下降。果实在采收后继续进行呼吸代谢，在采收初期，糖含量略有增加，是因为有机酸等物质在代谢中会转化为糖。但由于脱离了母体，不能再获得营养成分，可溶性糖是果实呼吸作用的底物，在呼吸过程中分解放出能量以维持果实的正常生理活动，所以在储藏后期，尤其是经过呼吸高峰后，番茄中糖含量会呈下降趋势。番茄中糖含量随储藏时间变化的拟合曲线（$R^2=0.978$）见式（2-2）：

$$y=-0.0067x^2+0.0763x+3.2109 \tag{2-2}$$

式（2-2）中，y——还原糖含量,%；

x——储藏时间，d。

4. 番茄果实储藏过程中总酸含量的变化

番茄果实在储藏过程中总酸含量在采收后即开始下降。主要原因是果蔬中的有机酸作为呼吸基质，是合成能量 ATP 的主要来源，同时是细胞内很多生化过程所需中间代谢物的提供者，因此总酸含量在后熟过程中主要呈下降趋势。未熟的番茄中有微量草酸，正常成熟的番茄中以苹果酸和柠檬酸为主，过熟软化的番茄中苹果酸和柠檬酸降低，但有一定的琥珀酸形成。果实中的有机酸在果实的风味上起着重要的作用，在判断果实的成熟度时常应用测定含酸量的方法。计算得到的果实中总酸变化过程符合式（2-3），该式的拟合度为 $R^2=0.9919$。

$$y=0.0199x^2-0.2865x+102357 \tag{2-3}$$

式（2-3）中，y——总酸含量,%；

x——储藏时间，d。

5. 番茄果实储藏过程中 VC 含量的变化

番茄果实储藏过程中 VC 含量单调下降，拟合曲线（$R^2=0.9883$）见式（2-4）。VC 易溶于水，易被氧化，是一种极不稳定的维生素，而且番茄本身含有 VC 氧化酶，因而在储藏过程中会逐渐被氧化而减少。一般来说，VC 含量的变化代表果实在储藏过程中的营养状态，而果蔬的成熟度基本不用 VC 含量来判断。

$$y = -0.0063x^2 - 0.1685x + 9.1625 \quad (2-4)$$

式（2-4）中，y——VC 含量,%；

x——储藏时间，d。

6. 番茄果实在储藏过程中的颜色变化

（1）番茄果实颜色分析基础

番茄表面的颜色是判断果实成熟度的主要因素之一。在 25℃下，自然成熟时，美国番茄成熟度分级国家标准是以颜色来判断的：绿熟期（MG，mature green，绿色，已成熟）、发白期（BR，break，外观开始微显红色，显色<10%）、转色期（TU，turn，淡红色，显色 10%～30%）、粉红期（PINK，显色近 30%～60%）、红熟Ⅰ期（REDⅠ，深红色，较硬）、红熟Ⅱ期（REDⅡ，深红色，较软）。物体的颜色可以以多种颜色系统来描述，为了科学地测定、研究和使用颜色，已经建立了十几种各具特色的颜色模型。在图像处理中，经常使用的是 RGB 和 HLS 颜色模型，其中 RGB 颜色模型是面向硬件的，由摄像机获取的彩色图像被分解成 R、G、B 成分。但是，R、G、B 成分与人对颜色的感觉并无直接的联系。从视觉角度而言，HLS 系统更接近人的色彩感觉，得到了广泛的应用。HLS 颜色模型中的三个要素包括色相（Hue）、饱和度（Saturation）和亮度（Lightness）。色相是通常所说的红、绿、蓝、黄等；饱和度就是颜色纯度；亮度即光的强度。分别用 RGB、HLS、灰度系统分析番茄在储藏过程中的颜色变化，研究判断以数码相机采集图像的可靠性。在分析过程中使用的软件为 Visal-Basic 语言编制的程序。

（2）番茄果实在储藏过程中的颜色变化

在番茄图像分析处理软件中，可以分析番茄果实在储藏过程中各种颜色系统的变化，番茄在储藏过程初期红色和绿色的变化较明显，但在第 10d 后，各色度值基本保持稳定。宏观表现为，在发白期采摘番茄，在储藏第 4d 时成为淡粉红色，之后绿色面积逐渐减少，红色面积逐渐增加，在储藏的第 10d，番茄果实完全转变为红色，再经过几天的储藏，番茄果实的颜色加深，果实变软。从 RGB 值的变化来看，使用数码相机在本试验方法中，可以准确地获取番茄果实的颜色值，即这种以数码相机和自制的照明室采集图像的方式是方便可靠的。

灰度值在果实储藏初期与红色、绿色值一样具有较大的变化，在第

10d 后，灰度值的变化趋于稳定。由于 RGB 值是同时描述物体颜色的量，不易用于评价果实综合颜色变化，因此研究单一指标灰度在储藏期内的变化规律，利用 MATLAB 对灰度数据进行二次多项式拟合，得到方程

$$y = 1.5238x^2 - 21.619x + 133.71 \tag{2-5}$$

式（2-5）中，y——番茄果实的灰度值；

x——番茄果实的储藏时间，d。

该拟合曲线的回归系数 $R^2=0.9534$。

番茄储藏过程中 HLS 颜色系统的变化，色相 H 值在储藏的前 7d 不断下降，之后保持相对的稳定；饱和度 S 是指颜色的纯度，前 7d 较低，在第 10d 时产生一个峰值，说明此时果实的颜色为最均匀的红色，在这之前为红、绿色的转变，是逐渐成熟的过程，之后，则成为亮红色与深红色之间的转变，是番茄果实逐渐衰老的过程。光的强度 L 与照明强度有关，不做分析。色相 H 的拟合方程为

$$y = -0.0034x^3 + 0.0553x^2 - 0.2863x + 0.515 \tag{2-6}$$

式（2-6）中，y——色相 H；

x——储藏时间。

该方程的 $R^2=0.9497$。

（3）番茄储藏过程中灰度差和色度差的变化

在采摘初期果实呈现均匀的绿色，所以色差值较低，随着成熟的过程，在 7d 左右达到最大的差值，此时正是番茄果实的转色期，外观逐渐转变为红色，绿色的色差值逐渐减小；灰度差值与绿色色差值的变化规律相似；从色差 R 曲线中同样可知，番茄果实采摘初期，仅有些许红色，此时红色色差具有最大值，随着果实红色面积的增加，色差值越来越小；蓝色色差值因与果实颜色较远，故不考虑。不论是何种颜色其色差值都是采摘初期变化较大，而在完全成熟后，色差值的变化趋于稳定，在果实储藏至 19d 后，由于果实的颜色变深，各色差值又有一点增加，这与番茄果实的实际情况相符，说明用颜色的差值可以准确、明显地描述番茄果实的成熟度。因 R、G、B 为三参数指标，要同时用于果实颜色的评价不方便，在变化趋势相同的情况下采用灰度差值更简便。

（4）番茄果实在储藏中 H、S、L 差值的变化

其中，H、L 的差值在储藏过程中逐渐下降，但变化幅度不大；S 的差

值是说明颜色的纯度差，开始时是均匀的绿色，在果实采收后的 4~7d 时，是番茄果实的转色期，颜色变化较大，果实整体的颜色不均匀，S 的差值较大，在第 10~16d，果实的颜色为均匀的红色，所以 S 差值变小，在第 19d 时，由于果实的成熟度加深，果实的颜色变深，S 差值略有增加。根据 S 差值在储藏过程中的变化可以得到拟合方程

$$y = 0.0086x^3 - 0.2622x^2 + 1.8206x + 16.773 \quad (2-7)$$

式（2-7）中，x——番茄储藏时间，d。

y——S 差的 1000 倍。

方程的回归系数 $R^2 = 0.9861$。

（5）番茄储藏过程中灰度频谱的变化

在第 1~7d 色度跨度约为 100，在部分区域出现多峰。同时注意到，第 1d 频率谱的色度范围在 50~150，而第 4d 左右频率谱的色度范围在 80~160，即番茄果实的颜色处于较大的变化过程中；在第 10d 左右色度跨度约为 50，番茄果实处于粉红期，整体颜色均匀；在第 13d 左右，频率谱的色度跨度略有增加，果实的颜色又处于变化中；至保藏的第 16d 左右，色度跨度约为 50，其频率谱基本符合正态分布，此时番茄果实处于红熟期，果实颜色也是均匀的；在保藏 19d 时，番茄果实进入过熟阶段，颜色加深，同时出现腐烂斑点，在频率谱中表现出孤立的峰值。

生吉萍等的研究表明，番茄果实在采收后，呼吸强度和乙烯的释放量不断增加，多聚半乳糖醛酸酶（PG）、脂氧合酶（LOX）的活性迅速增加，使果实的硬度下降。其中 LOX 的活性高峰出现在发白期，而乙烯释放量高峰和呼吸高峰出现在转色期。在本试验条件下，番茄果实以青熟期采摘，即储藏第 1d 的果实处于青熟期，从颜色的变化中可以看出，储藏第 4d 时处于发白期和转色期，储藏第 7d 时为转色期和粉红期，即番茄果实在自然储藏 4~7d 时会出现呼吸高峰，这一段时间内果实的颜色差值较大；第 10d 为红熟Ⅰ期，储藏 13d 后进入红熟Ⅱ期。可以认为在自然条件下，番茄果实可保存 13d 左右。

7. 番茄果实在储藏过程中的硬度变化

番茄果实采收后，影响果实软化衰老的生理生化因素很多，但主要是通过果实内部果胶物质含量的变化起作用。番茄果实采后随成熟度的增加，PG、LOX、果胶酶等酶的活性迅速增加，使果实硬度逐渐下降。硬度

是果蔬品质评价的重要指标之一。番茄硬度的变化反映出果实内部果胶物质含量的变化。果胶物质沉积在细胞初生壁和中胶层中，起着黏接细胞个体的作用。果胶物质分为三种形式，即原果胶、果胶、果胶酸，三种果胶物质的变化可简单表示如下：

$$\text{原果胶}\xrightarrow{\text{原果胶酶(成熟阶段)}}\begin{cases}\text{纤维素}\\\text{果胶}\end{cases}\xrightarrow{\text{胶胶酶(过熟阶段)}}\begin{cases}\text{甲醇}\\\text{果胶酸}\end{cases}\xrightarrow{\text{果胶酸酶}}$$

还原糖及半乳糖醛酸

其中原果胶是一种非水溶性物质，存在于植物和未成熟的果实中，与纤维素结合，使果实显得坚实脆硬，随着果实的成熟，在果实中原果胶酶的作用下，酯化度和聚合度变小，分解为果胶。成熟的果实变软的原因是原果胶与纤维素分离，使细胞间失去了黏接作用，因而形成松弛组织，果胶的降解受成熟度和储藏条件的影响。当果实进一步成熟时，果胶继续被果胶酶作用，分解为果胶酸和甲醇，果胶酸不溶于水，没有黏接能力，果实变为水烂状态。因此，研究硬度的测定方法和变化规律，可以为果蔬储藏过程中的优化控制提供有价值的数学依据，并可用于果蔬储藏加工过程中品质变化的预测与监控。

（1）硬度变化理论

硬度（firmness）作为番茄果实的品质因子记作 F，其随时间 t 的变化速率可以表示为

$$\frac{\mathrm{d}F}{\mathrm{d}t}=-k(F)^{n} \tag{2-8}$$

式（2-8）中：n——反应级数；

k——反应速度常数。

大多数食品的质量与时间关系表现出零级或一级的反应，即 $n=0$ 或 $n=1$，正常条件下，硬度的变化为非线性的，故这里取 $n=1$。而反应速率常数 k 值与温度 T 的关系一般符合 Arrhenius 方程：

$$k=A\cdot\exp(-E_a/RT) \tag{2-9}$$

由式（2-8）和式（2-9）变形后求积分可得：

$$-\ln F\big|_{F_1}^{F_t}=At\cdot\exp(-E_a/RT) \tag{2-10}$$

式（2-10）中，F_1——番茄果实采摘初第 1d 的硬度，N/cm^2）；

F_t——番茄果实采收后第 t 天的硬度（N/cm^2）；

A——常数；

t——番茄果实的储藏时间，d；

T——绝对温度，K；

R——气体常数，8.314J/K；

Ea——反应的活化能，J/mol。

式（2-10）是番茄果实在储藏过程中硬度变化的动力学模型，表明番茄硬度在储藏期中的变化与番茄采摘初始硬度、储藏时间、储藏温度 T 和该温度下的活化能 E_a 有关，即

$$F_t = F_1/\exp[At \cdot \exp(-E_a/RT)] \tag{2-11}$$

当番茄品种、储藏温度一定时，该温度下的活化能 E_a 为一定值，故式（2-11）可变为

$$F_t = F_1 \cdot \exp(Bt) \tag{2-12}$$

式（2-12）中

$$B = -A \cdot \exp(-E_a/RT)$$

式（2-12）可以用于建立在一定条件下，硬度随储藏期变化的模型。

（2）硬度测定结果与分析

以万能试验机测定番茄果实硬度的实时记录可以获得多种指标数据，较全面地反映了番茄果实的硬度状态。由于表皮具有一定的韧性，起到保护作用，带皮测定时的外部硬度 F_a 比内部硬度 F_b 大。且两组硬度值都随储藏期的延长而下降，变形量 ΔX 大体上随硬度的下降而增加，但有明显的波动。

由于果实表皮的性质影响到果实的外部硬度，故引入了一个新的概念——综合硬度，定义为：果实硬度测定时，果实的外部硬度除以变形量，即 $F_a \cdot (\Delta X)^{-1}$。

（三）讨论

1. 番茄在储藏过程中各种品质的变化率

在番茄的保鲜过程中存在多种评价指标，为使评价方法简便、评价结果准确，研究了含水量、失重率、还原糖、总酸、VC 等番茄果实内部成分随储藏时间的变化规律，这些指标的变化都可用常规分析仪器测量得到。同时研究了番茄果实在保藏过程中最重要的感官指标——颜色和硬度的变化，并给出了这两项指标的简单测定方法。经检验，这两种新方法均

能有效、准确地描述番茄果实在储藏期间的品质变化。番茄在储藏过程中，变化较明显的是颜色，所以果实的成熟度可以用颜色来划分，颜色的体系有许多种，目前常用的是用色相 H 值来说明番茄果实的颜色变化。本实验中研究了多种评价番茄表面颜色变化的方法，并给出了几种变化较大的色值的拟合方程，可分析各指标在不同储藏阶段的相对变化率，变化率越大的指标对番茄在储藏期内的品质描述越敏感。

在番茄果实储藏期间，失重率、还原糖、总酸、VC、颜色的灰度值等的变化率是线性的，并随储藏时间的延长，其变化率越大，因此在储藏后期各指标皆可用于评价番茄的品质。由于番茄果实的呼吸高峰出现在自然储藏的第 4~7d 里，因此在储藏初期的品质变化对储藏寿命的预测有较大的影响，在番茄储藏初期的变化率从大到小依次为色相 H、饱和度 S 差、还原糖含量、颜色的灰度值、总酸含量、失重率、VC 含量、果实的硬度，即色相 H 和饱和度 S 的差在储藏初期是最敏感的。还注意到果实 S 差值的最大变化率出现在储藏的第 10d，在储藏初期的应用是最佳选择。

2. 番茄保藏过程中的质量评价指标的选择

各项指标在番茄储藏中的变化规律并不相同，而且每种品质指标的变化都有其局限性和不足，综合分析其测量方式的方便性、测量结果的稳定性、设备成本及原料消耗、对果实储藏过程中品质变化描述的敏感性和数据可靠性等各因素，采用多层次分析法对各种因素进行分析，得到相应的权重。各因素的权重由大到小依次为操作稳定、重复可靠、前期敏感、后期敏感、操作难易、设备成本、耗材成本。规定每一种中最优水平为 5 分、较优为 4 分、中等为 3 分、较次为 2 分、最次水平为 1 分，对每一项番茄的品质评价指标以表 2-5 中计算得到的权重进行分析。颜色采集的方法具有低成本、数据采集方便可靠等优点，测定时不需对样品进行处理，通过计算机给出数据，减少了人为误差，并适于大量样品的分析及对果实品质检测的自动化，具有较好的应用效果，因此在番茄果实储藏过程中，色相 H、灰度值、饱和度 S 的差等各项颜色指标对番茄品质评价是最优的选择。总酸和还原糖含量的变化属中等敏感，可用于判断果实呼吸状态、分析果实在储藏过程中的营养损失；失重率对短期储藏时的品质变化敏感度较差，但其数据易得、可靠性好，因此可用于番茄长期储藏时品质变化的评价；硬度对果实品质变化的敏感度稍差，但具有操作稳定、数据准确、数据的重现性好、人为干扰小等特点，可用于特殊处理的品质评价。

通过以上分析可认为，在番茄果实保藏期间用 VC 含量变化来描述果实品质的影响不是较优的选择，原因是 VC 含量的测定较烦琐、人为误差较大、对品质变化的敏感度较低，因此一般不使用，但常用于一些特殊目的。

三、果实的表面形貌及性质

通常在高等植物中，每种果实都有其特有的表皮结构，在有些水果中，外层表皮上会形成连续的或不连续的无定形蜡质层，有时也会出现有结构的蜡质。果实表皮结构见图 2-2。植物的表皮直接面对环境，因此表现出较大的适应性，表皮蜡质的生成就是一种适应的结果。表皮成分是复杂的，通常包括憎水的碳水化合物、角质和蜡。角质是由许多种长链脂肪酸组成，同时可以注意到脂肪酸也是生物膜的主要组成部分，在角质中的脂肪酸是以共价键结合，在生理温度时为固态的。蜡是长链碳水化合物的复杂混合物，具有强憎水性并阻止水分的蒸发。有时还存在光反射性，以阻止光的额外吸收，吸收的额外光会增加植物体内部的温度，导致额外的呼吸增加，产生生理损伤。所以光反射也是植物表皮的适应性的表现。表皮蜡质的形成机理仍不清楚。

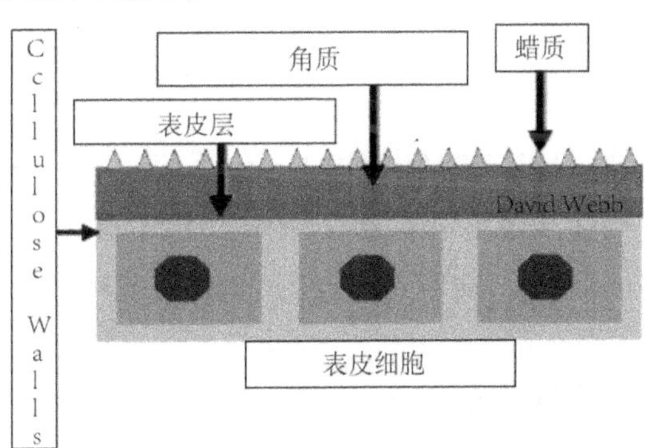

图 2-2　果实表皮结构示意图

目前已有关于果实的表皮结构与其储藏特性之间关系的研究，其中包括表皮蜡质成分对储藏特性的影响，如对苹果的研究表明，果实内部的乙烯生成量与果实表皮蜡质的增加是平行的，对采收后苹果使用氨基乙氧基乙烯基氨基乙酸（AVG）抑制了乙烯的生成后，发现果实表皮无蜡质的积累，但若使用乙烯利处理后，表皮上的蜡质成分明显比对照组增加。从这些研究中可以看出，果蔬表皮的蜡质成分和分布与果实成熟度有着极密切的关系，但很少有表面蜡质形貌与储藏特性之间关系的研究。桑蒂尔（Santier）等的研究表明，番茄表面的蜡质层厚度约为13μm，但它不是化学物质穿过植物表皮的主要障碍，而是由蜡质及其表皮的完整结构决定的。番茄果实表面无皮孔和气孔，表面角质层厚度为2~4μm，角质层是一层蜡样的不透水的薄膜，它除了控制水分的散失外，还可以防止体内营养物质的外渗与抵御病菌孢子的入侵，因此番茄果实的水分蒸发和气体交换主要通过萼片上的皮孔和表皮的扩散作用。当番茄表皮蜡质受到损伤时，上表皮细胞直接受到环境的影响，易导致组织死亡，番茄果实的储藏期下降，研究表明这种变化与表皮的厚度无关。

以耐储果实表面蜡质形貌对比、番茄表皮蜡质形貌特征在储藏期间的变化与成熟度之间的关系，以可食涂膜保鲜理论为研究目的，研究可食涂膜的仿生依据，确定最佳的可食涂膜的结构。

（一）实验二

1. 实验材料

番茄品种为“成功者”，5月采自长春市幸福乡千亩无公害蔬菜试验基地温室内，选择绿熟期、形态均匀饱满的果实。采摘当天定为储藏期的第1d。

2. 试剂

医药级戊二醛：上海圣宇化工有限公司；丙酮：分析纯，天津市勃海化学试剂厂，沸点为56℃；医药级无菌水：上海圣宇化工有限公司；甲苯：开原市化学试剂厂；NaCl：分析纯，北京化工精细化学品有限公司；无水乙醇：吉林省军区化工厂。

3. 主要实验仪器及设备

日本产HITACHI S-570扫描电子显微镜（SEM）；日本产EIKO IB-3离子溅射仪（IONCOATER）；上海中晨数字技术设备有限公司生产的JC2000A界面张力接触角测量仪。

4. 实验方法

（1）番茄表面形貌的测定

选择7组番茄于常温下放置，室温为16℃~19℃，环境相对湿度为

65%~70%，每3d取一组，分别为第1、4、7、10、13、16、19d，每组5个样品，测定表面接触角，并由扫描电镜照片分析表面形貌特征。为检测番茄表面的微观结构，在同一储藏期的不同番茄表面分别用刀片切下2mm×2mm的小片，置于样品管内，用戊二醛浸泡30min，固定其表面结构，然后用浓度递增的丙酮溶液对其脱水，待完全干燥后在试样管内保存。待7组样品处理完毕后，用胶将样品粘在样品台上，在离子溅射仪中镀一层金，再移至显微镜的样品室中进行观察。

（2）番茄表面接触角的测定

取番茄表皮1cm×2cm，为使表面平整，将果肉刮去，贴在接触角测量仪的样品台上。分别用去离子无菌水、甘油等不同液体10μl滴于番茄表皮上，于10s后固定图像，在系统软件中以量角法读取接触角。

（3）番茄表面临界张力的测定

采用临界表面张力测定法，在室温为18℃~20℃条件下，已知用一系列已知表面张力的液体置于番茄表面上，并分别测定与番茄表面的接触角θ并作图，则各液体的表面张力和接触角的余弦之间大致有直线关系，若将直线外推到$\cos\theta=1$（即接触角θ为0°），则所对应的液体的表面张力即为番茄固体表面的临界表面张力σ_C。

（二）实验结果与分析

1. 番茄表皮的形貌特征

在本实验储藏过程中，番茄表皮的形貌变化见图2-3。从图中可以看出，青熟期果实（见图2-3a）的表面蜡质是以板块的形式出现，图中最大的颗粒长轴长可达到250μm，且蜡质颗粒已开始变形，同时有一些小的颗粒；在番茄采后第4d（见图2-3b），蜡质颗粒变得细小均匀，平均直径约为20μm，此时为番茄果实的转色期；番茄采后第7d（见图2-3c）和第10d（见图2-3d），其成熟度分别处于粉红期和红熟Ⅰ期，是食用的最佳时期，蜡质颗粒有增大的趋势，从番茄表面的横截面（见图2-3h）分析，蜡质颗粒呈椭球形，直径范围在10~100μm；番茄果实在常温下储藏13（见图2-3e）~16d（见图2-3f），已进入红熟Ⅱ期，蜡质颗粒变得更大、更少；在储藏19d后（见图2-3g），已看不到表皮的蜡质颗粒。

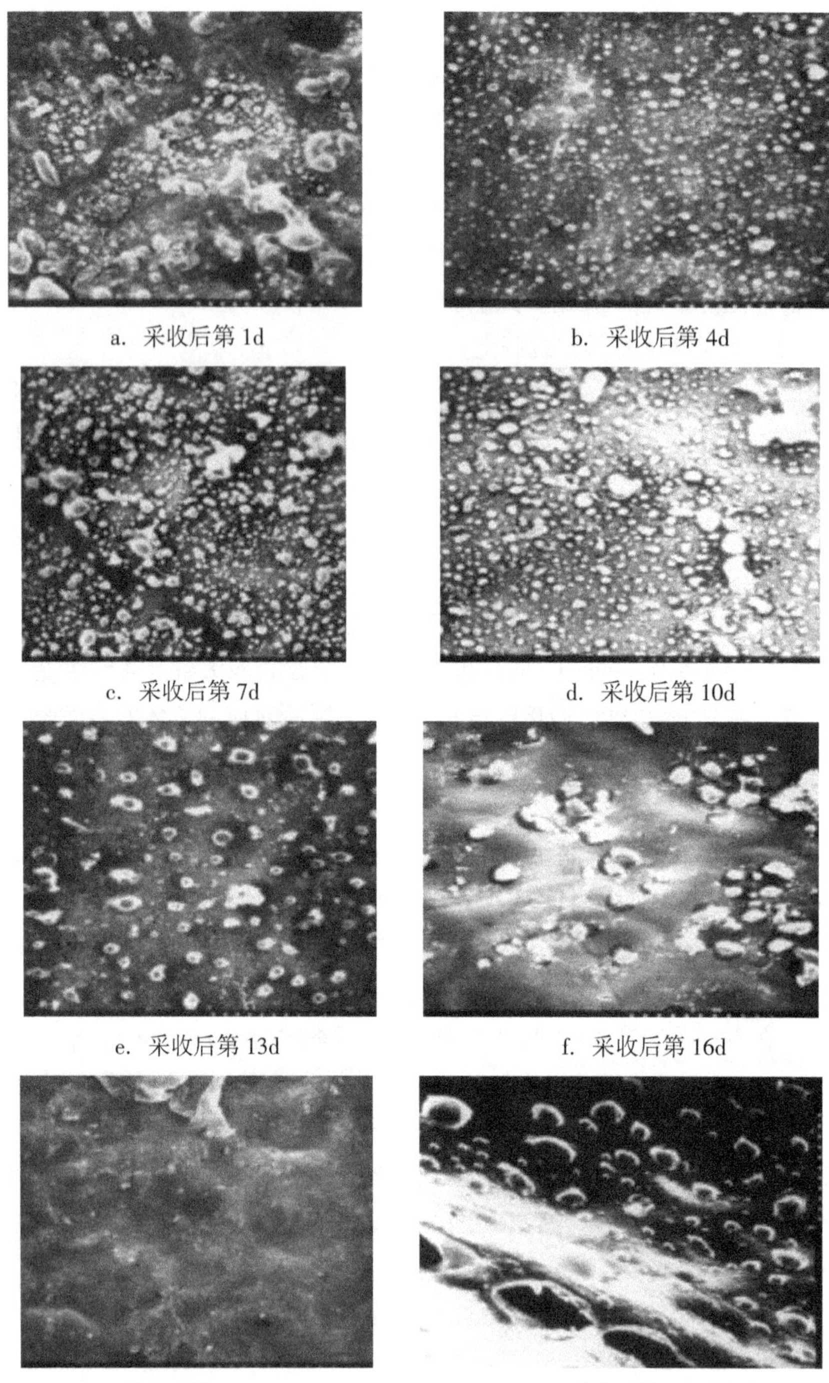

a. 采收后第 1d b. 采收后第 4d

c. 采收后第 7d d. 采收后第 10d

e. 采收后第 13d f. 采收后第 16d

g. 采收后第 19d h. 采收后第 10d 侧面

图 2-3 番茄表面形貌随储藏时间的变化（×2000 倍，图中右下角标尺单位为 30μm）

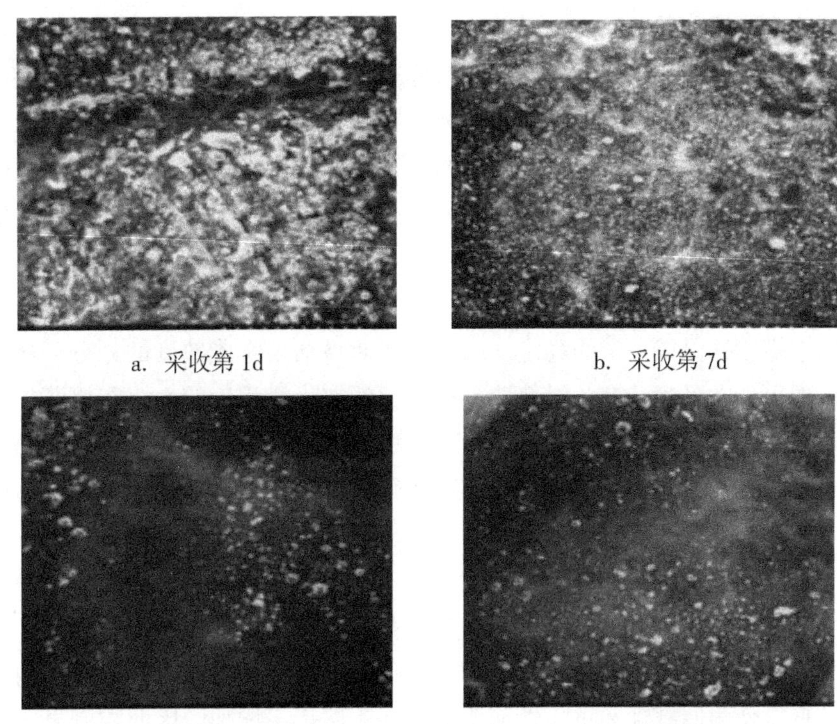

a. 采收第 1d　　b. 采收第 7d

c. 采收第 13d　　d. 采收第 16d

图 2-4　番茄果实表面蜡质的分布（×300 倍，图中右下角标尺单位为 100μm）

图 2-4 是放大倍数较小的表面形貌，从中可以看出，新采摘的番茄果实表面蜡质覆盖率较大（见图 2-4a、图 2-4b），基本分布于整个果实，但在储藏后期（见图 2-4c、图 2-4d），蜡质颗粒只是局部覆盖于番茄果实表面。

从图 2-3f、图 2-3g 和图 2-4c、图 2-4d 中还可看到，番茄果实在采摘初期，表皮细胞饱满，而在储藏后期因失水较多，可以明显看出表皮细胞脱水凹陷。同时注意到，番茄果实在储藏后期单位时间内的失重率会有一定程度的增加，除进入呼吸跃变使代谢速度增加之外，另一个原因则是番茄表面的蜡质减少。

总之，番茄在储藏期内表面形貌处于不断地变化中，与番茄的成熟、衰老以及失重等有密切的关系。

2. 番茄表面的非光滑性质

从图 2-3 可以看出，刚采摘的新鲜番茄表面饱满，存在由蜡质颗粒形成的非光滑特征，同时由番茄果实在储藏过程中的颜色变化的分析可知，在储藏 13d 后，番茄已进入过熟阶段，此时番茄表面的非光滑蜡质结构逐渐消失，果实的失水量增加，水解代谢也增加。因此，番茄表面的非光滑性质与番茄的储藏性质有关。为研究分析番茄表面的非光滑特性，使用电镜照片的灰度值描述番茄表皮的非光滑性质，但电镜照片中存在曝光强度和洗相所导致的人为干扰和背景不一致，故采用番茄表面电镜的灰度差值来分析其非光滑特性。

番茄表面的灰度差值在初期较小，随后有一段时间明显增加，然后就开始下降，并保持一定的稳定。综合上述对番茄果实成熟度的划分，从中可以看出，在采摘初期，绿熟期番茄表面的非光滑程度较小，在储藏的第 4~10d，番茄的成熟度进入发白期和转色期，此时表面的非光滑程度较高，且在第 7d 左右存在一个最大值，随着储藏时间的延长，在第 13d 后，表面由蜡质颗粒产生的非光滑降至较低水平。

（三）讨论

当植物组织过度缺水时，会引起脱落酸含量增加，刺激乙烯合成，加速果实的衰老，而且破坏了组织的正常代谢，水解作用加强，机械结构特性改变，使耐储藏性和抗病性能明显下降，腐烂率增加，因此控制果实的失水是保鲜过程中最重要的问题。番茄表面无气孔，水分蒸发和气体交换都是通过表面的角质层以扩散形式进行的，而这种扩散不仅与表面的成分有关，还与表面的形貌、表面能等因素有关。

1. 番茄表面蜡质分布及临界表面张力

（1）番茄表面的蜡质形状和分布

实验表明，番茄表面的蜡质形状和分布随着储藏期的延长而不断变化，表面的蜡质覆盖率越来越小，随着番茄果实的失重增加，表皮细胞萎缩，衰老加剧。因此在番茄表面涂一层可食膜，将弥补自然储藏状态下表皮结构和功能上的不足，有利于保持果实内部水分，从而维持番茄果实的正常代谢，延缓衰老，即以可食膜涂于番茄果实表面是保鲜过程中的一种有效手段。研究可知，若番茄果实采收后不加任何处理，番茄果实乙烯的最大生成量和呼吸高峰出现在转色期，而果实在进入呼吸高峰后就处于衰老过程。从图 2-3 中可以看出番茄果实表面蜡质覆盖率的最大值出现在采摘初期，所以从仿生学角度分析，对番茄果实进行可食涂膜保鲜应在绿熟期就开始，即从采收时开始才是最有利的。

（2）番茄表面的临界表面张力

某固体物质表面 σ_C 的物理意义是，当液体的表面张力 σ 比 σ_Ch，该液体能润湿固体表面；反之，此液体不能润湿固体表面。换言之，σ_C 较高时可食涂膜的涂膜性越好。本实验测得新采摘的番茄临界表面张力为6.22mN/m，这是弱极性的强疏水表面，使水溶性的可食涂膜液在新鲜番茄表面上的涂覆极为不易，给可食涂膜液的配制提出了较高的要求。

（3）番茄表面临界表面张力的变化

从实验结果中还可以看出，在番茄储藏过程中，表皮蜡质的覆盖率减小，番茄临界表面张力会逐渐增大，即果实表面蜡质含量的变化对果蔬的表面能有显著的影响。由于水分子是极性的，在番茄储藏过程中，随番茄表面张力的增大，水分子的扩散能力增大，因此在储藏后期的阶段失水率会比采收初期的失水率稍大；另外，氧气和二氧化碳等气体分子为非极性的，由于采收初期番茄果实的临界表面张力较大，气体分子的扩散能力也相应较大，满足果实较高呼吸强度的要求。因此，在番茄果实采收初期的涂膜不仅要满足抑制果实的水分散失，也要考虑可食涂膜对气体透过率的影响。番茄较优的气体储藏条件是氧气浓度为3%～5%，二氧化碳浓度为2%左右，从理论上讲，可以通过控制可食涂膜的表面能来调节气体和水分的扩散速度，从而对果蔬涂膜保鲜的应用起到更好的指导作用。

2. 番茄表面非光滑特征

（1）果蔬的表皮特征

分别对黄瓜、茄子、苹果等具有典型不同储藏性质的果蔬进行分析，以研究果蔬的表面特性与其储藏性质的关系。黄瓜是典型的易腐型蔬菜，含水量在96%以上，图2-5显示的是新鲜黄瓜的表面形貌，品种为“湘园三号”。可以看出，黄瓜表皮组织细胞是网状沟纹，增加了黄瓜的表面积，在黄瓜表皮每平方毫米面积上，有80～90个气孔，每个气孔的长径约为200μm，表面无蜡质成分所形成的非光滑形貌，缺少蜡质层保护。由于以上表面特征，黄瓜极易蔫萎、变黄、腐烂，常温下只有3～5d的货架期。

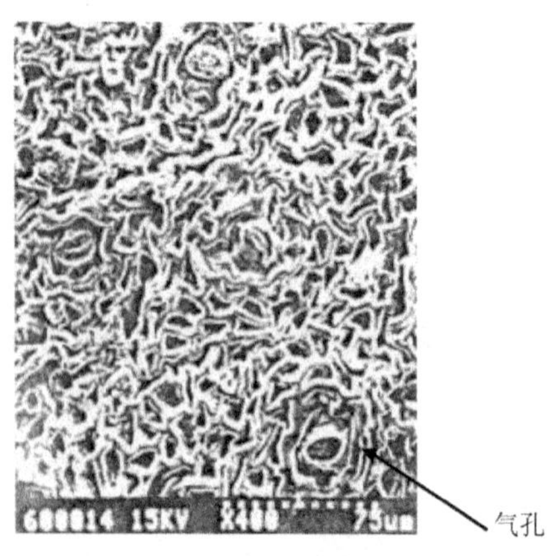

图 2-5　新鲜黄瓜的表面形貌（×400 倍）

茄子是中等易腐的蔬菜，图 2-6 是新鲜茄子的表面形貌，品种为“龙茄一号”。从图中可以看出，茄子表面虽没有黄瓜表面的网纹，但也有一定的峰谷存在，使茄子的表面积有一定程度的增加，表面无气孔，具有蜡质颗粒形成的凸包型非光滑特征，表面凸包的直径约为 10μm。用水清洗茄子时可以注意到新鲜茄子表面是不易润湿的，常温下不经任何处理的新鲜茄子的货架期为 7~10d。虽然茄子表皮无气孔，还有蜡质保护层，但其储藏期并不算长，可能的原因是茄子的表面积相对较大且蜡质颗粒的直径较小，这方面还须进一步研究。

图 2-6　新鲜茄子的表面形貌（×1000 倍）

国光苹果是典型耐储的水果，在常温下可储藏 1 个月以上。图 2-7 是市售约储藏了 10d 以上的国光苹果的表面形貌。苹果表面有许多皮孔，角质层厚度为 4~9μm，表面有一层果粉（果蜡），具有表面非光滑性质，形成的凸包型蜡质颗粒较均匀，直径约为 50μm。在成熟的果实中，皮孔被蜡质和一些其他的物质堵塞，因此水分的蒸发和气体的交换只能通过角质层扩散。角质层外覆盖的这层蜡质会随储藏时间的延长而熔化，并逐渐消失。总结苹果的表面特征，与番茄相比，苹果虽然表皮上有皮孔，但角质层的厚度为番茄的 2~4 倍，且形成的凸包型蜡质颗粒直径均匀，覆盖率也较高，这可能就是苹果比番茄耐储的主要原因之一。

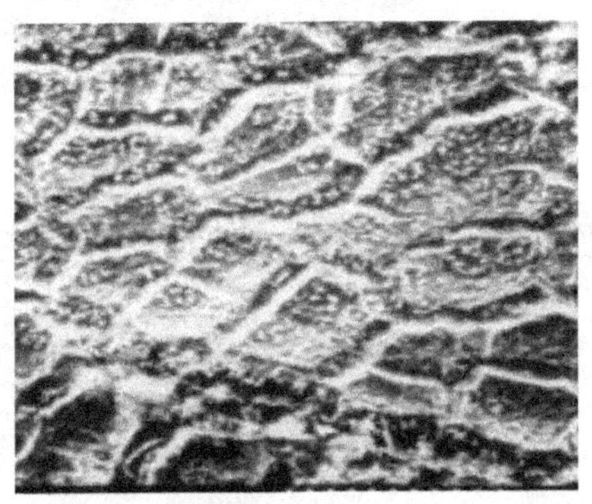

图 2-7　国光苹果的表面形貌（×300 倍）

自然界中的生物经过几亿年的进化，有许多形成了以非光滑形式存在的蜡质膜对自身的保护，如仙人掌、荷叶等植物，步甲、蜣螂等昆虫，用这层非光滑的蜡膜使身体减少失水，果蔬表皮的蜡质膜也具有同样的作用。通常蜡的结构比蜡的厚度对防止失水更重要，那些由复杂的、有重叠片层结构组成的蜡层，要比那些厚但扁平且无结构的蜡层有更好的防水透过的性能，因为水蒸气在那些复杂、重叠的蜡层中要经过比较曲折的路径才能散发到空气中。

图 2-8 展示的是甘菊花瓣的表面蜡质形貌，表面完全由凸包型蜡质所覆盖，在植物体的各组织中，花的呼吸强度是最大的，因此鲜花的保鲜期很短，但菊花的花期在花卉植物中是较长的，这与花瓣上形成的这层蜡质结构有密切的关系。图 2-9 展示的是仙人掌种子的表皮蜡质，可以看出，典型耐旱的植物仙人掌表面也完全由一层波浪状的蜡质覆盖，蜡质下面则是平滑的表皮，仙人掌的耐旱性质与这层表面蜡质的非光滑形貌分不开。

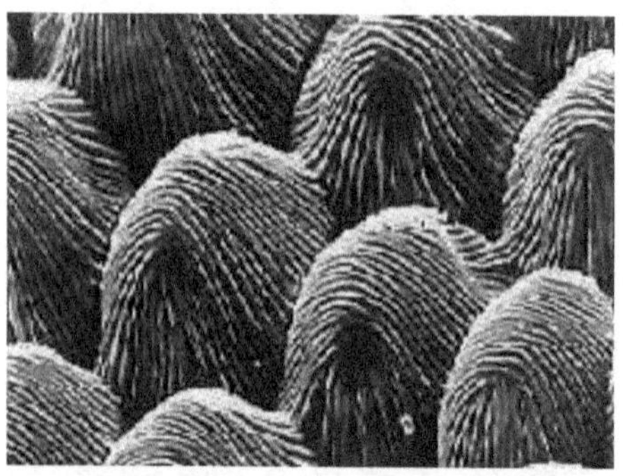

图 2-8　甘菊花瓣的表面蜡质形貌

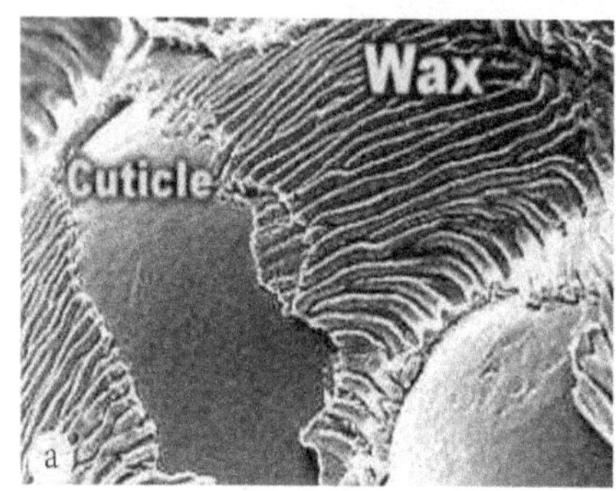

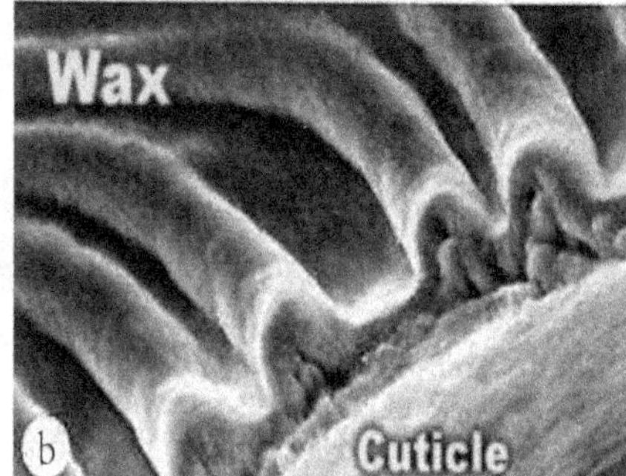

图 2-9　仙人掌种子表皮上的波浪状蜡质层（a 低放大倍数，b 高放大倍数）

通过以上分析，基本上可以认为在果蔬表面形成的非光滑蜡质有利于果蔬的储藏，果实通过调节蜡质膜的生成，从而减少水分散失、调节气体的透过率、抵制微生物的浸染等。反过来，可以从仿生学观点出发，用适宜的人工涂膜来调节果蔬的生理代谢。

（2）表面非光滑与果蔬表面润湿性关系

吉林大学仿生机械教育部重点实验室对土壤动物体表的非光滑特征进行了长期的研究，研究表明，土壤动物体表具有多种类型的非光滑表面（见图 2-10、图 2-11），表皮上也存在一层蜡质膜，不但具有较大的减黏特性（不黏土），还可以减少这些土壤中昆虫的水分散失，原因是这层蜡质可使土壤动物体表的表面能降低。图 2-12 是荷叶表面蜡质形成的非光滑形貌，水在这种形貌上不能润湿，荷叶上的灰尘可以被水带走，这就是著名的荷叶自清洁效应。

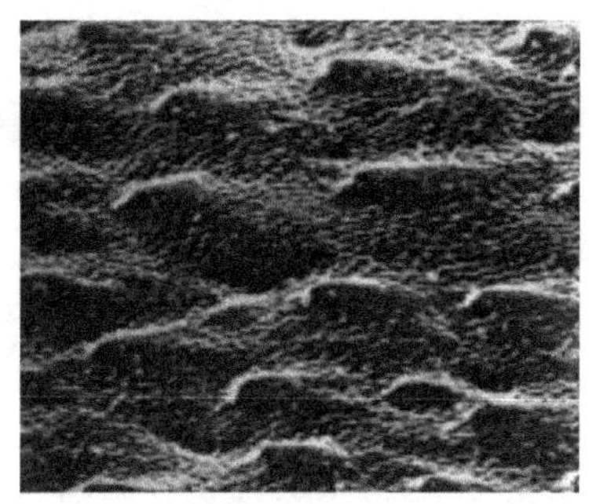

图 2-10　步甲鞘翅电镜图像

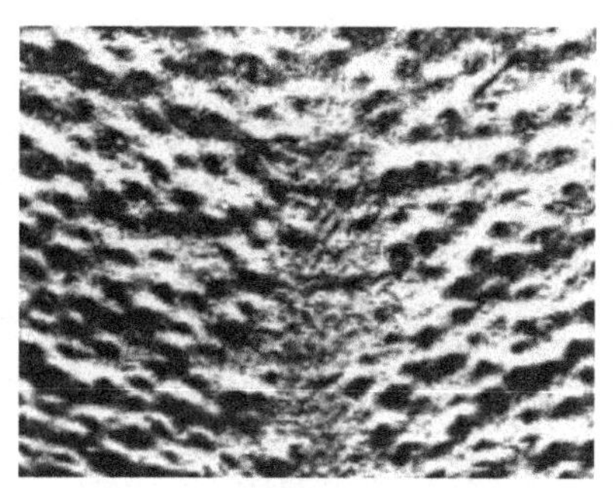

2-11　蜣螂头部电镜图像

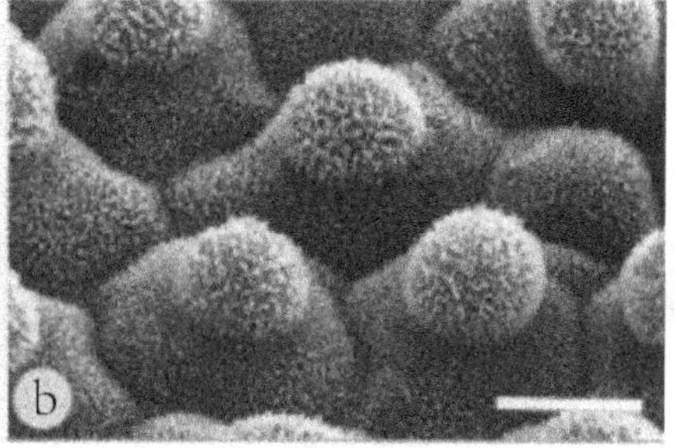

图 2-12　荷叶的表面非光滑形貌（a 低放大倍数，b 高放大倍数）

V Hershko 对洋葱表皮和蒜表皮研究时认为，用氯仿处理后的表皮失去了表皮的蜡质成分，具有更高的粗糙度，提高了表面张力，并且在较高的粗糙度时，可食涂膜液易于在被涂表面上铺展，且黏附效果更好。番茄表面整体是饱满、不粗糙的，但存在着表面蜡质颗粒形成的非光滑结构，这种表面的非光滑与蜣螂和荷叶的表面形貌很相似，可以形成固—气复合表面，具有较低的表面能。番茄表面具有较低的表面能，而且非光滑形貌使表观接触角增大，因此在可食涂膜的过程中，将会导致不易涂膜。

四、淀粉基可食涂膜液的理化性质

制备可食涂膜的原料很多，经过不同的组合，可以产生更多种类的膜，本章研究的目的是以淀粉为可食涂膜液的成膜基质材料，加入一定的表面活性剂和增塑剂，探讨可食涂膜液及可食膜的理化性质，并提出进行可食涂膜保鲜时，改变可食涂膜液性质的理化方法。淀粉是应用最广泛的农业原材料，具有独特的化学和物理性质及营养功能，糊化后极易形成黏度较大的亲水性胶体，它是一种可再生资源，价格便宜，性质容易掌握，应用前景非常广阔。García 等用淀粉等高分子溶液，加上植物油制成混合涂料，喷在草莓上，可以使它们的储藏寿命延长 5 倍以上。但淀粉糊在冷却和储藏时极易老化，使淀粉糊在涂膜后内部会产生较大的内聚力而使涂膜开裂、起翘，另外，淀粉具有较大的亲水性，形成的可食涂膜阻湿性极差。这两个重要的缺陷限制了淀粉用于可食涂膜保鲜果蔬的应用。目前，关于淀粉膜的研究还处于初级阶段，广泛应用还需要一定的时间。

要改进淀粉可食膜的应用性质，主要的方法是制成复合膜，提高可食涂膜的阻湿性主要是通过添加脂类物质获得，由于果蔬表面的天然蜡质在常温下为固态，因此本研究中以棕榈酸作为脂类的添加成分。延迟淀粉的老化可以通过添加具有表面活性的大多数极性脂类来实现，这些脂类还可以起到乳化剂的作用，常用的表面活性剂有甘油棕榈酸乙酯（GMP）、其他甘油一酯及其衍生物。一般来说，用混合乳化剂制备的 O/W 乳状液比用相同 HLB 的单一乳化剂制备的乳状液更为稳定，本研究中以单甘酯和卵磷脂作为复合乳化剂。添加增塑剂可以使淀粉糊的塑性增加，易于涂膜，并防止涂膜后膜的开裂，也有一定的抗淀粉老化的作用，但不同的增塑剂对可食膜的透过性也是有影响的。当以山梨醇为增塑剂时，可食膜的氧气透过率会降低，但因山梨醇中含有六个羟基，比甘油的三个羟基具有更强的极性，因此持水性较高，可食膜不易干燥，阻水性下降，在果蔬涂膜保鲜时，易造成果实产生厌氧呼吸，所以本研究中使用甘油作为增塑剂。以可食涂膜液的理化性质为评价指标，如表面张力、气体（氧气）透过率、水蒸气透过率、抗老化性能、涂膜液稳定性和抑菌性能等，分析各种辅助原料对淀粉基可食膜理化性质的影响，从而可分析得到有较优影响的辅助成分及添加量，以此研制一系列作为商品的可食涂膜液，为可食涂膜的应用提供一定的实验依据。

（一）试验三

1. 可食涂膜液的原辅料及其性质

（1）玉米淀粉

玉米淀粉颗粒大小为 2~30μm，直链淀粉含量约为 28%，糊化温度为 62℃~80℃，易胶凝和老化，淀粉糊化后不透明。淀粉凝胶的形成是粒吸水膨胀成为淀粉悬浮体系，析出的直链淀粉结成了一处凝胶网络结构，吸水膨胀的淀粉颗粒则被包在网络中。

(2) 甘油 (Glycerin)

甘油作为淀粉可食膜的增塑剂，以增加膜的韧性，从而调节膜的机械性能。增塑剂是小分子的化合物，它们存在于大分子聚合链之间，对膜材分子起到稀释作用，减弱分子间的相互作用，提高膜液的流动性，软化膜的刚性结构，且能降低膜的玻璃态转变温度，避免膜产生裂纹或孔洞，在一定程度上对提高透明度也有帮助。但同时增塑剂使分子内部氢键减少，增加了内部分子空间，会提高膜的渗透性。增塑剂必须与高聚物分子具有一定的亲和性，且易溶于溶剂中。膜的柔软性可通过调整添加的增塑剂的种类和量来调控。随着甘油用量的增加，膜的延伸性提高，平衡含水量增加，其抗张强度会降低。此外，甘油在食品中还可作为上光剂，改善涂膜后果蔬表面的光泽。

(3) 分子蒸馏单甘酯

单甘酯是单硬脂酸甘油酯的简称，为乳白色至微黄色粉末或蜡状固体，无臭无味，不溶于水，易溶于乙醇和热脂肪油，与热水强烈振荡混合时可分散在水中。经生化实验证明，单甘酯在人体内被消化分解为脂肪酸和多元醇，从而被人体吸收或排出体外，对人体的代谢无不良作用，也不在人体内积累而影响健康。单甘酯作为一种最常用的食品乳化剂，被广泛用于多种食品加工中，既可单独使用，也可与其他乳化剂如蔗糖酯、卵磷脂等配合使用。ADI 不作限制性规定，美国食品药品监督管理局管理局 (FDA) 划分单甘酯属通常认为是安全的食品添加剂 (GRAS)。单甘酯的亲水亲油平衡值 HLB 为 3.8，可以预料只能形成 W/O(油包水型) 乳状液，但当乳化剂浓度达到在脂肪球周围形成保护性的液晶层时，介晶相形成温度为 55℃ 时单甘酯可以形成 O/W(水包油型) 乳状液。单甘酯在水中的溶解度很小，如果直接加入膜液中，冷却后会有白色不溶物析出。

(4) 大豆卵磷脂

大豆卵磷脂是一种磷脂的混合物，包括磷脂酰胆碱 (卵磷脂，PC)、磷脂酰乙醇胺 (脑磷脂，PE)、磷脂酰肌醇 (PI) 等，其中 PC 能稳定 O/W 乳状液，而 PE 和 PI 能稳定 W/O 乳状液，乳化能力相对较弱，其 HLB 值为 8。

(5) 棕榈酸 (Palmitic acid)

棕榈酸又称为软脂酸、十六酸 (16：0)，是饱和脂肪酸，属于极性脂类，分子量为C10～18。脂肪酸在食品中是通用的质构调节剂和乳化剂，棕榈酸还可作为消泡剂，在可食膜液煮制过程中起作用。另外，有研究表明，植物果实膜脂中脂肪酸组成为亚油酸（18∶2）70%～75%，棕榈酸17%～22%，还有少量的油酸（18∶1）和亚麻酸（18∶3），除棕榈酸外均为不饱和脂类，易被空气中的氧气氧化。因此，在可食涂膜内添加稳定的棕榈酸，可以起到阻湿剂、表面活性剂、乳化剂、抗老化剂等作用。

（6）植酸（Phytic acid）

植酸的化学结构为肌醇六磷酸酯，学名为环已六醇-1，2，3，4，5，6-六磷酸酯（简称IP6），分子式为 $C_6H_{18}O_2P_6$，通式为 $C_6H_6[OPO(OH)_2]_6$，分子量为660.8，分子中含有6个磷酸基团，具有强大的络合能力。植酸与矿物质形成的植酸盐，俗称菲汀。植酸（盐）广泛存在于植物果实及籽粒中，植酸具有惊人的螯合能力、抗氧化作用等独特的化学特性及特殊的生理和药理功能，在日用化学、食品工业、医药工业及环保方面具有广泛的应用。高浓度植酸对试验菌有明显的抑制作用，低浓度时抑菌程度不一，其中金黄色葡萄球菌最为敏感。也可以看到，植酸的最小抑菌浓度较大，植酸水溶液在高浓度时呈现酸性，故也不排除植酸抑菌中酸性抑菌的叠加作用，与其他抑菌剂和保鲜剂配合使用，可取得更好的效果。

植酸也是一种天然无毒的抗氧化剂（LD_{50}=4192mg/kg），可延缓果实中维生素的降解，保持果实中可溶性固形物和酸的含量。植酸之所以是一种良好的抗氧化剂，是因为它与铁离子形成不含水的铁络合物，使之不产生氢氧自由基，植酸与大多数螯合剂的不同之处正在于此，因而具有良好的抗氧化作用。植酸这种综合性能使其能够成为一种比亚硝酸盐和亚磷酸盐更好的防腐剂和食品添加剂。

（7）PE保鲜膜

20cm×30cm。

2. 化学试剂

淀粉酶、琼脂、蛋白胨：生化试剂，北京奥博星生物技术责任有限公司；牛肉浸膏：生化试剂，北京双旋微生物培养基制品厂；HCl、NaOH：分析纯，天津市大茂化学仪器供应站；NaCl、Na_2SO_4、H_2SO_4：分析纯，辽宁开原市精细化学试剂厂。

3. 实验仪器与设备

河北省星宇医疗器械厂产 HH-S11-4 型电热恒温水浴箱；原铁道部化工院天津四方电器设备厂产均质机；江苏金坛区恒丰仪器厂产 HJ-4 型多头磁力搅拌器；上海中晨数字技术设备有限公司产 JC2000A 界面张力接触角测量仪；上海市实验仪器总厂产 302A 型恒温恒湿箱；石家庄诚信中轻机械设备有限公司生产的透湿杯；德国 Brugger 公司产 GDP-C 型气体渗透性测定仪；哈尔滨量具刃具厂生产的 MDC-25 型螺旋测微器。

4. 实验方法

（1）淀粉基可食涂膜液的配制

预实验表明，淀粉浓度低于 1%时，涂膜溶液过稀，不易形成均匀连续的膜；当淀粉浓度大于 5%时，此时淀粉糊形成的是高浓度凝胶，不易涂膜，而且形成的膜较厚，易造成番茄果实的厌氧呼吸，同时会使涂膜后干燥时间延长，易滋生微生物。另外由于成膜剂浓度不同会使同样使用量下形成的可食涂膜的厚度不同，因此，本实验采用的淀粉浓度均为 3%。由于单纯的淀粉糊形成的膜易老化开裂、阻湿性差，需加入脂类阻湿剂、增塑剂和表面活性剂。其中表面活性剂选择单甘酯和卵磷脂作为复合乳化剂，单甘酯常用的浓度为 1%，卵磷脂常用的浓度为 0.1%~0.5%；以甘油为增塑剂常用的浓度为 1%~3%，当甘油浓度大于 5%时，会因添加量过大，使淀粉膜不连续，而当添加量过低时，又会导致生成的膜过于致密，使果实在涂膜后极易造成厌氧呼吸而加速衰老过程，品质下降；添加 25℃时固体含量大于 95%的棕榈酸（16：0）可以起到阻湿剂、表面活性剂、消泡剂、抗老化剂等作用，添加量是参考常用可食涂膜中脂类的添加量而定为 1%~3%。每组可食涂膜液配成 500ml，按不同设计方案的配比称取各种原料，在 85℃水浴中使淀粉充分糊化、棕榈酸和单甘酯熔化，之后于磁力搅拌器上高速搅拌 30min，再用均质机均质 2 次，使脂类物质颗粒细小，增加稳定性，冷却后备用。

（2）淀粉老化程度的测定

淀粉的老化程度可以用糊化度评价，糊化率越高，则淀粉的老化程度越低。采用酶水解法测定淀粉的糊化度。

（3）淀粉可食膜的制备

由于独立的淀粉可食涂膜极易破损，气体透过率和透湿性的测试是将被测可食涂膜涂于具有较大透性的支持膜上以组合膜的形式进行测定。具体方法是先以一层多孔的 PE 塑料保鲜膜为基，在四周有挡板的一个 180mm×180mm 玻璃板上，将 PE 塑料膜平铺开，然后取可食涂膜液在塑料膜上，以流延法使其均匀分布，并将可流动的多余涂膜溶液倒出，此时在玻璃板上形成了塑料膜与可食涂膜组成的组合膜。待膜自然干燥后于 25℃、相对湿度为 80%的恒温恒湿箱中储存备用。测定可食膜的厚度时，将可食膜从塑料膜上小心地揭下，叠在一起，用千分尺在不同区域测量其厚度的和，结果取平均值，经测定每个可食膜的平均厚度为 31μm。

（4）淀粉可食膜的氧气透过率的测定

膜的透气性测定参照国家标准 GB/T 1038—2000 进行。GDP-C 型气体渗透仪要求以 φ100mm 的圆形膜进行测定。

对一个多层的膜，在稳定条件下，通过每层膜的流量（J）和通过整个膜的流量是相同的，同时，整个膜压力的降低是每层膜压力降低的总和，因此，对于一个由涂层（c）和支撑物（s）组成的膜（cs）来说，$J/P_{cs}=J/P_c+J/P_s$，即组合膜的氧气透过率以式（2-13）进行计算。

$$\frac{1}{P_{cs}}=\frac{1}{P_c}+\frac{1}{P_s} \tag{2-13}$$

式（2-13）中，

P_{cs}——组合膜的氧气透过率；

P_c——涂层的氧气透过率；

P_s——支撑物的氧气透过率，ml/（m^2·d·Pa）。

经过测定，这种带孔 PE 塑料保鲜膜的氧气透过率比可食膜的氧气透过率大得多，故可以认为可食膜的氧气透过率即为组合膜的氧气透过率，即

$$P_{cs}\approx P_c \tag{2-14}$$

因可食膜较薄，有一定的脆性，易破裂，为避免影响测定结果，在测定过程中不允许可食膜出现折痕或裂缝。透氧率结果由控制器直接给出，示例如图 2-13。图中的不规则波形是预平衡过程，之后会达到一个动态平衡，由于数据测试精度的问题，其测试数据结果呈现不规则形状。

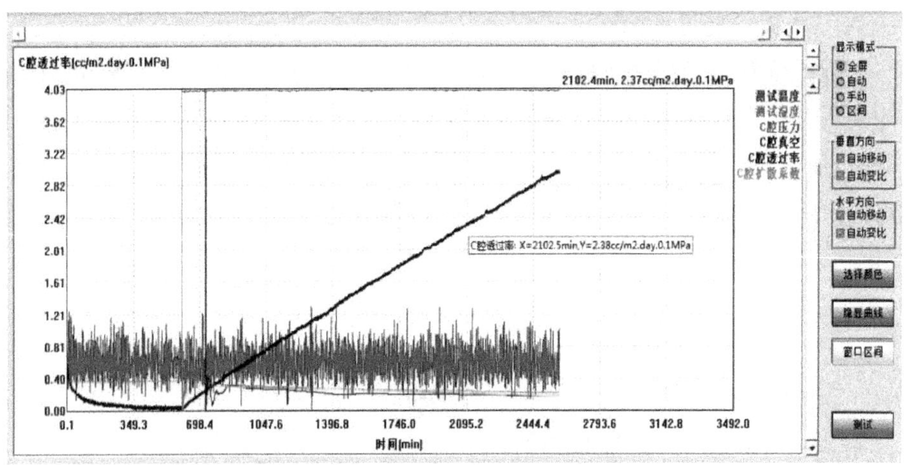

图 2-13　透过率测试数据波形图

（5）淀粉可食膜水蒸气透过率

膜的透湿性可用水蒸气透过系数或水蒸气透过量表示，测定方法按照国家标准 GB/T1037—2021 用透湿杯进行测定。由于多孔的支撑膜的透湿量大，组合膜与可食膜的水蒸气透过量可近似相等，有

$$Q_{cs} \approx Q_C \tag{2-15}$$

式（2-15）中，Q_{cs}——组合膜的透湿量，g/（m^2 · 24h）；

Q_C——可食膜的透湿量，g/（m^2 · 24h）。

在温度为 25℃、相对湿度差为（90～0）%条件下，通过测定透湿杯恒重后的质量增量可直接算取水蒸气透过量（*WVT*），即

$$Q_{cs} \approx Q_c = WVT = \frac{24 \cdot \Delta m}{A \cdot t} \tag{2-16}$$

式（2-16）中，*WVT*——水蒸气透过量，g/（m^2 · 24h）；

Δm——t 时间内的质量增量，g；

A——试样透水蒸气的面积，m；

t——质量增量稳定后两次间隔时间，h。

（6）淀粉基可食涂膜液密度的测定

先准确称量一个干燥的大量筒的重量 W_0（g），在大量筒中量取 100ml 淀粉基可食涂膜液，再称重 W_1（g），则可求出淀粉基可食涂膜液的密度：

$$\text{淀粉基可食涂膜液的密度} = (W_1 - W_0)/100\ (g/ml) \tag{2-17}$$

（7）淀粉基可食涂膜液表面张力的测定

以毛细管上升法测定各组淀粉基可食涂膜液的表面张力。首先分别测定淀粉基可食涂膜液在玻璃表面的接触角，再将干净的直径为 r 的玻璃毛细管插入液体中，因表面张力的作用，可食涂膜液沿毛细管上升至一定高度 h，此时上升的力（$2\pi r \cdot \sigma\cos\theta$）与液体的重力（$\pi r2\rho gh$）平衡，有

$$2\pi r \cdot \sigma\cos\theta = \pi r2\rho gh$$

则

$$\delta = \frac{\rho ghr}{2\cos\theta} \tag{2-18}$$

式（2-18）中，r 为毛细管半径；

σ——表面张力；

g——重力加速度；

h——液柱高度；

θ——接触角；

ρ——淀粉基可食涂膜液的密度。

（8）淀粉基可食涂膜液的稳定性

由于脂肪与水存在密度差，会引起脂肪颗粒的上浮，采用 Stocks 公式可以研究淀粉基可食涂膜液乳化状态的稳定性。

$$\upsilon = \frac{d^2 g\Delta\rho}{18\eta} \tag{2-19}$$

式（2-19）中，υ——沉降速度，在此处为脂肪颗粒的上浮速度；

d——脂肪颗粒的直径，可用生物显微镜显示，分析脂肪颗粒的大小；

g——重力加速度；

$\Delta\rho$——两相间的密度差；

η——分散介质的黏度，此处分散介质是 3%淀粉糊，黏度可用黏度计测定。

（9）植酸的抑菌效果分析方法

①培养基的制备。牛肉膏蛋白胨培养基的配方如下：

牛肉膏	3. 0g	蛋白胨	10. 0g
NaCl	5. 0g	水	1000ml

琼脂　　15g　　pH　　7.4~7.6

按培养基配方依次称取原料，用足量水加热溶化，补足水分，用NaOH或HCl调节pH，过滤后分装，加塞包扎后，将上述培养基以0.103MPa、121℃、20min高压蒸汽灭菌，备用。

②抑菌实验。由于番茄在保藏期间表面主要生长的是霉菌，本实验的目的是比较植酸与常用广谱抑菌剂苯甲酸钠对番茄表面霉菌的抑制效果，并以其抑菌能力选择植酸最低的有效抑菌浓度。根据食品添加剂使用卫生标准，取苯甲酸钠的浓度为0.08%作为对照，植酸的浓度分别取0.2%、0.5%、1%、1.5%、2%，采用圆滤纸片法测定杀（抑）菌效果。从已霉变的番茄上取1cm^{2}的表皮，泡入100ml容量瓶中，用无菌水定容，从中取1ml置于另一100ml容量瓶，以无菌水定容，经18h培养后的溶液作为抑菌试验中的菌液。将牛肉膏蛋白胨培养基加热至50℃左右倒入无菌平皿中，水平放置待凝固。用无菌吸管取0.2ml菌液加入到上述平皿中，用无菌三角棒涂布均匀。用无菌镊子将已灭菌的小圆滤纸片（D为5mm）分别浸入装有各种抑菌剂溶液中浸湿，贴在含菌平皿相应区域。同时另取一浸有生理盐水的圆滤纸片作为对照。将平皿置于37℃恒温培养箱中，24h后取出观察抑菌圈的大小。

（二）试验结果与分析

1. 淀粉基可食涂膜液中淀粉的抗老化性质

为分析各种成分对淀粉可食涂膜性质的影响，以正交实验进行分析。因素水平见表2-2，采用L9（34）正交表，实验方案见表2-3。

表2-2　淀粉可食涂膜液因素水平表（每100ml水中加入的克数）

水平	因素			
	甘油（A）	棕榈酸（B）	单甘酯（C）	卵磷脂（D）
1	1	1	0.5	0.2
2	2	2	1	0.4
3	3	3	1.5	0.6

表 2-3 采用 L9（34）正交表设计的实验方案

水平	因素			
	甘油（A）	棕榈酸（B）	单甘酯（C）	卵磷脂（D）
1	1	1	1	1
2	1	2	2	2
3	1	3	3	3
4	2	1	2	3
5	2	2	3	1
6	2	3	1	2
7	3	1	3	2
8	3	2	1	3
9	3	3	2	1

按表 2-3 配制的淀粉基可食涂膜液制备完成后，于 20℃保存 72h，平行测定三次其糊化度，实验结果与分析见表 2-4，分析方法见参考文献中重复试验的方差分析。检验结果表明，A、B、C、D 四个因素都是显著因素，其中因素 A（甘油）和因素 D（卵磷脂）的影响相对较小，而因素 B（棕榈酸）和因素 C（单甘酯）影响较大。由于糊化度大则老化程度低，显然优水平应取 A3、B3、C3 和 D2，即在 3%淀粉基可食膜液中，添加棕榈酸 3g/100ml、单甘酯 1. 5g/100ml、卵磷脂 0. 4g/100ml、甘油 3g/100ml，可以有效地降低淀粉老化的程度。原因是当含有极性脂类或乙酰基脂类的淀粉糊在冷却时，直链淀粉分子的单螺旋形成了脂肪—直链淀粉络合物，可以使淀粉颗粒的结晶区消失，抑制了与老化过程有关的淀粉分子的结晶。虽然棕榈酸和单甘酯的添加量以较高水平为优，但在实验中发现当添加量增加时，即使是均质多次的可食涂膜液在放置 24h 后，也会出现分层的现象，即涂膜液的稳定性减小。

表 2-4　淀粉基可食涂膜液中影响淀粉糊化度的因素分析

实验号	因素				糊化度 y			$y'=(y-0.9)\times100$			$y'it^2$			$y'ix$	y'^2ix
	甘油(A)	棕榈酸(B)	单甘酯(C)	卵磷脂(D)	$yi1$	$yi2$	$yi3$	$yi1$	$yi2$	$yi3$	y'^2i1	y'^2i2	y'^2i3		
1	1	1	1	1	0.85	0.79	0.80	−5	−11	−10	25	121	100	−26	676
2	1	2	2	2	0.90	0.89	0.896	0	−1	−0.4	0	1	0.16	−1.4	1.96
3	1	3	3	3	0.92	0.93	0.922	2	3	2.2	4	9	4.84	7.2	51.84
4	2	1	2	3	0.887	0.800	0.800	−1.3	−10	−10	1.69	100	100	−21.3	453.69
5	2	2	3	1	0.93	0.926	0.921	3	2.6	2.1	9	6.76	4.41	7.7	59.29
6	2	3	1	2	0.90	0.896	0.88	0	−0.4	−2	0	0.16	4	−2.4	5.76
7	3	1	3	2	0.922	0.925	0.93	2.2	2.5	3	4.84	6.25	9	7.7	59.29
8	3	2	1	3	0.906	0.895	0.862	0.6	−0.5	−3.8	0.36	0.25	14.44	−3.7	13.69
9	3	3	2	1	0.908	0.89	0.891	0.8	−1	−0.9	0.64	1	0.81	−1.1	1.21
$y'j1$	−20.2	−39.6	−32.1	−19.4	2.3 −15.8 −19.8 45.53 245.42 237.66 −33.3 1108.89										
$y'j2$	−16	2.6	−23.8	3.9	$W=45.53+245.42+237.66=528.61$										
$y'j3$	2.9	3.7	22.6	−17.8	$P=(-33.3)2\div27=41.07$										
$y'j1^2$	408	1568	1030	376	$Qj=(y'j1^2+y'j2^2+y'j3^2)\div9$										
$y'j2^2$	256	6.76	566	15.21	$Z=1108.89\div3=369.63$ $S=W-P=528.61-41.07=487.54$　　$f=aT-1=26$										
$y'j3^2$	8.41	13.7	511	317	$S_e2=W-Z=158.98$　　$f_e2=a(T-1)=18$										
Qj	74.7	176	234	78.7	$Sj=Qj-P$										
Sj	33.7	135	232	76.7	$Fj=(Sj/fj)\div(Se2/fe2)$										
Fj	1.90	7.67	13.14	4.34	$F_{0.25}(2,18)=1.50$　$F_{0.1}(2,18)=2.62$　$F_{0.05}(2,18)=3.55$										
αj	0.25	0.01	0.01	0.05	$F_{0.01}(2,18)=6.01$										

2. 淀粉基可食涂膜液的表面张力

测得3%淀粉溶液的密度为1.032g/mL，在直径为1.18mm的干净的毛细管中，液面的上升高度为19.688mm（多次测定的平均值），在玻璃表面的接触角为32.69°（10次测定的平均值），按式（2-18）可以计算得到3%淀粉溶液的表面张力为69.795mN/m。已知纯水的表面张力为72.27mN/m，所以淀粉溶液的表面张力比纯水的表面张力略有降低，但与番茄的临界表面张力相比仍是过大，存在淀粉老化的影响。由于淀粉基可食涂膜液的表面张力影响到淀粉的老化、对果实表面的可铺展能力、涂膜干燥后是否会开裂等重要性质，因此仍采用表2-3的实验方案，以可食涂膜液的表面张力为指标，分析可食涂膜液中各种添加成分对表面张力的影响。

配制好各组淀粉基可食涂膜液后，先测得各组试液的密度，不同涂膜液的密度变化极小，因此取其平均值为1.037g/mL，分别测定其在玻璃表面的接触角，每种溶液测定10个值，取平均值为；另取一直径为1.18mm的干净的毛细管插入试液中，量取液面上升的高度h；按式（2-18）求出各组可食涂膜液的表面张力s，为减小计算工作量，以s-40进行分析，实验结果与分析见表2-5。

表2-5 淀粉基可食涂膜液的表面张力

实验号	因素				密度/(g/mL)	接触角/°	液面上升高度(h)/mm	表面张力(s)/(mN/m)	s-40
	甘油(A)	棕榈酸(B)	单甘酯(C)	卵磷脂(D)					
1	1	1	1	1	1.037	34.33	12.168	44.17	4.17
2	1	2	2	2		31.50	11.071	38.93	-1.07
3	1	3	3	3		27.17	12.367	41.67	1.67
4	2	1	2	3		25.00	12.624	41.76	1.76
5	2	2	3	1		25.67	11.936	39.70	-0.30
6	2	3	1	2		24.67	12.054	40.81	0.81
7	3	1	3	2		22.33	12.875	41.89	1.89
8	3	2	1	3		24.00	12.601	41.35	1.35
9	3	3	2	1		20.67	12.298	39.41	-0.59

续表

<table>
<tr><td rowspan="2">实验号</td><td colspan="4">因素</td><td rowspan="2">密度/(g/mL)</td><td rowspan="2">接触角/°</td><td rowspan="2">液面上升高度(h)/mm</td><td rowspan="2">表面张力(s)/(mN/m)</td><td rowspan="2">s−40</td></tr>
<tr><td>甘油(A)</td><td>棕榈酸(B)</td><td>单甘酯(C)</td><td>卵磷脂(D)</td></tr>
<tr><td>yj1</td><td>4.77</td><td>7.82</td><td>6.33</td><td>3.28</td><td rowspan="8" colspan="5">$\sum_{i=1}^{9}(\sigma-40)=9.69$　$\sum_{i=1}^{9}(\sigma-40)^2=30.91$
$S=\sum_{I=1}^{9}y_i-\frac{1}{9}(\sum^{9}y_i)^2=30.91$
$S_e=S_A+S_D=1.60$　$f_e=4$
$F_{0.25}(2,18)=1.50$　$F_{0.1}(2,18)=2.62$
$F_{0.05}(2,18)=3.55$　$F_{0.01}(2,18)=6.01$</td></tr>
<tr><td>yj2</td><td>2.27</td><td>−0.02</td><td>0.10</td><td>1.63</td></tr>
<tr><td>yj3</td><td>2.65</td><td>1.89</td><td>3.26</td><td>4.78</td></tr>
<tr><td>Dj</td><td>2.12</td><td>7.84</td><td>6.23</td><td>3.15</td></tr>
<tr><td>Dj^2</td><td>4.49</td><td>61.47</td><td>38.81</td><td>9.92</td></tr>
<tr><td>Sj</td><td>0.50</td><td>6.83</td><td>4.31</td><td>1.10</td></tr>
<tr><td>Fj</td><td></td><td>8.53</td><td>5.38</td><td></td></tr>
<tr><td>αj</td><td></td><td>0.01</td><td>0.05</td><td></td></tr>
</table>

由表 2-5 的结论可知，棕榈酸（$\alpha=0.01$）和单甘酯（$\alpha=0.05$）对可食涂膜液的表面张力有较大的影响，而甘油和卵磷脂的影响较小，实验中各因素溶液张力最小时的水平均为 2，即甘油、棕榈酸、单甘酯、卵磷脂的添加量分别为 2g/100ml、2g/100ml、1g/100ml、0.4g/100ml。

从表 2-5 中还可以看出，添加了各种表面活性剂后，淀粉基可食涂膜液比单纯的 3%淀粉溶液的表面张力有明显降低，仅为纯 3%淀粉溶液的表面张力的 50%~60%。另外，甘油和棕榈酸的添加水平为 2 和 3 时的差距较小，即在试验范围内，增加可食膜中甘油和棕榈酸的添加量可以降低可食涂膜液的表面张力。

3. 淀粉基可食涂膜的透过性能

可食涂膜保鲜方法的实质之一是气调储藏方法，它通过人为外加的膜来改变果蔬表面的气体透过性能，从而影响果蔬的呼吸强度，进一步控制果蔬的成熟与衰老。因此，可食涂膜保鲜的效果主要是以所成膜的透气性和透湿性来评价，膜的透气性和透湿性与涂膜液的成膜基质、辅助成分、成膜的厚度等因素有关。本节是以 3%淀粉溶液为成膜基质材料，研究不同的辅助材料对保鲜效果的影响。

可食膜中甘油的添加量对膜的透性有较大的影响，从对淀粉基可食涂膜液的抗老化和表面张力的研究中可知，在可食涂膜液中添加一定量的棕榈酸和单甘酯也是必要的。为分析各因素对膜的透过性能的影响，采用多元线性回归正交设计，并求出回归方程。实验中各因素的变化范围和因素编码见表 2-6。

表 2-6 因素编码表

zj（xj） $z3$	$z1$ 甘油（$x1$）	棕榈酸（$x2$）	$z2$ 单甘酯（$x3$）
$z1j$（−1）	1	1	0.5
$z2j$（+1）	3	3	1.5
$z0j$（0）	2	2	1
Δj		1	1
0.5			
编码公式	$x1=(z1-2)/1$	$x2=(z2-2)/1$	$x3=(z3-1)/0.5$

由于气体分子和水分子的性质不同，膜的透过性可分为气体透过性和水蒸气透过性，分别称为可食膜的阻气性和阻湿性。

（1）淀粉基可食涂膜的阻气性能

可食膜的阻气性能是以在气体透过仪中测定氧气的透过率来评价。实验采用二水平正交表 L8（2^7），因实验因素的水平较少，故安排了三次零水平实验，实验方案设计见表 2-7。因素 $x1$、$x2$、$x3$ 依次安排于基本列，即第 3、4、5 列；交互项 $x1x2$、$x1x3$ 和 $x2x3$ 分别列于第 6、7、8 列，空列不列出，总实验次数 $N=11$。每组分别制备三个膜，自然干燥后分别测其氧气透过率，结果取平均值。

由表 2-8 可知，各单因素对透气性的影响均是显著的，其中因素 $x2$（棕榈酸）的影响相对较小，而 $x1$（甘油）和 $x3$（单甘酯）影响非常显著；交互项的影响也较小，其中 $x1x3$ 的影响可以不考虑，可从回归方程中剔除。于是对回归方程的检验有

$$F_{回}=\frac{\frac{S_{回}}{f_{回}}}{\frac{S_R}{f_R}}=\frac{\frac{2954}{6}}{\frac{159.3}{4}}=12.36>F_{0.01}(6.4)=2.08 \tag{2-20}$$

表 2-7 淀粉基可食涂膜的氧气透过率分析

实验号	因素							氧气透过率(Yi)	
	x0	x1	x2	x3	x1x2	x1x3	x2x3	Y^2i×10^5ml/(m^2·d·Pa)	
1	1	1	1	1	1	1	1	57.6	3317.76
2	1	1	1	−1	1	−1	−1	17.2	295.84
3	1	1	−1	1	−1	1	−1	45.4	2061.16
4	1	1	−1	−1	−1	−1	1	23.8	566.44
5	1	−1	1	1	−1	−1	1	31.3	979.69
6	1	−1	1	−1	−1	1	−1	1.8	3.24
7	1	−1	−1	1	1	−1	−1	3.9	15.21
8	1	−1	−1	−1	1	1	1	1.7	2.89
9	1	0	0	0	0	0	0	29.4	864.36
10	1	0	0	0	0	0	0	23.2	538.24
11	1	0	0	0	0	0	0	25.9	670.81
Dj	11	8	8	8	8	8	8	$S=3464$	$f=10$
Bj	261.2	105	33.1	93.7	−21.9	8	46.1	$S_e=19.33$	$f_e=2$
bj	23.75	13.2	4.14	11.7	−2.74	1	5.76	$S_{回}=3277$	$f_{回}=6$
Sj	6202	1386	137	1097	59.95	8	266	$S_R=187.7$	$f_R=4$
Fj		143	14.17	114	6.20	0.83	27.5	$S_{lf}=167.9$	$f_{lf}=2$
αj		0.01	0.1	0.01	0.25		0.05	$F_{0.01}(1,2)=$ 98.49	$F0.05(1,2)=$ 18.51
								$F0.1(1,2)=$ 8.53	$F0.25(1,2)=$ 2.57

因此，得到以下回归方程：

$$\hat{y} = 23.75 + 13.2x_1 + 4.14x_2 + 11.7x_3 - 2.74x_1x_2 + 5.76x_2x_3 \tag{2-21}$$

回归方程（2-21）的显著性水平为 0.01，同时，对该方程的失拟检验有

$$F_{lf}=\frac{\frac{S_{lf}}{f_{lf}}}{\frac{S_e}{f_e}}=\frac{\frac{140}{2}}{\frac{19.33}{2}}=7.243<F_{0.1}\ (2.2)\ =9.00$$

此时，失拟平方和的贡献率为

$$\beta=\frac{S_{lf}-\frac{S_e}{f_e}f_{lf}}{S}\times100\%=3.9\%$$

一般在工程技术中，如果 β≤5%～10%，可以认为回归方程不失拟，显然，回归方程（2-21）拟合得很好。

将编码空间中经过统计检验符合要求的回归方程，变换为自然空间的回归方程，代入表 2-6 中的编码公式，整理得欲求的回归方程为

$$y=-22.25+18.68z_1-1.88z_2+0.36z_3-2.74z_1z_2+11.52z_2z_3 \quad (2-22)$$

式（2-22）中，y——氧气透过率,%；

z_1——甘油的使用浓度；

z_2——棕榈酸的使用浓度；

z_3——单甘酯的使用浓度，g/100mL。

在实验范围内，当棕榈酸（z_2）含量一定时，适当增加甘油（z_1）、单甘酯（z_3）的使用量都可以增加可食膜的氧气透过率；在单甘酯用量一定时，甘油和棕榈酸的添加量增加也会使可食膜的氧气透过率增加，但棕榈酸的影响要小得多，尤其是甘油添加量较大时，棕榈酸对可食膜氧气透过率的影响更小。因此，在可食涂膜液中增加甘油、棕榈酸、单甘酯的添加量都会使可食膜的阻气性降低。

(2）淀粉基可食涂膜的阻湿性能

可食膜的阻湿性能是以在可食膜的水蒸气透过率来评价，根据国家标用透湿杯进行测定。实验方案设计、实验结果与分析见表 2-8。

表 2-8　淀粉基可食涂膜的阻湿性能分析

实验号	因素							氧气透过率(Yi)	
	$x0$	$x1$	$x2$	$x3$	$x1x2$	$x1x3$	$x2x3$	$Y^2i\times10^5 mL/m^2\cdot d\cdot Pa$	
1	1	1	1	1	1	1	1	7.5	56.25
2	1	1	1	−1	1	−1	−1	1.4	1.96

续表

实验号	因素							氧气透过率(Yi)	
	$x0$	$x1$	$x2$	$x3$	$x1x2$	$x1x3$	$x2x3$	$Y^2i\times10^5 mL/m^2 \cdot d \cdot Pa$	
3	1	1	−1	1	−1	1	−1	9. 1	82. 81
4	1	1	−1	−1	−1	−1	1	8. 5	72. 25
5	1	−1	1	1	−1	−1	1	2. 8	7. 84
6	1	−1	1	−1	−1	1	−1	2. 3	5. 2
7	1	−1	−1	1	1	−1	−1	3. 3	10. 89
8	1	−1	−1	−1	1	1	1	2. 2	4. 84
9	1	0	0	0	0	0	0	3. 8	14. 44
10	1	0	0	0	0	0	0	4. 9	24. 01
11	1	0	0	0	0	0	0	4. 2	17. 64
Dj	11	8	8	8	8	8	8	S=70. 95	f=10
Bj	261. 2	105	33. 1	93. 7	−21. 9	8	46. 1	S_e=0. 62	f_e=2
bj	23. 75	13. 2	4. 14	11. 7	−2. 74	1	5. 76	$S_{回}$=70. 18	$f_{回}$=6
Sj	6202	1386	137	1097	59. 95	8	266	S_R=0. 771	f_R=4
Fj		143	14. 17	114	6. 20	0. 83	27. 5	S_{lf}=0. 151	f_{lf}=2
αj		0. 01	0. 1	0. 01	0. 25		0. 05	$F_{0.01}(1,2)$= 98. 49	$F_{0.05}(1,2)$= 18. 51
								$F_{0.1}(1,2)$= 8. 53	$F_{0.25}(1,2)$= 2. 57

由表2-8可知，各单因素对可食膜的水蒸气透过量影响均是显著的，其中因素 $x1$（甘油）的影响相对最大，并且各交互项对淀粉基可食涂膜水蒸气透过量也有显著的影响，对回归方程的检验有

$$F_{回}=\frac{\frac{S_{回}}{f_{回}}}{\frac{S_R}{f_R}}=\frac{\frac{70.18}{6}}{\frac{0.771}{4}}=60.68>F_{0.01}(6,4)=2.08 \qquad (2-23)$$

因此得到回归方程

$$\hat{y}=4.55+1.99x_1-1.14x_2+1.04x_3-1.04x_1x_2+x_1x_3+0.61x_2x_3 \quad (2-24)$$

回归方程（2-24）的显著性水平为0.01，同时，对该方程的失拟检验有

$$F_{lf}=\frac{\frac{S_{lf}}{f_{lf}}}{\frac{S_e}{f_e}}=\frac{\frac{0.151}{2}}{\frac{0.62}{2}}=0.244<F_{0.01}(2,2)=3.00$$

显然，回归方程（2-24）拟合度良好。

将编码空间中经过统计检验符合要求的回归系数变换为自然空间的回归系数，代入表2-8中的编码公式，整理得到欲求的回归方程为

$$y=3.05+2.07z_1-0.28z_2-4.36z_3-1.04z_1z_2+2z_1z_3+1.22z_2z_3 \quad (2-25)$$

式（2-25）中，y——水蒸气透过量；

z_1——甘油的使用浓度，g/100ml；

z_2——棕榈酸的使用浓度，g/100ml；

z_3——单甘酯的使用浓度，g/100ml。

由式（2-25）可得到可食膜的水蒸气透过率与可食膜成分的关系。在实验范围内，由于各因素交互作用的影响使可食膜的透湿性变化变得复杂。当棕榈酸（z_2）添加量一定时，增加甘油（z_1）的使用量会使可食膜的透湿性（WVP）迅速增强，甘油含量较低时单甘酯（z_3）的添加对可食膜的水蒸气透过率影响不大，而在甘油添加量较大时，单甘酯的使用量增加亦会使可食膜的水蒸气透过率增大；在单甘酯用量一定时，不添加棕榈酸，可食膜的水蒸气透过率随甘油用量的增加而迅速增大，使用棕榈酸后可食膜的水蒸气透过率降低，在甘油浓度较高时，不含棕榈酸的可食膜水蒸气透过率很高，但添加了棕榈酸后可食膜的水蒸气透过率显著降低。因此，增加单甘酯和甘油的使用量会使可食膜的阻湿性降低，而增加棕榈酸的使用量会使可食膜的阻湿性增强。

4. 淀粉基可食涂膜液的稳定性

在可食涂膜液的配制过程中发现，不同配制方法所得到的涂膜液的稳定性不同，有时配制完成的涂膜液经过一定时间的放置，会产生明显的分层现象。涂膜液中的棕榈酸和单甘酯有时会在容器上方形成一层固态脂膜，有时则以大颗粒的形式出现，这样的涂膜液将不能用于番茄的可食涂

膜。需要说明的是，单甘酯和棕榈酸都是不溶于水的物质，对果蔬进行涂膜后，会在果蔬表面形成一系列的脂类颗粒，可以起到类似番茄表面非光滑结构的作用。观察发现，这种现象的发生与涂膜液均质过程关系最大，而且涂膜液不稳定现象主要是由脂类物质和水溶剂间存在密度差而引起的，故采用不同的均质过程，研究可食涂膜的稳定性，稳定性的评价是以 Stockes 公式中的沉降速度为指标。使用 3g/100ml 的淀粉溶液，其他成分加入量取试验范围内的最大量，即甘油 3g/100ml、单甘酯 1.5g/100ml、棕榈酸 3g/100ml，用不同的处理方式，配制可食涂膜液，实验方案见表 2-9。

表 2-9　可食涂膜液稳定性研究的实验方案

实验号	可食涂膜液配制方式 *	均质时温度	均质速度	均质次数/次
1	不先糊化	60℃	5000rpm	2
2	不先糊化	60℃	10000rpm	2
3	先糊化	20℃	5000rpm	1
4	先糊化	20℃	5000rpm	2
5	先糊化	60℃	10000rpm	1
6	先糊化	60℃	10000rpm	2
7	先糊化	室温下放置	不均质	

在可食涂膜液配制方式中，“不先糊化”是指将可食涂膜液中所有的成分一起加入水中，在 80℃ 水浴中使淀粉充分糊化后冷却至均质温度；“先糊化”是指在配制淀粉基可食涂膜液时，先将淀粉配成 3%的溶液，在 80℃ 水浴中使淀粉充分糊化后再加入可食涂膜的其他成分，并于水浴中加热使脂类熔化，搅拌、保持温度约 0.5h，冷却至均质温度。

溶剂的黏度对溶液的稳定性有较大影响，在分析可食涂膜液中脂类物质的上浮速度时，可将 3%淀粉糊的黏度作为溶剂的黏度，由于温度和剪切速度对淀粉糊黏度有较大的影响，故先测量 3%淀粉糊溶液在不同实验条件下的黏度，结果见表 2-10。

表 2-10 3%淀粉糊溶液在不同实验条件下的黏度

温度/℃	均质速度	黏度/（mPa·s）
60	不均质	76
60	5000rpm	39
60	10000rpm	26.5
20	不均质	57
20	5000rpm	21
20	10000rpm	14.6

可食涂膜液中水相与脂相间的密度差约为 100kg/m^3，用显微镜观察脂肪颗粒的直径 d，由式（2-19）计算脂肪颗粒上浮的速度，脂肪颗粒上浮的速度是以溶液中平均最大直径计算而得，实验结果见表 2-11。

表 2-11 不同方法配制的可食涂膜液的稳定性

实验号	脂肪颗粒直径 d/mm	溶剂黏度（mPa·s）	脂肪颗粒上浮速度 ν(＊)/（mm/s）	可食涂膜液冷却后的感官	24h 后可食涂膜液的感官
1	0.01~0.1	39	0.349	含有较多可见的泡沫，均匀，乳白色，手捻时有颗粒感，密度约为 0.93g/ml	泡沫上浮，泡沫中有直径大于 2mm 的脂肪颗粒，溶液呈半透明状，底部有白色沉淀
2	0.05 左右	26.5	0.005	含有较多可见的泡沫，均匀，乳白色，手感较细腻	泡沫上浮，液面有明显的脂肪颗粒，底部有白色沉淀
3	0.05~0.1	39	0.014	乳白色均匀的凝胶，手感细腻	上层有较薄的半透明溶液，下层为均匀白色胶体，手感细腻

续表

实验号	脂肪颗粒直径 d/mm	溶剂黏度(mPa·s)	脂肪颗粒上浮速度 ν(＊)/(mm/s)	可食涂膜液冷却后的感官	24h 后可食涂膜液的感官
4	0.05 左右	39	0.003	乳白色均匀的凝胶，手感较细腻	稳定，有极少量上清液生成，手感细腻
5	0.03~0.05	26.5	0.021	乳白色均匀的凝胶，手感细腻	稳定，有极少量上清液生成，手感细腻
6	0.03 左右	26.5	2E-04	乳白色均匀的凝胶，手感细腻	稳定、均匀，手感细腻
7	0.1~0.5	57	0.239	乳白色均匀的凝胶，手捻时有颗粒感	不分层，不均匀，手感较粗糙

表 2-10 和表 2-11 的实验结果表明：

①比较实验号 1 和实验号 7 可知，可食涂膜液的黏度比可食涂膜液中脂肪颗粒直径的影响更大。由于温度和剪切速度对可食涂膜液黏度有较大的影响，在可食涂膜液的配制过程中，要综合考虑各种因素。

②可食涂膜液各组成成分的加入顺序对可食涂膜液的稳定性也有较大的影响，可能的原因是，将淀粉先充分糊化后，在水浴状态下加入的脂类物质较易形成脂肪—直链淀粉络合物，能有效地抑制淀粉的老化，防止淀粉颗粒结晶释出。

③均质可有效地减小脂肪颗粒的直径，且均质速度越高，颗粒的直径越小，同时，均质次数的增加，可以使脂肪颗粒的直径更加均匀。当颗粒直径不均匀时，溶液的稳定性较差，可能的原因是出现“奥氏熟化（Ostward Ripening）”现象，即由于大、小颗粒有不同的化学位能，小脂肪颗粒不断消失，并生成更大的颗粒，只有颗粒大小完全相同时才会存在平衡。因此，增加均质次数有利于可食涂膜液的稳定。另外，从表 2-10 中可以看出，高度吸水膨胀的淀粉颗粒易于破碎，在均质时高剪切速度会使淀粉糊的黏度下降，反而会使可食涂膜液的稳定性下降。

④通过脂肪颗粒的上浮速度和感官评价可知，在实验范围内，先将淀粉

充分糊化，加入其他成分后在水浴中保持一段时间，再以10000rpm的速度均质两次，所得的可食涂膜液（即表2-11中的第6组）的稳定性是最优的。

5. 淀粉基可食涂膜液的微生物稳定性

果蔬无论在生长期或储藏期随时都会受到微生物的威胁，采后腐烂的主要原因是由青霉、绿霉、灰霉、炭疽、链格孢属和念珠菌属等真菌所造成的病害。番茄表面聚集着相当数量的真菌孢子，但致病菌孢子使蔬菜发病要有一定的条件，除温、湿度外，孢子主要通过两条途径侵入而使果蔬发病：一是由果蔬在采摘或储藏过程中所造成的碰、压、擦伤及冻伤、虫孔等开裂的表皮侵入；二是随着果蔬的老化与过熟、抵抗力的降低，由果蔬的皮孔侵入。由此可见，避免果实表皮的机械伤和设法延缓果实的衰老与过熟，提高果实自身的抵抗能力是果实防腐的首要条件，消除浸染源，减少真菌对果蔬的污染是果蔬防腐保鲜的根本措施之一。

涂膜可以为防止微生物的污染提供一道屏障，但由于所用涂膜成分均为可食性材料，具有丰富的营养成分，若在储藏保鲜过程中，环境的温度和湿度过高，就会为微生物的生长与繁殖提供良好的条件，起到类似培养基的作用。因此，有必要在膜中添加一定量的防腐抑菌剂，提高其微生物稳定性，从而达到储藏保鲜的目的。

从菌落培养上可以看出，导致番茄腐烂的常见菌为青霉和黑霉。虽然已知植酸对不同细菌的最小抑菌浓度，但对真菌的抑制作用还不多见，尤其是对易导致番茄腐败微生物的抑菌研究更少。本实验是针对从已腐烂番茄上培养的菌液，采用滤纸片法中抑菌圈的大小为评价指标，并以0.08%苯甲酸钠和无菌水为对照，在恒温箱中培养24h。实验方案及结果见表2-12。表2-12中抑菌效果以“+”和“-”来表示，其意义为：无抑菌圈者记为“-”，表示没有抑菌效果；抑菌圈直径小于10mm者记为“+”，表示有一定的抑菌效果；在10~15mm之间者记为“++”，表示有明显的抑菌效果。

表2-12 植酸对番茄腐败菌的抑制效果

抑菌剂及浓度	植酸 0.2%	植酸 0.5%	植酸 1.0%	植酸 1.5%	植酸 2.0%	植酸 5.0%	苯甲酸钠 0.08%	无菌水
抑菌效果	-	-	-	+	+	++	+	-

表2-12的结果表明，对导致番茄腐烂的微生物，植酸的最小抑菌浓度为1.5%，在低于1.5%的浓度时，虽然没有抑菌圈生成，但在滤纸片上无任何微生物生长。与浓度为0.08%的苯甲酸钠溶液相比，2%的植酸溶液具有相当的抑菌效果，当植酸浓度为5%时抑菌效果很好。另有实验证明，植酸的添加对可食涂膜液的表面张力和透过性能的影响不显著，且植酸是植物中的天然成分，因此加大植酸的添加量也是可行的。在分析涂膜液的微生物稳定性时，进行了进一步抑菌实验：在3%淀粉糊溶液中添加植酸，使其浓度分别为0%、0.5%、1.0%、1.5%、2.0%，置于烧杯中，在室温下放置（17~19℃，相对湿度为65%左右），观察抑菌效果，结果见表2-13。

表2-13　添加植酸的淀粉糊的抑菌效果

植酸浓度/%	室温下敞口放置时间					
	1d	2d	3d	5d	7d	10d
0	-	-	+	++	++	++
0.5	-	-	-	-	+	+
1.0	-	-	-	-	-	+
1.5	-	-	-	-	-	-
2.0	-	-	-	-	-	-

注：无微生物生长记为“-”；开始出现菌斑记为“+”；微生物生长旺盛记为“++”。

表2-13实验结果表明，没添加植酸的可食涂膜液在常温下第3d时已出现霉点，第5d时菌落已长大。添加植酸1.5%以上的可食涂膜液在常温敞口放置的条件下，可保存10d以上。

（三）讨论

1. 辅助成分的影响

本研究中，主要添加了乳化剂、饱和脂类、增塑剂、抑菌剂等辅助成分，这些成分的添加对可食膜的不同性能皆有显著的影响。在可食涂膜液中，当增塑剂甘油用量超过3%时，所形成的膜不够致密，通透性大，对涂膜果蔬难以形成一个膜内低 O_2、高 CO_2 环境。当甘油用量小于3%时，随其用量减少，所形成的膜结构过于致密，使涂膜的果实难以进行正常呼吸，而趋于无氧呼吸，造成生理失调。脂类添加对可食膜的阻湿性有明显增加，但可能会导致涂膜液的稳定性下降，通过添加乳化剂，并采用均质等处理方式，可以增加涂膜液的稳定性。

2. 成膜剂的影响

可食涂膜液的主要成分是成膜剂，理想的成膜剂应具有以下几个特点：一是有一定的黏度，易于成膜；二是形成的膜均匀、连续，具有良好的保质保鲜作用，并能提高蔬菜的外观水平；三是无毒、无异味，与食品接触不产生对人体有害的物质；四是成膜后干燥速度快。淀粉作为成膜剂的缺点是成膜的光泽度低。成膜剂对可食膜的透气性影响是最大的，成膜剂的种类不同和所成的膜的厚度不同都会影响到可食膜的透气性和透湿性。研究表明，随着膜的厚度的增加可食膜的透气性会降低，而膜的气体透过量的减少率与可食膜厚度的增加率无明显的相互关系。本研究中试图通过可食涂膜液的浓度和成膜方式来控制可食膜的厚度也未能得到满意的结果。由于不同浓度的成膜剂成的膜的厚度略有不同，因此本实验中所做的氧气透过率和水蒸气透过率分析都是在3%的淀粉溶液为成膜剂、在给定的成膜条件下进行的。对其他浓度的淀粉溶液或其他成膜剂进行研究时，可以用本书中提供的方法进行相应的研究。

3. 可食膜的表面能与可食膜的透过率之间的关系

有研究表明，随着棕榈酸在甲基纤维素可食膜中添加量的增加，可食膜的水蒸气透过率明显下降，可食膜的 CO_2 透过率则是棕榈酸添加量在15%以下时下降，大于15%后呈增加趋势。在实验范围内，在可食涂膜液中添加适量的单甘酯和棕榈酸可使可食涂膜液的表面张力降低，增加了氧气的透过量，并使可食膜的水蒸气透过率降低。因此，可以得出这样的结论：表面张力的下降，降低了可食膜的阻气性，同时增加了可食膜的阻湿性。甘油对可食膜表面张力的影响不显著，但一般是增加甘油的使用量会使可食膜的平衡水分增加，使可食膜的柔性较好，脆性降低，但同时使可食膜的透湿性增加。

4. 将可食涂膜液制成“果蔬化妆品”的可行性

经过适当的处理后，可食涂膜液的感官性质类似人们所用的各种保湿化妆品，因此可以将可食涂膜液称为“果蔬化妆品”。从果蔬的储藏特点上看，可食涂膜的阻湿性越小越好，但不同的果蔬具有不同的呼吸特性，为避免对果蔬的包装不足或产生厌氧呼吸，要根据不同果蔬的氧气需要量选择不同的可食涂膜液成分，在性状和微生物稳定的前提下，可以将“果蔬化妆品”成品制成商品出售。在作为商品时，应标明该涂膜液适合涂膜的果蔬种类，并说明使用方法，便于果农在果园中对新采收的绿熟期果实进行保鲜处理。在“果蔬化妆品”中加入相应的营养强化剂、风味剂、色素等，能够在保鲜功能之外，改善果蔬的营养、口感、外观，可进一步增加果蔬的商品价值，具有较强的可行性。

以淀粉为成膜剂、棕榈酸为脂类阻湿剂、卵磷脂和单甘酯为乳化剂、甘油为增塑剂的可食涂膜液为研究对象，提供了一种对可食涂膜成膜性质进行研究的方法，对可食涂膜保鲜果蔬的工业化生产提供一定的理论指导。在淀粉为成膜剂的可食涂膜液中，可以通过添加甘油、卵磷脂、棕榈酸、单甘酯等来改善可食涂膜的性能，主要结论如下：

（1）在3%淀粉基可食涂膜液中，这四种添加成分对淀粉的老化有显著的抑制作用，其中甘油和卵磷脂的影响相对较小，而棕榈酸和单甘酯影响较大。在实验范围内的最优水平为棕榈酸3g/100ml、单甘酯1.5g/100ml、卵磷脂0.4g/100ml、甘油3g/100ml，可以有效地降低淀粉老化的程度。

（2）棕榈酸（$\alpha=0.01$）和单甘酯（$\alpha=0.05$）对淀粉基可食涂膜液的表面张力有较大的影响，而甘油和卵磷脂的影响较小。甘油、棕榈酸、单甘酯、卵磷脂的添加量分别为2g/100ml、2g/100ml、1g/100ml、0.4g/100ml时可使可食涂膜液的表面张力降至实验范围内的最低水平，为纯3%淀粉溶液表面张力的50%~60%。

（3）通过多元线性回归设计，可以得到淀粉基可食涂膜液的氧气透过率与各种辅助成分的回归方程。

$$y=-22.25+18.68z_1-1.88z_2+0.36z_3-2.74z_1z_2+11.52z_2z_3$$

经检验，该方程拟合得很好，式中y为氧气透过率，z_1为甘油的使用浓度，z_2为棕榈酸的使用浓度，z_3为单甘酯的使用浓度，各浓度单位均为g/100ml。该回归方程表明在实验范围内，适当增加甘油、棕榈酸、单甘酯的使用量可以增加可食涂膜的气体透过率，即降低了可食膜的阻气性。

（4）通过多元线性回归设计，可以得到淀粉基可食涂膜的水蒸气透过率与各种辅助成分的回归方程。

$$y=3.05+2.07z_1-0.28z_2-4.36z_3-1.04z_1z_2+2z_1z_3+1.22z_2z_3$$

方程式中 y 为水蒸气透过量，z_1 为甘油的使用浓度，z_2 为单甘酯的使用浓度，z_3 为棕榈酸的使用浓度，各浓度单位均为 g/100ml。从回归方程中可以看出，在实验范围内，由于各因素交互作用的影响使可食膜的透湿性变化变得复杂，分析表明，增加甘油和单甘酯的使用量会使可食膜的透湿性增强，而增加棕榈酸的使用量会使可食膜的透湿性降低，即棕榈酸的添加有利于可食膜的阻湿性。

（5）可食涂膜液的配制过程中，可以通过热均质的方法使脂类颗粒均匀、直径减小，从而增加了可食涂膜液的稳定性，并通过添加天然抑菌剂——植酸，使可食涂膜液的防腐性质得以改善，这样得到的可食涂膜液可以长期保存，为可食涂膜保鲜方法的推广应用提供了理论方法和一定的实验依据。

（6）在实验范围内，在可食涂膜液中添加适量的单甘酯和棕榈酸可使可食涂膜液的表面张力降低，增加了氧气的透过量，并使可食膜的水蒸气透过率降低。即可食膜的表面张力下降，降低了可食膜的阻气性，增强了可食膜的阻湿性。

五、可食涂膜保鲜的涂膜工艺

番茄果实表皮无皮孔和气孔，水分的蒸发和气体的交换只能通过角质层扩散。番茄表面蜡的类型会明显地影响失水，通常蜡的结构比蜡的厚度对防止失水更重要。要获得好的涂膜保鲜效果应使可食涂膜能形成复杂的、有层叠片层的结构，这与涂膜液的成分和涂膜方法有关。番茄表面的临界表面张力为 6.22mN/m，表面能很低，因此可食涂膜液不易在番茄表面润湿，在其他有蜡质结构的果蔬表面涂膜时也会经常遇到类似的问题，出现成膜不均匀、涂膜后保鲜效果不稳定等问题，因此，有必要对可食膜在番茄表面的黏附和涂膜后的形貌进行具体分析。以耐储果蔬的表面形貌为仿生依据，从番茄可食涂膜后形成的形貌特征出发，研究可食涂膜的成分、涂膜及干燥方法等涂膜工艺参数对可食涂膜成膜效果的影响。

（一）实验四

1. 实验原料

（1）番茄

来源同实验二。

（2）可食涂膜液

可食涂膜液成分中玉米淀粉、单甘酯、甘油、棕榈酸的来源同实验三。

（3）β-环状糊精（β-Cyclodextrin，β-CD）

由福建中闽化工有限公司生产，食品级。β-环状糊精是天然增稠剂，又称为麦芽七糖、环七糊精，由 7 个葡萄糖单体经 α-1，4 糖苷键结合而成，β-CD 分子为圆筒状立体结构，空穴深度为 0.7～0.8nm，空穴直径为 0.8nm，空穴内部由—CH 基和环氧结构组成，形成疏水性区域，葡萄糖 2,3 位上的—OH 基在空筒的开口部，而 6 位上的—OH 基处于空筒的另一开口部，即环的外侧是亲水的，具有极强的乳化能力和包容能力，β-CD 的分子结构见图 2-14。β-CD 溶于水，难溶于乙醇、丙酮等，无色味甜，0.5%β-CD 水溶液的甜度相当于同等浓度的蔗糖。对酸有一定的稳定性，对碱稳定，能抗一般淀粉水解酶的酶解，每个分子平均能带 16 个结晶水，仍能保持络合体结晶状，所以可利用这一性能达到食品防潮、保湿、保鲜的目的，同时还可利用其吸附作用除去和掩盖食品中的异味。

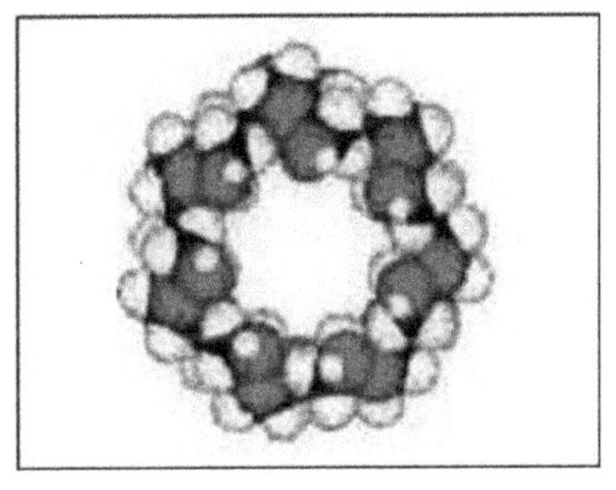
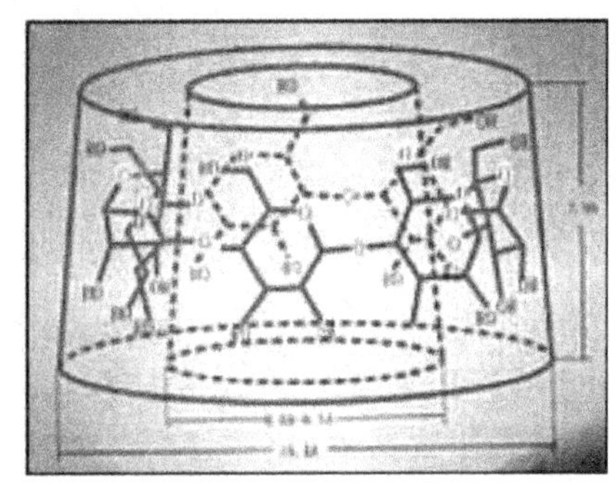

图 2-14　β-CD 的分子结构

以马铃薯、玉米等加工的淀粉为原料，在 70～80℃ 下经环糊精葡糖转位酶作用，生成各种糊精，因 β-CD 的溶解度最低，易被结晶分离，在肠内细菌作用下能完全代谢，故无毒性。β-CD 的溶解度随温度的升高而增大，但溶液的黏度很低。

（4）植酸（Phytic acid）

同实验三。

2. 实验仪器与设备

上海天平仪器厂产 JA31002 电子天平（±0.0001g）；河北星宇医疗器

械厂产 DZKW-C 恒温水浴箱；原铁道部化工院天津四方电器设备厂均质机；江苏金坛区恒丰仪器厂 HJ-4 型多头磁力搅拌器；上海长乐电器厂产 700W 的 CY-10 长风牌电吹风；上海市实验仪器总厂生产的 302A 型恒温恒湿箱；上海中晨数字技术设备有限公司生产的 JC2000A 界面张力接触角测量仪。

3. 实验方法

（1）可食涂膜液的配制方法

按不同的实验方案，取适量的玉米淀粉、单甘酯、甘油、棕榈酸，先将玉米淀粉在 80℃水浴中充分糊化，然后加入其他成分在 80℃水浴中继续保持 30min，取出冷却至 60℃左右，用均质机在 10000rpm 条件下均质两次，冷却后备用。

（2）可食涂膜在番茄表面的涂膜方法

分别采用浸、喷、刷等方法对番茄进行涂膜。

（3）可食涂膜在番茄表面形成的形貌特征

以扫描电镜获取番茄涂膜后的图像。

（4）可食涂膜的干燥方法

在本实验中，分别采用自然干燥、烘干、热风吹干等方法。自然干燥是将涂膜后的番茄果实在室温为 17℃～19℃、相对湿度为 60%的条件下放置、凉干；烘干是置于恒温箱中一段时间以加快可食涂膜的干燥速度；吹干是在室内自然条件下利用电吹风加快干燥速度。

（二）结果与分析

1. 可食涂膜液成分和配制过程对涂膜效果的影响

在番茄进行可食涂膜保鲜时，对成膜液主要有两个要求：一是可食涂膜液能在番茄表面均匀铺展，形成均匀稳定的保护层；二是可食涂膜液在成膜后能形成具有一定结构的表面形貌。因此，可食涂膜液成分对涂膜效果的影响从以下两个方面进行分析。

（1）脂类物质

脂类物质添加在可食涂膜液中的主要目的是提高可食涂膜的阻湿性，通常认为脂类能提高可食涂膜的阻水性是因为它的疏水性。果蔬表皮天然蜡质层的主要成分在常温下为固态的脂类，因此，在可食涂膜中添加棕榈酸可以使可食涂膜干燥后形成一定的形貌。

分析脂类添加后对膜结构的影响，以表 2-14 的实验方案对番茄果实以浸涂方式涂膜，自然干燥后于 17℃～19℃、相对湿度为 60%～65%条件下保存。对每组涂膜拍摄电镜照片如图 2-15 所示。同时，因脂类物质对涂膜保鲜的贡献主要是控制失水，故以涂膜后在常温下保鲜过程中的失重率来评价保鲜效果。

表 2-14　脂类物质对成膜性质影响的实验方案

实验组	涂膜溶液组成（g/100ml）	处理方式
a	淀粉 3，甘油 2	未均质
b	淀粉 3，甘油 2，棕榈酸 2（不含乳化剂）	未均质
c	淀粉 3，甘油 2，棕榈酸 2，单甘酯 1	未均质
d	淀粉 3，甘油 2，棕榈酸 2，单甘酯 1，10000rpm	均质两次
e	未涂膜	

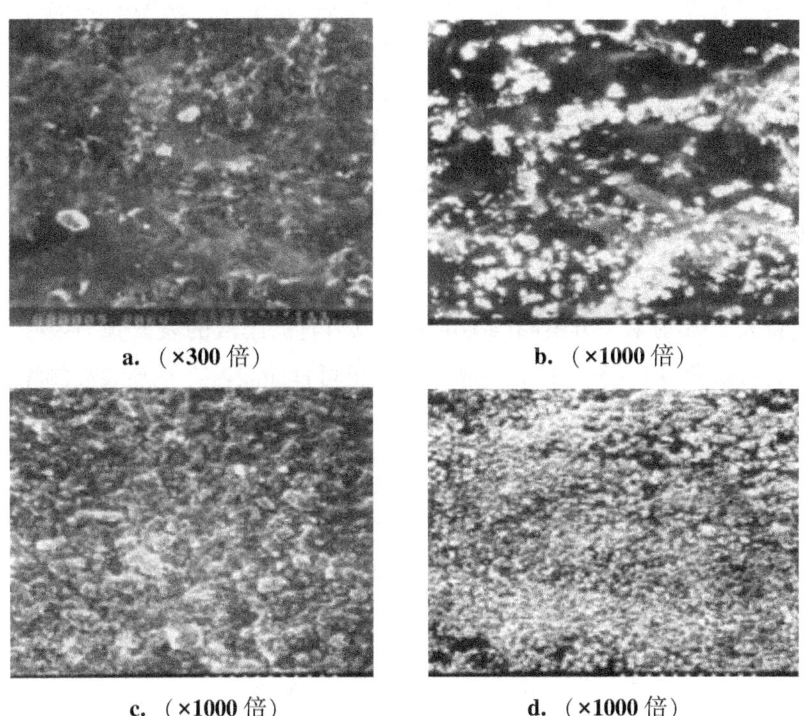

a.（×300 倍）　**b.**（×1000 倍）

c.（×1000 倍）　**d.**（×1000 倍）

图 2-15　脂类物质的添加对可食涂膜成膜形貌的影响

实验结果表明，仅用淀粉为成膜剂和甘油为增塑剂的可食涂膜液（实验号 a）对番茄进行涂膜时，在可食涂膜表面不能完全润湿，只能形成局部的涂膜，形成膜的表面相对较平整（见图 2-15a），而且淀粉是亲水性的大分子，水分在淀粉膜中的扩散是比较容易的，因此 a 组的失重与未进行涂膜的 e 组很接近。其他三组的失重率较低，说明加入脂类后，可以有效地阻止水分的扩散蒸发，其中又以 b 组的失重率最高，d 组的失重率最低。b 组中只添加了棕榈酸而未加入乳化剂，配制的涂膜液冷却后会出现较大的脂质颗粒，在果实表面的分布不均匀（见图 2-15b），涂膜时也不能在番茄表面完全润湿，脂类的阻湿性不能得以表现；c 组加入了乳化剂单甘酯，能有效地降低可食涂膜液的表面张力，增加了溶液对番茄表面的润湿能力，形成的可食涂膜很均匀（见图 2-15c），此时，虽然失重率较低，但有烂果出现，可能的原因是导致了果实的厌氧呼吸；而 d 组经过对 c 组溶液的均质，使淀粉和脂类物质的颗粒直径减小而且变得均匀，常温下为固态的棕榈酸和单甘酯以颗粒的非光滑形态在果实表面形成的膜具有了一定的结构（见图 2-15d），这种结构与果实自然形成的蜡质层有相似之处，同样具有非光滑特征，使可食涂膜的阻湿性增强，与此同时，番茄果实并未出现烂果，保鲜效果较好。由此可见，可食涂膜的阻水性还与所形成的非光滑特征有关，常温下为固态的脂类物质，通过均质等手段，改变脂类的颗粒大小，以成膜剂形成的均匀的膜液为黏结剂，就会在可食涂膜中形成有利于果实的结构。

（2）乳化效果

将表 2-6 的编码方案明确为浓度，以可食涂膜液的表面张力及在番茄表面的接触角（10 个点的平均值）来分析可食涂膜液在番茄表面的涂膜效果，设计实验方案及结果见表 2-15。

表 2-15 不同涂膜液在番茄表面上的可涂膜性

实验号	浓度/（g/100ml）				表面张力 σ/（mN/m）	接触角 θ/°
	甘油	棕榈酸	单甘酯	卵磷脂		
1	1	1	0.5	0.2	44.17	44.67
2	1	2	1.0	0.4	38.93	43.83
3	1	3	1.5	0.6	41.67	38.83
4	2	1	1.0	0.6	41.76	50.33

续表

实验号	浓度/（g/100ml）				表面张力 σ/（mN/m）	接触角 θ/°
	甘油	棕榈酸	单甘酯	卵磷脂		
5	2	2	1.5	0.2	39.70	30.00
6	2	3	0.5	0.4	40.81	40.83
7	3	1	1.5	0.4	41.89	46.00
8	3	2	0.5	0.6	41.35	38.00
9	3	3	1.0	0.2	39.41	45.17

从表 2-15 中可以看出，各组可食涂膜液的表面张力较番茄表面的临界张力 6.22mN/m 要大得多，但在番茄表面的接触角都不是很大，涂膜时在番茄表面能润湿，只是形成的膜不很均匀，涂膜干燥后有些番茄表面会出现不连续的区域。分析原因可能是由于乳化效果不好，使水分子的极性表现明显，在番茄表面的浸润阻力增加。在实验范围内，具有较低表面张力和较小接触角的涂膜液组成是表 2-15 中的第 2 组，即淀粉 3g/100ml、甘油 2g/100ml、棕榈酸 2g/100ml、单甘酯 1.0g/100ml。由实验三的分析可知，卵磷脂对可食涂膜液的表面张力影响较小，为进一步改善可食涂膜液的乳化效果、降低可食涂膜液的表面张力，选用 β-环状糊精与单甘酯配合作为乳化剂，不再使用卵磷脂作为复合乳化剂。为考察 β-环状糊精对淀粉基可食涂膜液表面张力的影响，设计实验方案见表 2-16，表面张力的计算方法同实验三。

表 2-16 β-环状糊精对淀粉基可食涂膜液的表面张力

3%淀粉基可食涂膜液组成/(g/100ml)	密度 ρ /(g·ml)	在玻璃表面的接触角 θ/°	在玻璃毛细管中液面上升高度 h/mm	溶液的表面张力 σ/(mN/m)
①β-CD 0.5	1.032	42.8	18.26	68.8
②单甘酯 1，棕榈酸 2，甘油 2	1.037	37.7	7.93	30.5
③β-CD 0.5，单甘酯 1，棕榈酸 2，甘油 2	1.0375	32.3	3.73	13.4

从实验三中可知，仅3%淀粉糊溶液的表面张力为69.79mN/m，从表2-16中的结果中可知，第①组中只加入β-环状糊精0.5g/100ml，表面张力为68.8mN/m，说明单独加入β-环状糊精并没对淀粉糊溶液的表面张力起太大的影响。第③组是在第②组可食涂膜液的基础上加入了β-环状糊精0.5g/100ml，此时淀粉糊溶液的表面张力为13.4mN/m，比第②组降低了67%，说明β-环状糊精可以对单甘酯的乳化效果起增强作用。使用表2-16中各组涂膜液对番茄表面进行涂膜，涂膜效果见表2-17。

表2-17　不同涂膜液在番茄果实上的涂膜效果

实验号	3%淀粉基可食涂膜液组成/（g/100ml）	在番茄表面上的接触角 θ/°	感官效果
1	β-CD 0.5	63.1	不能涂覆
2	单甘酯1，棕榈酸2，甘油2	35.2	能涂膜，涂膜干燥后能看出有局部不连续的小区域
3	β-CD 0.5，单甘酯1，棕榈酸2，甘油2	32.7	均匀成膜，效果很好

从表2-17中可以看出，在3%淀粉溶液中加入β-环状糊精（实验号1）后涂膜液在番茄表面的接触角较大，不能在番茄表面润湿，比较2组和3组的涂膜效果可知，添加β-环状糊精会使可食涂膜液在番茄表面的接触角减小、涂膜效果更好一些，说明β-环状糊精单独使用时不能改善涂膜的效果，但与其他乳化剂复合使用时却可起到增加乳化效果的作用，使可食涂膜液在低表面能的番茄表面上能均匀涂覆。使用加入β-环状糊精后的可食涂膜液对番茄进行涂膜保鲜，在储藏的第12d时失重率仅为7.5%。分析认为，每个β-环状糊精分子平均带16个结晶水，仍能保持络合体结晶状，使可食涂膜具有一定的保湿性，进一步阻止了水分的扩散，能够更有效地增加可食涂膜的阻湿性。

2. 可食涂膜的涂膜方式对涂膜效果的影响

在果蔬保鲜中，可食涂膜液主要采用刷、浸、喷等方式涂于果蔬的表面，还有以静电的方式来涂膜。分别以刷、浸、喷等方式对番茄进行涂膜，可食涂膜液的组成采用实验三中经优化分析提出的在实验范围内有最低表面张力的配比，每100ml可食涂膜液组成见表2-18，煮配好的溶液用均质机在10000rpm下均质两次。

表2-18　每100ml可食涂膜溶液的组成（g/100ml水）

	淀粉	甘油	棕榈酸	单甘酯	β-环状糊精
使用量	3	2	2	1	0.5

以喷涂方式对番茄进行涂膜时，由于可食涂膜液黏度较大，不易喷出，喷出的可食涂膜液分散面积较大，造成涂膜液的浪费较多，喷壶在每次使用过后要彻底清洗，以免堵塞喷头。从成膜的感官效果上看，采用喷涂方法形成的膜与浸涂的相似，因此这里只比较刷涂和浸涂对可食涂膜在番茄果实表面成膜后的形貌。用软毛刷蘸取可食涂膜液均匀地刷在番茄表面上，待可食涂膜干燥后，得到的电镜照片如图2-16所示，需说明的是图2-16不代表整体涂膜表面。由图可见，刷涂后的表面明显可见刷过的痕迹，所成的膜不均匀，也没有复杂的表面形貌。浸涂就是将番茄浸入可食涂膜液中，待可食涂膜液在番茄表面完全浸润后，捞出沥干，自然干燥后，番茄表面可食涂膜的形貌如图2-15所示，可见用浸涂的方法对番茄果实进行涂膜，可以得到均匀、连续的可食涂膜，并且适当处理可食涂膜液可获得具有明显的非光滑形貌特征的膜结构。实验表明，用刷涂方式获得的涂膜番茄在储藏期间的失重率比浸涂的方式要大，即浸涂方式保鲜效果更好。

3. 番茄果实涂膜后的干燥方法

对番茄以可食涂膜液涂膜后，由于可食涂膜的成膜剂是亲水性大分子，溶液的黏度也较高，因此涂膜干燥的时间也较长，若是在潮湿的环境中，24h后可食涂膜也不能完全干燥，不但给储运带来了困难，还会因可食涂膜的组成成分都是较好的营养物而滋生微生物，反而加快了果实的腐烂。为加快可食涂膜干燥的时间以减少由于干燥时间过长引起的上述问题，对加热干燥法进行了研究。

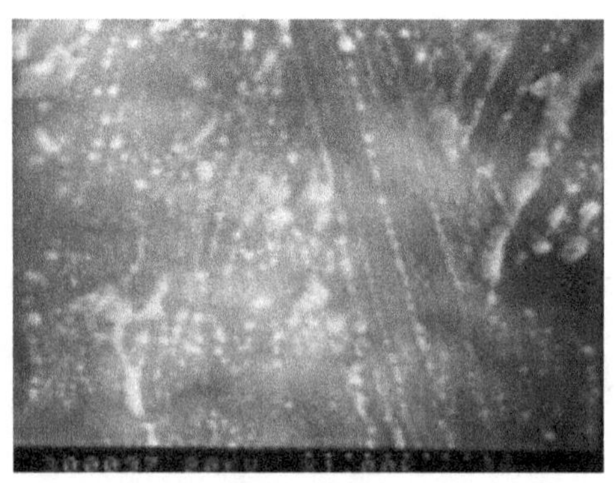

图 2-16 番茄表面刷涂方式得到的膜

（1）以热处理方式保鲜果蔬的原理

目前已有对采收后果实以热处理方式进行保鲜的研究，其理论是，采收后的热处理会导致果实基因表达的变化，使果实的成熟过程被延迟或终止，而且大多数细胞壁分解酶和乙烯生成酶会被钝化，热处理还会使果实表面的蜡质软化，阻塞了皮孔，从而可有效地减少水分的散失。果实成熟过程的改变程度与热处理温度、热处理持续时间、热处理后的冷却速度有关。果实的热传导系数较低，一般<0.5W/（m^2·K），在 20℃下若要使果实内部的温度达到热处理温度，果实的大小影响较大，若直径为 6cm 的果实，在 1m/s 的风速下需要的时间为 16min、在 4m/s 的风速下需要的时间为 7.7min。有关以热处理来保鲜果实的研究比较多，且实验证明都取得了较好的效果，可以使用热空气、热水等为介质。但是，不同的果实热容忍能力不同，通常都在 42℃~60℃之间，与产地、品种、采收期、果实大小、成熟度、季节等因素有关。对番茄来讲，在 30℃保持 48h 或更长时间，可以有效地延缓果实成熟的一系列变化，如颜色转变、软化速度减小、乙烯生成量降低等。有报告认为致命的温度为 45℃，当热处理温度高于 45℃时会发生细胞质凝结、细胞溶解等不可逆变化，同时原生质浓度增加、细胞膜的透性增加，使果实更加软烂。因此本研究考虑的热处理温度在控制时间的条件下不超过 50℃。

（2）可食涂膜的干燥方法研究

番茄在可食涂膜处理后，可以采用加热的方式来加快可食涂膜干燥的过程，还可以达到对番茄果实同时采用热处理方法来保鲜的目的。为确定干燥过程的工艺参数，设计的实验方案如表 2-19 所示。

表 2-19　可食涂膜干燥方法的研究

实验号	热处理温度/℃	热处理时间	备注
1	30	12h	热风吹，3m/s
2	30	24h	
3	40	12h	
4	40	24h	
5	50	10min	
6	20	自然干燥	

采摘青熟期番茄以表 2-17 的涂膜液以浸涂的方式涂膜，置于恒温干燥箱加热处理，热处理完成后在室温下放置。每组样品数为 15 个，每两天测定一次，每次测定样品数为 3 个。实验结果以果实的硬度变化和果实的失重率来评价。加热会使水分的蒸发加快，但从番茄果实的失重率来看，只有第 4 组失重明显多出其他组，其他各组在保藏初期由于加热过程的影响，失重率均比不进行加热处理的第 6 组高。第 4 组涂膜番茄表面变得较脆，测定压力时因变形量较小，因此开始时有一个较大的综合硬度值，之后果实的硬度急剧下降，其他各组的差别相对很小。同时注意到第 5 组和第 6 组的保鲜效果最为相近。分析第 4 组涂膜番茄失重率增大和硬度下降速度增快的可能原因，是加热处理对番茄涂膜后成膜状态产生了较大的影响。可食涂膜中添加的棕榈酸熔点为 35～40℃、单甘酯的熔点不低于 56℃，当可食涂膜在 40℃加热干燥 24 小时后，棕榈酸处于半熔化状态，而单甘酯不熔解也不溶于水，会使可食涂膜乳化状态变得不均匀，因此淀粉可食涂膜在长时间处于加热状态时，会使膜的脆性增加，棕榈酸也不能以脂类颗粒的形式存在于可食涂膜结构中，从而导致可食涂膜的阻水能力下降，番茄果实的保鲜期缩短。

在 40℃下经过 24 小时干燥后的可食涂膜结构见图 2-17。从图中可以看出，脂类颗粒已铺展开，且这种铺展是不均匀的，而且在可食涂膜微小的开裂处下的番茄表皮因失水较多而出现明显的塌陷。实测表 2-19 中不同热处理条件下的可食涂膜完全干燥所需时间，每隔 10min 观察一次恒温干燥箱中番茄涂膜的干燥情况，待涂膜番茄表面不粘手、无水渍状时，记为完全干燥的时间，结果见表2-20。

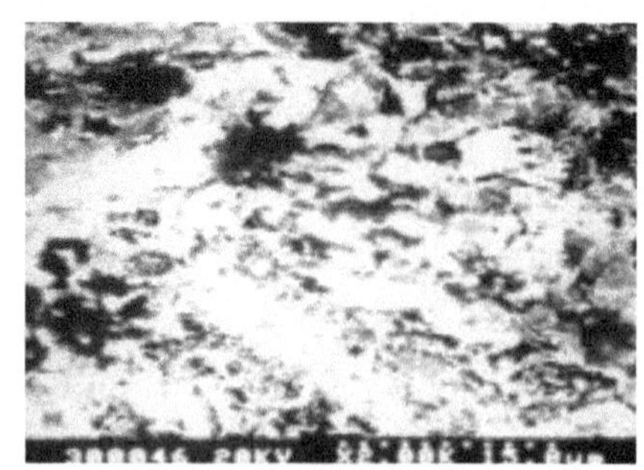

图A 可食涂膜

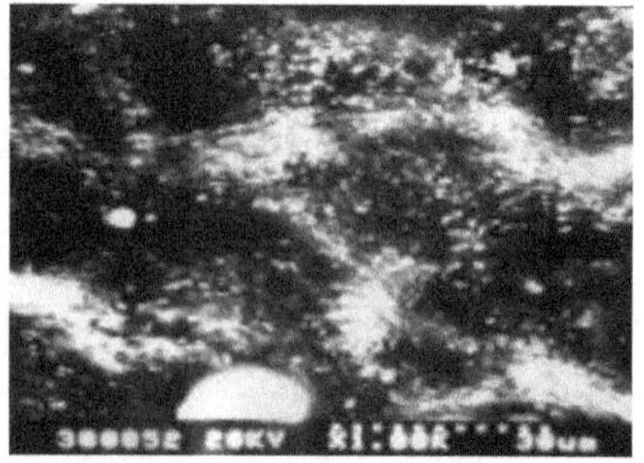

图B 涂膜开裂处番茄表皮

图2-17 恒温箱中40℃、24h干燥并保藏12d后的可食涂膜形貌

表2-20 不同干燥方式下完全干燥所需的时间

	实验号					
	1	2	3	4	5	6
干燥时间	30min	30min	20min	20min	30min	>2h

由此可见，与不加热处理的第6组相比，加热处理可显著地缩短可食涂膜干燥的时间。其中以第3组和第4组较好，但从前面的分析可知，此时番茄硬度和失重均有较大损失，故不宜采用。在第1组、第2组、第5组中干燥所需时间大致相同，但长时间热处理的第1组和第2组在实验范围中并未使果实品质下降的时间有明显的延长。为减少长时间热处理导致的成本和能量消耗的增加，在实验范围内，最佳的干燥工艺条件是以风速为3m/s、温度为50℃的热风吹10min，然后于室温下自然干燥。

（三）讨论

1. 成膜剂浓度

本试验是以玉米淀粉为成膜剂，浓度选择的是3%，并以水作为溶剂，得到的可食涂膜液黏度较小，由于水分子表现出来的极性较大，而像番茄、青椒这类果蔬的表皮上均有一层蜡质保护层，具有一定的疏水性，涂膜后润湿角较大，难以涂匀。研究表明，溶液的黏度增加有利于降低溶液的表面能，因此适当增加成膜剂浓度可以提高可食涂膜液的黏度，降低润湿角，改善涂敷效果。但成膜剂浓度过高时冷却后会生成凝胶，对玉米淀粉来说，当浓度大于5%时便凝成膏冻状，导致涂膜较厚且不均匀，干燥缓慢，反而不利于保鲜果蔬。

2. 脂类成分

在可食涂膜中添加的脂类物质有许多种，有研究指出，不同的脂类具有不同的阻湿能力，随着脂类添加量的增加，可食涂膜的水蒸气透过率也会增加，但遗憾的是，这些研究缺少表面形貌的分析。因此，对不同的脂类在可食涂膜中形成的形貌及其对果蔬保鲜的效果还需要进一步研究。

3. 表面活性剂

水具有较强的表面张力，以水为溶剂的可食涂膜液在表面张力很低的番茄表面涂敷时不易获得均匀的涂膜，因此需添加一些表面活性剂使溶液的表面张力降低。试验中是以单甘酯为主，但单独使用时效果不理想，故选择与β–环状糊精复合使用，此时具有非常好的涂膜效果，但β–环状糊精增强单甘酯的乳化效果的原理和方法还有待进一步研究。值得注意的是，在食品工业中，β–环状糊精因具有疏水性空穴，常作为风味和营养物质的包埋剂，在可食涂膜中使用后，可食涂膜的功能会加强，即可食涂膜作为营养和风味载体时具有更好的保存能力。

4. 干燥方式

加热处理主要是以提高可食涂膜的干燥速度为目的，适当考虑热处理的保鲜作用。但在实验范围内，加热处理并未能有效地延缓番茄的品质下降，相反却使某些组果实的硬度下降速度加快，失重率增加，可能的原因是在试验中加热的时间较短，而且只是自然降温，未控制冷却速度，不足以钝化果蔬内的酶，反而因温度的提高加快了果实内部一系列酶促反应的速度，导致果实的储藏期变短。因此，以可食涂膜与热处理相结合的保鲜方式还有待进一步研究。但从研究结果上看，适当的加热方式可以达到明显减少干燥时间而不降低保鲜质量的效果。

（四）小结

（1）由于植物果实表皮蜡质的主要成分是常温下的固态脂，实验中以常温下为固态的棕榈酸为脂类添加物质，作为乳化剂的单甘酯在常温下也是固态的，通过均质等手段，改变脂类的颗粒大小，以成膜剂形成的均匀的膜液为黏结剂，就会在可食涂膜中形成一定的结构。尤其是在形成一定的非光滑形貌时，果实的保藏效果最好。

（2）在可食涂膜液中添加β–环状糊精可使单甘酯的乳化效果增强，

可食涂膜在番茄表面的铺展也更均匀，同时提高了可食涂膜的阻湿性能。

（3）番茄涂膜后，根据仿生学理论，在形成非光滑形貌时具有最佳的保藏效果。采用浸涂方式，以50℃热风吹10min后，在室温下自然干燥的方法获得的膜的表面结构相对最为理想，并可使可食涂膜干燥的时间缩短至自然干燥条件下的1/4。

六、淀粉基可食涂膜常温保鲜番茄的实验研究

成熟后的番茄果实难于储藏，采收旺季的番茄果实因过熟、腐烂等造成的损失极大，故商业上储运番茄一般采用绿熟番茄果实。但绿熟番茄果实在常温（20℃~25℃）下储藏8~10d就完全成熟，储期较短，意义不大。而番茄在8℃以下储藏又易遭受生理冷害，使果实局部或全部呈水浸状软烂、果实表面出现褐色小圆斑、不能正常后熟、易感病而腐烂。对绿熟番茄以可食涂膜法在常温下保鲜，能克服在低温储藏易发生冷害，同时以可食涂膜为载体，慎重选择天然抑菌剂可降低番茄的腐烂率，并能避免果蔬使用化学防腐剂保鲜时存在的安全危害。因此，研究番茄常温下的保鲜方法具有重要的意义。研究不同可食涂膜液的保鲜效果，分析各种特性与番茄保藏期的关系，同时探讨以可食涂膜为载体，添加一些有生理活性的物质对可食涂膜常温保鲜番茄的效果。

（一）实验五

1. 实验材料

番茄、玉米淀粉、单甘酯、甘油、棕榈酸、β-环状糊精等原料来源皆同实验四。

2. 化学试剂

（1）植酸：生化试剂，同实验三。

（2）$CaCl_2$：分析纯，辽宁开原市精细化工厂生产。

3. 实验仪器与设备

上海嘉定学联仪表厂产CYES-Ⅱ型O_2/CO_2气体测定仪；北京光学仪器厂产DT-100型光电天平；湖北省黄石市医疗器械厂产SKFG-01型电热恒温鼓风干燥箱；江苏恒丰仪器厂产DZKW-C恒温水浴锅；上海精密仪器厂产721型分光光度计；原铁道部化工院天津四方电器设备厂产均质机；江苏金坛区恒丰仪器厂产HJ-4型多头磁力搅拌器；上海华龙测试仪器厂

产 WDW-20 型微机控制电子万能试验机；江苏恒丰仪器厂产高压灭菌锅；湖北省黄石市医疗器械厂产恒温培养箱。

4. 试验方法

（1）淀粉基可食涂膜液的配制方法

同实验四。

（2）番茄涂膜方法

采用浸涂的方式涂膜，干燥方法是先用 60℃ 热风吹 5min，再于室温下自然干燥。

（3）果实失重率测定

同实验一。

（4）还原糖含量测定

同实验一。

（5）总酸含量测定

同实验一。

（6）果实颜色测定

同实验一。

（7）果实硬度测定

硬度的测定方法同实验一，计算得到综合硬度。

（8）番茄表面残留细菌总数的测定

在保鲜一段时间后的番茄上取 $1cm^2$ 的表皮，浸入 100ml 无菌水中，用无菌水分别稀释至 10^{-2} 倍、10^{-4} 倍、10^{-6} 倍。分别取各菌液 0.2ml，以平板菌落计数法测定番茄表面的微生物残留量。

（二）结果与分析

1. 可食涂膜液的选择及其对番茄保鲜效果的分析

（1）可食涂膜液选择的理论分析

可食涂膜液保鲜果蔬的主要目的是延缓果实的成熟与衰老，果蔬的成熟衰老与自身的生化机理和环境因素有关。可食涂膜提供了一个水分和气体交换的阻隔层，对水蒸气的透过率是越小越好，但对气体的透过率要求则较复杂，气体的透过率过大，起不到保鲜的效果，而气体透过率过低则会导致果实的厌氧呼吸。可食涂膜保鲜对气体透过性的影响实质上是一种气调保鲜法，通过影响果实内部微气体环境方法而起作用，因此应根据不同果实的呼吸特性而选择透湿率低和具有一定氧气透过率的可食涂膜。以下分别分析果蔬衰老过程和番茄涂膜保鲜时最适宜透过率。

①果蔬衰老过程的生化机理。呼吸过程可以简单地用下述化学反应方程来表示：

$$C_6H_{12}O_6+6O_2 \longrightarrow 6CO_2+6H_2O+能量 \qquad (2-26)$$

D S Lee 的研究表明，只有在合适的环境气体浓度下，果实才会使果蔬的呼吸商（RQ，呼出 CO_2 与吸入 O_2 的容积比）为 1，当环境中的 O_2 浓度小于 3%时，RQ 非常大，说明此时果实的呼吸是以厌氧呼吸为主，这不能认为 RQ 越小越好。若增加环境中 O_2 的浓度会使 O_2 的消耗量增加，呼吸强度增大，即便同时增加环境中 CO_2 的浓度，也只能使 CO_2 的生成量减少。若 RQ<1，说明此时果实的呼吸是以脂类、蛋白质等含氧较少的物质作为呼吸底物。呼吸强度大、RQ 小均说明呼吸作用旺盛，营养物质消耗加快，加速了果实的衰老，缩短了储藏寿命。乙烯的生物合成途径如下：

? 氨酸（Met）$\xrightarrow{1}$ S—? 苷? 氨酸（SAM）$\xrightarrow{2}$ 1—

氨基-1-羧基环丙烷（ACC）$\xrightarrow{3}$ 乙烯 (2-27)

乙烯的生成过程分为三步，其中第 2 步、第 3 步都需要有氧参与，因此，降低 O_2 在果实内的含量亦可有效地抑制乙烯的生物合成，从而延长果实的寿命。通过以上两个导致衰老的原因，可以认为氧气的量在番茄果实保鲜中具有举足轻重的地位，因此可食涂膜液的选择应以所成膜的氧气透过率为依据，原则是可食涂膜的氧气透过率应在不产生厌氧呼吸的条件下尽可能低。在番茄气调保鲜的大量研究中可知，番茄较优的气体储藏条件是 O_2 浓度为 3%~5%，CO_2 浓度为 2%左右，此时可以保持番茄维持最低的正常呼吸代谢速度。

②番茄涂膜保鲜时可食涂膜所需的最适宜氧气透过率。A Exama 在果蔬的气调保鲜中提出，果实的呼吸速度满足 Arrhenius 方程：

$$R_{CO_2}=R^*_{CO_2}\exp\left(\frac{-E^R_{CO_2}}{RT}\right) \qquad (2-28)$$

式（2-28）中，T——环境温度，K；

R_{CO_2}——在温度 T 时 CO_2 的生成速度，ml/（kg · h）；

$R^*_{CO_2}$——CO_2 呼吸指数因素（respiration preexponential factor）；

$E_{CO_2}^{R}$——CO_2 呼吸速度的活化能，J/mol。

因此，为分析涂膜厚度对可食涂膜透性的影响，设计的实验方案和结果见表 2-21，实验中用同一种可食涂膜液（淀粉 3g/100ml，甘油 3g/100ml）以不同体积在玻璃板（18cm×18cm）上成膜，可形成不同厚度的膜。可食涂膜厚度的增加使膜的气体透过率降低，但两者无明显数量关系，如当涂膜厚度由 32μm 增至 53μm（差值为 21μm）时，氧气透过率由 17.20×10^5ml/（m^2·d·Pa）降低至 9.40×10^5ml/（m^2·d·Pa），降低了近半；但可食涂膜厚度由 53μm 增至 71μm（差值为 18μm）时，氧气透过率由 9.40×10^5ml/（m^2·d·Pa）降低至 3.09×10^5ml/（m^2·d·Pa），比原来的 1/3 还低。从表 2-21 中还可以看出，涂膜液的用量增加虽然可增加可食涂膜的成膜厚度，但溶液的增加量也不与成膜厚度的增加呈明显的数量关系，因此不能使用涂膜液的体积来控制可食涂膜的成膜厚度。

表 2-21　可食涂膜成膜厚度与透过率的关系

涂膜液体积/ml	成膜厚度/10^{-6}m	氧气透过率/10^5ml/（m^2·d·Pa）
20	32	17.20
30	53	9.40
40	69	3.53
50	71	3.09

可采用降低淀粉的使用量或增加甘油和棕榈酸用量来增加可食涂膜的氧气透过率，由于可食涂膜中起阻气作用的主要是成膜剂，因此设计了改变淀粉用量的方案，见表 2-22。经测定，在可食涂膜液中降低淀粉使用量可使可食涂膜的成膜厚度和氧气透过率降低，当以实验号为 1 的可食涂膜液涂膜时，在玻璃板上成膜的厚度为 17μm，与涂膜番茄表面的膜厚最为接近，同时，这组可食涂膜的氧气透过率为 371×10^5ml/（m^2·d·Pa），若涂于番茄表面，番茄上能透过的氧气量为 3.71×10^6ml/（d·kg），与前文计算的番茄维持正常代谢所需的量较接近。

表 2-22 改变淀粉用量后的可食涂膜的透气性

实验号	可食涂膜液组成/（g/100ml）	在玻璃板上成膜厚度/μm	氧气透过率/10^6ml/（m^2·d·Pa）
1	淀粉 1、甘油 3、棕榈酸 3、单甘酯 1.5、β-环状糊精 0.5	18	371
2	淀粉 2、甘油 3、棕榈酸 3、单甘酯 1.5、β-环状糊精 0.5	172	

（2）番茄常温涂膜保鲜效果

前文中经过理论分析和实验给出了一种可食涂膜方法保鲜番茄时的分析方法，该方法是根据仿生学理论，选择以常温下为固态的脂类添加至可食涂膜液中，通过分析可食涂膜液的氧气透过率和水蒸气透过率与涂膜液各成分之间的关系，以维持果实能正常代谢的最低氧气需要量为依据，选择适宜的涂膜液组成，对可食涂膜液以适当的方式进行处理后，并以浸涂的方法涂于果实表面，通过短时间的加热来缩短可食涂膜的干燥时间，涂膜后的番茄果实可在常温下保鲜。为分析这种方法的可靠性和可行性，进行了以下实验加以验证。在实验中取实验范围内具有最大氧气透过量的可食涂膜液的配比为表 2-22 的第 1 组可食涂膜液，同时以表 2-22 中最小氧气透过率的涂膜液作为对比，进行常温下番茄的涂膜保鲜实验。选取的可食涂膜液的配方见表 2-23，番茄在涂膜后，以 50℃热风吹 10min 以加快干燥速度，然后在室温（17℃～19℃，相对湿度为 60%～65%）下放置。实验中分析不同可食涂膜对果实是否造成厌氧呼吸，根据分析，以果实中的还原糖含量和总酸的含量为分析依据，每组番茄每两天测定一次，每次取 5 个果实，测定结果取平均值。

表 2-23 可食涂膜液的配方

实验号	涂膜液配方
1	淀粉 1g/100ml、甘油 3g/100ml、棕榈酸 3g/100ml、单甘酯 1.5g/100ml、β-环状糊精 0.5g/100ml
2	淀粉 3g/100ml、甘油 1g/100ml、棕榈酸 1g/100ml、单甘酯 0.5g/100ml、β-环状糊精 0.5g/100ml

续表

实验号	涂膜液配方
3	不涂膜

在保藏过程中，未涂膜组第 3 组的番茄含还原糖量先有小量增加，而后逐渐降低，酸含量一直是下降的；涂膜第 1 组的番茄还原糖的含量处于增加的趋势，在保藏期间内没有下降，总酸含量虽然也是下降的，但与未涂膜组相比，下降趋势要缓慢得多；涂膜第 2 组的番茄还原糖含量亦是开始时略有增加，而后下降，但增加的趋势比未涂膜的第 3 组低，下降趋势也较快，总酸含量开始时下降较快，而后又有增加。分析原因是，透气率较低的可食涂膜会导致番茄果实产生厌氧呼吸，反而使果实中营养物质的损耗增加，产生了过量的酸，降低了果实的储藏期，而适当增加氧气透过率的可食涂膜（第 1 组）可以达到较好的保鲜效果。因此先分析可食涂膜的透过性质，并根据果实的氧气需要量选择合适的可食涂膜液，可以指导果蔬涂膜保鲜的顺利进行，从而减少了可食涂膜选择的盲目性，改善了可食涂膜保鲜果蔬的保鲜效果，有效地防止了因过度涂膜导致的厌氧呼吸。实验证明，前文中给出的涂膜方法是可靠的，对可食涂膜保鲜有一定的指导作用和实际意义。

2. 植酸对番茄保鲜的效果分析

果实的角质层不能被细菌消化，因此可以有效地防止细菌的浸染，但有些霉菌可以分泌一些酶来消化角质层，因此对果蔬的保鲜主要是抑制霉菌的生长。涂膜保鲜果蔬时，如果膜未能充分干燥，或环境湿度较大，在果蔬底部往往会有霉菌或白色毛絮状真菌滋生，极大地影响了保鲜效果。因此，还应在涂膜液中添加一定量的防腐抑菌剂，并以抑制霉菌为主。植酸由于其独特的结构而具有与万能螯合剂 EDTA（乙二胺四乙酸钠）相同的螯合能力，而且在低 pH 时比 EDTA 有更宽的 pH 范围。植酸的这种对多价阳离子的强螯合能力，有可能会抵制某些酶的活性从而对细菌的生长起到抑制作用。植酸对细菌的抑制作用较强，对霉菌的抑制作用相对较小，因此使用量较大，但植酸是无毒的广泛存在于植物体内的天然成分，同时具有原剂的作用，因此仍以植酸作为霉菌的抑制剂和活性氧的抑制剂。植酸对霉菌的最低有效抑菌浓度为 1.5%，故以表 2-22 中第 1 组可食涂膜液以基本配方，加入2%的植酸，考察其添加效果。实验方案见表2-24，每组取10个番茄为研究对象，并将每一组中第一个番茄出现霉斑的时间记录作为比较，并规定最长时间为40d，实验结果亦在表中列出。实验表明，植酸对可食涂膜保鲜番茄的抑菌效果很好，可有效地延长可食涂膜保鲜番茄的储藏期。

表2-24 可食涂膜液中添加植酸对番茄涂膜保鲜效果的影响

实验号	涂膜液组成	霉斑出现时间/d
1	淀粉1g/100ml、甘油3g/100ml、棕榈酸3g/100ml、单甘酯1.5g/100ml、β-环状糊精0.5g/100ml	24
2	淀粉1g/100ml、甘油3g/100ml、棕榈酸3g/100ml、单甘酯1.5g/100ml、β-环状糊精0.5g/100ml、植酸2g/100ml	>40
3	不涂膜	14

考虑到植酸的还原性，根据第二章的分析，以还原糖含量变化和果实的颜色变化，分析植酸对番茄的保鲜作用，其中颜色变化以饱和度S的差值进行分析。取表2-24中各组番茄每3d测定一次，每次每组取5个果，测定结果取平均值。番茄是典型呼吸跃变型果蔬，番茄的呼吸高峰出现在果实的转色期，因此可以通过颜色的转变判断果实呼吸高峰出现的时间。植酸能延缓番茄果实呼吸高峰的出现，可能的原因是植酸作为一种强还原剂，具有对多价阳离子的强螯合能力，可抑制某些酶的活性，从而抑制活性氧的生成。但植酸作为还原剂对活性氧的清除和抑制作用还应做进一步的研究。

3. 钙对番茄涂膜保鲜效果的影响

钙是联结组成果胶的聚半乳糖醛酸和半乳糖醛酸鼠李糖的中介，聚半乳糖醛酸聚合度越大，果胶结构越牢固，细胞壁的机械强度越大，起稳定细胞壁的作用；同时，钙还能防止外界的水解酶（如糖苷酶）进入细胞，减少酶与底物的接触，降低果实组织中乙烯的释放，进一步防止了果实的软化、延续果实的衰老。果实在后熟衰老及储藏期间发生生理病害时，细胞膜的透性会增加，果实组织中的高钙水平可以降低细胞膜的透性，阻止细胞内溶物外渗，主要原因是在细胞膜的膜脂中脂肪酸组成与质膜透性关系密切。经过钙处理后，细胞质膜中亚油酸含量可明显降低，棕榈酸的百分比则显著增加，可使质膜的透性降低，并增加抗病性。细胞外高浓度的钙可以稳定原生质膜，延缓膜的衰老过程，降低乙烯的生成，而细胞内的钙会促进一系列酶的活化和细胞膜的膜质过氧化作用，加速乙烯的合成，当处理用的钙浓度过高时，刺激了质膜上钙离子通道的打开，使细胞内钙离子浓度增加，反而刺激了果实的衰老。因此，本实验中钙处理使用的浓度为5g/l。有研究表明，若果实在涂膜处理后再对果实施以钙处理，会因可食涂膜的阻碍而使果实内钙水平的增加不显著，因此实验中选择的方法是先将番茄在钙溶液中浸泡，然后再涂膜。涂膜时，以淀粉基可食涂膜作为钙离子的载体，以延长钙处理的作用时间，增加保鲜效果。但在实验中发现，若将番茄在溶液中浸泡时间过长，番茄果实会出现水样烫伤状，呈半透明状，果实在灰绿色下不再进行正常的转色，果实的感官和口感均下降，即果实正常的成熟过程被破坏，因此选择果实在钙溶液中的浸泡时间为12h。本实验研究在番茄果实常温保鲜中，钙处理对番茄保鲜效果的影响及钙处理的有效方法，取具有最适宜氧气透过率的表2-24中第2组可食涂膜液用于涂膜处理，并与加入钙后的涂膜液相对比，实验方案见表2-25。由于钙与果实的硬度有密切的关系，且第二章已述及果实的硬度与成熟度密切相关，因此本实验以硬度作为评价番茄果实品质变化的指标，选择直径在65±5mm、青熟期的番茄采摘，在涂膜的番茄果实自然干燥后，与未处理组一起保存在21℃、相对湿度为75%±2%（实验时间为9月）的实验室中阴凉处储存，每3d进行一次测定，每组每次取5个果测定，结果取平均值。

表2-25　Ca^{2+}影响番茄涂膜保鲜效果的实验方案

实验号	处理方法
1	新鲜番茄不做任何处理
2	仅用可食涂膜液（表2-24中第2组）对新鲜番茄涂膜
3	先将番茄果实浸于浓度为0.5%的$CaCl_2$溶液中12h，再用加入0.5%的$CaCl_2$的涂膜液进行涂膜

涂膜组硬度下降较慢，在储藏16~19d时有较大的硬度下降，说明以淀粉为基的该可食涂膜可以有效地阻止氧气的透过，从而降低番茄果实的呼吸强度，延缓果实呼吸高峰的出现。若以综合硬度为200N/cm^{3}作为保

鲜的标准，涂膜组番茄与未处理组对比，延长 8d 左右。浸钙处理并以含钙的涂膜液进行涂膜保藏的番茄组，硬度先是有小量的增加，原因是钙处理使果胶聚合度增加，果实的强度增加，而后缓慢下降，且在实验期间，钙处理后的番茄果实无明显出现呼吸高峰的现象，与未处理组对比，这种处理方式使番茄果实综合硬度保持在 200N/cm^3 以上的时间至少延长 14d，使在常温下的储藏期延长近 3 倍。

4. 包装对涂膜保鲜效果的影响

可食涂膜保鲜果蔬除可以作为天然抑菌剂和生物调节剂的载体，亦可作为营养强化剂的载体，因此果实要先清洗干净再涂膜，所涂的膜可以与果蔬一起食用。虽然可食涂膜本身也被称为“液体包装”，但外包装还是需要的，原因主要有三个：

①在保鲜过程中起到的作用是单果的气调保藏，可食涂膜保鲜果蔬后，需要装入纸箱中，方便运输和销售，促进和改善果蔬产品的流通和经营管理合理化，提高果蔬的商品价值。

②因可食涂膜成膜剂多数为亲水性的可食物质，具有一定的吸湿性和营养性，易被空气中存在的微生物利用，而产生发霉现象，此时可食涂膜类似一种培养基，为防止涂膜果蔬在储藏过程中的二次污染，有必要再加上一层外包装。

③乙烯是一种还原性物质，可用一些氧化剂来吸收，但在不适合添加在可食涂膜液的成分中，因此可以加入外包装中。常用的乙烯吸收剂是高锰酸钾等氧化剂，可涂于外包装箱的内壁上，亦可制成小袋置于箱内。由于番茄果实易受机械损伤，怕挤压，又要保持微气体环境，故一般采用低成本的纸箱作为外包装容器，纸箱两侧各有两个直径为 20mm 的孔，便于番茄在保藏中的气体交换。为研究外包装对番茄保鲜作用的影响，以上述第 4 组可食涂膜液对番茄涂膜，用 50℃热风吹 5min，在室温下自然干燥后装入纸箱中，保鲜效果依据第二章的分析以硬度和失重率来评价，实验方案见表 2-26。

表 2-26 不同包装对涂膜番茄保鲜效果影响的实验方法

实验号	包装方法
1	涂膜番茄直接装入纸箱中

续表

实验号	包装方法
2	将涂膜番茄用塑料袋包裹后装入纸箱中
3	先在纸箱内壁用0.1%的高锰酸钾溶液喷淋，再将涂膜番茄装入纸箱中
4	先在纸箱内壁用0.1%的高锰酸钾溶液喷淋，再将涂膜番茄用塑料袋包裹后装入纸箱中

涂膜处理后的番茄可有效地保持果实的硬度，并减少失重率。其中第1组是未加塑料包装，仅以涂膜方式保鲜的，失重最多、硬度下降也最大。比较第1组和第3组的实验结果，第3组涂膜番茄的硬度比第1组要高出一些，因其他储藏条件相同，所以这种区别与在纸箱内壁喷洒的高锰酸钾溶液有关，它可以氧化番茄在储藏过程中产生的乙烯，从而延缓果实的成熟与衰老过程，对绿熟番茄果实起到多重储藏保鲜的作用。有塑料包装的涂膜番茄失重率低，未腐烂果实的硬度也维持在较高水平，但是有塑料包装的涂膜番茄会因塑料袋内的高湿环境而使可食涂膜吸湿，易长霉，则果实的腐烂率较高，虽然在可食涂膜中加入了植酸等防腐剂，但长期储藏于高湿环境中其抑菌效果下降，因此在本实验范围内，最佳的外包装方式是第3组，即在纸箱内壁喷洒高锰酸钾溶液，不加塑料包装。

若以综合硬度保持在200N/cm^3作为保鲜效果评价的标准，则以第3组方式处理的涂膜番茄在常温下的保鲜时间可延长至29d，与未涂膜组的5d相比要延长24d，其储藏期约为未处理番茄的6倍。

（三）讨论

1. 可食涂膜的阻隔性

可食涂膜保鲜的基础在于气调保鲜，气调保鲜已经过了多年的发展，积累了大量的数据，可食涂膜保鲜果蔬时，可以利用这些数据，分析在最理想的呼吸强度下，可食涂膜应具有的氧气透过量，并根据可食涂膜液各种成分在一定范围内的回归方程，计算出可食涂膜液的最佳组成配方，并以这种可食涂膜液对被涂果蔬进行保鲜，经过对可食涂膜液的选择及其对番茄保鲜效果的研究与分析表明，这种方法对指导可食涂膜保鲜果蔬是可行的。

可食涂膜保鲜最主要的依据是所成的膜的氧气透过率和水蒸气透过

率，而不同的涂膜液组成及成膜的形貌对可食涂膜的理化性质有非常大的影响。有研究表明，在果实保藏期间，细胞质膜中脂类含量多，且当棕榈酸含量较多时，质膜的透性低，而当脂类含量下降时，质膜的透性增强，果实的衰老加快；在可食涂膜中增加脂类物质可以使可食涂膜表面形成非光滑，打乱成膜剂形成的有序的结构，使可食涂膜的透过性降低，同时不同的脂类物质所起的作用不同，对棕榈酸来说，增加可食涂膜中棕榈酸的添加量，可使可食涂膜的水蒸气透过率显著降低，对二氧化碳的阻隔性是随着可食涂膜中棕榈酸的添加量增加先增加，而当棕榈酸添加量大于15%时会降低。总之，有多种因素在影响着可食涂膜的性质和保鲜效果，但在本实验中主要研究的是以淀粉为成膜剂，添加甘油、棕榈酸、单甘酯和β-环状糊精组成的可食涂膜液对番茄果实的保鲜效果，但通过数据的积累和研究的深入，以及相关数据库的建立，将使可食涂膜保鲜果蔬的方法进一步完善，其应用亦会日臻成熟。

2. 在可食涂膜中添加植物生理活性物质

果蔬的衰老是一系列复杂生理过程的结果，与储藏过程中的气体浓度、温度、湿度等外界环境因素有关，还与果蔬的水分含量、呼吸强度、乙烯生成量、活性氧生成量、果实的营养成分等许多内部因素有关。对果蔬的可食涂膜保鲜方法来说，其基本功能是与环境因素有关的阻气性、阻湿性等，具有气调保鲜的理论；仅有这种功能还不够，还可以用可食涂膜为载体，在可食涂膜液中添加一些具有植物生理活性的物质，这使可食涂膜保鲜又多了一项附加功能，具有了化学保鲜的特征。所以说可食涂膜保鲜方法是气调保鲜和化学保鲜的有机结合。能作为调节果实生理代谢的活性物质有很多，主要有生长调节激素，如赤霉素、水杨酸等；活性氧清除剂，如VE、VC、SOD、GSH、脯氨酸等；乙烯抑制剂和吸收剂，如高锰酸钾、多胺等；其他还有如钙离子等与活性氧的生成和乙烯生成有密切关系的物质。

本研究结果显示，植酸添加在可食涂膜中，对于在常温下抑制绿熟番茄果实的代谢具有较好的效果，钙离子的添加对保持果实硬度也是有效的。

3. 外包装

果蔬表面涂膜处理除了具有保鲜作用外，在应用上还有许多优点：可食涂膜除了可作为抑菌剂和抗氧化剂的载体外，还可加入一些风味剂、色素、甜味剂、发酵剂等改善食品的感官性能，也可以添加一些营养素以提高食品的营养价值，即可食涂膜可以提供多种功能性质。可食涂膜液还可以涂于纸、塑料等常用包装材料的内壁，作为复合包装的阻隔层，以减少常规包装材料对食品的影响和污染，起到双重保鲜的作用。外包装可避免果实的机械损伤、病菌危害，进一步完善可食涂膜保鲜的效果，对果实的储藏保鲜有实际意义。

（四）小结

（1）以番茄能维持生理活动的最低呼吸强度计算所需要的氧气消耗量，并根据可食涂膜的氧气透过率的回归方程，可以有目的地选择出最佳的可食涂膜液，以此可食涂膜液涂膜保鲜的果实具有较好的保鲜效果。

（2）对不同温度下的可食涂膜保鲜番茄的硬度测定后，分析硬度变化反应的活性能，分析结果表明，涂膜处理不改变番茄硬度变化的活化能。

（3）植物生长调节剂、脂类和防腐抑菌剂的加入均有助于提高果蔬涂膜保鲜的效果。植酸可以抑制果蔬的呼吸代谢，推迟呼吸高峰的到来，延迟果蔬的成熟与衰老，同时植酸的加入还有利于抑制霉菌的生长，减少腐烂果的出现，使果实的保鲜期延长。

（4）对番茄果实先用浓度为 0.5%的 $CaCl_2$ 溶液浸泡 12h，再用添加 0.5%的 $CaCl_2$ 作为生理活性成分的可食涂膜液进行涂膜，与前述的仅以淀粉基可食涂膜进行涂膜的方法相比，具有更明显的保鲜效果，以综合硬度评价时，可比未处理组在常温下的保鲜期延长 14d 左右。

（5）在涂膜番茄外的包装，可以更有效地降低涂膜番茄的失重率和硬度下降的速度，若在纸箱内壁涂上高锰酸钾溶液来吸收果实代谢时产生的乙烯，则保鲜效果更显著。

七、结论及建议

（一）结论

本书主要是以番茄为研究对象，针对果蔬的可食涂膜保鲜提出研究方法和相应理论，即以果蔬的综合品质为评价指标，从果蔬的表面形貌和表面非光滑出发，利用不同涂膜液成分对可食涂膜性质的影响，确定可食涂膜的成分及涂膜工艺，并进行涂膜保鲜试验研究。通过这样的研究方法，减少了可食涂膜保鲜中材料选择的盲目性和保鲜效果不稳定等问题，为可食涂膜保鲜方法的广泛应用提供了理论依据和方法，无论是在机理研究，还是在研究方法和手段上都有一定的开拓性，得到的结论主要有：

（1）在分析番茄果实的颜色变化中，提出了一种由通用设备实现的图像采集方法，这种方法成本低、使用方便、具有较高的灵敏性和可靠性。经过分析发现，在颜色变化过程中，灰度、色相 H 和饱和度 S 的差值等可以用来评价番茄果实的颜色变化，具有灵敏和准确的特点。

（2）给出了一种硬度测定的方法：在微机电控万能试验机上，带皮测定番茄果实的硬度，此时计算机给出硬度—变形曲线，从中可以得到外部硬度 F_a、内部硬度 F_b 以及番茄在产生最大硬度时的变形量 ΔX，并定义 $F_a/\Delta X$ 为综合硬度，该硬度值在量纲上具有体积性质，能更客观地描述番茄果实在储藏和运输中表现出的机械质。

3. 分析了各种评价番茄质量的单项指标在储藏过程中的变化规律，其中能敏锐地反映在储藏初期果实品质变化的有番茄果实中颜色的灰度值、色相 H 和饱和度 S 差等，考虑到试验方法的可靠性和稳定性及获得数据所需设备及成本，经多层次分析，认为以果实的色相 H 值来评价番茄果实品质的变化是最优的方法，S 差和灰度稍差，硬度、还原糖含量、总酸含量等其他指标可用于特殊目的。

4. 番茄表皮上存在由蜡质颗粒产生的非光滑特征，有储藏过程中存在明显的形貌变化，尤其是番茄果实经过呼吸高峰后，表面的蜡质覆盖率和非光滑特征逐渐减少并消失，伴随果实阶段失重率的增加，说明果蔬表皮蜡质结构与储藏特性有非常密切的关系，并且表面越是不规则或者说存在非光滑形貌时，越有利于果实的保鲜。

5. 在以淀粉为成膜基质、单甘酯作为乳化剂、棕榈酸作为阻湿剂、甘油为增塑剂的可食涂膜液中，研究了不同添加成分对可食涂膜的阻气性、阻湿性的影响规律，给出了在试验范围内的回归方程；这些成分的添加同时可以降低淀粉的老化程度，采用均质处理可以增强这种配方得到的可食涂膜液的稳定性。这为果蔬进行涂膜保鲜选择涂膜液组成时提供了研究方法和一定的试验依据。

6. 番茄涂膜后，从仿生学理论上讲，在形成非光滑形貌时具有最佳的保藏效果。采用浸涂方式，以 50℃热风吹 10min 后，在室温下自然干燥获得的膜的结构相对最好，并可使可食涂膜干燥的时间缩短至自然干燥条件下的1/4。

7. 以可食涂膜为载体，在涂膜液中加入一些有植物生理活性的物质时，如植酸、钙等，以综合硬度为200N/cm^3为储藏标准，可使涂膜番茄在常温下的保鲜期延长13d左右。

8. 经过可食涂膜保鲜处理的番茄，宜选择纸箱为免受机械损伤的外包装箱，在纸箱内壁用同样可食涂膜液刷涂，并加入高锰酸钾溶液作为乙烯吸收剂，可使涂膜番茄在试验条件下的常温保鲜期达29d以上。

（二）建议

由于时间和其他条件的限制，还有许多工作需要作进一步的研究，进一步的研究内容建议主要向以下几个方面发展：

（1）进一步研究果蔬表面非光滑特征与果蔬保藏期之间的关系。

（2）在可食涂膜液的配制中，研究其他成膜基质及辅助成分对可食涂膜透气性、阻湿性、成膜形貌及保鲜效果的影响，对本研究所提出的方法和理论作进一步的验证。

（3）研究以可食涂膜为载体，加入其他生理活性物质对抑制乙烯生成、清除活性氧等的作用机理和使用方法。

第四节　荔枝采摘后生理和常温保鲜的研究

一、概述

（一）水果储藏保鲜技术的发展现状

水果是人们日常生活中不可缺少的食品之一，不仅含有丰富的糖类、蛋白质和脂类，还富含多种维生素及无机盐，是人类重要的营养源。水果还以其特有的香气与色泽刺激人们的食欲，促进消化，增强身体健康。但水果生产具有较强的季节性、区域性以及水果本身的易腐性，与当前广大消费者对水果需求的多样性及淡季调节的迫切性相矛盾，从而使果品储藏保鲜的问题日趋突出。果树生产作为振兴农村经济的支柱性行业，已越来越被人们重视。经过新中国成立以后 70 多年的发展，我国已基本形成了水果生产的五大产区：西北产区、黄河故道产区、渤海湾产区、长江流域产区和华南产区，其中华南产区广东省的水果产量为各省之首。形成了以梨、苹果、柑橘、香蕉和桃为主，荔枝、枇杷、猕猴桃等热带水果也开始大量上市的多品种结构，消费水平和人均占有果品量大幅提高。与水果生产的飞速发展相比，我国水果的储运能力仍显不足。在储运设备方面，尽管我国已经取得了一些进步，与国外相比仍处于明显劣势，存在设备不足、自动化程度不高等问题。尤其在运输方面，我国铁路、汽运冷藏车较少，冷链运输很难实现，由此而导致每年大约有 20% 的水果在运输中损失。以山东省为例，其苹果产量占全国总产量的 40% 以上，但产品损耗高达 20%~30%，运输过程中有时可达 47%，不仅造成资源的浪费、环境的污染，而且直接损害了广大果农的经济利益。另外，我国水果储运保鲜的基础研究起步较晚，技术力量还较薄弱，对于某些水果生命活动变化、腐败变质机理的研究仍不够透彻，而且长期将研究重心放在大宗水果上，因而对于荔枝等经济价值较高的珍稀水果，至今仍未找到行之有效的储藏保鲜手段。

1. 国内外水果保鲜技术概况

（1）产地储藏保鲜

产地储藏是我国的传统方法，历史悠久，是一种既基本符合储藏要求又能与广大农村的具体条件相适应的储藏方式，也是目前我国农村最广泛使用的储藏方法。近年来，我国进行果品产地简易节能储藏技术的研究，发掘出适合产地自然条件、经济水平和生产经营方式的节能储藏体系，主要有全地下夹套式通风储藏库、土窑洞加机械制冷、简易节能库、复合节能冷库、柑橘改良通风库、苹果常温下自发气调技术等。目前，这些节能储藏体系已在柑橘、苹果、梨等水果中广泛应用，建库容量已超过 5000 吨。

（2）温控储藏保鲜

温控储藏保鲜是通过控制水果储藏环境的温度来实现水果保鲜的一种储藏方法。常温保温储藏保鲜这种方法不需要专门的设备，而是根据当地的气候条件，创造水果适宜的温、湿度环境场所，来实现水果的保鲜。要做好隔温层设计，以防止高温或低温伤害。另外，还要定期通风换气。常温保温储藏方式有埋藏、堆藏、架藏、窖藏和通风库储藏等。冷藏是现代化水果储藏的主要形式之一，这种储藏方式不受自然条件限制，可在气温较高的季节全年进行储藏，以保证果品的长期供应。它是采用高于水果组织冻结点的较低温度来实现水果的保鲜，可降低病原菌的发病率和果实的腐烂率，还可降低水果的呼吸代谢过程，从而达到阻止组织衰老、延长果实储藏期的目的。但在冷藏中，也要注意冷害和冻害，冷害常出现组织褐变、表面斑痕、内部崩溃、失去后熟能力或成熟不均匀、腐烂等症状；冻害则表现为组织呈透明或半透明、水渍状、褐变和色素降解等症状，影响储藏寿命，丧失商品及食用价值。防止冷害和冻害的关键是按照不同水果的习性，严格控制温度，另外水果储藏前的预冷处理、中途升温处理、化学药剂等措施均能起到减轻冷害的作用。近年来，冷藏技术的新发展主要表现在冷库建筑、装卸设备、自动化冷库方面。计算机技术已开始在自动化冷库中应用，目前日本、意大利等发达国家已建有10座世界级的自动化冷库。速冻储藏保鲜，是将水果经加工处理、快速冻结、包装，然后在-20～-18℃以下储藏保鲜。由于速冻采用了快速冷却，能有效减轻由冻结而造成的水果细胞损伤，可显著防止水果的质量变化和营养成分的损失。适合速冻的水果有草莓、葡萄、李子和荔枝等。

控制冰点储藏保鲜，在冰点温度下对食品进行保鲜的新方法称为控制冰点储藏法。经实验验证，运用此方法保存的水果像从果园刚收获时一样新鲜，没有发现细菌或变质现象产生，有害微生物的繁殖完全停止。该项技术在日本已开始应用。

（3）气调储藏保鲜

气调储藏保鲜是通过调节水果储藏环境气体成分的浓度，主要是降低氧气浓度并提高二氧化碳浓度，从而有效地控制果体的呼吸作用，抑制微生物的生长繁殖，来达到保鲜目的的一种方法。由于保持一个比正常空气有较多的二氧化碳和较少的氧气的气体环境，能更有实效地抑制果实的呼吸作用和延缓变软、变黄、品质变劣以及其他的衰老退化过程，对病原微生物的生长发育也有显著的抑制效应。

自1918年英国科学家发明苹果气调储藏法以来，气调储藏在世界各地得到普遍推广，特别是在近 50 年发展迅速，已普及美国、英国、法国、意大利等国家，是工业发达国家果品保鲜的重要手段。美国和以色列的柑橘总储藏量的一半以上是气调储藏；新西兰的苹果和猕猴桃气调储藏量为总储藏量的 1/3；英国的气调储藏能力为 22.3 万吨；其他国家如法国、意大利以及荷兰等国家气调苹果达储藏苹果总数的 50%~70%。

（4）电子保鲜

日本科学家在研究电场对水的影响时发现，水置于高压电场之后，细菌、霉菌的生长受到抑制。将此高压电场法用于水果等食品亦可收到同样的效果，如将苹果在 15kV 的电场中处理 5~10min，苹果在常温下的保鲜期将得到延长。其主要原理是利用高压直流电场中电晕放电或辉光放电制造臭氧和空气负离子。电子在高能电场中受场力作用，获得一定的动能，当电子的动能达到一定的程度时，就会发生负离子反应，负离子可使酶钝化，降低了水果的呼吸强度；而臭氧既是强氧化剂，又是良好的消毒剂和杀菌剂，能杀灭和消除水果上的微生物及其分泌的毒素，抑制或延缓有机物质的降解，延长水果的保鲜期。

（5）强磁场保鲜

强磁场保鲜是一种能耗少，又不需要复杂装置的保鲜法。磁场强度越高，时间越长，灭菌效果越好。将这种方法用于水果的储藏保鲜，效果也比较理想，但由于技术原因，用于大规模水果储藏的装置尚在研制之中。

（6）高气压保鲜

压力保鲜技术是美国 1992 年发表的一项专利。其原理是在储存物上施加一个由外向内的压力，使储存物外部大气压高于其内部蒸气压，形成一个足够的从外向内的压差，即正压。对比加热法，此法可避免高温所引起的维生素等营养成分的损失，是保持水果原有风味的好方法。一般压力升到 2500~4000 个大气压，生物体内的酶因失活而无法发挥作用，各种微生物也被杀死。正压又可以阻止水果水分和营养成分向外扩散，延缓呼吸速率和成熟速度，能有效延长果实的储存期。

（7）电离辐射保鲜

电离辐射是一种发展很快的食品保鲜新技术。电离辐射不仅可以干扰基础代谢过程延缓果实的成熟与衰老，还可杀虫、灭菌和消毒，减少因害虫滋生和微生物引起的果实腐烂。到目前为止，世界上已采用了三种辐射源，即钴 60、加速电子和由加速电子转化的 X 射线。它们只是引起食品分子的化学变化，并无放射性残留，因此是安全的。

（8）生物技术保鲜

生物技术在水果储藏保鲜上的应用是近年来新发展起来的具有发展前途的储藏保鲜方法。其中生物防治和利用遗传基因进行保鲜是生物技术在果蔬保鲜上应用的典型。生物防治应用于保鲜，到现在还处于研究阶段。这种方法无环境污染、药物残留和连续使用的抗药性等问题，且储藏条件易控制，处理费用低。目前，生物防治在水果保鲜上比较成功的例子有将病原菌的非致病菌株喷洒到水果上，可降低病害发生所引起的水果腐烂。如菠萝的绳状青霉喷到菠萝上，其腐烂率大为降低；草莓采前喷木霉菌，则采后草莓灰霉病的发病率大大降低。近年来，国外发现了一种特异菌株——枯草杆菌的一个变种，它可产生效力很强的抗生素，用它来防止果生链核盘菌所引起的桃褐腐病，效果极佳。美国科学家从酵母和细菌中分离出一种能防止水果腐烂的菌株，可防止苹果的腐烂。分子生物学家发现，乙烯一旦产生，果实就会很快成熟。目前，日本科学家已找到产生乙烯的基因，如果可发现关闭这种基因的技术，就可减慢乙烯产生的速度，果实的成熟也会放慢，这样水果会更鲜、更有营养，在室温下也可存放。此外，国外的研究还发现，番茄后熟过程中细胞成分变化受基因的控制，有的品种缺少衰老基因，后熟慢；在油桃中也发现有无成熟选株，能延迟脱落和着色，采后在 20℃的大气中能久藏不坏；美国农业局的科学家把植物细胞壁中的一种天然糖—半乳糖注射进尚未成熟的番茄，使其产生连锁反应，生成催熟激素，促使番茄成熟，而不破坏番茄品质和味道，可大幅降低番茄在收获、运输、销售和储存时的损耗。因此，若通过基因的操作，从内部控制后熟；利用 DNA 的重组和操作技术来修饰遗传信息；或用反义 RNA 技术来抑制成熟基因如 PG 基因的表达，进行基因改良，来达到推迟水果成熟衰老、延长保鲜期的目的。

（9）保鲜剂保鲜

即使在低温和气调的条件下，如果没有保鲜剂的配合，许多水果也很难有理想的保鲜效果。目前所使用的保鲜剂主要有以下几种类型：

①吸附型保鲜剂，用于清除环境中的乙烯、氧气和二氧化碳，抑制水果的后熟。主要有乙烯吸收剂、吸氧剂和二氧化碳吸附剂。乙烯吸附剂一

般由沸石、氧化铝、过氧化钙等组成，可控制外源乙烯含量，消除乙烯的自我催化作用。造成水果腐烂的原因主要与微生物、虫类以及一系列的生物与化学反应有关，而这些又与氧的存在有关。如能将水果包装内的氧气除去，便可抑制果实的变质，延长保鲜期。吸氧剂就是基于这样的原理而制成的。吸氧剂的主要成分有抗坏血酸、铁粉和亚硫酸氢盐等，它与含水食品共存可迅速吸氧，并吸收氧化反应所放出的气体和水分，对抑制需氧性细菌繁殖、降低呼吸强度和新陈代谢、防虫害、防止色素氧化、抑制褐变、保持食品的色香味及营养成分均起到良好的作用。二氧化碳吸附剂主要有活性炭、消石灰、氯化镁和焦炭分子筛，其中焦炭分子筛既可吸收二氧化碳又可吸收乙烯。

②防护型保鲜剂，主要有克菌灵、抑菌灵、山梨酸及其盐类、氯硝胺和硫酸钠等。其主要作用是防止病原微生物侵入果实，对果实表面的微生物有杀灭作用，但对果实内部的微生物效果不大。

③植物生长调节剂，主要有生长素类、赤霉素类和细胞分裂素类，利用其可按照人们的期望去调节和控制水果采前和采后的生命活动。

④中草药保鲜剂，是采用中草药对水果进行处理，效果十分明显。中草药的成分可抑制抗坏血酸酶的活性，减少水分的散失，降低水果的霉变率，维持较高的营养成分。目前已研究的中草药主要有丁香、大黄、高良姜和大蒜等，但由于草药有效成分的提取与大批量生产还存在一定的问题，因此尚未大量生产。

⑤PA 天然保鲜剂，主要成分为肌醇六磷酸酯，是从谷物种子加工副产品中提取出来的，通过涂抹或浸渍而作用于水果。作为一种天然物质，它具有很好的抗氧化作用，防止因氧化而造成的水果新鲜程度下降；能有效地螯合水果表面的铁、锌等金属离子，使其失去催化特性，以延缓水果颜色的劣变；可封闭水果表皮的气孔，抑制果实旺盛的呼吸作用，减少水分的损失，抵御外界病菌的侵入和抑制真菌的繁殖；防止抗坏血酸的氧化，保持水果的营养成分。

⑥蜡和涂膜剂，所使用的材料主要有蜂蜡、乳化蜡、果蜡、几丁质和魔芋多糖等。使用时将其均匀地涂抹于水果表面，形成厚薄适中的膜，可减少水分的损失而防止果实干瘪，抑制呼吸作用，延续后熟衰老，阻止微生物入侵，增加水果表面的光洁度，提高产品的质量。

2. 水果保鲜的发展趋势预测

水果储运保鲜将是今后水果发展的一个重要环节，会逐渐受到各方面的重视。水果储藏保鲜将由大宗水果转向品种的多样化，特别是一些珍稀水果会成为今后保鲜的热点。另外，我国野生水果资源丰富，营养价值高，随着食品科学的发展和人们饮食观念的转变，也会引起社会的兴趣。基于我国的科技与经济现状，水果的储藏保鲜方法在今后的一段时间内仍会以传统方法为主。但由于目前的任何一种单一保鲜方法都存在其自身的弱点，保鲜效果不很理想，不能完全解决问题。随着水果保鲜基础研究的不断深入，以及扩大流通的需求，一些更新更好的综合保鲜方法将不断涌现并成为主导。

（二）荔枝储藏保鲜的研究进展

荔枝属亚热带常绿植物无患子科，是原产于我国华南亚热带的水果。根据不同的品种，荔枝果皮的颜色为鲜红或玫瑰红，有的带绿色，有的不带绿色。可食部分是由假种皮发育而成的乳白色半透明的果肉，果肉与果皮之间是一层白色的假果皮，果肉内含光滑而呈棕色的种子。根据历史记载，荔枝在我国有 2000 多年的种植史，从 17 世纪末开始，荔枝从中国引种到南北回归线附近（15°~35°）的其他热带、亚热带国家。

1. 荔枝在我国的分布

我国是栽培荔枝最多的国家，在北纬 18°~31°均有种植，分布遍及海南、广西、云南、福建、贵州、四川、广东、台湾 8 省区，主要分布在北纬 22°~24°30′地区，另外，在浙江省南部也有少量荔枝种植。广东荔枝不仅产量最高（1996 年 28 万吨），而且品种最多，品质最好，例如白糖罂、桂味、糯米糍、挂绿、妃子笑等名优品种早已享誉海内外。古今骚人墨客对岭南佳果荔枝也是情有独钟，如苏东坡的“日啖荔枝三百颗，不辞长作岭南人”、杜甫的“一骑红尘妃子笑，无人知是荔枝来”等千古绝句，至今还脍炙人口。近几年来，广西出现了前所未有的荔枝种植热潮，位于全国第 2。福建省的荔枝产区主要分布在其南部和东南沿海地区，分闽南、闽东南、闽东北和闽西南四个区。

2. 荔枝生长的适宜条件

由于荔枝是亚热带果树，喜高温多湿。广东属于热带、亚热带季风气候类型，夏长冬暖，雨量充沛，因而大部分地区适合荔枝的生长。

荔枝生长所需要的最低温度一般为16℃~18.5℃，以24℃~29.5℃为最适宜；在年平均气温21℃~25℃的地区，荔枝能够良好生长。广东省的年平均气温除了北部和西北部山区之外，都在20℃以上，适合荔枝的正常生长。在荔枝种植地区，冬季一般没有小于或等于0℃的低温出现，霜期仅1~3d，对荔枝无大影响，可以安全越冬。

荔枝生长发育需要充足的水分，特别是枝梢生长期和果实膨大期。广东省的雨量充沛，年平均降雨量都在1400mm以上，能满足荔枝生长的需要。但雨季分布在各地有一定差异，对荔枝就会产生不同影响。花期阴雨连绵，会影响荔枝授粉；结实后如果云雨多，则光合作用差，造成大量落果。最适宜的雨量分布应该是在花期晴朗少雨，果期晴雨交替。荔枝对土壤的适应性很广，在山地、丘陵、平原、河岸都生长良好，对沙、黏土壤都能适应，而以土层深厚的微酸性沙质红土及河岸冲积沙壤最为适宜。广东省土壤以红土为主，酸性土壤在80%以上，水网地区河岸肥沃，十分有利于荔枝生长。

3. 荔枝果实的生长过程

荔枝果实的发育过程可分为三个阶段：第一阶段是从受精后胚开始发育算起，黑叶、桂味、糯米糍、淮枝都需要1个月左右的时间，在此期间，果实增长缓慢，主要是胚和胚乳的生长，可以见到乳白色的种子和种子内半透明的胚；第二阶段是种子和胚进入迅速增长期，胚和胚乳充分发育，到本阶段后期，种子完全发育成长、饱满，在此阶段果肉生长也很快，从开始生长直到种子顶部并将种子包裹起来，果肉逐渐增厚，本阶段黑叶需要18d左右，桂味、糯米糍和淮枝则需要22~26d；第三阶段果肉急剧增厚和增重，直至整个果肉生长的完成和种子的定型，果实外观皮色到本阶段由浅绿逐步转红，龟裂片渐平，果肉可溶性固形物迅速增高而成熟，本阶段黑叶需要19d左右，桂味、糯米糍为20d，淮枝为25d。其他品种的荔枝果实发育所经历的时间因品种不同而异，但果实发育的特征与上述情况基本一致。为了做好荔枝保鲜和加工工作，还要了解几个概念：成长，是指达到生理或园艺成长度的发育阶段，即使荔枝离开母株也能继续进行其个体发育，人们可以根据需要进行采收；成熟，是指从生长发育后期到衰老早期之间所发生的综合过程，其结果是形成典型的外观及食用品质，如成分、色泽、质地或其他感官属性的变化；衰老，是指果实已经进入个体发育的最后阶段，发生了一系列不可逆的变化，最终导致细胞崩溃及整个器官的死亡。荔枝果实的成长、成熟和衰老是果实发育过程后期的几个明显阶段，各个阶段之间没有明显的分界线，阶段间是紧密相连的。当果实达到成长阶段时即可以采收，此时果实仍能继续进行个体发育，保持较强的生命力和抗病力，这一阶段采收的果实比较耐储藏，而加工用的果实则要求在内含物最高时采收。而当果实进入衰老阶段后，已经到达生命的最后阶段，本身抵抗力下降，储藏过程中一方面品质变化快，另一方面容易受病原微生物浸染，难以进行长期储藏。

4. 荔枝的结构与采后生理特性

（1）荔枝的结构特性

荔枝果实由果梗、果蒂、果皮、果肉（假种皮）及种子等几个部分组成，果皮由外、中、内三层果皮组成。内果皮附着在外果皮内侧，为一层很薄的膜，内外果皮结合十分疏松。外果皮是由含花青素的栅状组织细胞所形成的众多的龟裂片和龟裂小片组成，组织孔隙极多，是荔枝果实水分散失的表面。中层是细胞间隙极大的海绵状组织，占果皮大部分；而最内层则由数层组织较密的薄壁细胞构成。外果皮与中果皮之间有石细胞，含有褐色物质。荔枝果皮保水力极弱，水分容易蒸发从而引起果实干枯萎缩和褐变。荔枝果肉由种柄衍生而来，在结构上与果皮、种子是完全分离的，只与种柄的维管系统有小面积连接。在果实不保湿的储藏条件下，尽管果肉含水量高，但由于结构上与果皮分离，基本上不能向果皮输送和补充水分，致使果皮不断失水，正常代谢失活，组织结构受损，果皮表现干枯变色。如在采果期遇到强日照和高温天气（荔枝采收期的温度一般较高），采收下来的果实不再得到母株水分供应，而果皮又易蒸腾失水，果皮迅速褐变。

（2）荔枝采后生理特性

从荔枝采后生理特点看，采收后的果实仍继续着生长期的各种生理过程，但由于水分和营养不再由树体供应，果实中生理生化过程呈现由合成至分解的互相依存的调整。呼吸作用加强，大量乙烯形成，果实成熟衰老加速。

表 2-27 为一些果实成熟时的呼吸模式分类。

表 2–27　一些果实成熟时的呼吸模式分类

跃变型	非跃变型
苹果、香蕉、杧果、香瓜、木瓜、桃、梨、柿子、李子、番茄、西瓜、杏	荔枝、樱桃、葡萄、柠檬、菠萝、草莓、甜橙、黄瓜等

果实的呼吸是一个重要的生理代谢过程，它保障了有机体生命过程的基础物质和能量代谢，实质上是光合作用产物的氧化过程。某些研究结果表明，荔枝属于无呼吸高峰型果实。采后呼吸强度明显上升，在采后的1~4d内，呼吸强度有明显下降并存在一个谷点，且各品种之间没有差异。在一定的温度范围内，储温越低则果实的呼吸作用越低。在常温下，不同荔枝细胞中的呼吸作用的变化趋势是一致的，都随着时间的延长而逐步下降，但当果实的大部分变色腐烂时，呼吸又趋上升，这个过程一般持续5~6d。通过适当的低温可以控制果实的呼吸作用，但当果实由低温转到常温时，呼吸会在6h内达到最高值，且随储藏时间的延长，这个高峰值也会变大。乙烯已被公认为植物成熟的一种激素。它的作用在于增加细胞质膜透性，使 CO_2 进入细胞增加氧化过程，促进鞣质和有机物消失。在乙烯的影响下，淀粉水解酶的活性上升从而促使果肉变软。荔枝采后乙烯释放量先增加后下降，果实的内源乙烯随着外观色泽和风味的变劣而增加，在乙烯释放达到最高峰时，果实的品质劣变得非常迅速，表现为褐变、流汁并伴随异味的产生。当果实品质进一步败坏时，乙烯释放量又有所下降。一般来说，温度越低，乙烯释放量越小；成熟度过高的荔枝比成熟度适中的荔枝乙烯释放量大且高峰出现较早。另外，荔枝果实不同部位以果皮的乙烯释放量最高，约为果肉和种子的10倍。与荔枝储藏与加工关系密切的酶主要有多酚氧化酶和过氧化物酶等，降低温度可使其保持在受抑制的状态或降低活性。过氧化物酶活性随果实衰老而升高，可以作为荔枝衰老的一个生理指标。多酚氧化酶同荔枝果皮褐变密切相关，有氧气存在时，果实所含类似邻苯二酚类物质被氧化产生醌，在正常情况下，醌很快被组织内的还原物质或一些酶还原为酚，但当果实衰老或受到某些伤害后，醌来不及被还原，逐渐积累并与其他物质发生聚合作用，产生黑色素而使荔枝果皮变黑。此外在荔枝加工过程中也同样存在类似的酶促褐变。在常温下，荔枝果皮导电率随着储藏时间延长而增大，增大速度因品种而异，晚熟品

种比早熟品种增大较快。在低温储藏过程中，果皮导电率上升幅度要大于常温下的上升幅度。荔枝果皮中含有叶绿素、类胡萝卜素、花色苷等物质，随着果实成熟衰老，果皮中叶绿素逐渐被分解，从而使花色苷等表现出来。花色苷与荔枝果皮颜色、褐变有密切关系。荔枝果实生长期间所积累的糖分、光照强弱等都会影响花色苷的合成，从而影响果实的品质。

（3）荔枝采后营养成分的变化

新鲜荔枝具有很高的营养价值与加工价值。荔枝果实中含有大量的糖、维生素 C、磷、钙、有机酸以及少量的蛋白质、脂肪、铁、维生素 B 等人体所需物质，其中糖类占 17%~23%、脂肪占 0.6%、蛋白质占 0.7%。自古以来，荔枝除了鲜食和干制以外，民间常常用荔枝做药疗补品，荔枝果壳、果核和根均可以入药，花是重要的蜂蜜来源，所产的荔枝蜜为蜜中上品。在储藏过程中，由于代谢营养物质会被消耗。果实可溶性固形物、酸、维生素等营养成分逐渐下降，令果实风味逐渐变淡。在常温环境中，这种变化更为明显。荔枝储藏期间主要化学成分如表 2-28、表 2-29 所示。

表 2-28　荔枝和荔枝干的营养成分

营养成分	新鲜荔枝	荔枝干
可食部分/%	71	34
水分/g	83.6	34
蛋白质/g	0.7	4.5
脂肪/g	0.1	0.3
碳水化合物/g	15.5	6.4
热量/kJ	268	1029
粗纤维/g	0.2	2.8
灰分/g	0.4	2
钙/mg	4	
磷/mg	32	
铁/mg	0.7	
胡萝卜素/mg	微量	
硫胺素/mg	0.02	
核黄素/mg	0.07	

续表

营养成分	新鲜荔枝	荔枝干
尼克酸/mg	1.1	
抗坏血酸/mg	15	

表 2-29 储藏过程中荔枝果实主要成分的变化

品种	时间/d	可溶性固形物/%			有机酸/%			VC/（mg/100g）		
		储前	储后	下降	储前	储后	下降	储前	储后	下降
三月红	25	17.0	15.4	8.0	0.38	0.35	9.5	50.6	29.0	42.7
白蜡	30	16.1	15.7	1.5	0.50	0.33	3.4	49.0	32.1	34.5
黑叶	30	18.1	16.1	5.3	0.22	0.19	27.0	35.1	30.5	13.4
桂味	30	20.0	19.5	2.5	0.13	0.11	11.5	16.5	11.3	31.5
糯米糍	23	28.2	19.5	4.3	0.13	0.10	21.0	18.4	12.6	31.5
淮枝	28	17.1	16.1	5.7	0.24	0.15	33.7	14.2	12.0	50.4

5. 荔枝果实腐烂褐变的原因

荔枝果实很难储藏，主要是因为果实采后很容易发生褐变、质变和腐变。①褐变伤害。荔枝果实在正常状态下 2～3d 即发生均匀褐变，虽然此时果肉仍然可以食用，但果实已经失去商品价值。②质变伤害。由于荔枝采后仍需进行呼吸作用，因而要以糖、有机酸等有机物质作为呼吸底物，来产生能量维持果实的生命活动，导致果实的风味逐渐变淡。在常温下 2～3d 果实基本失去其鲜甜滋味，在低温下 20～30d 后，果实风味也会变淡。③腐变伤害。研究发现荔枝的病害有 10 种以上，有些病在树上就已感染，采后发病；有些则是在流通过程中被感染，储藏或流通过程中发病而造成损失，使果实腐烂，失去食用价值和商品价值。荔枝采后衰败的过程是果皮先由鲜红变晦暗而至褐色，继而出现霉菌、裂壳流汁，随之变腐烂。果皮的褐变是衰败的开始，它的出现宣告了荔枝储藏寿命的结束，也就是说控制褐变是保鲜的关键。而褐变和腐烂的原因，据目前的研究结果，认为是采后果实本身的生理变化和外界微生物浸染的结果，即荔枝采后、储藏和销售过程中的物理损伤、自然衰老、成熟度及病菌感染等都会引起褐变。依据其果实结构与生理特点，褐变的内在原因主要是水分、酶及花色苷等的变化作用。

（1）失水对果皮褐变的影响

荔枝果实采收后在常温下放置，如果没有适当包装，果皮在1~2d内即会失去诱人的鲜红色并表现褐变症状。果皮褐变与果实失水密切相关，失水褐变主要是果皮中水分的散失。荔枝果皮容易失水的原因主要有两个：一是果实构造特殊，果皮与果肉在结构上完全分离，两者之间无输导组织相连，故当果皮水分蒸发时，果肉中的水分不能给予有效补充。通过对荔枝不包装储藏过程中果实各部位水分动态变化研究发现，果皮在不断蒸发失水直至变褐的整个过程中，果肉和果核都无水分转入果皮予以补充，表明褐变完全是由于果皮本身失水引起，试验显示当失水率达到果皮含水量的50%左右时即表现褐变症状。二是果皮本身组织结构特殊，果皮组织切片的显微观察显示，果皮角质层较薄，海绵组织疏松，容易失水，同时果皮内输导组织也不发达，果皮不同部位之间的水分难以有效调节输导。另外，荔枝果皮含水量比一般水果低得多。电镜观察结果表明，失水果皮的超微结构被破坏。刚采收的果实，其果皮生活细胞仍具有比较完整的超微结构，在电镜下可见到细胞核、线粒体、衰老的叶绿体、液泡及细胞壁等。采收后由于表皮蒸发脱水，即可观察到果皮表面有微裂，随着果皮绽裂，脱水加剧，裂缝通过亚表皮厚壁组织层延伸到果皮而继续脱水。果皮褐变先从果皮龟裂片突起部分开始，该部位的微管细胞与皮孔相通，极易失水；当储藏后期果皮有1/3~1/2已变褐时，栅状组织细胞严重萎缩，部分破裂，储藏最后至果皮大部分变褐时，海绵组织大量失水收缩，细胞相互挤压变形破裂，细胞层次界限不明显。全部褐变的果皮电镜下可看到细胞之间形成通道，细胞超微结构已完全降解破坏。膜透性测定则表明，褐变果皮的电导率显著提高，细胞质膜通透性明显增加，细胞内物质大量向外泄漏。

（2）浸水对果皮褐变的影响

为了减少荔枝果皮水分的蒸散与损失，人们通常采用塑料薄膜袋保湿包装，可在一定程度上延缓褐变的发生，但储藏一段时间后也会出现局部褐变的现象。研究表明，在薄膜袋密封包装下果皮的褐变与不包装储藏时表现的失水褐变不同，用密封包装的果实不论是置于室温还是低温下储藏，果皮中的水分含量在储藏期间变化均很小。其褐变原因不是果皮失水，而是呼吸代谢作用形成的凝结水浸渍果皮，一定时间后引起生理失调，细胞超微结构破坏。测定显示，在密封包装下果皮的电导率变化与不包装的相似，褐变过程中电导率均呈不断升高的趋势。电导率的升高，意味着细胞质膜选择性被破坏，胞内物质泄漏。

（3）酶对果皮褐变的影响

①多酚氧化酶（PPO）的影响。对苹果、香蕉、鳄梨、马铃薯等果实褐变的研究结果均表明，褐变的内因是PPO的酶促褐变。对荔枝的研究也表明荔枝果皮内有PPO存在，且褐变与PPO的作用有关。广东荔枝储藏协作组在荔枝的速冻储藏中，用抑制PPO的方法延迟了果皮的褐变，指出果皮褐变与PPO有关。谭兴杰等从荔枝果皮提取的酚类物质中分离出PPO的天然底物，而且将部分纯化的荔枝果皮中的PPO作用此底物时，发现有褐色产物生成，证明荔枝果皮中有PPO的底物存在，PPO酶促褐变是荔枝褐变的内因。有学者分别研究了用SO_2熏蒸和热处理对PPO活性和褐变的影响，测得PPO活性高低与褐变程度的变化基本一致。上述研究结果表明，PPO是参与荔枝褐变过程的重要酶。

②过氧化物酶（POD）的影响。采后鲜红荔枝果皮中部分厚壁细胞的细胞质有POD活性反应。通过对荔枝POD活性的测定发现，果皮的POD活性要高于果肉的POD活性，品种之间的差异很小。通过对糯米糍、桂味、淮枝和黑叶等品种的组织化学定位，可认定它们的POD变化规律相同，但其中糯米糍的活性最高。晚熟种采后7天果皮中的POD活性相当于采收当天的7~8倍。POD可能参与催化酚类物质的氧化，使果皮褐变。同时催化谷胱甘肽、抗坏血酸的氧化，减少了内源的活性氧化清除剂。

（4）花色苷对褐变的影响

目前人们仍无法通过用酶抑制剂来较好地控制荔枝的褐变，说明控制荔枝褐变的内因还有其他作用因子。Proctor的研究表明，花色苷变化是引起花和果实外观颜色变化的重要因素。据Prasad等对荔枝果实的研究，荔枝成熟果皮的颜色是由花色苷所形成的，花色苷是果皮的主要色素，果皮褐变可能与花色苷有关。林植芳等对褐变前后荔枝果皮的花色苷含量进行了测定，结果显示，褐变后果皮的花色苷含量没有明显减少。昂德希尔（Underhill）的研究则发现，荔枝果实在常温干燥失水过程中，果皮花色苷由红色逐渐变成无色，同时果皮组织也逐渐褐变，进一步用酸处理，果皮花色苷可增加果皮红色，而用碱处理会导致褪色，两种处理的颜色变化是可逆的，且均与花色苷的合成或降解无关。因此，认为荔枝褐变过程中花色苷不仅存在不可逆的酶降解，还存在结构的可逆性转化，这种转化不会降低花色苷含量，但会引起色变。研究表明，荔枝果皮中有花色苷共着色系统，果皮褐变是花色苷色变并伴随组织褐变共同作用的结果。除上述原因之外，荔枝果皮的细胞液泡和质体膜结构的解体也是荔枝褐变的一个原因。另外，荔枝采收的成熟度与其保鲜效果也有很大关系，且不同品种对采摘成熟度要求也不尽相同，一般以八成至八成半成熟度时采摘为佳。

（5）旺盛的呼吸作用

荔枝的呼吸作用旺盛。呼吸强度约有 110mgCO_2/（kg·h）（糯米糍），几乎是甜橙的 3 倍。旺盛的呼吸作用必然消耗大量的内含物质，并促进果实的衰老，尤以在低温中储藏的荔枝，销售时若无冷柜，一旦恢复到高温中，其呼吸强度剧增，是荔枝在货架上寿命短的重要因素。

（6）乙烯的作用

据报道（江建平等，1986）荔枝果实的乙烯产生率并不高，在不同发育时期乙烯产生率不相同，以青果期较高，随着果实的成熟乙烯产生量及呼吸都趋于下降，在采收时相对高些，随后降至一个低而平稳的水平上。然而，乙烯的产生绝大部分集中在果皮上，其释放量为果肉和种子之和的 80 多倍，经过低温储藏的荔枝，一旦进入常温销售时，乙烯和呼吸很快上升，果实内部乙烯浓度高达 17.6g/t，这说明果皮内的多酚氧化酶、过氧化物氧活性显然有所增加。相反，应用吸收剂降低荔枝周围的乙烯浓度，有降低褐变、提高好果率的效果。

（7）微生物引起的病变

荔枝与其他水果一样，因营养丰富、甜度高而容易招致微生物的浸染，特别是褐变开始后和果皮崩裂后的果易染病。斯科特（Scott）和普拉萨特（Prasatt）等从腐果中分离出数种微生物，其中以霜疫霉、酸腐、炭疽病和青绿霉危害严重，又以霜疫霉突出，这是广东荔枝果实上最严重的病害。在果实成长期特别是将近成熟时就已入侵，往往在采前就造成大量的落果、落叶，损失高达 30%～80%。戚佩坤等研究发现，果实受害时多从果蒂部分开始变褐，病斑呈不规则形状，无明显边界，高温潮湿时长出白色霉层，是病原菌的孢子囊梗和孢子囊；此菌在 11℃～13℃时均可入侵，最适宜扩展温度为 25℃，在高湿下入侵迅速，扩展快，温度越高潜育期越短，几天后便迅速蔓延，使果肉变酸以至霉烂，变褐流汁。其次是酸腐病，病处也产生白霉，但霉状物致密、稍厚，裂果中最易发生。而炭疽引起的病多呈圆形褐色，中央有淡红色分泌物，多发生在成熟果上。荔枝腐烂变质的原因有很多，主要由腐烂病菌引起，包括黑曲霉、黄曲霉、两型壳曲霉、四脊曲霉、无冠构巢曲霉、柱孢属、可可球二孢属、青霉属、盘长孢状刺盘孢和盘多毛孢属等 14 种真菌。此外，夏威夷长蠕孢亦是引起荔枝腐烂的一种真菌，我国某些荔枝品种对此菌特别敏感。上述腐烂病菌引起的荔枝腐烂有 9 种类型，包括曲霉腐烂 1 号至 5 号、柱孢属腐烂、可可球二孢腐烂、刺盘孢属腐烂和盘多毛孢属腐烂等。它们在果实发育过程中或采收前后潜伏在果皮表面，或从虫孔、伤口侵入，伤害果实。此外，一些酵母菌、细菌也会在果皮表面繁殖并深入果内，使果肉变酸腐烂。

6. 我国荔枝保鲜发展现状

荔枝可以说是驰名世界的中国特产的亚热带水果之一，它颜色鲜艳，风味独特，营养丰富，为岭南水果中的上品。然而荔枝“一日色变，二日香变，三日味变”的性质会令其新鲜度很快下降，对消费者的吸引力和食用价值也随之降低。据统计，荔枝每年因腐烂变质而造成的损失占总产量的 20%以上。鲜荔枝的储运困难限制了其远运远销，不少消费者至今仍未尝过真正新鲜荔枝的味道。为此，国内外许多科研单位及高等院校纷纷对荔枝采后生理品质变化规律及储藏保鲜技术进行研究，并取得了一些进展，在荔枝速冻冷藏保鲜方面，已能保证果品储存半年或更长时间。然而在出冷库后货架品质的保持及常温保鲜方面，未能取得突破性进展。近几年，随着农业生产向优质、高效、高产方向发展，我国荔枝种植业得到前所未有的发展。由于能带来可观的经济收益，至今仍呈现迅猛发展的势头，今后荔枝的产量将成倍甚至几倍大幅增加。而到目前为止，既有效又低成本的大批量处理荔枝的保鲜技术仍是水果保鲜业的一大难题。荔枝产量的不断增加与采后保鲜之间的矛盾越发突出，从而限制了荔枝的商业化生产与发展。

（1）影响荔枝储藏保鲜的因素

①品种。荔枝根据其果皮龟裂片形态可以分为三种类型：龟裂片峰尖刺型，有桂味品种、妃子笑品种、进奉品种；龟裂片峰毛突出型，有三月红品种与黑叶品种；龟裂片峰平滑型，有糯米糍品种与淮枝品种。目前在生产上主要栽培和流通量大的荔枝品种主要有糯米糍、桂味、淮枝、黑叶、妃子笑、三月红、大造、白蜡、白糖罂、香荔、兰竹、陈紫和称砣荔。不同品种荔枝由于在结构和生理上的差异，导致其抗病性和耐藏性也不同。一般果皮较厚、果肉较硬、呼吸强度低的品种，抗病性和耐藏性较好，而果皮薄、果肉软、呼吸强度高的品种，耐藏性较差。一般来说，早熟荔枝品种较中、晚熟品种不耐藏。在广东主要栽培的几个荔枝品种中，以桂味、淮枝较为耐藏，妃子笑、黑叶、白蜡等比较不耐藏，而糯米糍、三月红最不耐藏。因此，若要进行长期储藏或长途运输，就要选择耐藏的荔枝品种。

②采前栽培技术措施。荔枝果实发育期间需要大量水分与养分，特别是果实发育后期，如果施肥不合理，会引起营养生长和生殖生长的失调而造成落果，一般通过使用叶面肥与多元复合肥可显著提高果实产量与品质，延长果实储藏寿命；荔枝病虫害很多，可通过修剪、生物防治、化学防治来解决；有些品种荔枝发育和成熟过程中会出现裂果，可通过控制水分供应、平衡果实发育期间所需要营养、使用防裂果药剂来减少裂果发生。

③气候、地理和环境条件。采收前的天气条件对荔枝采后储藏影响很大，如采收时碰到连续阴雨天气，则不利于采前喷药防病，导致采后病虫害很多，果实不耐藏。而且果实也因吸水多，容易裂果。

④温度。低温对荔枝保鲜是有利的，确定合适的储藏温度，要从荔枝生理反应入手，找出某一品种的安全温度及冷害临界温度，同时结合果实自然消耗与衰老情况，以及微生物入侵危害的条件，最后确定符合实际的最佳平衡点。关于荔枝低温储藏的适合温度，国内外报道并不一致，这可能是由于品种、地理环境以及储藏条件差异所造成的。近期的研究结果趋向于3℃～5℃，加上适当的包装，荔枝可存放25～35d，好果率在90%以上。

⑤湿度。由于荔枝果皮的特殊结构，果皮很容易失水，失水达到一定

程度时果皮就会表现出褐变。失水速度与环境相对湿度密切相关。高湿度环境中失水较慢，低湿度环境中则失水较快。另外，失水还与果皮表面与周围环境的湿饱和水汽压差有关，差值越大，失水越快，荔枝由高温转移到低温条件下，饱和水汽压差大，失水快。因此，若荔枝采后没经过预冷，直接入冷库，常常褐变很快，甚至比常温下更严重。

⑥气体成分。荔枝采后仍要进行呼吸作用，消耗氧气，放出二氧化碳、乙烯与其他气体。如果适当降低环境中的氧气含量，增加二氧化碳含量则可以抑制呼吸作用，减少损耗，延长储藏寿命。但若气体成分不合适，则出现无氧呼吸，导致果实产生异味，同时促进厌氧微生物生长和发酵，导致果实腐败变质。

⑦机械损伤。机械损伤为微生物入侵打开方便之门，导致果实腐烂，加快果实衰老腐败。由于愈伤呼吸的保护作用，当荔枝遭受机械损伤后，果实为了本身生命的需要，必须加快合成一些物质来修复损伤，因而要消耗果实内储藏的营养成分，导致果实加快变劣；机械损伤导致果实外观变差，由于果皮富含多酚类物质与多酚氧化酶，伤口暴露在空气中，组织与空气充分接触，使酶促褐变所需底物氧气与多酚类充分反应，导致伤口变褐。因此，采收、储运过程中要尽量避免机械损伤。

（2）荔枝保鲜方法

我国早在明朝就有了荔枝保鲜方法，其做法是，选择巨竹，开隙，放入荔枝再密封。后来又采用把荔枝吊入水井之中进行短期储藏。目前，我国荔枝储藏保鲜主要是采用化学药剂浸果和低温运输相结合的方法：荔枝鲜果用保鲜化学药剂浸洗、包装，然后低温运输。其他的荔枝保鲜方法还很多，归纳起来主要有以下几种：

①泡沫箱加冰。荔枝成熟期较集中，又极不耐储运。目前发达国家普遍采用的冷链运输在我国还难以普及，因此近年来荔枝产区开始采用一种泡沫箱加冰的荔枝储运保鲜技术，一般经3昼夜运输后，荔枝仍保持原来的鲜红色，风味不变，好果率达93%以上，水分损失不超过3%。材料一般有泡沫箱、冰块、旧棉絮、大水缸、圆竹筐以及封口胶等。选出破烂果、褐变果和病虫果等，并对果穗进行适当整理及修剪；先用清水及碎冰块调制水温为4～8℃，加入苯来特或噻苯咪唑（涕必灵）配成浓度为0.1%的防腐液，用竹筐装满选好的荔枝鲜果在防腐液中浸泡4～5min，拿

出沥 10~15min。经常补充药液和冰块，以保持药液浓度及温度。在泡沫箱的对角分别竖放一个冰瓶，将沥干的鲜荔枝放入泡沫箱内，最后盖好箱盖，用封口胶密封。运输过程中，在车厢底部垫一层旧棉絮，将泡沫箱与车厢长边平行紧凑排列，盖口朝上，然后在车厢四周及箱顶填铺旧棉絮。整个过程要求操作仔细，动作迅速，轻拿轻放，从采果至装车要求在 4~6h 内完成。

②气调储藏保鲜法。采用改变储藏库的气体成分，在特定的相对低温下，适当降低氧气含量和提高二氧化碳含量，抑制荔枝果实呼吸作用并降低酶的活性，以便达到储藏保鲜效果。研究结果表明，在储藏温度为 3℃~5℃，相对湿度为 90%，储藏库的二氧化碳浓度为 3%、氧气浓度为 5%的条件下，糯米糍、淮枝等品种的荔枝经储藏 30d 时，其 1 级果和 2 级果的好果率高达 92%，但不同品种对储藏库的二氧化碳和氧气浓度要求略有差异。应该注意的是，二氧化碳浓度过高会对果实产生生理伤害，当浓度达 8%时，果肉有轻微异味产生；当浓度超过 10%时，不但褐变果多，而且好坏果都有浓烈的酒味。其中褐变加重是因为过高的二氧化碳破坏了液泡膜，使液泡内的酚类物质外溢与酶接触，加剧了酶促褐变；高二氧化碳使细胞死亡，多元酚自发氧化褐变。近年来，有人采用快速充氮法进行荔枝储藏。首先把荔枝密封在大帐中，用真空泵将大帐抽成真空，再将氮气瓶与大帐相连，向帐内充入氮气。由于在储藏过程中需要定期抽取部分气体进行成分检测，会损失少量气体，所以每次检测后，应向帐内补充少量氮气。储藏 40d 后，好果率为 70%，风味尚佳，而对照组的样品在第 13d 时已经丧失商品价值。整个储藏过程糖度下降为 2%~4%，储藏期间 VC 含量由 33~37mg/100g 降至 22~26mg/100g。

③化学药剂保鲜法。其基本原理是药品作用于荔枝，起到防腐、杀菌作用。有的则能在荔枝表面迅速形成一种不可见的透明膜，有效封闭果实气孔，从而降低呼吸强度，延缓果实衰老。可使用的药物有施保克、特克多以及一些国产水果保鲜剂。

④低温储藏保鲜法。其原理是依靠低温的作用，抑制微生物的繁殖，并减缓果实的呼吸作用。荔枝低温储藏保鲜期约 30d，果实外观新鲜，风味正常，但其出库后在常温下货架寿命比未经冷藏的鲜果短，从而给远运远销带来较大困难。其低温要求 10℃以下（3℃~5℃较佳），相对湿度为

90%～95%，且温、湿度相对稳定，不宜多变或骤变。但经此种方式保存的荔枝一旦进入常温环境，往往褐变速率更快。

⑤速冻储藏保鲜法。荔枝褐变主要因素之一是荔枝果皮存在氧化邻苯二酚的多酚氧化酶，温度越低，其活性越弱。速冻过程应保持在-196～-23℃；储藏温度应在-18℃以下，相对湿度为90%。包装等工作应在-5℃低温环境中进行。荔枝速冻储藏保鲜期可达1年以上，但经解冻后，果壳更易褐变，失去原有诱人的天然色泽，风味也差，裂果率高。为了降低裂果率，可在冻结前把果实预冷到0℃再冻结。对于果壳褐变，一般采用沸水烫漂—柠檬酸—食盐护色法控制。

7. 储藏保鲜存在问题

我国在荔枝储藏保鲜方面做了大量研究工作，已进行了多方面的尝试，近年来，荔枝储藏保鲜技术有较大的提高，但仍存在不少问题。由于采收前管理粗放，没有严格的病虫害控制措施，自然落果多，且有些果实往往在生长期就被病虫害浸染，不利于采收后储藏保鲜；在采收和储运时，由于采收时期和操作不当以及包装不善，容易导致果实机械、人为损伤；荔枝多数种植在边远山区，受投资环境的限制，产地缺乏预冷处理设施，储藏能力不足；目前，我国荔枝储藏保鲜的很多研究仍处在试验阶段，均未取得重大突破；储藏保鲜技术难以推广等。我国尚未建立科学合理的流通管理体系，荔枝果品市场流通主要是靠个体商贩，不可能有计划地进行市场的合理安排，所有这些都直接或间接影响了荔枝储藏保鲜技术的推广与应用。

8. 荔枝保鲜的发展方向及对策

鉴于我国的经济发展水平以及荔枝产地的条件与环境，今后荔枝保鲜应该向常温保鲜方向发展，以降低荔枝采后生理活动为主并结合病理控制，即采用物理或化学方法降低采后荔枝果实的生物活性，延缓呼吸作用，降低果皮失水速率及pH，同时研制有效的抗病防腐药剂。根据以往经验，荔枝防褐变及抗病菌的能力随品种的不同差异很大。因此，今后应重点进行抗病耐储藏的优良荔枝品种的筛选研究，并进一步通过生物工程技术进行抗病防虫基因的植入研究，提高果实的耐储性，同时应建立健全荔枝的综合保鲜体系，即从荔枝种苗选育、种植技术、栽培管理、采摘技术、储藏及运输等各方面进行综合考虑，确保每一环节都能将对荔枝的损害降低到最低点；科研单位应积极地应对在荔枝采收后的防病、防腐、分级、预处理、储存、保鲜、运输、销售等过程中可能出现的问题，在现有的研究基础上，进一步深入研究，把各种采前和采后处理措施有机结合起来，加强无残留、无污染的储藏保鲜技术的研究；开发我国荔枝储藏保鲜技术与设备，建立符合国际市场要求的标准和处理程序，提高果品的包装水平，延长鲜果供应期，进一步开拓国内外潜在的市场；开展荔枝鲜果加工与开发利用的研究，充分发挥荔枝采收后的经济效益和社会效益。世界上经济发达的国家，果品加工业同样发展很快，美国用于加工的水果已占总产量的60%以上，而我国荔枝用于加工的还不到总产量的10%。因此，应及早开展对荔枝鲜果加工与利用的研究，如荔枝果肉提取工艺及其设备的研究，开拓市场容量大、科技含量高的加工产品，促进荔枝加工产品日趋标准化、优质化和多样化；制定荔枝加工产品的国家质量标准，同时加强对产品质量的监督；建立荔枝行业生产协会，进一步协调荔枝生产并完善其流通体系；实施名牌战略，扩大名、优、特、新品种的种植面积。只有这样才能最大限度地减少原料的浪费、能源的消耗和对土地的占用。也只有这样才能有效地保护果农和荔枝购销者的利益，促进荔枝产业向更大规模的商业化发展，从而带动地区经济的发展。

9. 荔枝病害防治与采后商品化处理

（1）荔枝病害防治

由于荔枝结构特殊，营养丰富，为微生物的生长繁殖提供了良好的营养环境，当条件适宜时，微生物就容易入侵果实，产生病害。

①霜疫霉病。该病由荔枝霜疫霉菌引起，是荔枝果实上最主要的病害，我国广东、广西、福建和台湾荔枝产区均有发生，由此而造成的损失可达30%~80%，特别是结果期遇上连续阴雨天气，发病更严重。该病的症状是在果实上出现不规则、无明显边缘的水渍状褐色病斑，在潮湿条件下长出白色霉层，病斑扩散很快，1~2d内可导致全果变褐，果肉发酸，烂成肉浆，渗流出褐水。防治方法有采果后修剪清园、清除烂果和病果、喷药防治、合理施肥、采后用特克多浸泡及低温储运等。

②酸腐病。此病多危害成熟荔枝果实，多在果蒂开始，初期呈褐色，后逐渐转为暗褐色，病部逐渐扩大，直到全果腐烂，果肉发出酸臭味，外壳硬化，病部有白色霉。防治方法有在果园防治蛀蒂虫、采后要减少机械

损伤、用双胍盐浸泡果实等。

③炭疽病。近年来炭疽病在广东和福建发展较快，主要发生在成熟果实的基部，病斑呈圆形、褐色，使果肉变味腐败。防治方法有剪除病叶、病枝，喷洒托布津等。

④冷害。指荔枝在0℃左右储藏时所产生的生理伤害，果皮内出现水渍状病斑，外果皮褐变，失去光泽，主要原因是在过低温度下储藏时间长。如需长时间低温保藏，则应将温度控制在3℃~5℃范围内。

⑤二氧化碳中毒。二氧化碳中毒主要是由于环境中二氧化碳浓度过高或氧气不足，导致果实无氧呼吸，代谢紊乱或失调。果皮会出现褐斑，果肉有酒味或其他异味。因此，在储藏过程中应选用适当的包装材料并保持适当的氧气或二氧化碳浓度。

（2）荔枝采后商品化处理

荔枝采后商品化处理的具体流程如下：采收→挑选→分级→药物处理→包装→预冷→储藏→运输→销售。

①采收。由表2-30可知，荔枝采收成熟度对储藏时间与储藏效果影响很大，一般最适合储藏的采收成熟度为八成熟。过生的荔枝风味尚未形成；过熟的荔枝采后不耐储藏。荔枝果实成熟度可以通过果皮颜色变化或者结合果实中一些营养成分含量（糖酸比）来判断，还可以根据荔枝果实生长发育期来判断。由此可以看出，成熟度越低，耐储性越强。

表2-30 不同成熟度荔枝耐储性比较

	七成				八成				九成			
	1级	2级	3级	4级	1级	2级	3级	4级	1级	2级	3级	4级
各级果/%	87.6	6.4	0	4	84.8	11.2	0.8	3.2	63.1	30.3	6.5	0

注：品种为糯米糍，温度3℃~5℃，储藏28d后的结果。

由表2-31可以看出，七成熟的果实还没达到最佳商品品质。八成熟果实与九成熟果实水平相差不大，并且在储藏28d后达到九成熟果实采后的水平。因此，从综合角度考虑应采摘八成熟的果实。采收时间应该在晴天早晨，采收方法应采用人工采收，以便于准确掌握成熟度、减少机械损伤。装筐时应该在周围与底部铺上树叶或再生纸，减少因摩擦而产生的损伤。

表 2-31　不同成熟度荔枝果实的主要化学成分

	糯米糍					
时间/d	采后			储藏 28d		
成熟度	7	8~8.5	9	7	8~8.5	9
总糖/%	16.65	17.10	17.40	16.70	17.10	17.10
酸/%	0.33	0.23	0.20	0.20	0.16	0.56
糖/酸	50.45	72.34	87.00	64.23	85.5	106.8
可溶性固形物含量/%	18.40	18.85	19.00	18.00	18.50	18.50
VC/（mg/100g）	13.64	15.25	17.17	11.62	15.14	16.1
花色苷	0.67	1.65	2.80	0.65	1.45	1.97

②挑选。剔除烂果、裂果、病虫害果及褐果，这样可以减少运输过程中的损失，防止病虫害传播。

③分级。可以区分产品质量，以便于按质论价。分级主要参照国际标准、国家标准、行业标准、地方标准和企业标准。目前主要采用人工进行分级。

④药物处理。可采用杀菌剂来杀死果实表面病原微生物，也可以采用一些植物生长调节剂来延缓果实的成熟与衰老，提高果实抗病性和耐藏性，还可以使用涂膜剂来改善果实的生理代谢，减少失水，延长储藏期。

⑤包装。可以保护果实，减少损伤；提供有利的环境条件，利于保鲜；提高商品档次，增加销售价格。目前所使用的包装材料有木箱、竹筐、纸箱、塑料箱、泡沫箱等。按包装功能分类，可分为储运包装、销售包装和内包装。包装的方法主要有人工包装与机械包装。

⑥预冷。目的是迅速除去由田间及运输过程中所带的热量。如果不及时除去热量，会令果实品质迅速变劣甚至大批腐烂，因此采后应该尽快将果实温度降到最适或接近最适温度。恰当的预冷可以抑制腐败微生物生长，抑制酶活性与呼吸强度，减少产品失水与乙烯释放，减少冷库能源消耗。在实际中，一般要求在采收 6h 内完成入库。预冷的方法主要有自然降温、风冷、水冷、冰冷、强制通风预冷、冷库预冷、真空预冷等手段。由

表 2-32 可以看出，经过预冷的荔枝果实储藏效果要明显好于未经过预冷处理的果实。

表 2-32　预冷处理对荔枝储藏效果的影响

品种	储藏天数/d	处理	果数/个	调查果数/个	1 级/%	2 级/%	3 级/%	4 级/%
糯米糍	20	预冷	500	122	75.2	19.0	5.8	0
		未预冷	500	122	63.1	30.3	6.6	0

⑦运输。运输荔枝时要求温度、湿度、气体组成最好与储藏条件相同或接近，轻装轻卸，快装快运，防热、防晒、防雨。运输方式主要有低温运输、常温运输，我国多为常温运输或在包装物内加冰块。运输工具有普通列车、普通汽车、通风隔热车、冷藏列车、冷藏汽车、水路运输、空运等。

⑧销售。在正常情况下，小包装荔枝出库后在 28℃～30℃下货架寿命为 24～36h，大包装拆开零售的货架寿命只有 6～10h，要想延长货架寿命，除了适当的密封保湿外，最好用低温陈列柜。

10. 荔枝加工技术

荔枝的加工制品主要有荔枝干、糖水荔枝罐头、荔枝汁、荔枝酒、速冻荔枝等。荔枝还可以综合利用，如从果皮中提取鞣酸，用荔枝核制取优质活性炭、提取淀粉等。

（1）荔枝干

荔枝干又称丹枝干，在我国拥有悠久的历史，是荔枝产区最大的加工制品，在广东、广西、福建等地均有出产，其中以广东产量最多。荔枝干之所以能长期保存，主要是因为在干制过程中除去果实组织中大量的水分，提高渗透压，使微生物失水，生命活动处于停止或假死状态，从而使产品得以保存。荔枝干的加工方法分日晒和烘焙两种，日晒是利用太阳辐射的热量和干燥热风的流动等自然条件来排除果实中原有的水分，方法简单，成本低，质量好，但时间长，受气候因素影响大；烘焙是利用烘箱等设备来对荔枝果实进行干制，不受气候限制。一般 3.5～4kg 荔枝可制得 1kg 荔枝干。加工工艺流程为原料挑选→干制→回软→再干燥→散热→包装→储存。原料要求果形圆、个大、果壳完整、肉厚核小、干物质含量高、香味浓、涩味淡的八至九成熟的荔枝；干制时果实干燥率为（3.6～

3.8）：1；散热在干燥后将产品摊开散去余热；包装时一般用木箱包装，中间用隔板分开，以减少互相碰撞摩擦，也可以用纸箱结合塑料薄膜包装，适当抽真空；储存时应该放于干燥处，以免返潮长霉，最好在冷库中保存。目前生产中往往将八至九成干制品存入冷库，既减少干燥时间和燃料，又可以保持成品的含水量，另产品松软可口。荔枝干怕热、怕潮、怕压、易虫蛀、易霉变，所以在运输过程中要注意以上几点。荔枝干营养丰富，具有生津、益血、理气、补脑健身等功效，对脾虚、妇女虚弱、年老体弱均有好处，可以直接食用，或煮汤食用。

（2）糖水荔枝罐头

一般要求原料成熟度在80%~90%，加工工艺为原料挑选→洗果→剥壳→去核→挑选→修整→装罐加糖→排气→封罐→杀菌→冷却→检验→包装入库。原料要新鲜，果肉洁白、果实饱满、八成至九成熟、味甜稍酸、香气浓郁；将软烂、破裂、变色等果肉挑出；将木质化纤维、核梢等修整；装罐容器可分为马口铁、铝、镀铬板等金属罐或玻璃罐（瓶），装罐要及时，有利于减少污染、形成真空、提高杀菌效果；排气是将罐内气体尽量排除，以形成真空环境；封罐的目的是要让内容物与外界隔绝，防止微生物浸染；杀菌是尽量将有害微生物杀死，防止其生长繁殖；冷却可减少热量对果实的继续作用，以保持正常的色、香、味，也可以防止嗜热微生物繁育，冷却要分阶段进行，以免玻璃容器破裂；罐头杀菌后还要检验，主要有外观检查、保温检查、真空度检查、开罐检查，符合要求的产品才可以出厂。

（3）荔枝汁

对于不适合保鲜和罐藏的荔枝，可用其果肉生产荔枝汁。原料要新鲜、成熟度适中、风味好；剔除病虫害果实，剥壳去皮，将果肉打浆，加入适量的糖水与柠檬酸等食品添加剂，于75℃~80℃加热，将果汁装入消毒容器中，再经过杀菌、冷却即可以得到成品。

（4）荔枝酒

原料为成熟度不适合其他用途的果实，用榨汁机榨汁或整个果实发酵，加糖使含糖量至少为18%，可获得10度的酒，容易保存；果汁在90~95℃灭菌10min；接种；发酵3~4d；发酵完成后，还剩余少量糖分，继续让糖变成酒精，使酒的味道香醇，此过程为陈酿；把糖浓度调到12%，用柠檬酸或碳酸氢钠调酸到pH为3左右；灭菌、装瓶。

(5) 速冻荔枝

它是将新鲜荔枝经过预处理，在-23℃以下低温冻结，在-18℃条件下储藏，食用时需要解冻，此方法的保存期达1年，能较好地保持荔枝的风味。将原料经过筛选、清洗处理后，通过热烫、熏硫或药物护色处理，经过预冷，再进行速冻，最后包装储藏。

(6) 荔枝综合利用

荔枝果皮中单宁含量达7%，可以提取鞣质，是皮革工业的优良原料；种核淀粉含量达48.6%~56.5%、蛋白质含量达4.96%~5.78%，可提取淀粉、酿酒、制活性炭，残渣还可以制作饲料和肥料。

(三) 背景、意义及研究内容

1. 背景与意义

目前，我国荔枝储藏保鲜主要是采用化学药剂浸果和低温运输相结合的方法：荔枝鲜果用保鲜化学药剂浸洗、包装，然后低温运输。归纳起来主要有：泡沫箱加冰，一般经3d运输后，荔枝仍保持原来的鲜红色，风味不变，好果率达93%以上，水分损失不超过3%。低温储藏保鲜法，荔枝低温储藏保鲜期约30d，果实外观新鲜，风味正常。速冻储藏保鲜法，速冻过程应保持在-196~-23℃，储藏温度应在-18℃以下，相对湿度为90%。包装等工作应在-5℃低温环境中进行。荔枝速冻储藏保鲜期可达1年以上；但荔枝经过低温处理之后，在常温条件下褐变更快，不利于销售与运输，而且速冻也破坏了荔枝原有的风味。气调储藏保鲜法，采用改变储藏库的气体成分，在特定的相对低温下，适当降低空气中 O_2 含量、提高 CO_2 含量，抑制荔枝果实呼吸作用并降低酶的活性，以便达到储藏保鲜效果。研究结果表明，在储藏温度为3℃~5℃，相对湿度为90%，储藏库的 CO_2 浓度为3%、O_2 浓度为5%的条件下，糯米糍、淮枝等品种的荔枝经储藏30d时，其1级果和2级果的好果率高达92%，但气调保鲜对储藏条件、气体调控要求很高，实际应用还有一定困难。

国内外许多科研单位及高等院校纷纷对荔枝采后生理品质变化规律及储藏保鲜技术进行研究，并取得了一些进展，但这些研究多集中在低温保藏、速冻保藏和气调库保藏方面，对资金、设备和土地投入要求较高，并不适合我国国情和荔枝产地的实际情况。近几年，随着农业生产向优质、高效、高产方向发展，我国荔枝种植业得到前所未有的发展。由于能带来可观的经济收益，至今仍呈现迅猛发展的势头，今后荔枝的产量将成倍甚至几倍大幅增加。而到目前为止，既有效又低成本的大批量处理荔枝的保鲜技术仍是水果保鲜业的一大难题。荔枝产量的不断增加与采后保鲜之间的矛盾越发突出，限制了荔枝的商业化生产与发展。

2. 研究内容

在对荔枝于低温和常温条件下采后生理研究的基础上，结合其他果蔬保鲜的应用经验，重点针对荔枝在常温下的保鲜进行研究，以期使荔枝于常温条件下保鲜期得到延长，为今后的研究与应用提供理论依据。只有这样才能最大限度地减少原料的浪费、资金投入、能源消耗和对土地的占用。也只有这样才能有效地保护果农和荔枝购销者的利益，促进荔枝产业向更大规模的商业化发展，从而带动地区经济的发展。主要研究内容如下：

（1）低温与常温条件下荔枝采后生理的变化，确定影响荔枝保鲜期的主要因素，如酶在荔枝褐变中的作用、果皮成分与果汁成分的变化对荔枝褐变的影响等。

（2）通过实验选择适合于果蔬保鲜的广谱的、高效的、使用方便的抗菌剂。

（3）通过实验选择适合于果蔬保鲜的高效辅助保鲜成分。

（4）通过其他果蔬保鲜实验，确定出适用范围广泛的保鲜手段。

（5）通过电子显微镜实验研究荔枝果皮微观结构，以确定荔枝果皮微观结构对荔枝保鲜的影响。

（6）结合前述实验结果，对荔枝常温保鲜进行研究，以找出适合荔枝的常温保鲜方法。

二、荔枝采后生理的研究

荔枝属亚热带常绿植物无患子科，是原产于我国华南亚热带的水果。根据不同的品种，荔枝果皮的颜色为鲜红或玫瑰红，有的带绿色，有的不带绿色。可食部分是由假种皮发育而成的乳白色半透明的果肉，果肉与果皮之间是一层白色的假果皮，果肉内含光滑而呈棕色的种子。我国是目前栽培荔枝最多的国家。荔枝的颜色鲜艳，风味独特，营养丰富，为岭南水果中的上品。然而荔枝“一日色变，二日香变，三日味变”的性质会令其新鲜度很快下降，对消费者的吸引力和食用价值也随之降低。据统计，荔枝每年因腐烂变质而造成的损失占总产量的20%以上。鲜荔枝的储运困难限制了其远运远销，不少消费者至今仍未尝过真正新鲜荔枝的味道。目前荔枝保鲜的方式主要有冷库保鲜、速冻保鲜、气调保鲜和产地泡沫箱加冰等。采用低温保鲜的荔枝由低温转入常温后，褐变的速度更快，很难保存；采用气调保鲜技术比较复杂，需要资金与土地投入，不适宜在荔枝产地大规模使用；泡沫箱加冰保鲜荔枝的效果不甚理想，且维持的时间很短，不适合长期保鲜。本节以新鲜荔枝为研究对象，针对荔枝在低温和常温状态下的采后生理进行研究，以期为大规模保鲜荔枝提供行之有效的理论依据。

（一）材料与方法

1. 荔枝

妃子笑和糯米糍，采于从化荔枝种植园。

2. 主要试剂

草酸：北京化学试剂研究所；

2，6-二氯靛酚；上海化学试剂厂；

碘酸钾；广州化学试剂厂；

碘化钾；广州化学试剂厂；

2，4-二硝基苯肼；上海化学试剂厂；

硫酸；天津化学试剂厂；

硫脲；北京化工厂；

磷酸；天津化学试剂厂；

邻苯二酚；上海化学试剂厂；

愈创木酚；上海化学试剂厂；

丙酮；广州东山化工厂；

过氧化氢；广州东山化工厂；

抗坏血酸；上海生化试剂厂；

盐酸；天津化学试剂厂；

甲醇；广州化学试剂厂；

没食子酸；上海试剂一厂；

柠檬酸；广州化学试剂厂；

磷酸氢二钠；广州化学试剂厂；

1%淀粉指示剂；自制；

冰醋酸；天津化学试剂厂；

偏磷酸；广州化学试剂厂；

PVP（聚乙烯吡咯烷酮）；上海生化试剂厂；

TritonX-100（氚核）；Sigma 公司产品。

3. 主要仪器

Hitachi163 气相色谱仪；日本；

Beckman865 二氧化碳分析仪；德国；

PHS-25 酸度计；上海雷磁仪器厂；

721 分光光度计；上海分析仪器三厂；

电热鼓风干燥箱；上海仪器总厂；

MA100 分析天平；上海第二天平仪器厂；

78-1 直读式电导仪；深圳国华仪器厂；

72B 组织捣碎机；上海仪器总厂；

糖度计；上海分析仪器三厂。

4. 方法

（1）褐变程度分级

0 级果——果实全红；

1 级果——龟裂片尖变褐；

2 级果——果皮 1/3 以下变褐；

3 级果——果皮 1/3~1/2 变褐；

4 级果——果皮 1/2 以上变褐；

5 级果——果皮完全变褐。

$$褐变指数=\Sigma（褐变级数\times果实数）\div总果实数$$

（2）腐烂程度分级

0 级果——果实新鲜；

1 级果——果蒂出现褐斑；

2 级果——假种皮受浸染，未积水；

3 级果——假种皮霉烂并积水；

4 级果——果实近半霉烂；

5 级果——霉烂超过一半。

$$腐烂指数=\Sigma（腐烂级数\times果实数）\div总果实数$$

（3）pH 的测定

用酸度计进行测定。果肉 pH 可将果肉榨汁后直接测定；测定果皮 pH 时，称取果皮 25g，加少量蒸馏水磨碎后用蒸馏水定容到 250ml，静置 2h，用活性炭加热脱色，冷却、过滤，最后测定。

（4）抗坏血酸含量的测定

采用常规的 2,4-二硝基苯肼法测定果皮和果肉总抗坏血酸含量，采用 2,6-二氯靛酚法测定还原型抗坏血酸含量，两者之差即为脱氢型抗坏血酸含量。

（5）花色苷和酚类含量的测定

均匀取样 0.5g，重复 3 次，立即以 1%盐酸甲醇溶液（*v/v*）浸提 2h，定容到 15ml，于 600nm、530nm 波长处测定吸光值，以 Δ530-600nm = 0.1 为一个花色苷单位；将上述提取液稀释 5 倍，在 280nm 处测定吸光值，以没食子酸为标准曲线计算总酚含量。

（6）呼吸强度的测定

用气流法，将果实置于二氧化碳分析仪中测定果实呼吸所放出的二氧化碳量。

（7）乙烯释放量的测定

测定前 4h 将荔枝果实置于密封罐中密封，取样，用气相色谱仪测定。工作条件为，采用火焰离子化检测器（FID），4mm×2000mm 玻璃柱填充涂 1.5%Apiezon 的 60~80 目 Al_2O_3 担体，柱温 90℃，进样器温度 100℃，载气 N_2，流速 25ml/min。

（8）失重率和果皮含水量的测定

定期测定果实重量的变化，并统计果实褐变和腐烂的情况。计算失重率，以鲜果的平均重量为基准，以失重的百分率表示失重率；果皮含水量为果皮烘干后重量与果皮鲜重之比。

（9）多酚氧化酶（PPO）和过氧化物酶（POD）活性的测定

参照植物生理学实验手册，以每分钟光吸收率改变 0.001 为一个酶活性单位进行计算。

（10）抗坏血酸氧化酶活性测定

参照茶树生理与茶叶生化实验手册，酶活性以 mgAA/（g·h）表示。

（11）过氧化氢酶活性测定

参照茶树生理与茶叶生化实验手册，酶活性以 μlO_2/（g·h）为一个酶活性单位。

（12）果皮细胞膜相对透性测定

在实验中，用 0.5cm 的打孔器取荔枝果皮圆片 15 个，用蒸馏水漂洗 2 次，于 40ml 蒸馏水中浸泡 3h，用直读式电导仪测定渗出液电导率，再将果皮及渗出液煮沸 5min，测定果皮全渗电导率，渗出液电导率与全渗电导率之比即可表示质膜相对透性。

（二）结果与分析

1. 低温储藏（温度为 3℃～5℃）

（1）低温条件下荔枝果皮褐变指数与腐烂指数的变化

将荔枝放在 3℃～5℃的冰箱中储藏，在储藏的最初阶段，荔枝果实褐变和腐烂很少，但果皮的褐变一旦开始之后，就会逐渐加重，一直到果皮完全褐变。褐变速度在品种之间有所不同，糯米糍在储藏初期就开始褐变，而妃子笑则在最初褐变很少，但当果皮褐变开始之后，即迅速发展，果实腐烂的情况在两个品种之间比较相似。目前公认的荔枝低温储藏最适温度范围为 3℃～5℃，但荔枝即使在相对适宜的低温条件下储藏时间过长，温度仍然会对果实产生一定程度的伤害，果皮与果肉正常完整结构被破坏，使微生物有机会侵入繁衍、酶与反应底物相接触，令果实产生褐变与腐烂。从荔枝品种角度来看，糯米糍本身耐储性较妃子笑差，因而在低温储藏过程中其腐烂指数与褐变指数均大于妃子笑，而且发展速度更快。

（2）低温条件下荔枝果皮多酚氧化酶活性的变化

在低温储藏过程中，妃子笑多酚氧化酶活性较低而糯米糍活性较高；低温储藏初期，糯米糍多酚氧化酶活性与妃子笑多酚氧化酶活性均有所下降；随着储藏时间延长与褐变程度的加重，荔枝果皮多酚氧化酶活性开始上升，直至果皮大面积褐变。在低温储藏的初始阶段，由于对低温的不适应，多酚氧化酶活性表现出下降的趋势，而随着储藏时间的延长，酶逐渐适应了低温环境，再加上低温对果实的伤害，使酶能更容易与充分地与底物接触，从而令酶活性逐渐恢复、升高。多酚氧化酶在不同品种、成熟度的果实中含量与分布是不同的，糯米糍中的含量要高于妃子笑中的含量，所以多酚氧化酶在糯米糍果实中所表现出的活性要大于妃子笑中的活性，这也应该是糯米糍较妃子笑不耐藏的原因之一（见表 2-33）。

表 2-33 低温储藏过程中糯米糍果皮多酚氧化酶活性的变化

时间/d	游离态	结合态	总活性	游/结
0	2. 99	1. 11	4. 10	2. 69
5	1. 09	1. 22	2. 31	0. 89
9	1. 17	2. 06	3. 23	0. 57
13	—	—	5. 67	—
17	—	—	6. 79	—
21	2. 59	5. 30	7. 89	0. 49
25	2. 67	6. 53	9. 20	0. 41

由表 2-33 的实验结果可以看出，在低温储藏过程中，游离态多酚氧化酶的活性逐渐降低，而结合态多酚氧化酶活性却逐渐升高，游/结逐渐减小；在不同褐变程度荔枝果皮中多酚氧化酶总活性变化与结合态多酚氧化酶活性变化相似，这表明导致荔枝褐变的多酚氧化酶可能主要是结合型多酚氧化酶，即随着储藏时间的推移，游离型多酚氧化酶逐渐转化成结合型多酚氧化酶，最终引起并促进荔枝果皮褐变的发生与发展。

（3）低温条件下荔枝果皮过氧化物酶活性的变化

糯米糍过氧化物酶活性大于妃子笑。在低温储藏过程中，随着时间的延长与褐变程度的加深，荔枝果皮过氧化物酶总活性逐渐下降，游离态与结合态酶活性也是如此；游/结在储藏初期急剧下降，随后有所反弹，到储藏末期又有一定程度下降。过氧化物酶活性要高于多酚氧化酶的活性。一般认为过氧化物酶是果蔬成熟与衰老的指标，在植物体的生命活动中具有重要的功能，它可以参与催化酚类等物质的氧化，可以认为低温条件下，由于生命活动强度降低，植物体内液体及细胞内液体流动变缓，使局部区域内离子强度增加，从而影响到过氧化物酶的结合。低温条件下，由于果胶的脱酯化作用以及低温对细胞结构的破坏使细胞壁结合过氧化物酶的能力发生改变，众所周知，过氧化物酶在植物细胞中主要以两种形式存在，即以可溶式存在于细胞浆中、以结合形式存在于细胞壁或细胞器中。也就是说，低温能够降低过氧化物酶活性或者使部分过氧化物酶可逆失活，但由于过氧化物酶在荔枝低温储藏过程中所起的作用比较复杂，对于其是否促进了荔枝果皮褐变的发展，还有待于今后进一步研究。

表 2-34 为低温储藏过程中糯米糍果皮过氧化物酶活性的变化。

表 2-34 低温储藏过程中糯米糍果皮过氧化物酶活性的变化

时间/d	游离态	结合态	总活性	游/结
1	46.80	0.31	47.11	156.00
5	31.20	13.01	44.21	2.4.0
9	28.80	6.50	35.30	4.43
13	—	—	31.23	—
17	—	—	29.02	—
21	17.90	2.43	20.33	7.46
25	16.40	3.93	20.33	4.21

（4）低温条件下荔枝果皮抗坏血酸氧化酶（AAO）活性的变化

荔枝果皮中抗坏血酸氧化酶活性较低，糯米糍抗坏血酸氧化酶活性大于妃子笑。荔枝果皮抗坏血酸氧化酶活性在低温储藏初期呈下降趋势，但随着储藏时间的延长与褐变程度的加深，特别是荔枝果皮褐变开始之后，抗坏血酸氧化酶活性开始大幅升高，当大部分果皮褐变以后，果皮中抗坏血酸氧化酶活性达到最高值。低温储藏初期，抗坏血酸氧化酶活性下降，这说明酶可能对低温需要一个适应过程。荔枝果实由常温转入低温，分子运动变缓，酶与底物接触的概率较常温低，因而表现出酶活性降低。随着储藏时间的延长，系统进行自我调整，酶逐渐适应了低温环境，同时由于低温对果实组织细胞的破坏，使酶比较容易与反应底物接触，酶活性逐渐回升。抗坏血酸氧化酶破坏了植物细胞中还原性物质抗坏血酸，生物反应过程中的一些氧化产物不能及时被还原并逐渐积累，令荔枝果实褐变、腐烂，品质变劣。

（5）在低温条件下荔枝果皮过氧化氢酶（CAT）活性的变化

低温储藏过程中，荔枝过氧化氢酶的活性单位为 μlO_2/（g·h）。糯米糍果皮过氧化氢酶活性小于妃子笑。低温储藏初期，果皮过氧化氢酶活性有所下降，随后有一定程度的回升；随着储藏时间的延长和褐变程度的加深，荔枝果皮过氧化氢酶活性开始大幅下降，直至果皮完全褐变。低温储藏初期，由于对环境不适应，荔枝果皮过氧化氢酶活性有一定程度的降低，随着系统自我调节，过氧化氢酶对环境表现出适应性，活性有所回升。但随着荔枝果实褐变与腐烂的发展，组织细胞被破坏，影响到过氧化氢酶正常功能的发挥，造成过氧化氢在果实组织内大量积累，进一步对荔枝果实造成伤害，果实逐渐走向衰败。

（6）低温条件下荔枝呼吸强度和乙烯释放率的变化

低温储藏的最初阶段，荔枝果实的呼吸强度与乙烯释放率呈现下降趋势，并且维持在很低的水平，这也是荔枝在低温下可以将其保鲜期延长的主要原因之一。妃子笑在低温下呼吸强度与乙烯释放量均小于糯米糍。随着储藏时间的延长与荔枝果皮褐变程度的加深，荔枝果实的呼吸强度与乙烯释放率开始大幅上升，从而促使荔枝果实向衰老发展，果实品质变劣。在果蔬采后的一段时间内，其组织细胞仍然处于生命活动状态，与生命活动有关的生物化学反应、新陈代谢仍在进行。其中呼吸强度和乙烯释放率的大小，对于果蔬保鲜是非常重要的。众所周知，呼吸是果蔬采后一个最基本也是最主要的生理过程，果实通过呼吸以维持正常的生命活动，此外，呼吸也会使有机物被消耗，使果实品质下降，即保鲜期缩短。乙烯属于果实成熟激素，果实成熟时生成内源乙烯，在采收后储藏过程中乙烯积累能增加果实呼吸，增加细胞质膜透性，使二氧化碳进入细胞增加氧化过程，促进鞣质和有机物消失，在乙烯影响下，淀粉水解酶的活性上升促使果肉变软，从而促进成熟与衰老的发展，缩短果实保鲜期。对果蔬多年的研究表明，果实内乙烯释放量与周围环境条件有关，温度越高则乙烯释放量越大。因此，当荔枝于3℃～5℃的冰箱中储存时，低温能够抑制荔枝果实乙烯的释放，所以荔枝果实在低温储藏初期乙烯释放量呈现下降的趋势。由于乙烯释放往往与呼吸强度变化同步，再加上对低温的逐渐适应、果实组织细胞被破坏，荔枝果实乙烯释放量开始回升，并进一步加速成熟与衰老的进程，即促进果皮产生褐变与腐烂的现象。在荔枝采后成熟与衰老过程中，呼吸强度较其他果蔬要大很多（是苹果等水果的数倍），当储藏环境发生改变时，呼吸强度也会受到影响。在低温储藏初期，由于低温使果实生命活动强度降低，因而呼吸强度也表现出下降的趋势。随着果实对低温环境的适应，以及荔枝果实组织细胞的破损，呼吸强度开始大幅上升，果实中大量的营养物质被消耗，荔枝品质开始下降，果皮表现出褐变与腐烂程度的不断加深。

（7）低温条件下荔枝果皮含水量的变化

妃子笑果皮含水量要高于糯米糍。在低温储藏的前 17d，果皮含水量是逐渐增加的；储藏超过 17d 后，果皮含水量开始下降。果皮含水量对于保持荔枝果皮正常颜色是十分重要的，大量的研究表明，果皮失水往往是荔枝果皮发生褐变的原因之一。在荔枝低温储藏初期，果皮含水量不但没有下降，反而呈上升趋势，这可能是因为低温条件下果实呼吸所释放出的水分冷凝后附着在果实表面，又被果皮吸收，因而荔枝果皮色泽可以在低温条件下保持较长时间。但果皮表面水分长时间过多，凝结水会对果皮产生浸渍作用，使果皮结构被破坏，细胞超微结构被破坏，细胞质膜选择性降低，胞内物质泄漏，电导率升高，一定时间后引起生理失调，令果皮持水力下降，并最终引起荔枝果皮产生褐变并逐渐发展成为腐烂。

（8）低温条件下荔枝果皮化学成分的变化

①果皮酸碱度的变化。由表 2-35 可知，在低温储藏过程中，随着储藏时间的延长与褐变程度的加重，果皮 pH 逐渐上升；妃子笑果皮 pH 始终小于糯米糍。荔枝果皮中的有机酸是呼吸作用的底物之一，随着储藏时间的延长，果实结构受损情况逐渐严重，为了本身生命的需要，必须合成一些物质来修复这些损伤，因而呼吸作用被提高，有机酸也开始大量消耗，导致荔枝营养成分的减少与风味变劣，果实趋向衰老。

表 2-35　低温储藏荔枝果皮酸碱度变化与褐变级数的关系

	褐变级数				
	1	2	3	4	5
糯米糍 pH	4. 75	4. 77	4. 80	4. 85	4. 87
妃子笑 pH	4. 67	4. 72	4. 75	4. 79	4. 82

②果皮中花色苷含量的变化。妃子笑果皮中花色苷含量大于糯米糍。在低温储藏初期，褐变未发生之前，花色苷含量随着时间的推移有而所增加；一旦果皮褐变开始，花色苷含量又开始下降。

这可能是因为荔枝采收时成熟度为七成至八成，果皮颜色并未达到荔枝完全成熟时的鲜红色，在低温储藏初期，不利于荔枝保鲜的因素受到抑制，使荔枝拥有一个缓慢的后熟过程，果皮颜色由红绿向鲜红转变，从而令花色苷含量有所上升。而随着低温储藏时间的延长，果实组织细胞结构被破坏，呼吸强度与乙烯释放量开始上升，果皮细胞内成分如 pH 发生改变，从而破坏花色苷正常呈色结构，使花色苷含量下降，并最终改变荔枝果皮原有颜色。

③果皮总酚含量的变化。在低温储藏过程中，妃子笑果皮酚类含量大于糯米糍。随着储藏时间的延长与褐变程度的加深，荔枝果皮总酚含量逐渐下降。实验结果表明，酚类物质含量与荔枝果实的耐储性是密切相关的。酚类含量的变化可能会影响到荔枝果实的保鲜期。在荔枝果实的生理生化反应中，酚类往往被氧化成醌，如果不能及时还原，则使果皮呈现黑褐色。酚类含量的不断下降，可以反映出多酚氧化酶在荔枝储藏过程中是参与并促进了荔枝果皮褐变进程的，果实逐渐衰老并失去清除自由基的能力。

④抗坏血酸含量的变化。由表 2-36、表 2-37 可以看出，妃子笑果皮中抗坏血酸含量大于糯米糍。随着储藏时间的延长，糯米糍和妃子笑果皮中抗坏血酸含量逐渐减少，脱氢型抗坏血酸最初急剧增加，随后变化趋于平缓；还原型抗坏血酸最初急剧下降，随后变化比较平稳，并随着时间的延长而逐渐减少，到储藏末期果皮中几乎已经没有还原型的抗坏血酸存在。

表 2-36 低温储藏荔枝果皮抗坏血酸含量与褐变级数的关系

单位：mg/100g

褐变级数	0	1	2	3	4	5
妃子笑	29.0	24.9	24.3	22.3	2218.6	
糯米糍	15.0	13.3	13.0	12.5	12.1	8.2

表 2-37 低温储藏妃子笑果皮抗坏血酸类型与褐变级数的关系

单位：mg/100g

褐变级数	0	2	3	4	5
还原型	29.0	4.2	2.7	2.8	0

续表

褐变级数	0	2	3	4	5
脱氢型	0	20.1	19.6	19.2	18.6

抗坏血酸在果蔬中的作用十分重要，一方面，作为营养物质，补充人体无法自行合成的维生素C；另一方面，作为还原性物质，将生物反应过程中的中间产物或最终产物还原，以减小不良影响。在荔枝低温储藏过程中，抗坏血酸含量不断下降，其原因是多方面的：作为还原性物质，参与生化反应而被正常消耗；由于组织细胞结构被破坏，细胞内成分如糖类、酚类发生改变，抗坏血酸失去保护而被抗坏血酸氧化酶作用，转变成为脱氢型抗坏血酸，而脱氢型抗坏血酸是不具备还原功能的。因此，荔枝果皮褐变与腐烂情况不断加重。

⑤低温储藏对荔枝果实在常温状态下失重率及褐变的影响。荔枝果实在低温的环境中储藏一段时间后，将果实取出置于室温的环境中，果实的失水速度比刚刚采收的时候还要快；从低温取出的荔枝果实在最初的7h内失重率可达7%，此时果皮有一半以上褐变。到目前为止，低温储藏仍然是最为常用的大规模储藏新鲜荔枝的手段，在低温环境中，温度效应占有一定优势，能够在一定程度上抑制果实的呼吸作用和其他生理代谢，减少果实由于代谢所引起的损耗，降低病原微生物对果实的浸染，最大限度地保存果实的营养物质和商品价值。但在低温条件下保存时间过长，低温对果实也会产生伤害，令组织细胞结构被破坏，细胞内物质外渗，因此，果实一旦从低温转入常温，由于环境的改变，水分散失会加快，呼吸作用、乙烯释放、氧化等生理生化反应加剧，会使果实在更短时间内褐变腐烂。

⑥好果率和果皮细胞膜相对透性的变化。荔枝在5℃～7℃条件下储藏25d后好果率为55%，转到常温后好果率急剧下降，冷藏25d的果实转入常温18h后好果率即降到0，冷藏5d为12%，冷藏2h为60%。可见冷藏导致果实常温保鲜期缩短，且冷藏时间越长在常温下保鲜期越短。低温储藏荔枝果皮细胞膜相对透性要高于常温储藏荔枝果皮细胞膜相对透性；低温储藏时间越长，则果皮细胞膜相对透性越大。如前文所述，低温对荔枝果实有一定伤害，使细胞结果被破坏，细胞膜透性变大，细胞内物质外渗，因而令果实品质容易变劣。特别是转入常温环境后，生理生化反应更

趋剧烈，褐变与腐烂速度加快，好果率也大幅下降。

⑦果汁成分的变化。储藏过程中荔枝果汁的 pH 逐渐升高，酚类含量、可溶性固形物含量和抗坏血酸含量呈下降趋势，果汁成分的变化与荔枝果皮褐变过程中的变化相似。在荔枝果实褐变与腐烂的发展过程中，由于呼吸等生理生化反应，使大量营养物质被消耗，所以可溶性固形物含量趋于降低，而酚类、抗坏血酸、有机酸等则作为反应底物被消耗，因而表现出酚类与抗坏血酸含量降低，pH 上升，荔枝的风味与营养价值变劣。具体见表 2-38～表 2-41。

表 2-38　糯米糍低温储藏过程中果汁成分的变化

时间/d	酚类含量/(mg/ml)	抗坏血酸含量/(mg/100ml)	可溶性固形物/mg/100ml	pH
0	1.09	8.63	16.8	6.00
5	1.00	8.37	16.5	6.21
9	0.97	8.10	16.3	6.25
13	0.95	6.37	15.5	6.27
17	0.93	5.62	15.0	6.32
21	0.93	5.36	14.5	6.45
25	0.86	5.27	13.5	6.52

表 2-39　妃子笑低温储藏过程中果汁成分的变化

时间/d	酚类含量/(mg/ml)	抗坏血酸含量/(mg/100ml)	可溶性固形物/mg/100ml	pH
0	3.31	21.83	15.5	3.90
5	3.01	16.32	15.4	4.11
9	2.63	15.17	15.0	4.40
13	1.77	12.31	14.7	5.71
17	1.75	10.96	14.3	5.83
21	1.72	10.33	13.6	5.85
25	1.61	9.52	12.7	6.05

表 2-40 糯米糍低温褐变过程中果汁成分的变化

时间/d	酚类含量/(mg/ml)	抗坏血酸含量/(mg/100ml)	可溶性固形物/mg/100ml	pH
0	1.09	8.63	16.8	6.00
1	0.97	8.10	16.3	6.25
2	0.95	6.37	15.5	6.27
3	0.93	5.62	15.0	6.32
4	0.93	5.36	14.5	6.45
5	0.86	5.27	13.5	6.52

表 2-41 妃子笑低温褐变过程中果汁成分的变化

时间/d	酚类含量/(mg/ml)	抗坏血酸含量/(mg/100ml)	可溶性固形物/mg/100ml	pH
0	3.31	21.83	15.5	3.90
1	2.63	15.17	15.0	4.40
2	1.77	12.31	14.7	5.71
3	1.75	10.96	14.3	5.83
4	1.72	10.33	13.6	5.85
5	1.61	9.52	12.7	6.05

2. 常温储藏（温度为 27℃~35℃，相对湿度为 75%~95%）

(1) 常温条件下荔枝果皮褐变指数与腐烂指数的变化

荔枝果皮褐变程度随着时间的推移而逐渐加深；荔枝在常温状态下褐变与腐烂速率远远高过低温状态下的褐变与腐烂速率；妃子笑在常温下褐变与腐烂速率均低于糯米糍，即妃子笑较糯米糍耐藏，两个品种在储藏最初阶段差异并不很大，但随着褐变与腐烂加重差异趋于明显。常温状态下，荔枝果实的生命活动没有受到任何限制，呼吸作用、乙烯释放率以及各种代谢反应要大大高于低温条件下的各种反应的强度，物质消耗比较快，组织细胞结构更早被破坏，因而褐变与腐烂的发展更快。

（2）常温条件下荔枝果皮多酚氧化酶活性的变化

在常温储藏过程中，荔枝果皮多酚氧化酶活性随着时间的延长和褐变程度的加深而逐渐增大；在常温储存过程中，糯米糍多酚氧化酶活性上升幅度大于妃子笑；一旦荔枝果皮的褐变开始，特别是当果皮达到 2 级褐变之后，多酚氧化酶活性上升幅度加大，并一直延续下去，进一步加速了荔枝果实褐变与腐烂的发展，直到荔枝果皮完全褐变；多酚氧化酶活性在储藏末期有一定程度的下降；妃子笑多酚氧化酶活性小于糯米糍，因而在常温状态下妃子笑的保鲜期要稍微长于糯米糍。常温条件下，荔枝果皮多酚氧化酶从一开始就表现出活性逐渐上升的趋势，加速了褐变与腐烂的发展。褐变发展到 2 级之后，组织细胞受到破坏，细胞内物质外渗，使酶与底物更容易接触，因而酶活性上升幅度更大。荔枝常温储藏后期，由于底物大量消耗，多酚氧化酶活性有一定程度下降。品种的不同，才使两种荔枝多酚氧化酶活性存在一定差异。

（3）常温条件下荔枝果皮过氧化物酶活性的变化

在常温状态下，随着时间的延长与褐变程度的加深，两个品种荔枝过氧化物酶活性趋于上升，这一趋势与荔枝低温储藏相反；在储藏的最初阶段过氧化物酶活性增加比较平缓，当果皮达到 2 级褐变后两个品种过氧化物酶活性上升幅度均加大，直到果皮完全褐变；储藏过程中，妃子笑酶活性变化比较平缓，酶活性也小于糯米糍。过氧化物酶通常作为判断果蔬衰老的一个生理指标。常温条件下，过氧化物酶活性随着荔枝褐变与腐烂发展而逐渐增大，即该酶参与并促进了荔枝果实劣变，与低温储藏的情况恰恰相反，这也说明低温确实对过氧化物酶活性具有抑制作用。在果实褐变与腐烂过程中，过氧化物酶可能参与催化酚类物质的氧化，同时催化谷胱甘肽、抗坏血酸的氧化，减少了内源的活性氧化清除剂。

（4）常温条件下荔枝果皮抗坏血酸氧化酶活性的变化

在常温条件下，随着时间的延长与褐变程度的加深，荔枝果皮抗坏血酸氧化酶活性呈上升趋势；糯米糍抗坏血酸氧化酶大于妃子笑，上升幅度也更大。在常温储藏过程中，抗坏血酸氧化酶活性从储藏一开始就逐渐增大，也就是说，作为还原性物质的抗坏血酸在初始阶段就被破坏，由还原型转变成脱氢型，失去还原能力，使氧化反应产物在果实中不断积累，对果实造成伤害，因而令荔枝果实在常温条件下较低温更早地表现出褐变与腐烂，且速率更大。

（5）常温条件下荔枝果皮过氧化氢酶活性的变化

在常温状态下，荔枝果皮过氧化氢酶活性随着时间的延长与褐变程度的加深而逐渐降低；在起始阶段糯米糍过氧化氢酶活性要高于妃子笑过氧化氢酶活性，但2d之后，由于糯米糍过氧化氢酶活性大幅下降，妃子笑过氧化氢酶活性反而超过了糯米糍。

（6）常温条件下荔枝呼吸强度和乙烯释放率的变化

在常温条件下，妃子笑与糯米糍呼吸强度与乙烯释放率都随着时间的延长与褐变程度的加深而逐渐增大，远远大于荔枝在低温条件下的呼吸强度与乙烯释放率；两个品种间乙烯释放率的差异并不如呼吸强度的差异明显；妃子笑在第3.5d乙烯释放率达到最大值，糯米糍则在第3d达到乙烯释放率的高峰；到储藏末期，呼吸强度与乙烯释放率都有不同程度的下降。

在常温条件下，荔枝果实的呼吸强度与乙烯释放率都远远大于低温条件下果实的呼吸强度与乙烯释放率，物质消耗更快，对果实所造成的伤害也更大，果实衰老速度加快，褐变也就更早出现。妃子笑的呼吸与乙烯释放高峰的来临比糯米糍迟0.5d，所以褐变的发展较糯米糍缓慢。储藏末期，由于果实过度衰老、营养物质消耗殆尽，呼吸强度与乙烯释放率才表现出一定程度的下降。

（7）常温条件下荔枝果皮含水量的变化

在常温储藏过程中，荔枝果皮含水量随着储藏时间的延长与褐变程度的加深而逐渐下降；在常温条件下，妃子笑果皮含水量高于糯米糍果皮含水量，即糯米糍果皮失水量与速率均高于妃子笑，这一趋势与荔枝果实在低温下储藏极为相似。荔枝于常温条件下储藏，由于温度较高，分子运动加剧，使水分散失加快；另外，果皮与周围环境的饱和湿度存在更大差异，也加速了水分散失。大量的研究结果表明，果皮失水超过20%时，褐变即开始。因为果皮失水导致果皮细胞被破坏，细胞内按区域分布的酶更容易与底物接触而产生酶促反应；改变细胞组织pH，使细胞内代谢发生紊乱；褐变产物被浓缩，即多方面的综合作用结果令果皮出现褐变。

（8）常温条件下荔枝果皮化学成分的变化

①果皮酸碱度的变化。在常温条件下，荔枝果皮 pH 随着果皮褐变发展逐渐上升；妃子笑果皮 pH 低于糯米糍果皮 pH。常温条件下，荔枝果实的生命活动比较旺盛，作为生理反应底物之一的有机酸在短时间内被大量消耗，令 pH 发生明显改变。pH 的变化会影响到酶活性（使一些酶被激活或被钝化）、细胞代谢、能量转化及物质运输、抗坏血酸的稳定性以及花色苷的呈色结构，从而使荔枝果皮正常颜色发生改变，褐变逐渐加重。

②果皮中花色苷含量的变化。在常温条件下，随着时间的延长及褐变程度的加深，荔枝果皮花色苷含量呈下降趋势；在常温储藏初始阶段，花色苷含量有一定程度的增加，但在随后的时间内花色苷含量逐渐减少；妃子笑果皮中花色苷含量始终大于糯米糍果皮中花色苷的含量。花色苷含量与正常结构对荔枝果皮呈色十分重要。常温储藏初始阶段，果实品质劣变尚未开始，并未完全成熟的荔枝果实存在一个短暂的后熟过程，使花色苷含量略微上升。由于荔枝在常温下生命活动强度大于低温环境下的生命活动强度，细胞组织结构与细胞内成分变化更快，因而使果皮中花色苷的含量与正常结构在短时间内发生重大改变，最终影响到果皮色泽，果实很快产生褐变。

③果皮总酚含量的变化。在常温储藏过程中，荔枝果皮总酚含量随着时间的延长及褐变程度的加深而逐渐下降，下降速率大大超过荔枝低温储藏的下降速率；在初始阶段，糯米糍总酚含量要高于妃子笑，但因其下降幅度大，在随后的时间里反而低于妃子笑中的总酚含量。

在常温条件下，荔枝果皮中的酚类物质与低温时一样，作为酶促反应的底物被氧化成醌类，只是常温条件下多酚氧化酶活性更大，而且过氧化物酶也参与酚类物质的氧化，再加上抗坏血酸等还原性物质短时间内被大量破坏，反应所产生的醌类无法被及时还原而在果皮中迅速积累，因而使荔枝果皮在较短的时间里产生褐变。糯米糍果皮酚类含量下降速度较妃子笑更快，所以耐储性较差。

④抗坏血酸含量的变化。在常温条件下，随着时间的延长及褐变程度的加深，荔枝果皮抗坏血酸含量逐渐减少；妃子笑中还原型抗坏血酸含量呈下降趋势，到储藏末期含量几乎为零，而脱氢型抗坏血酸含量则显著增加，在后期有轻微下降；妃子笑果皮中抗坏血酸含量要大于糯米糍果皮中

的抗坏血酸含量。

表 2-42 为常温储藏妃子笑抗坏血酸类型的变化。

表 2-42　常温储藏妃子笑抗坏血酸类型的变化

类型	0d	2d	3d	3. 5d	4d
还原型	29	2. 9	2. 3	0. 6	0
脱氢型	0	19. 7	19. 1	18. 5	17. 8

如前文所述，抗坏血酸作为还原性物质在荔枝果皮中的作用十分重要。然而在常温条件下荔枝果皮中多酚氧化酶、过氧化物酶、抗坏血酸氧化酶活性上升很快且数值更大，过氧化氢酶活性不断降低，再加上细胞内环境如酸碱度的改变，自然加速了氧化反应的进行与对还原型抗坏血酸的破坏，使还原型抗坏血酸被大量消耗，而氧化产物却迅速积累，不能被及时还原，荔枝果皮便产生褐变。妃子笑果皮较糯米糍果皮抗坏血酸含量高，也是两者当中妃子笑耐储性较好的原因之一，这间接证明了抗坏血酸对于维持荔枝果皮正常色泽的重要性。到荔枝常温储藏末期，由于组织细胞已经被严重破坏，代谢产生紊乱，脱氢型抗坏血酸也受到一定程度的破坏，表现出含量的轻微下降，此时，荔枝果实完全进入衰老期。

⑤荔枝果实失重率的变化。随着时间的延长及褐变程度的加深，荔枝果实失重率逐渐增加；糯米糍果实失重率大于妃子笑果实失重率。

表 2-43 为常温下荔枝果实失重率与褐变级数的关系。

表 2-43　常温下荔枝果实失重率与褐变级数的关系

单位:%

	褐变级数					
	0	1	2	3	4	5
妃子笑	0	1. 4	3. 2	4. 7	6. 6	8. 9
糯米糍	0	1. 7	3. 5	5. 1	7. 2	9. 5

在常温条件下，由于荔枝果实所处环境温度较高，相对湿度较低温储藏时低，果皮与周围环境存在更大的湿度差，因而水分散失比低温储藏时

快。另外，在常温条件下果实生命活动旺盛，代谢加快，果皮组织细胞被破坏程度更严重，褐变与腐烂产生得更早，果皮发生破损，使水分与其他细胞内物质外渗，表现出果实失重率大幅上升。

⑥好果率和果皮细胞膜相对透性的变化。常温储藏的荔枝果实褐变非常快，在常温条件下放置3.5d的糯米糍好果率为20%，放置4d的妃子笑好果率为30%。常温储藏的荔枝果实细胞膜相对透性要低于低温储藏的荔枝：妃子笑细胞膜相对透性小于糯米糍。在常温储藏的最初30h之内，荔枝果皮细胞膜相对透性要小于低温储藏荔枝果皮的细胞膜相对透性，可见温度越低，对细胞膜完整性破坏越严重，这也是荔枝果实由低温环境转入常温环境在极短时间内即完全褐变的主要原因之一。妃子笑果皮细胞膜相对透性小于糯米糍，故在常温下也较糯米糍耐藏。

⑦果汁成分的变化。在常温储藏过程中，荔枝果汁的pH升高，酚类含量、可溶性固形物含量和抗坏血酸含量呈下降趋势，果汁成分的变化与荔枝果皮褐变过程中的变化相似，见表2-44、表2-45。可溶性固形物含量在常温储藏初期过程中有所反弹，可能是由于温度高，果实失水快，导致溶质相对浓度增高；储藏后期，由于细胞内物质被大量消耗，可溶性固形物含量才开始下降。

表2-44 常温下糯米糍果汁成分的变化

时间/d	褐变级数	酚类含量/(mg/ml)	抗坏血酸含量/(mg/100ml)	可溶性固形物/mg/100ml	pH
0	0	1.09	8.63	16.8	6.00
1	1	0.92	8.05	17.0	6.27
1.5	2	0.87	6.12	17.3	6.30
2	3	0.83	5.31	15.5	6.35
3	4	0.79	5.06	14.7	6.47
3.5	5	0.75	4.87	13.8	6.58

表 2-45 常温下妃子笑果汁成分的变化

时间/d	褐变级数	酚类含量/(mg/ml)	抗坏血酸含量/(mg/100ml)	可溶性固形物/mg/100ml	pH
0	0	3. 31	21. 83	15. 5	3. 90
1	1	2. 67	15. 75	15. 7	4. 23
1. 5	1	2. 59	15. 01	16. 1	4. 45
2	2	1. 71	12. 19	15. 2	5. 69
3	3	1. 67	10. 37	14. 6	5. 87
3. 5	4	1. 62	10. 03	13. 9	5. 91
4	5	1. 57	9. 26	13. 1	6. 06

(三) 小结

1. 多酚氧化酶

多酚氧化酶是植物体内普遍存在的一种末端氧化酶，是一种细胞内酶，在荔枝果实中，果皮细胞中的多酚氧化酶主要集中在细胞质和细胞质的颗粒中，表现出很明显的区域化。多酚氧化酶在植物体内具有多种功能，它能催化酚类化合物成为醌和水，致使果蔬组织褐变；多酚氧化酶也可以使花色苷降解，从而使果蔬的颜色发生改变。人们对一些水果中的同工酶做了研究，发现不同的水果，不同的部位，在果实成熟过程中，多酚氧化酶的活性和同工酶的变化也不同。库马尔（Kumars）发现，在桃子成熟过程中多酚氧化酶活性和同工酶数目增加，他认为成熟阶段出现的新同工酶与桃子褐变有关。对蘑菇多酚氧化酶的研究表明，在储藏过程中其同工酶也发生了变化。一般认为多酚氧化酶的存在是导致荔枝果皮褐变的主要原因。从 1950 年阿卡明（Akamine）发现荔枝果皮含有多酚氧化酶开始，人们对多酚氧化酶的性质以及在储藏褐变过程中活性的变化做了较多的研究，发现荔枝果皮多酚氧化酶的最适 pH 为 6. 8，底物为邻苯二酚类似物，最适作用温度为 35℃。但在荔枝储藏过程中多酚氧化酶活性的变化，不同研究人员所得到的结果却不尽相同，这可能是因为研究所采用的荔枝在品种、产地、采收时间、成熟度、储藏技术和储藏环境等方面不同。吴振先在研究中发现，荔枝在储藏过程中，随着果皮褐变，多酚氧化酶产生两条新酶带，储藏 13d 时，新酶带强度最大，以后逐渐减弱，最终消失，新酶带的产生与强度变化呈正态分布。新酶带的消长与游离态多酚氧化酶活性的变化相反，而与结合态多酚氧化酶活性变化一致。蒋跃明等的研究发现，香蕉果皮中的多酚氧化酶有游离态和结合态两种形式，在香蕉果皮褐变的过程中，结合态的多酚氧化酶转化为游离态的多酚氧化酶。本研究发现，未经保鲜处理的荔枝无论是在低温还是常温条件下，其果皮多酚氧化酶活性基本保持上升趋势；通过相关性分析也可以发现多酚氧化酶活性与荔枝果皮褐变与腐烂的发展呈显著正相关，与酚类含量、花色苷含量则呈显著负相关，因此可以认为多酚氧化酶在荔枝品质劣变过程中是起推动作用的。在试验中还发现，荔枝果皮中的多酚氧化酶具有结合态和游离态两种形式，结合态的多酚氧化酶在储藏初期就开始增加，与荔枝在储藏初期褐变指数增加的结果是一致的。而游离态的多酚氧化酶在储藏过程中一直趋于减少，直到储藏后期才有所增加，但它的变化与褐变过程中多酚氧化酶活性的变化趋势是一致的。随着荔枝果皮的褐变，游离态与结合态多酚氧化酶的比值随着储藏时间的延长而逐渐减小，直到储藏末期。由此可见，多酚氧化酶是造成荔枝褐变的主要酶类，特别是结合态多酚氧化酶。在荔枝果皮中，一般认为酚类被多酚氧化酶催化氧化产生醌而引起褐变。昂德希尔（Underhill）等发现，在荔枝成熟过程中，果皮酚类物质含量增加，而在荔枝果实衰老过程中，酚类含量迅速减少。谭兴杰等从荔枝果皮中分离出褐变底物，发现它是一种与邻苯二酚结构相似的物质，但并不是邻苯二酚。林植芳等也发现，在储藏过程中荔枝果皮的总酚含量减少。在本试验中发现，荔枝果皮中的酚类含量逐渐下降，特别是当果皮褐变开始时，酚类含量开始迅速减少，多酚氧化酶活性与酚类含量呈负相关，由此可见，在荔枝褐变过程中，酚类作为底物被催化氧化成为醌而导致果皮褐变。根据酚类含量、多酚氧化酶活性、抗坏血酸含量、果皮褐变在储藏过程中的变化，可以设想当荔枝果皮中游离酚含量的增加激发了多酚氧化酶产生新的同工酶，增加对酚的氧化，从而使酚类含量减少并转变为醌，由于果皮细胞中还原性物质如抗坏血酸含量大量减少，产生的醌无法再转化成酚，组织就逐渐表现出褐变症状。

2. 过氧化物酶

过氧化物酶是果蔬成熟和衰老的标志，在植物的生命活动中具有重要的功能。它与木质素的生物合成及吲哚乙酸的氧化有关，也在乙烯生物合成、激素平衡、膜完整性和成熟及衰老过程的呼吸控制中起作用。过氧化物酶在植物细胞中以两种形式存在：以可溶态形式存在于细胞浆中；以结合态形式存在细胞中与细胞壁或细胞器相结合而存在。对过氧化物酶在荔枝果皮褐变中所起的作用，至今仍存在争议。有人认为，果皮过氧化物酶活性的变化是褐变早期的标志。林植芳的研究发现，在荔枝果实储藏过程中，外果皮和内果皮过氧化物酶的活性均增加，并认为果皮的过氧化物酶可能参与催化酚类物质、谷胱甘肽和抗坏血酸的氧化而使果皮变色。陈贻竹等发现，荔枝果皮有较高的过氧化物酶活性，可以催化某些酚类在果实褐变过程中其活性增加。50 多年前的研究已发现，植物过氧化物酶有非均一性的特点。人们已经发现，植物的过氧化物酶同工酶谱与植物的种类、产地、发育过程、病害浸染等因素有关。吴振先在研究中发现，荔枝果皮在褐变过程中，过氧化物酶同工酶谱也发生了变化。随着果皮的褐变，果皮过氧化物酶除两条种性带未变之外，其他同工酶带均发生了变化。过氧化物酶同工酶的变化比较复杂，或消失，或产生新酶带。参考其强度的变化可认为，过氧化物酶同工酶的变化与果皮褐变有关。结果表明，无论是在常温还是在低温条件下，过氧化物酶活性都远远大于多酚氧化酶的活性，不过在低温储藏过程中，荔枝果皮过氧化物酶活性呈下降趋势，与荔枝果皮褐变与腐烂的发展呈负相关，而在常温储藏过程中荔枝果皮过氧化物酶活性有强烈的抑制作用。在常温状态下，酶的活性才得以发挥，促进了褐变与腐烂的发展，同时可能参与了酚类、花色苷和抗坏血酸的氧化。

3. 过氧化氢酶

过氧化氢酶具有催化过氧化氢分解生成水和氧的酶活性，减少过氧化氢对植物细胞的破坏，对组织起保护作用。陈贻竹发现，一些冷敏感植物叶片中的过氧化氢酶活性被低温抑制，而过氧化氢水平在低温下稳定或有增加。细胞中过氧化氢主要存在于过氧化物体内，由于低温使膜损伤，透性增加，从而导致过氧化氢酶活性明显下降。在低温储藏过程中，过氧化氢酶活性在储藏初期急剧下降，随后其活性开始回升，而随着储藏时间的延长与荔枝果皮褐变程度的加深，过氧化氢酶活性逐渐下降到最低值，这说明荔枝果皮过氧化氢酶可能对低温需要一个适应过程；而在常温条件下，荔枝果皮过氧化氢酶活性从储藏初期就开始下降，直到果皮完全褐变。通过相关性分析可以发现，无论是低温储藏还是常温储藏，荔枝果皮过氧化氢酶活性都与果皮褐变与腐烂发展呈显著负相关，即过氧化氢酶活性的下降，说明此时细胞内的膜系统已经遭到破坏，也反映出细胞清除自由基能力下降，果皮细胞进入衰老死亡阶段。由此可见，荔枝果皮的褐变很可能也是细胞衰老、过氧化产物增多、细胞清除自由基能力下降的一个结果。

4. 抗坏血酸氧化酶

抗坏血酸氧化酶是植物的一种末端氧化酶，可直接催化抗坏血酸被空气中的氧氧化而转变成脱氢型抗坏血酸。荔枝果皮中抗坏血酸氧化酶活性虽然较低，但它是导致还原型抗坏血酸迅速减少的主要原因。无论是低温储藏还是常温储藏，荔枝果皮中抗坏血酸氧化酶活性都与果皮褐变与腐烂发展呈显著正相关，与抗坏血酸含量呈显著负相关。在荔枝储藏过程中，抗坏血酸氧化酶的活性逐渐增大，在不同褐变程度的果皮中，抗坏血酸氧化酶活性随着果皮褐变程度增加而有所增加。抗坏血酸氧化酶可能是通过影响果皮细胞中抗坏血酸而影响果皮的褐变，因此，运用气调或其他方法抑制抗坏血酸氧化酶的活性，减缓果皮细胞中还原型抗坏血酸含量的下降，对延迟果皮褐变具有良好的效果。

5. 抗坏血酸含量

人们对荔枝储藏过程中果汁抗坏血酸的变化作过较多的研究，以为它能反映出储藏后果实的品质。但对于果皮抗坏血酸的变化，特别是对不同形式抗坏血酸在储藏中的变化的研究则很少。正常组织中抗坏血酸参与酚类物质氧化的调节，将酚类物质的氧化还原产物醌还原为酚，清除醌对细胞的破坏作用；抗坏血酸也可以使多酚氧化酶分子中的 Cu^{2+} 转化成为 Cu^{+} 而抑制多酚氧化酶的活性；大蕉果皮中的抗坏血酸可以非竞争抑制多酚氧化酶，防止果皮褐变。脱氢型抗坏血酸可被细胞内还原型谷胱甘肽、NADPH 等还原物质还原，使还原型抗坏血酸维持在一定的水平。无论是低温储藏还是常温储藏，荔枝果皮中总抗坏血酸含量都呈现下降趋势，其中还原型抗坏血酸含量大幅下降，到储藏末期即荔枝果皮完全褐变以后，果皮中还原型抗坏血酸含量大幅下降，而脱氢型抗坏血酸含量则大幅上升，在储藏过程中其含量只有轻微下降。在不同褐变程度的荔枝果皮中，随着褐变程度的加深，果皮中还原型和总的抗坏血酸含量均减少，而脱氢型抗坏血酸含量变化并不明显。另外，还原型抗坏血酸占总抗坏血酸的比例以及还原型与脱氢型抗坏血酸的比值均迅速下降，直到果皮完全褐变，也就是说，荔枝褐变的过程也是还原型抗坏血酸抗坏血酸减少的过程。说明随着时间推移，果皮中还原型抗坏血酸大部分被氧化成脱氢型抗坏血酸，少量被氧化分解为其他物质，其间脱氢型抗坏血酸含量之所以有一定减少，这可能是因为此时细胞内还含有一定量的还原型谷胱甘肽、NADPH等还原性物质，将脱氢型抗坏血酸转化成还原型抗坏血酸，此后果皮中还原型抗坏血酸又逐渐减少，说明细胞内的还原性物质已被消耗殆尽，果实进入了衰老死亡阶段。在储藏过程中，荔枝果皮中抗坏血酸含量与荔枝果皮褐变与腐烂发展、抗坏血酸氧化酶活性呈显著负相关，与酚类、花色苷含量变化呈正相关，说明抗坏血酸参与了酚和醌之间相互转化的调节。

6. 与荔枝果皮褐变的关系

pH可以反映出溶液中质子的强度。pH的变化既可以调节各种酶的活性进而调节代谢，又可以调节能量转换和物质跨膜运输。因此，pH的变化对生命代谢具有重要意义。因为荔枝果皮中的薄壁细胞高度液泡化，所以可以认为荔枝果皮的匀浆pH的变化能够粗略反映细胞pH的变化。昂德希尔（Underhill）等发现，在荔枝整个发育期间，果皮pH升高；在果实储藏失水过程中，果皮匀浆的pH也升高。无论是低温储藏还是常温储藏，荔枝果皮pH均明显增加，这与昂德希尔（Underhill）等的研究结果相似。pH与果皮褐变与腐烂发展呈显著正相关，而与抗坏血酸含量、酚类含量及花色苷含量呈负相关。随着pH上升，荔枝果实褐变指数与腐烂指数逐渐增大，说明果皮细胞的pH大小直接影响到果皮的褐变。通过研究已经发现，荔枝果皮的颜色取决于果皮中的花色苷，而花色苷的结构及其所呈现出的颜色会受到pH的影响。荔枝果皮pH的改变，显然也会改变花色苷所呈现出的颜色，从而改变荔枝果皮的颜色。此外，pH的变化影响到各种酶的活性，可以使一些酶被激活或活性增加，也可以使一些酶被钝化或活性降低，因为每一种酶一般都有一个表现其活性的最佳pH，从而影响果实正常代谢。另外，pH的改变还影响细胞内还原性物质（如抗坏血酸）的保持。综上所述，荔枝果皮pH的变化可能是导致果皮褐变的一个原因。适当提早荔枝果实的采收，或者通过其他方法来降低果皮pH，对延缓荔枝果皮褐变应该具有一定的效果。

7. 失水与果皮褐变的关系

荔枝果皮失水是导致果皮褐变的直接原因之一。荔枝果皮的结果比较特殊，昂德希尔（Underhill）等的研究发现，荔枝果实成熟时果皮变薄，表面出现微裂口，因此荔枝果皮失水很快。低温储藏初期，荔枝果皮含水量非但没有减少，反而有所增加，到储藏后期才开始下降，其原因应该是低温下湿度大，果皮吸收冷凝水珠，到储藏末期由于果皮正常结果遭到破坏，果皮水分含量才开始下降；果实由低温环境转入常温状态，果实失水更加迅速，这除了与湿度的变化有失之外，还可能是由于低温储藏过程中果皮细胞受到伤害而使膜的透性增加，令果实的水分蒸发加快，因此经过低温储藏的荔枝在常温下褐变更快；在常温储藏过程中，由于温度作用以及果皮与周围环境存在较大湿度差，导致荔枝果皮失水随着褐变加深而逐渐增多。果实的失水可导致果皮 pH 的增加，严重影响到细胞膜的透性以及果皮细胞的显微结构，促使液泡破裂，细胞花色苷渗出，使酶与底物接触，影响酚类物质含量和多酚氧化酶活性，加速果皮褐变。用塑料袋包装荔枝果实可以明显减少失水，延缓果实褐变，因此通过改善果皮外表来控制荔枝果皮失水也是抑制果皮褐变的一条有效途径。

8. 呼吸强度与乙烯释放量

果实采收后，水分、矿物质以及有机物质的输入均停止，但果实生命活动仍在进行，因此在果蔬采后的一段时间内，其组织细胞仍然处于生命活动状态，与生命活动有关的生物化学反应、新陈代谢仍在进行。其中呼吸强度和乙烯释放率的大小，对于果蔬保鲜是非常重要的。众所周知，呼吸是果蔬采后一个最基本也是最主要的生理过程，果实通过呼吸以维持正常的生命活动，除此之外，呼吸也会使有机物被消耗，使果实品质下降，即保鲜期缩短。乙烯属于果实成熟激素，果实成熟时生成内源乙烯，在采收后储藏过程中乙烯积累能增加果实呼吸，从而促进成熟与衰老的发展，缩短果实保鲜期。无论是低温储藏还是常温储藏，荔枝果实呼吸强度与乙烯释放均呈上升趋势，与荔枝果皮褐变与腐烂呈显著正相关。只是低温推迟了呼吸高峰和乙烯释放高峰的来临，从而能够延长荔枝的保鲜期。

9. 酚类含量与花色苷含量

研究发现，荔枝果皮的失水与褐变，解除了酚类物质和氧化酶的区域化，使酚类物质从液泡中泄出，从而与酶和空气中的氧接触；酚类物质氧化是导致水果与蔬菜变色的主要因素；酚类的代谢与多酚氧化酶活性密切相关；在荔枝果皮中，一般认为酚类物质被多酚氧化酶催化氧化产生醌而引起褐变。荔枝果皮的颜色是由几种花色苷组成的。有学者根据荔枝果皮褐变后花色苷外渗现象以及褐变过程中花色苷的生理变化认为花色苷颜色改变是荔枝果皮褐变的原因之一；通过熏硫后荔枝果皮呈色生理的研究，有学者认为花色苷可能在荔枝果皮褐变中起主要作用。本实验结果显示，无论是低温储藏还是常温储藏，荔枝果皮中花色苷含量均呈下降趋势，与果皮褐变指数、腐烂指数呈显著负相关；低温下花色苷含量高于常温，可能是低温抑制了酶促和非酶促褐变的缘故；妃子笑花色苷含量大于糯米糍，常温下保鲜期也长过糯米糍，因此可以认为酚类物质被多酚氧化酶催化氧化而引起花色苷含量与结构变化确实是荔枝果皮褐变的原因之一。

三、抗菌剂的选择

荔枝与其他水果一样，因营养丰富、甜度高而容易招致微生物的浸染，特别是褐变开始后和果皮崩裂后的果易染病。斯科特（Scott）和普拉萨特（Prasatt）等从腐果中分离出数种微生物，其中以霜疫霉、酸腐、炭疽病和青绿霉危害严重，又以霜疫霉突出，这是广东荔枝果实上最严重的病害。因此，在配置荔枝保鲜剂时，必须要考虑这一方面的因素，选择价格适中、抗菌效果好的抗菌剂。在研究中，采用了自行合成的抗菌剂，取得了比较良好的效果。本章主要对自行合成的抗菌剂反丁烯二酸桂醇甲酯的抑菌效果进行了研究，测定了反丁烯二酸桂醇甲酯在不同的 pH、不同温度、不同浓度条件下的抑菌活性，探讨了反丁烯二酸桂醇甲酯抑菌谱、在荔枝与牛奶保鲜中的效果，并与其他常用抗菌剂的抑菌效果做了比较。

（一）材料与方法

1. 主要试剂

山梨酸钾、苯甲酸钠、尼泊金甲酯、富马酸二甲酯均为市售化学试剂。

2. 供试菌种

大肠杆菌（Escherichia coli）、金黄色葡萄球菌（Staphylococcus aureus）、沙门氏菌（Salmonella typhosa）、枯草芽孢杆菌（Bacillus subtilis）、黑曲霉（Aspergillus niger）由华南农业大学微生物实验室提供。桔青霉

（Penicillium citrinum）、米曲霉（Aspergillus oryzae）、酿酒酵母（Saccharomyces cerevisiae）。

3. 培养基

营养琼脂培养基：葡萄糖 0.1%、牛肉膏 0.3%、蛋白胨 1%、氯化钠 0.5%、琼脂 2%，调 pH 为 7.5。

肉汤培养基：葡萄糖 1%、牛肉膏 0.5%、蛋白胨 1%、氯化钠 0.5%，调 pH 为 7.5。

麦芽汁琼脂培养基：麦芽糖精 3%、琼脂 2%，调 pH 为 3.5。

以上培养基均在 0.56kg/cm^2（112℃）灭菌 15min。

4. 主要仪器

MA100 分析天平：上海第二天平仪器厂；

PHS-25 酸度计：上海雷磁仪器厂；

721 分光光度计：上海第三分析仪器厂；

YXQ-SG41-280-A 电热手提式压力蒸汽灭菌器：广州医疗设备厂；

FN202-2 电热干燥箱：湖北黄石医疗器械厂；

超净工作台：苏州净化设备厂；

水浴恒温振荡器：深圳国华仪器厂；

ZHUJIANG LRH-250-G 光照培养箱：广州医疗设备厂。

5. 最低抑菌浓度（MIC）的测定

细菌的最低抑制浓度的测定采用试管稀释法，即在大小一致的试管内分别注入 10ml 的肉汤培养基并塞上棉花塞，经过高压灭菌后，加入不同量的抗菌剂。然后在无菌条件下，接入一定量的供试菌悬浮液，置于 37℃下，培养 16~24h 后观察菌液的浑浊度，无菌生长的试管所用抗菌剂浓度即为此抗菌剂的最低抑菌浓度。霉菌、酵母菌最低抑菌浓度的测定采用平板法，即将不同浓度的抗菌剂溶液用无菌吸管定量地加入到已经灭菌的培养皿中，然后加入一定体积的熔化麦芽汁琼脂培养基，充分混合以达到所需要的浓度。待培养基冷却后，用油性笔将培养皿的底部放射状地分成若干等份并编号，打开培养皿的盖子，用接种针于各等份中放射状地依次涂上数种供试菌种，盖上培养皿的盖子，在 28℃下恒温培养 24~48h，观察菌体的生长情况，以无菌生长的培养皿中抗菌剂浓度为最低抑菌浓度。

6. 抑菌率计算公式

PI（%）=［1-（A 抑制 t-A 抑制 0/A 对照 t-A 对照 0）］×100

式中，A 对照 0——对照样品在培养 0 时的吸光度；

A 对照 t——对照样品在培养 t 时的吸光度；

A 抑制 0——含抗菌剂的培养在 0 时的吸光度；

A 抑制 t——含抗菌剂的培养在 t 时的吸光度。

（二）结果与分析

1. pH 对反丁烯二酸桂醇甲酯抑菌活性的影响

将一定量的牛奶酸败菌接种到 pH 分别为 3、4、5、6、7 和 8 的肉汤培养基中，使其初始光密度值 A_{560nm} 为 0.05 左右，然后放入 37℃恒温振荡器中进行培养，每隔一定的时间取出培养基测定在不同条件下的牛奶酸败菌恒温培养 70h 的生长情况。

由表 2-46 可以看出，供试菌群在 pH=3 条件下培养时其光密度始终在 0.06 左右波动，也就是说 pH=3 的条件完全能够抑制供试菌群的生长，实验中测定的误差可能是导致数值上下波动的原因；pH=4 条件下培养 26h 后培养基的光密度数值逐渐升高，表明混合菌群已经逐渐适应了生长环境；在 pH 分别为 5、6、7、8 的条件下，混合菌群的适应期分别是 32h、6h、2h 和 2h，随着环境 pH 的提高，微生物生长的适应期逐渐缩短，说明 pH7 左右是供试菌群生长的最适合 pH，此时环境的酸碱度最有利于微生物的变化。添加 0.05%的反丁烯二酸桂醇甲酯之后，在 pH 为 3~5 的条件下，接种到肉汤培养基中的牛奶酸败菌几乎不生长，培养基的光密度值始终没有发生明显的变化，说明在微生物生长不适应的环境条件下，反丁烯二酸桂醇甲酯完全能够抑制微生物的生长；在 pH 为 6~8 的肉汤培养基中，0.05%反丁烯二酸桂醇甲酯处理随着时间变化对混合微生物生长的抑制情况，pH=6 的条件下，培养 60h 反丁烯二酸桂醇甲酯的抑菌率仍然在 90%以上；在供试微生物适宜生长的 pH=7 条件下，培养 10h 后，反丁烯二酸桂醇甲酯的抑菌率仍达 90%，培养 30h 后抑菌率降到 30%，此后随着培养时间的延长，其抑菌率的变化趋于平缓，培养 70h 后的抑菌率为 20%；在 pH=8 的条件下，在培养 23h 之后反丁烯二酸桂醇甲酯的抑菌率仍为 90%，此后随着时间的延长抑菌率逐渐下降，在培养 60h 之后，抑菌率下降到 5%以下。由此可见，在微生物不适宜的生长环境中反丁烯二酸桂醇甲酯能够协同环境对抑制微生物发挥更大的功效。

表 2-46 pH 对牛奶酸败菌生长的影响（A_{600nm}）

培养时间/h	培养基 pH					
	3	4	5	6	7	8
0	0.066	0.065	0.056	0.060	0.046	0.040
1	0.060	0.060	0.045	0.055	0.048	0.035
2	0.060	0.060	0.045	0.050	0.095	0.048
4	0.060	0.060	0.050	0.050	0.500	0.415
6	0.060	0.065	0.053	0.060	0.680	0.600
9	0.065	0.065	0.060	0.140	0.830	0.750
11	0.062	0.065	0.060	0.455	0.900	0.820
12	0.060	0.065	0.055	0.610	0.920	0.840
14	0.055	0.065	0.050	0.750	0.960	0.890
23	0.055	0.065	0.060	1.180	1.100	1.020
24	0.052	0.065	0.060	1.200	1.100	1.030
25	0.050	0.065	0.060	1.210	1.110	1.040
26	0.050	0.065	0.060	1.220	1.120	1.050
30	0.055	0.320	0.065	1.240	1.150	1.090
31	0.060	0.400	0.075	1.240	1.150	1.100
32	0.060	0.450	0.085	1.240	1.160	1.110
33	0.060	0.500	0.120	1.240	1.170	1.120
34	0.060	0.540	0.240	1.245	1.180	1.126
36	0.060	0.620	0.420	1.250	1.190	1.140
37	0.060	0.650	0.510	1.250	1.200	1.150
47	0.060	0.990	1.010	1.270	1.260	1.210
48	0.060	1.020	1.100	1.270	1.260	1.210
49	0.060	1.050	1.120	1.280	1.265	1.210
50	0.055	1.080	1.140	1.280	1.270	1.210
54	0.055	1.130	1.210	1.290	1.280	1.210

续表

培养时间/h	培养基 pH					
	3	4	5	6	7	8
56	0.055	1.140	1.230	1.290	1.280	1.210
59	0.055	1.160	1.250	1.290	1.270	1.210
61	0.055	1.170	1.280	1.290	1.260	1.215
70	0.055	1.200	1.300	1.290	1.250	1.220

对照的微生物生长量随着时间的延长而逐渐增多，添加反丁烯二酸桂醇甲酯后培养基中微生物的生长随时间的延长都低于对照，表明不同浓度的反丁烯二酸桂醇甲酯对供试菌种都具有抑制作用。低浓度反丁烯二酸桂醇甲酯的抑菌率在 30h 后培养时间内就发生显著的变化，0.001%的抑菌率降到 5%，0.005%的抑菌率降到 10%以下，0.01%的抑菌率降到 22%。当反丁烯二酸桂醇甲酯的浓度增加至 0.025%时，抑菌率的变化趋于平缓，0.025%浓度经过 30h 的培养抑菌率在 30%以上，培养 70h 的抑菌率也在 20%以上；0.05%浓度在培养 30h 的抑菌率为 66%，70h 后的抑菌率为 25%；0.075%浓度在培养 35h 后抑菌率为 90%，在整个培养过程中抑菌率在 30%以上；当反丁烯二酸桂醇甲酯的用量达 0.1%时，培养 37h 后抑菌率在 90%以上，在整个培养过程中抑菌率在 35%以上。由此可见，当浓度达到一定的程度之后，反丁烯二酸桂醇甲酯抑菌率并不随着浓度的提高而产生显著的变化（表 2-47）。

表 2-47　反丁烯二酸桂醇甲酯浓度对牛奶酸败菌生长量的影响（A_{600nm}）

时间/h	对照	浓度						
		0.001%	0.005%	0.01%	0.025%	0.05%	0.075%	0.1%
0	0.075	0.070	0.070	0.080	0.085	0.074	0.090	0.092
2	0.076	0.070	0.070	0.080	0.085	0.074	0.090	0.092
6	0.105	0.070	0.070	0.080	0.085	0.074	0.090	0.092
7	0.185	0.070	0.072	0.081	0.085	0.075	0.091	0.092
8	0.310	0.098	0.079	0.084	0.086	0.078	0.092	0.092
9	0.423	0.170	0.096	0.091	0.088	0.084	0.096	0.092

续表

时间/h	对照	浓度						
		0. 001%	0. 005%	0. 01%	0. 025%	0. 05%	0. 075%	0. 1%
10	0. 520	0. 297	0. 133	0. 103	0. 091	0. 091	0. 100	0. 092
11	0. 593	0. 403	0. 280	0. 128	0. 092	0. 096	0. 105	0. 092
12	0. 643	0. 490	0. 349	0. 168	0. 093	0. 102	0. 108	0. 094
15	0. 768	0. 570	0. 439	0. 264	0. 094	0. 105	0. 109	0. 095
22	1. 012	0. 705	0. 623	0. 484	0. 125	0. 123	0. 120	0. 102
25	1. 073	0. 943	0. 872	0. 732	0. 574	0. 220	0. 134	0. 111
27	1. 108	1. 013	0. 950	0. 824	0. 708	0. 312	0. 142	0. 112
30	1. 140	1. 055	1. 008	0. 895	0. 801	0. 443	0. 160	0. 127
32	1. 160	1. 096	1. 050	0. 947	0. 856	0. 538	0. 176	0. 145
34	1. 182	1. 127	1. 083	0. 978	0. 891	0. 606	0. 198	0. 166
37	1. 204	1. 148	1. 113	1. 010	0. 915	0. 678	0. 247	0. 209
48	1. 282	1. 179	1. 157	1. 096	0. 966	0. 827	0. 546	0. 424
50	1. 287	1. 262	1. 240	1. 174	1. 032	0. 904	0. 642	0. 488
53	1. 300	1. 258	1. 267	1. 188	1. 050	0. 933	0. 732	0. 537
58	1. 300	1. 290	1. 294	1. 207	1. 070	0. 978	0. 823	0. 626
60	1. 300	1. 291	1. 295	1. 212	1. 070	0. 990	0. 850	0. 658
72	1. 300	1. 291	1. 295	1. 216	1. 065	0. 992	0. 915	0. 789
75	1. 300	1. 293	1. 295	1. 203	1. 069	0. 987	0. 932	0. 834
84	1. 290	1. 280	1. 280	1. 180	0. 956	0. 854	0. 790	0. 737
96	1. 270	1. 270	1. 270	1. 166	0. 947	0. 767	0. 720	0. 672

2. 温度对反丁烯二酸桂醇甲酯抑菌活性的影响

将添加了 0. 05%浓度反丁烯二酸桂醇甲酯的含有牛奶腐败混合菌的肉汤培养基分别放置在 25℃、35℃和 45℃进行恒温培养，以 35℃下未加入反丁烯二酸桂醇甲酯但接种了混合菌种的肉汤培养基为空白对照。由表 2-48 可以看出，加入反丁烯二酸桂醇甲酯的三种处理在培养 9h 后 A_{600nm} 值都有所降低，此时对照的 A_{600nm} 值则略有增加。在整个培养过程的 174h

内，添加反丁烯二酸桂醇甲酯而放置于不同温度下培养的接种培养基的光密度值始终要比对照培养基的光密度值低。相对于另外两个温度下的培养基而言，35℃下接种培养基的光密度值较高。在25℃、35℃和45℃条件下随着培养时间的延长，反丁烯二酸桂醇甲酯对培养基中牛奶酸败菌抑菌率的变化情况，在初始的13h内，反丁烯二酸桂醇甲酯对3个温度下供试菌群的抑制率都在100%，也就是说供试菌群的生长完全得到了控制。此后，三种处理的反丁烯二酸桂醇甲酯抑菌率都有所降低，33h后抑菌率的变化趋于平缓。培养50h后，45℃条件下的抑菌率为77%，35℃条件下的抑菌率为63%，25℃条件下的抑菌率为73%，三者都在60%以上，表明反丁烯二酸桂醇甲酯的抑菌效果并不随着温度的变化而产生显著的变化。

表2-48 温度对反丁烯二酸桂醇甲酯抑菌活性的影响（A_{600nm}）

培养时间/h	对照	25℃	35℃	45℃
0	0.040	0.040	0.040	0.040
3	0.041	0.040	0.040	0.040
6	0.455	0.038	0.026	0.040
9	0.740	0.035	0.025	0.040
14	1.020	0.030	0.056	0.050
23	1.190	0.135	0.194	0.098
26	1.220	0.190	0.263	0.138
30	1.250	0.267	0.370	0.203
33	1.260	0.312	0.428	0.247
36	1.270	0.330	0.451	0.275
49	1.300	0.365	0.500	0.325
51	1.300	0.370	0.500	0.325
122	1.400	0.466	0.630	0.418
131	1.450	0.480	0.655	0.432
174	1.500	0.490	0.681	0.450

3. 反丁烯二酸桂醇甲酯抑菌谱的研究

反丁烯二酸桂醇甲酯对酿酒酵母、黑曲霉、桔青霉、米曲霉、革兰氏阴性细菌大肠杆菌和沙门氏菌、革兰氏阳性细菌金黄色葡萄球菌和枯草芽孢杆菌的最低抑制浓度测定结果见表 2-49。反丁烯二酸桂醇甲酯对酿酒酵母的最低抑制浓度为 0.01%，对桔青霉的最低抑制浓度为 0.05%，对黑曲霉和米曲霉的最低抑制浓度均为 0.025%，表明反丁烯二酸桂醇甲酯对酵母菌和霉菌均具有良好的抑制效果；反丁烯二酸桂醇甲酯对以大肠杆菌为代表的革兰氏阴性细菌的最低抑制浓度为 0.13%，比以金黄色葡萄球菌为代表的革兰氏阳性细菌的最低抑制浓度 0.07%要高，说明反丁烯二酸桂醇甲酯对革兰氏阳性细菌的抑制效果优于对革兰氏阴性细菌的抑制效果。

表 2-49 反丁烯二酸桂醇甲酯的抗菌谱

	大肠杆菌	金黄色葡萄球菌	沙门氏菌	黑曲霉	桔青霉	米曲霉	酿酒酵母	枯草芽孢杆菌
MIC 值	0.13%	0.07%	0.05%	0.025%	0.05%	0.025%	0.01%	0.075%

4. 反丁烯二酸桂醇甲酯耐热性的研究

表 2-50 反丁烯二酸桂醇甲酯的耐热性实验

序号	处理时间/h	抑菌圈直径/cm
1	0	3.8
2	3	3.6
3	5	3.6
4	8	3.6

用直径为 2cm 的滤纸片若干，浸入 0.1%的反丁烯二酸桂醇甲酯溶液中，半分钟后取出晾干，然后置于温度为 130℃的干燥箱中，加热处理，在不同的时间将滤纸片取出，放置在带有牛奶酸败菌的肉汤琼脂培养基平板中央，在 28±1℃的光照培养箱中培养 48h，观察抑菌圈直径的大小，结果见表 2-50。含有反丁烯二酸桂醇甲酯的滤纸片在 130℃下处理 3h、5h 和 8h 后对供试菌群的抑菌圈直径均为 3.6cm，与未经过加热处理的含有反丁烯二酸桂醇甲酯的滤纸片抑菌直径 3.8cm 非常接近，表明反丁烯二酸桂醇甲酯具有良好的热稳定性，不易分解与升华，因而在使用过程中不会令人产生皮肤过敏的症状。

5. 反丁烯二酸桂醇甲酯与常用抗菌剂抗菌性的比较

在肉汤培养基中分别加入浓度为0.05%的山梨酸钾、苯甲酸钠、尼泊金甲酯、富马酸二甲酯和反丁烯二酸桂醇甲酯，在37℃的条件下于恒温振荡器中培养，空白对照不加任何抗菌剂，每隔一定的时间测定 A_{600nm} 值，结果如表2-51所示。根据表2-51的数据，通过计算可得出以上几种抗菌剂在培养时间内的抑菌率。在培养了60h之后，尼泊金甲酯的抑菌率为84.18%，富马酸二甲酯为90.62%，山梨酸钾为22.03%，苯甲酸钠为55.03%，反丁烯二酸桂醇甲酯为90.78%。反丁烯二酸桂醇甲酯和富马酸二甲酯的抗菌活性保持得最好，由于富马酸二甲酯在使用过程中容易造成皮肤过敏，因此选用反丁烯二酸桂醇甲酯作为荔枝保鲜中的抗菌剂。将新鲜荔枝用清水洗净，分别于浓度为0.05%的尼泊金甲酯、富马酸二甲酯、山梨酸钾、苯甲酸钠和反丁烯二酸桂醇甲酯中浸泡30min，在常温下放置，观察荔枝果皮微生物生长情况，结果如表2-52所示。

表2-51 不同抗菌剂抗菌活性的比较（A_{600nm}）

培养时间/h	对照	尼泊金甲酯	富马酸二甲酯	山梨酸钾	苯甲酸钠	反丁烯二酸桂醇甲酯
0	0.025	0.020	0.020	0.025	0.020	0.025
5	0.181	0.082	0.030	0.175	0.102	0.029
10	0.581	0.307	0.106	0.521	0.256	0.079
15	0.865	0.410	0.230	0.823	0.552	0.101
20	1.150	0.465	0.350	1.112	0.751	0.165
25	1.450	0.511	0.390	1.395	0.903	0.210
30	1.780	0.531	0.402	1.715	1.012	0.258
35	2.060	0.540	0.410	2.010	1.103	0.289
40	2.450	0.555	0.415	2.365	1.332	0.311
45	2.850	0.570	0.420	2.786	1.726	0.351
50	3.250	0.595	0.425	3.102	1.823	0.396
55	3.750	0.630	0.430	3.313	1.959	0.417
60	4.450	0.720	0.435	3.475	2.010	0.433

表 2-52 不同抗菌剂在荔枝果实保鲜中的应用

品种	尼泊金甲酯	富马酸二甲酯	山梨酸钾	苯甲酸钠	反丁烯二酸桂醇甲酯
妃子笑（4d）	果皮 1/5 长菌	极少数菌点	果皮 1/2 长菌	果皮 1/3 长菌	无菌落
糯米糍（3.5d）	果皮 1/5 长菌	极少数菌点	果皮 1/2 长菌	果皮 1/3 长菌	无菌落

由表 2-52 可以看出，使用反丁烯二酸桂醇甲酯作为抗菌剂的荔枝果皮即使在褐变达到 5 级后，仍然没有菌落产生，而使用其他常用抗菌剂的荔枝果皮则在达到 5 级褐变后产生不同程度的菌落。由此可见，反丁烯二酸桂醇甲酯可以作为抗菌剂在荔枝保鲜中应用。

（三）小结

水果保鲜的方法可分为物理方法和化学方法，其中化学方法即是用化学抗菌剂来处理水果并达到延长保鲜期的目的。抗菌剂应符合抑菌效果好、抗菌谱广、毒性低、稳定性好、无色无臭、无刺激性、无腐蚀性、能在果蔬中均匀分布、不与果蔬发生不利化学反应、价格便宜、使用方便等特点。从 20 世纪 20 年代中期到 60 年代中期所使用的保鲜剂有硼砂、碳酸钠、二氧化硫、邻苯基苯酸钠、仲丁胺、联苯、2，4-D、三氯化氮、氨及胺化合物。这些化学品称为第一代保鲜剂，其作用是防止病原体微生物从果皮损伤部位侵入果实而控制防腐，但不能杀死已进入水果内部的微生物。由于这种保鲜剂价格便宜，所以有些品种一直沿用至今。20 世纪 60 年代后期苯并咪唑类杀菌剂、噻菌灵、苯菌灵、多菌灵和甲基托布津被推广使用，这类杀菌剂对引起收获后的多种霉菌有很高的活性，同时能通过水果表面的蜡质渗透到被感染的每个部位，尤其是苯菌灵较其他几种有更高的穿透能力，因此对于水果表面以下的病原体病害有更好的效果。但是所有的苯丙咪脞类杀菌剂都有两个生理局限性：对根霉菌、毛霉菌、黑斑病菌、白地霉、褐腐疫霉以及所有的细菌没有活性；产生苯并咪唑抗性菌株。但生理局限性可通过各种杀菌剂配合使用和交替使用得到克服，因此这类杀菌剂还是广泛应用于水果收获后的处理，并取得了显著的效果。从 20 世纪 20 年代至今已发现的对水果有保鲜防腐作用的化学品大约有几十种，但由于在使用中不断发现各种问题而被淘汰，目前在水果保鲜中使用的抗菌剂虽然具有一定的效果，但往往存在抗菌能力不够强、抗菌范围不够广泛、抗菌性能容易受使用条件限制与影响以及容易产生抗药性等问题。如在各国普遍允许使用的苯甲酸和山梨酸等有机酸型抗菌剂存在酸性条件下抗菌效果好，在弱酸性和中性条件下抗菌力急剧下降的不足；环氧乙烷是控制干枣酵母的一种有效的熏蒸剂，但在处理果品中发现了乙撑氯醇残留物，20 世纪 60 年代末就被停止使用。近年来的研究发现抗菌剂分子特征结果与抗菌活性之间存在一定的关系，分子中具有电子容纳中心和电子供给中心是具有强抗菌性的必备分子结构条件，如 α，β-不饱和羰基、羟基、醛基等，其中以相距 0.25nm 左右的电子供给—容纳中心所组成的电子中继系统最为有效，如山梨酸分子中羰基氧和 α 碳组成相距 0.25nm 左右的电子中继系统，羰基 p 电子与相邻烯键 π 电子间形成具有缓冲能力的共轭效应，使 π 键电子云密度减低而成为接纳电子中心，羰基氧由于相邻 π 电子的共轭作用，使电子能力强化，其抗菌活性相应较高，而丙酸中羰基氧为供电子位，与氧成键的碳成为容纳电子位，两者相距 0.14nm，无共轭系统则抗菌活性相对较低；分子中必须同时具备亲水基团和疏水基团，微生物在果蔬体系中仅出现在水相中，一切与生命活动有关的化学反应都在水中进行，抗菌剂主要是通过抑制微生物能量代谢，造成能量物质 ATP 和还原力 NADH 的亏缺，代谢方向趋于水解，最终导致细胞自溶而发挥抑菌作用，因此抗菌剂必须有亲水基团才可以进入水相，与合成代谢酶系统起作用，而疏水性可保证抗菌剂动态踞留于生物膜相，一方面破坏细胞膜结构完整性，扰乱微生物正常生命活动；另一方面因生物膜中脂溶性成分代谢速率低，不容易被微生物自身酶系分解，延长抑菌时间。本试验所采用的反丁烯二酸桂醇甲酯具有 α，β-不饱和羰基长链结构，使其在保持足够水溶性的前提下增加了疏水性，既便于使用又使其容易踞留于微生物细胞膜上，令抗代谢性增强。因此，反丁烯二酸桂醇甲酯抗菌效果不受环境酸碱度影响、抗生物代谢能力强、热稳定性好、对酵母菌和霉菌都有良好的抑制效果、不会造成皮肤过敏、抗菌有效期长。通过荔枝果实防腐试验结果可以发现，反丁烯二酸桂醇甲酯能够抑制有害微生物的生长，保持荔枝的良好品质，使其货架寿命明显延长，确实是一种高效、广谱、使用方便的抗菌剂，因此选定其作为抗菌剂在荔枝果实常温保鲜中使用。

四、辅助保鲜物质的选择

多胺是广泛分布在植物体中的一类胺类化合物，虽然人们早已了解这类化合物的理化特性，但对其在植物体中的生理功能仅在最近十几年才开始广泛研究。随着研究的不断发展，多胺对高等植物多种生理过程的调节作用已越来越引起人们的重视，如外源多胺能够延缓黑暗诱导的离体叶片的衰老，特别是精胺（Spm）和亚精胺（Spd）具有明显的保绿和抑制蛋白质降解的作用等。钾素则被认为可以令植物细胞保水力增强，促进蛋白质合成，有利于葡萄糖转化成双糖或多糖并积聚起来。胍盐在澳大利亚作为保鲜剂已投入商业使用，具有保绿和增大植物细胞结构的功能，还可以杀死果蔬中的有害菌体。由于受荔枝生长季的影响，本实验首先选用荔枝叶片作为研究对象，因为叶片采后生理活动与果实比较接近，因而可以反映出不同保鲜物质在荔枝果实保鲜中的可行性；在荔枝收获季节，则直接以荔枝果实为对象，对保鲜物质的保鲜效果进行研究。

（一）材料与方法

1. 材料

荔枝叶片与果实，糯米糍与妃子笑。

2. 主要试剂

精胺：Sigma 公司产品；

K_2SO_4：市售化学试剂；

硝酸胍：江苏昆山化工厂；

碳酸钙：广州化学试剂厂；

石英砂：市售化学用品；

丙酮：广州试剂二厂。

3. 主要仪器

MA100 分析天平：上海第二天平仪器厂；

721 分光光度计：上海分析仪器三厂。

4. 方法

（1）叶片保鲜处理

将精胺、硝酸胍和 K_2SO_4 分别配制成 0.025%、0.05% 和 0.1% 的浓度。每个品种选择 3 棵树，每棵树选择高度和受光相同位置的叶片，用配制好的精胺、硝酸胍和 K_2SO_4 喷洒。定期观察叶片颜色的变化，测定叶片厚度、干重和叶绿素含量。

（2）叶片厚度

首先用螺旋测微器测定处理前叶片的平均厚度，再测定处理后叶片的平均厚度，两者之差为叶片厚度的变化。

（3）叶片干重

对新鲜叶片称重，然后置于烘箱中烘干至恒重即为叶片干重，干重与鲜重之比便可反映出保鲜剂对叶片组织结构的影响。

（4）叶绿素含量测定

取一定量的荔枝叶片，与碳酸钙和石英砂混合，加入适量去离子水，在研钵中研磨，均浆并加入一定量丙酮，到叶片发白不呈现绿色为止，将研磨所得汁液倒入烧杯，静置数分钟，再用丙酮润湿的滤纸过滤，定容到50ml，用分光光度计于波长 645nm、652nm 和 663nm 条件下测定。

（5）荔枝果皮花色苷含量测定

与荔枝采后生理研究实验相同。

（6）荔枝果实失重率测定

与荔枝采后生理研究实验相同。

（二）结果与分析

1. 保鲜物质处理对荔枝叶片颜色变化的影响

在进行正式实验之前，先用不同配制好的保鲜物质对荔枝嫩芽进行喷洒，以确定该保鲜物质是否会对荔枝叶片产生伤害，实验结果表明所配制浓度的保鲜物质对荔枝嫩芽无任何不良作用，叶片生长发育完全正常。选取高度和受光相同位置的叶片，每组 50 枚叶片，分别用不同浓度的三种保鲜物质对叶片进行喷洒，每天 2 次，时间选择在早上 7 点和下午 6 点，以避免因日照强、温度高而令保鲜物质蒸发过快，有利于叶片对保鲜物质的吸收。由表 2-53 和表 2-54 的结果可以看出，保鲜物质处理并不因为荔枝品种不同而表现出明显的差异；用精胺处理的效果要明显好于 K_2SO_4、硝酸胍，更远远好过对照。

表 2-53　保鲜物质对荔枝叶片颜色转变的影响（妃子笑）

		0d	3d	7d
保鲜剂		鲜绿→暗绿（%）		
精胺	0.1%	0	6	10
	0.05%	0	6	12
	0.025%	0	10	20
K_2SO_4	0.1%	0	8	16
	0.05%	0	10	22
	0.025%	0	16	28
硝酸胍	0.1%	0	18	30
	0.05%	0	20	36
	0.025%	0	26	40
对照		0	60	100

表 2-54　保鲜物质对荔枝叶片颜色转变的影响（糯米糍）

		0d	3d	7d
保鲜剂		鲜绿→暗绿（%）		
精胺	0.1%	0	4	8
	0.05%	0	6	10
	0.025%	0	10	18
K_2SO_4	0.1%	0	10	18
	0.05%	0	14	24
	0.025%	0	16	30
硝酸胍	0.1%	0	14	30
	0.05%	0	22	38
	0.025%	0	30	46
对照		0	60	96

由于精胺具有良好保绿和抑制蛋白质降解作用的结果，因而延缓了叶

片组织细胞结构的破坏以及叶绿素的降解，推迟了叶片颜色的转变。

2. 保鲜物质处理对荔枝叶片厚度的影响

通过叶片厚度的变化可以确定保鲜物质是否能够促进植物组织结构的生长发育、形成坚固的细胞结构，这些都会对采后保鲜产生重要的影响。

通过表 2-54 的结果可以发现，保鲜物质处理对荔枝叶片厚度变化产生了不同程度的促进作用，精胺的效果最为明显，用精胺处理的叶片厚度的变化远远超过了对照叶片厚度的变化。

第三章

食品气调保鲜技术

第一节　食品气调储藏保鲜原理

一、气调储藏保鲜的基本原理

食品的变质主要来自新鲜果蔬的呼吸和蒸发、微生物生长、食品成分的氧化或褐变等的作用，而这些作用与食品储藏的环境气体有密切的关系，如氧气、二氧化碳、水分、温度等。如果能控制食品储藏环境气体的组成就能控制果蔬的呼吸和蒸发，抑制微生物的生长，抑制食品成分的氧化或褐变，从而达到延长食品保鲜或保藏期的目的。气调储藏就是控制食品在适宜的温度下，改变冷藏环境中的气体成分，主要是控制氧气和二氧化碳的浓度，使食品获得保鲜，并达到延长储藏期的目的。

从树上采摘下来的水果和地里收获的蔬菜，仍然是具有生物活性的食品，为了维持已经建成的自身结构和继续生活下去，在它们体内进行着十分复杂的能量代谢，呼吸作用是离体果蔬物质代谢的主要特征。如何控制好果蔬的呼吸作用，使之在储藏过程中尽量少消耗它们体内物质，而保持它们正常的鲜度、风味和品质，是十分重要的研究课题。

普遍高温冷藏可以减弱水果的呼吸作用，大约每降低 10℃ 可以减弱呼吸作用一半，这就延迟了呼吸高峰的到来，抑制了果蔬的腐败。但是，不能只从减弱呼吸作用和代谢作用的观点来选择储藏温度，因为温度过低会引起果蔬的冻伤和低温病害。这就限制了果蔬储藏期不能延长，从而使果蔬的营养成分在不同程度上得到损耗。为此有关科学家对气调储藏进行了研究。如法国蒙利埃学院杰克爱·丁纳贝·拉特首先研究了空气对苹果成熟的影响，并于 1821 年发表了研究成果，获得了科学院物理奖。1860 年，英国建立了一座气密性较高的储藏库，储藏苹果库温不超过 1℃，实验结果表明苹果质量明显良好，但这一研究成果未得到人们重视。1916 年，英国的凯德和韦斯德两人开始对苹果进行气体人工合成储藏研究。开始是单纯地调节空气成分而没有进行冷藏，但试验失败。之后他们在冷藏条件下加以调整气体成分，使氧气逐渐减少，二氧化碳逐渐增多，终于试验成功。1929 年英国建立了第一座气调库，储藏苹果 30 吨，含氧量为 3%~5%，二氧化碳为 10%。1933 年英国开始了第一次气调储藏实验，经过十多年的研究于 1941 年发表报告，提供了气体成分和温度参考数据，以及气调库的建筑方法和气调库的操作有关问题。在这份报告中正式将这种方法称为气调储藏，又称为快速降氧法。这一术语现在一直被全世界采用。1962 年美国研制成功燃料冲洗式气体发生器，燃烧丙烷，使空气中氧气减少，二氧化碳增多再送入冷库内。从此达到了真正的 CA 储藏，使气调冷藏技术进入了一个新阶段。1960 年以前各国普遍采用的气调储藏法，是靠果蔬自身的呼吸作用来降低氧的含量和增加二氧化碳的浓度，这种方法称为自然降氧法。所以，气调储藏实际上有 CA 储藏和 MA 储藏两大类。

气调储藏之所以比常规冷藏优越，其原理是使果蔬在低氧和高二氧化碳的人工控制的空气中进行密闭冷藏，使果蔬处于冬眠状态，以降低果蔬的呼吸强度，延缓成熟过程，延长储藏期，并获得最佳的保鲜效果。一般气调库中的氧含量由新鲜空气的标准 21%，平均降低 3/4，即 5%左右；而二氧化碳含量由新鲜空气的标准 0. 03%，提高到 100 倍，即 3%，或更多一些；其余是氮的含量。而且气调储藏库是气体密度高的冷藏库，它设有能够调节环境气体组成的装置。

二、气调储藏对鲜活食品生理活动的影响

（一）抑制鲜活食品的新陈代谢

鲜活食品中的营养成分，如糖类、有机酸、蛋白质和脂肪等在生物体呼吸代谢过程中作为呼吸底物，经过一系列氧化还原反应而被逐步降解，并释放出大量的呼吸热。在有氧呼吸情况下，上述呼吸底物被彻底氧化为二氧化碳和水；而在缺氧呼吸情况下，则被降解为二氧化碳、乙醇、乙醛和乳酸等低分子物质。由于气调冷藏抑制了鲜活食品的呼吸作用，减少了呼吸底物的消耗，因而可以减少生物体内营养成分的损失。这样既减少了食品的消耗和呼吸热，与一般冷藏法相比，又提高了食品的营养价值和食用品质。

一切生物体内有机物质的生化反应所引起的降解都是在特定酶系的催

化下发生的，气调采取了低氧和高二氧化碳的条件，有些酶类的活性遭到抑制，从而延缓了某些有机物质的分解过程。例如，低氧可以抑制叶绿素的降解，达到食品保绿的目的；减少抗坏血酸的损失，提高食品的营养价值；降低不溶性果胶物质的减少速度，增大食品的脆硬度。高二氧化碳则能降低蛋白质和色素的合成作用；抑制叶绿素的合成和果实脱绿；减少挥发性物质的产生和果胶物质的分解，从而推迟成熟到来和减慢衰老速度。

（二）抑制鲜活食品的呼吸作用

鲜活食品主要是以果蔬为主，因具有呼吸作用，在维持自身的生命活力、抵御微生物入侵等方面具有积极作用。但是呼吸作用需要不断消耗呼吸底物，使果蔬的营养成分、质量、外观和风味发生不可逆转的变化，这不仅降低了果蔬的食用品质，而且使其组织逐渐衰老而影响耐藏性和抗病性。因此，必须抑制果蔬在储藏中的呼吸作用，在维持其正常生命活动、保证抗病能力的前提下，把呼吸强度降低到最低水平，使之最低限度地消耗自身体内的营养，以达到延长保鲜储藏期、提高储藏效果的目的。

实验证明，降低氧气和提高二氧化碳的浓度，能够降低果蔬的呼吸强度并推迟其呼吸高峰的出现。氧气对呼吸强度的抑制必须降到7%以下浓度时才起作用，但不宜低于2%，否则易出现中毒现象。二氧化碳对呼吸的抑制作用是浓度越高，抑制作用越强，如在5%浓度中呼吸作用强度下降到70%。对储藏环境中同时降低氧气和提高二氧化碳浓度，对果蔬类鲜活食品的呼吸抑制作用更为显著，如5%氧气和5%二氧化碳浓度组合中，苹果的呼吸强度会降到38%。不同氧气和二氧化碳浓度的配比对果蔬的呼吸作用的抑制程度是不同的。

但是，氧气浓度过低或二氧化碳浓度过高都会导致鲜活食品的生理病害。鲜活食品的呼吸作用是随着空气中氧气含量的下降而逐渐减弱，释放出的二氧化碳也随之减少。当二氧化碳释放量降到一个最低点后又会增加起来，这是因为发生了缺氧呼吸。当二氧化碳释放量达到最低点时，空气中氧气的浓度称为氧气的临界浓度。鲜活食品储藏时，如氧气降到临界浓度以下时就会发生缺氧呼吸，即氧气的浓度过低，这不仅会比有氧呼吸消耗更多的营养成分，而且会产生酒精和乙醛的积累进而造成鲜活食品的生理病害，严重时则招致微生物的浸染使食品腐烂。氧气的临界浓度随着鲜活食品的种类、品种不同而异，大部分果蔬在1%~3%，而一些热带、亚热带产的果蔬可高达5%~10%。有关果蔬氧气的临界浓度如表3-1所示。

表3-1　有关果蔬氧气的临界浓度

单位:%

食品种类	氧气临界浓度	食品种类	氧气临界浓度	食品种类	氧气临界浓度
蘑菇	1	甜瓜	2	番茄	3
大蒜	1	苹果	2	黄瓜	3
洋葱	1	洋梨	2	甜椒	3
木兰花椰菜	1	番木瓜	2	朝鲜蓟	3
萝卜	2	油橄榄	2	青豌豆	5
莴苣	2	草莓	2	柑橘	5
芹菜	2	油桃	2	鳄梨	5
菜豆	2	杏	2	甘薯	7
荚豆	2	桃	2	杧果	9.2
甜玉米	2	李子	2	马铃薯	10
甘蓝	2	柿子	3	坚果类	0
孢子甘蓝	2	樱桃	3		
花椰菜	2	胡萝卜	3		

如果二氧化碳浓度过高，鲜活食品内会产生大量琥珀酸，导致果实褐变、黑心等生理病害发生，其严重程度与果实的成熟度、储藏温度、储藏期、高二氧化碳浓度施加时间长短以及空气成分组成有关。各类果蔬对高二氧化碳的浓度都有一定的适应性，超过这个适应性称为二氧化碳忍耐浓度，如表3-2所示。

表3-2　有关果蔬对二氧化碳的忍耐浓度

单位:%

食品种类	二氧化碳忍耐浓度	食品种类	二氧化碳忍耐浓度	食品种类	二氧化碳忍耐浓度
洋梨	1	孢子香蕉	5	樱桃	10
莴苣	1	花椰菜	5	草莓	20

续表

食品种类	二氧化碳忍耐浓度	食品种类	二氧化碳忍耐浓度	食品种类	二氧化碳忍耐浓度
苹果	2	茄子	5	无花果	20
芹菜	2	青豌豆	7	意大利李子	20
朝鲜蓟	2	菜豆	7	菠菜	20
甘薯	2	青洋葱	10	甜菜	20
香蕉	3	黄瓜	10	蘑菇	20
胡萝卜	3	青南瓜	10	甜玉米	20
柿子	5	洋葱	10	绿叶甘蓝	20
鳄梨	5	大蒜	10	菜豆	20
杧果	5	马铃薯	10	坚果类	100
番木瓜	5	韭菜	10		
甜椒	5	油橄榄	10		

（三）抑制果蔬乙烯的生成和作用

乙烯是植物的一种生长激素，虽然数量甚微，却能促进果实的生长和成熟，并能大大加快产品的后熟和衰老的过程，故有“催熟激素”之称。通常情况下，植物在某些生长阶段，如种子发芽、果实成熟、叶子黄化时都能产生乙烯，外界因子也能诱发乙烯的产生，如吲哚乙酸（IAA）、机械损伤、冷害、干旱和水淹等，而且乙烯产生的速率与植物的生长阶段、组织不同有关，生长点和处于呼吸高峰的果实产生的乙烯相对较多。

果蔬内乙烯是由 MET，即甲硫氨酸（蛋氨酸）→SAM（S-腺苷蛋氨酸）→ACC（1-氨基环丙烷-1-羧酸）→乙烯而产生的。如果能抑制果蔬组织细胞中乙烯的生成或减弱乙烯对成熟的促进作用，就可以推迟果蔬呼吸高峰的出现，延缓果蔬的后熟及衰老。

上述 MET→SAM→ACC→乙烯的合成过程，从 ACC 到乙烯这一步是需氧过程。在低氧或缺氧情况下就可以抑制 ACC 向乙烯的转化，从而抑制乙烯的生成，而且低氧还可减弱乙烯对新陈代谢的刺激作用。低浓度二氧化碳会促进 ACC 向乙烯的转化，而高浓度二氧化碳则可抑制乙烯的形成，同时可延缓乙烯对果蔬成熟的促进作用，而且干扰了芳香类物质的合成及挥发。所以，在低氧、高二氧化碳和合理低温共同作用下，可以抑制乙烯的生成，并减弱乙烯对成熟的刺激作用。由乙烯所引起的生理作用也受到了抑制，如叶绿素的降解、果实的退绿和成熟、蛋白质的合成、组织器官的脱落和开裂、呼吸跃变和储藏物质的水解等，从而延缓了果蔬的后熟和衰老的进程。

三、气调储藏对鲜活食品成分变化的影响

食品在储藏过程中，由于储藏期较长，食品中的脂肪在氧气作用下容易发生自动氧化作用，降解为醛、酮和羧酸等低分子化合物，导致食品发生脂肪酸败。而采用气调冷藏，由于低氧、充氮及适当低温，可使食品的脂肪氧化酸败减弱或不会发生。这不仅防止了食品因脂肪酸败所产生的异味，还防止了因“油烧”所产生的色泽改变，同时减少了脂溶性维生素的损失。

氧气还可使食品中多种成分发生氧化反应，如抗坏血酸、半胱氨酸、芳香环等。食品成分的氧化不仅降低了食品的营养价值，还会产生过氧化类脂物等有毒物质，同时会使食品的色、香、味的品质变差。而采用气调储藏既可避免或减轻这些变化，还有利于食品质量的稳定性。

四、气调储藏对微生物生长繁殖的影响

好气性微生物在低氧环境下，其生长繁殖会受到抑制，在氧气浓度低于2%的环境中，葡萄孢、链核盘菌和青霉菌的生长减弱、发育受阻，甚至停止了生长。葡萄孢在1%氧气浓度下不能在寄主内形成孢子，根霉在0.5%二氧化碳浓度下不能产生成熟的孢子囊，但根霉菌丝可以在无氧条件下生存，若恢复正常空气后又可继续生长。另外氧气的浓度还和某些果蔬的病害发展有关，如苹果的虎皮病会随氧气浓度的下降而减轻。

高浓度的二氧化碳也对储藏果蔬某些微生物的生长繁殖有较强的抑制作用，当二氧化碳浓度在10.4%时，葡萄孢、青霉菌、根霉的菌丝生长和孢子形成都会受到抑制。但某些霉菌，如麦霉即使在90%二氧化碳浓度下仍能继续发育，因而对二氧化碳的抗性极强。少数真菌如孢子萌发在二氧化碳浓度增加时反而有利，如高二氧化碳浓度可刺激白地霉菌的生长。还有些细菌、酵母菌可将二氧化碳作为所需的碳素来源。应注意的是，二氧

化碳如过高会对果蔬组织产生毒害作用，如若处理不当，对果蔬的伤害作用会高于对抑制微生物的作用。因此，单靠增加二氧化碳或降低氧气浓度来抑制微生物的生长繁殖是不行的，必须根据果蔬的不同特性，选择适当低温和相对湿度及氧气和二氧化碳浓度的适当比例，在保持果蔬正常代谢基础上采取综合防治措施，才能抑制其微生物的生长繁殖，并延缓后熟进程，硬度增大，有效地保持果蔬完好率，降低储藏腐烂率。

第二节 食品气调保鲜方法

一、自然降氧法

（一）自然呼吸降氧法（普通气调冷藏，即 MA 储藏）

在气密的库房或塑料薄膜帐里，利用果蔬本身的呼吸作用达到自然降氧的目的。当空气中的氧减少到要求的含量范围后，要加以调节并控制在需要的范围内。对于储存初期果蔬呼吸强度较高，产生过多的二氧化碳，可用消石灰来吸收或利用塑料薄膜对气体的渗透性来排除或用二氧化碳洗涤器来消除，以减少对果蔬的生理病害。这种方法操作简单、成本低、易推广，并特别适用于库房气密性好，储藏的果蔬为一次整进整出的情况。它缺点是降氧速度慢，一般为 20d，中途不能打开库门进货或出货。同时由于呼吸强度高，储藏环境的温度也高，故前期气调效果较差，如不注意消毒防腐，就会造成微生物对果蔬的危害。

（二）气体通过交换法

气体通过交换法利用聚乙烯塑料薄膜透气性能好、化学性质稳定、耐低温、密封性好、卫生、价格便宜等优点，将新鲜果蔬放入聚乙烯薄膜内，密封。由于果蔬自身呼吸作用吸收氧气而放出二氧化碳。这时，在薄膜内产生两个作用：一是气体成分发生改变；二是薄膜内外出现压差，于是使气体从分压高的一侧向低的一侧移动，而这种移动都是通过薄膜进行内外交换的。

1. 气体通过交换法的优点

防止果蔬减重，保鲜度好，品质优良；防止湿度波动而结露；防止机械损伤；抑制果蔬呼吸作用而延缓后熟。因此，采用聚乙烯薄膜储藏果蔬效果显著，发展速度很快。

2. 气体通过交换法的具体方法

（1）大塑料帐气调冷藏

在冷藏库内挂起聚乙烯大篷，将装有果蔬的箱或筐放在其中储藏。当二氧化碳浓度聚积到一定浓度以上便会从内透出；当氧气浓度低到一定程度时外界氧会从外透入，从而使大帐内空气组成大体上维持一定的含量。

（2）袋装气调冷藏

将果蔬装入聚乙烯袋中，扎紧袋口或不完全封口放入冷藏库货架上。这种袋有小包装和大包装。如对蒜薹储藏都采用这种方法，其成本低，效果好。生理包装也是袋装气调冷藏的一种方式。生理包装是用 50μm 厚的聚乙烯组成圆柱形套袋，将苹果或梨一个挨一个放进去，排列成行，一般以 5~6 只或 1ks 左右为好。袋子装好水果后，烫口密封，袋上没有任何孔洞。

生理包装是在恒温下通过水果的呼吸作用和聚乙烯袋透过氧气和二氧化碳的双重活动，可以在袋内原有空气的基础上获得一种适当减少氧气和增加二氧化碳的稳定组合气体。当水果呼吸作用放出的二氧化碳量与通过塑料袋透出的二氧化碳量相等，水果吸收氧气的总量与进入塑料袋的氧气总量相等，此时包装袋内的组合气体便可保持稳定。生理包装在储藏时，袋内气压有明显下降（水银柱大约下降几厘米），其原因一方面是空气逐渐减少，另一方面是原来袋内的氮气有一部分被排除了出去。由于减压，使包装发生收缩，与水果表面紧贴，出售时很美观。

（3）箱装气调冷藏

将聚乙烯薄膜垫在木箱或纸箱或瓦楞纸箱的里边，箱内装入果蔬，然后将聚乙烯薄膜密封或不密封放在冷藏库储藏。

（4）硅窗气调冷藏

硅窗气调冷藏是在聚乙烯薄膜上镶嵌一定面积的硅橡胶薄膜制成硅窗袋或硅窗箱或硅窗大帐，将果蔬装入其中后放在冷藏库储藏。这样果蔬所

要求的低氧和高二氧化碳浓度指标通过硅窗自动调节得以实现，

因为硅橡胶是一种有机高分子聚合物，其薄膜的透气性能比聚乙烯薄膜大200倍的透气性能，而且对气体透过有选择性，使氧气和二氧化碳可以在膜的两边以不同的速度穿过。在常压下透过二氧化碳与透过氧气的量的比（透气比）为1∶6，两者的透气比很适宜果蔬气调储藏的要求，一般能自动维持在氧气为3%~4%，二氧化碳为4%~5%。同时硅橡胶薄膜对乙烯也有较大的透气性，能使乙烯很快透出袋（帐）外，降低内部浓度，这对延缓果蔬的后熟和衰老有显著作用。如在采用硅窗气调冷藏的同时在其中放入一定量的高锰酸钾等吸收剂，还能使乙烯浓度进一步降低，从而提高储藏效果。此外，在镶嵌硅窗的聚乙烯薄膜上有一气压平衡孔，这是为硅窗承受不了袋（帐）内压力降低而设置的。其目的是维持帐内外气压平衡，使硅窗得到保护而不至于破裂；为帐内提供氧的不足；采样品进行气体分析测试。

因此硅窗气调冷藏是一个“自发理想的气调装置”，无须装有调节气体的烦琐操作和各种仪器机械，它是由法国首先研究成功。而且操作管理技术比较简单有效，是一种优良的储藏方法，得到广泛的应用。

二、快速降氧法（CA储藏）

此法是用机械在库外制取所需的人工气体后送入冷藏库内，即CA储藏，又称为“人工降氧法”。它有机械冲洗式气调冷藏、机械循环式气调冷藏两种形式。

（一）机械冲洗式气调冷藏

即把库外气体通过冲洗式氮气发生器，加入助燃剂使空气中氧气燃烧来减少氧气，从而产生一定成分的人工气体（氧气为2%~3%，二氧化碳为1%~2%，氮气为96%）送入冷藏库内，把库内原有的气体冲洗出来，直到库内氧气达到所要求的含量为止，过多的二氧化碳气体可用CO_2洗涤器除去。该法对库房气密性要求不高，但运转费用较大，故一般不采用。

CO_2气体洗涤器一般有三种：碱式气体洗涤器，让气体通过4%~5%的氢氧化钠，利用氢氧化钠与二氧化碳化合的性质除去二氧化碳；水式气体洗涤器，利用低温水吸收二氧化碳气体；干式气体洗涤器，利用放入容器中的消石灰来作为二氧化碳的吸收剂。气体洗涤器通常用两条管道与冷库相连，用冷风机进行空气循环。

（二）机械循环式气调冷藏

即把库内气体借助助燃剂在氮气发生器燃烧后加以逆循环再送入冷藏库内，以造成低氧气和高二氧化碳环境（氧气为1%~3%，二氧化碳为3%~5%）。该法较冲洗式经济，降氧速度快，库房也不需高气密，中途还可以打开库门存取食品，然后又能迅速建立所需的气体组成，所以这种方法应用较广泛。

快速降氧法与自然降氧法相比有下列优点：

（1）及时排除库内乙烯，推迟果蔬的后熟作用，同时可防止因冷藏而使果蔬产生的中毒性病害。库内气密性要求不高，减少了建筑费用。快速降氧法要求的气密性不像自然降氧法那样高，只要2d的漏气量为一次换气量就可以。而自然降氧法则要求在50d内漏气量为一次换气量。由于要求气密性低，可将普通的高温库改造成CA储藏，这样气密结构所需的经费就可以减少。

（2）降氧速度快，储藏效果好，尤其对不耐储藏的果蔬更加显著。如草莓，自然降氧法储藏2~3d，就有坏的；而用快速降氧法可储藏15d以上，且果实更新鲜、优质。

三、混合降氧法（半自然降氧法）

（一）充氮气自然降氧法

这种方法是自然降氧法与快速降氧法相结合的一种方法。实践证明，采用快速降氧法把氧气含量从21%降到10%较容易，而从10%降到5%就要耗费较多的氮气，大约是前者的两倍，成本较高。因此，先采用快速降氧法向冷藏库内充氮，使氧气迅速降至10%左右，然后再依靠果蔬的自身呼吸使氧气的含量进一步下降，二氧化碳含量逐渐增多，直到达到规定的空气组成范围后，再根据气体成分的变化进行调节控制。

（二）充二氧化碳自然降氧法

它是在果蔬进塑料薄膜帐密封后，充入一定量的二氧化碳，再依靠果蔬本身的呼吸及添加消石灰，使氧气和二氧化碳同步下降。这样，利用充入二氧化碳来抵消储藏初期高氧的不利条件，因而效果明显，优于自然降氧法而接近快速降氧法。

此法因开始时氧气下降快，控制了果蔬呼吸作用，防止了像草莓那样易腐产品的腐烂，因此混合降氧法比自然降氧法更有优势；而在中后期又靠果蔬的固有呼吸自然降氧，所以较快速降氧法成本低。

第三节　气调储藏保鲜果蔬理论及传热传质研究

一、概述

冷却冷藏是果蔬保鲜的常用方法之一，但它只能在短期内保证果蔬质量，要实现果蔬的长期储藏，不能仅靠单纯的冷藏，必须结合其他措施，气调储藏是其中的一种方法。

（一）气调储藏技术简介

气调储藏技术是通过调控环境气体成分来延长食品储藏寿命和货架寿命的技术，是冷藏加气调的综合储藏方法。气调储藏的原理是把果蔬放在一个相对密闭的储藏环境中，同时改变、调节储藏环境中的氧气、二氧化碳和氮气等气体成分的比例，增加储藏环境中的二氧化碳浓度，降低氧气浓度，从而抑制果蔬产品的呼吸作用，并把它们稳定在一定的浓度范围内。它能够保持果蔬采摘时的新鲜度，减少损失，且保鲜期长，延缓果蔬后熟，抑制衰老，延迟或减轻败坏，无毒无害，对环境无污染。它包含着冷藏和气调的双重作用，是目前国际上使用最普遍、效果最好、最先进的储藏保鲜技术之一。

在一定的封闭环境内，通过各种调节方式得到不同于正常大气组成或浓度的调节气体，从而有效地降低果蔬的呼吸强度，抑制乙烯的产生和微生物的活动，延缓果蔬的成熟过程，保持果蔬原有的品质和新鲜状态，这就是气调保鲜果蔬的基本原理。气调储藏技术的核心是将果蔬周围的气体调节成与正常大气相比含有低氧浓度和高二氧化碳浓度的气体，并配合适当的温、湿度条件，来延长果蔬的储藏寿命。

1. 气调储藏的条件

气调储藏技术的关键是调节气体的组成与浓度。此外，还必须考虑温度和相对湿度这两个在食品保藏技术中十分重要的控制条件。

（1）调节气体

调节气体的成分与气调储藏食品的种类、品种、储藏期要求、温度条件等多方面的因素有关。

①氧含量。对于果蔬类产品，氧浓度低于正常大气组分，可以产生下列效应：降低呼吸强度；减少乙烯产生，延缓果蔬成熟过程；抑制叶绿素分解，保持果蔬原有色彩；降低抗坏血酸损失；改变不饱和脂肪酸比例；延缓不溶性果胶物质减少速度；等等。因此，通常果蔬气调的做法是使调节气体的氧含量低于正常大气的含量。然而，氧含量并非绝对越低越好，过低的氧浓度会引起不良的效应。一般用于果蔬气调的氧含量水平多控制在2%~5%，而氮含量多控制在92%~95%。

②二氧化碳含量。对于果蔬，高浓度二氧化碳一般会产生下列效应：降低导致成熟的合成反应；抑制某些酶的活动；干扰有机酸的代谢；减弱果胶物质的分解；抑制叶绿素的合成和果实的脱绿；改变各种糖的比例。然而二氧化碳的浓度过高也会引起不良的效应。具体浓度数值因品种不同而异，例如，一般用于水果气调的二氧化碳含量水平控制在2%~3%，蔬菜的应控制在2.5%~5.5%为宜。

③氧和二氧化碳的配合。氧和二氧化碳浓度比例的合理选择，对于果蔬类产品气调很重要。因为这类产品的呼吸作用以消耗氧释放二氧化碳为特征，会随时改变已经形成的氧和二氧化碳浓度的比例。

从氧和二氧化碳浓度的配合比例来看，目前应用的有以下三种方式。

A. 双指标（氧和二氧化碳浓度总和为21%）。封闭体系内的果蔬由于呼吸消耗的氧气约与释放的二氧化碳相等，即氧气和二氧化碳的体积之和仍近于21%。如果把这两种气体组成定为21%，管理上就很方便。但这种方式的缺点是如氧较高（>10%），二氧化碳就太低，不能充分发挥气调储藏的优越性；如氧较低（<10%），又可能因二氧化碳过高而导致生理损害。

B. 双指标（氧气和二氧化碳浓度总和低于21%）

大多数果蔬保鲜以低氧气、高二氧化碳指标为佳，两者之和不到

21%。这是当前国内外广泛应用的配合方式，效果要比上一种方式好得多。但这种配合指标在操作管理上较麻烦，所需设备也比较复杂。

C. 氧气单指标

上面两种指标配合，都是同时控制氧气和二氧化碳的含量。有时为了简化管理手段，可采用氧气单指标，即只控制氧气含量。氧气单指标必须是一个低指标，因为当无二氧化碳存在时，氧气影响植物呼吸的阈值约为7%。这种方式操作简单，比较容易推广普及。

④其他气体。氮气是一种惰性气体，它在气调中多半是作为氧和二氧化碳的填充气体使用的。

本研究采用的是气氮瓶充氮的方法，从气氮瓶放出的氮气作为填充气体，控制调节气体中氧气和二氧化碳的含量，能够达到较好的保鲜效果，且操作简单，管理方便。

（2）温度

从生物学角度看，降低生物体温度可以减缓细胞的呼吸强度；从微生物学角度看，低温可以抑制微生物生长。因此，气调储藏技术多强调低温条件的配合。

对于某些果蔬产品来说，采取气调措施，在较高的储藏温度下也能收到较好的储藏效果。例如，绿色番茄在20℃~28℃下的气调储藏效果和10℃~13℃下普通空气的储藏效果相同。所以气调储藏对热带、亚热带果蔬来说特别有意义，因为既可以采用较高的储藏温度以避免水果发生冷害，又能保持质量，延长储期，同时可以节省冷量的投入。冷害是低温引起的果蔬生理失调现象，会引起果蔬一系列的反常变化，其中最明显的是刺激呼吸作用异常升高。特雷尔（Trail）等报道了青刀豆在5℃储藏呼吸强度异常变化。里昂（Lyons）指出，许多热带、亚热带植物受冷害后，呼吸强度异常升高，随着冷害的发展又显著下降。正确的储藏方法应该是适宜的气体组成与适宜的温度配合，才能充分发挥气调储藏的效果。

果蔬产品一般都有一个最适宜的冷藏温度，水果类的气调温度控制点一般选在0℃~3.5℃的范围，蔬菜的气调温度控制点应高一些。

（3）相对湿度

在气调储藏中，保持较高的相对湿度，可以避免果蔬中的水分过多散失，能使果蔬机体保持新鲜壮实的状态，保持较强的抗病力。对于水果，调节气体的相对湿度控制范围一般为90%~93%，蔬菜为90%~95%。但也要防止因湿度过高而出现结露现象，而结露是引起果蔬腐烂变质的原因之一。表3-3给出一些果蔬气调储藏的适宜条件。

表3-3　果蔬的气调储藏条件

果蔬种类	温度/℃	相对湿度/%	二氧化碳浓度/%	氧气浓度/%	储藏天数/d
茄子	—	—	低浓度	低浓度	21
绿四季豆	7~8	90~95	3~5	2	14
绿豌豆	0	—	5~7	5~10	20
黄瓜	14	90~93	5	5	15~20
胡萝卜	1	最高95	3~5	2~3	150~180
红玉苹果	4	92	3~4	3~4	210~240
翠玉苹果	4.5	92	4~5	3~7	219
梨	-1~0	90~95	<1	3	180
杏	-1~0	—	2.5	2~3	50
樱桃	0~2	90~95	10	2~3	28
桃	-1~0	90~95	2~3	2	42
李子	0	90~95	3	3	14~42
葡萄	-1	95	3	2	180
葡萄柚	10	87~92	0	15	56
甜橙	1.1	87~92	0	10~15	84
香蕉	13~14	95	5~8	4~5	21~28
嫩茎花椰菜	0~1	—	10	11	28~35
球茎甘蓝	0	92	3	3	44
孢子甘蓝	0	90~95	5	3	21
番茄	12.7	90~95	2.5和5	2.5	84

2. 调节气体的管理

气调库内的气体成分，从刚封闭时的正常空气成分转变到所规定的调节气体状态，这之间有一个降低氧气和升高二氧化碳组分的过渡期，简称为降氧期；降低氧气之后，则是使氧气和二氧化碳稳定在规定指标范围内的稳定期。

这里介绍一种人工降氧气的调节法，这种方法可用于双指标总和低于21%及氧气单指标控制的场合。封闭后抽出气调库内的大部分气体，冲入氮气，由氮气稀释剩余空气中的氧气；有时同时充入适量二氧化碳，使之也立即达到要求的浓度。待氧气浓度降到规定的指标后，定期或连续充入适量调节气，从而使氧气和二氧化碳稳定在规定指标范围内。

3. 技术参数的确定

根据以上分析，可以确定气调储藏的技术参数如下。

气调库内温度：0℃～15℃；

气调库内湿度：85%～95%；

气体成分：氧气2%～5%；二氧化碳2%～5%；氮气90%～96%。

在实际的气调储藏保鲜中，应根据果蔬的不同品种设置其相应的温度、湿度和氧气浓度值。

（二）应用及意义

果蔬气调储藏保鲜方法是目前国际上商业应用最普遍、效果最好、最先进的一种保鲜技术。储藏环境的温度、相对湿度和气体成分（氧气、二氧化碳、乙烯等）等技术指标可通过计算机全自动控制，被认为是储藏期长而品质保存最好的技术之一，逐渐被人们重视并不断得到推广应用。它可以储藏水果、蔬菜、肉类、鱼类、果酱、烤制品以及熟食等多种食品，是一种绿色环保的食品储藏方法。发展气调储藏技术可以缓解我国目前因为储藏手段落后所引起的食品损失，尤其在农产品方面。

由于历史原因和地理位置的差异，我国各个地区的区域经济发展程度不一，各地的食品供求结构也各不相同。我国东部沿海地区经济发达，人们生活水平相对较高；同时这些地区地处沿海，接受国际市场信息快，所以东部地区食品市场无论是需求结构还是供应结构与中、西部地区相比都趋于更高级、多样化。然而由于土地资源的限制，食品的供给，尤其是粮食及以粮食为基础的转化食品的增长面临着很大压力。在技术不利的情况下，生产的增长不仅要受边际收益递减规律的制约，增量的获得需要付出较大的经济代价，甚至牺牲其他收益，而且在保护不善的情况下，还可能要支付巨大的环境成本，如生产资源枯竭、生态退化、环境污染等。我国中、西部地区土地辽阔、自然资源丰富，但因为地处祖国内陆，交通不便，而且食品有严格的卫生及质量要求，所以在许多边远地区，虽然蕴藏着大量鲜活资源，但由于储藏技术和运输技术条件的限制，这些食品不能构成我国消费市场上的有效供给。

经过几十年努力，我国科技取得巨大进步，但农业还占相当大的比重，出口产品也以食品为主。在未来，我国农业科技必将取得重大进展，其中之一就是农产品加工增值技术研究，即农产品储藏、保鲜、深加工等，从而优化农业结构，发展农村经济。

近年来，我国食品储藏、保鲜技术有了很大提高，但从技术上讲还不是很合理。因此，我国的食品储藏和加工具有很大的市场潜力，除了保鲜和深加工带来的高附加值外，仅减少现有损失，就可以为国家带来近千亿元的效益。因此，发展先进的储藏技术对实现地区间供求平衡、形成全国性的食品统一市场、改善我国食品结构、加快我国经济发展都有重大意义。

（三）气调储藏在国内外的研究现状及分析

1. 国外气调储藏发展概况

从目前的研究资料看，气调储藏的正式开始是建立在两位英国科学家研究工作基础上的。1916 年，英国剑桥大学的富兰克林·基德（Franklin Kidd）在研究二氧化碳对种子呼吸的影响时发现，二氧化碳对种子呼吸有抑制作用；1918 年他开始与 Cyril West 一起研究在没有冷藏的条件下，应用控制气体成分的方法储藏果实，他们在实验室分别在 10℃～15℃，10%二氧化碳、15%氧气和 5%二氧化碳、10%氧气的环境里储藏苹果，发现都能使苹果保持原来的色泽和良好的硬度，并于 1927 年发表了一篇水果气调储藏论文，这可以说是近代气调储藏的开始。他们还发现，大多数英国生长的苹果在 0℃～1℃下容易发生低温伤害，在 3℃～4℃储藏时果实又成熟太快，于是采用密闭储藏，依靠果实自身的呼吸来降低氧气浓度和增加二氧化碳浓度，当氧气浓度过低或二氧化碳浓度过高时，适当通风调整，他们称之为气体储藏（Gas Storage）。这种储藏法的理论基础是 Kidd 和 West 在 20 世纪 20 年代前后经过 10 年左右的时间以苹果为中心反复进行试验后确立的。20 世纪 40 年代，加拿大的菲利普斯·W. R（Phillips W R）首先将气体储藏更名为气调储藏（CA），已在世界范围内通用。基德（Kidd）和韦斯（West）的工作引起了各国科学家的重视，美国的斯莫克（Smock）

和范多伦（Van Doren）等进行了大量试验，加拿大和澳大利亚的科学家们也开始了气调储藏研究。这一期间，世界各国虽陆续开展了气调储藏的研究，但进展缓慢，直至1929年和1933年，英国和美国才分别建立了第一座可用于商业储藏的真正意义上的气调库。1941年美国学者发表了研究报告，首次比较详细地提出了气调储藏的气体成分、温度和湿度等工艺技术参数的参考数据，并正式称其为气调储藏（Controlled Atmosphere Storage）。第二次世界大战后，气调储藏保鲜技术迅速进入应用阶段，在气调储藏与普通冷藏的总量中，气调储藏在意大利超过了50%，但这一时期的气调储藏都是依靠果蔬自身的呼吸作用来降低氧含量的，而用消石灰或碱液来吸收储藏环境中过多的二氧化碳或装备其他气体净化装置进行处理。直至20世纪60年代后，才出现机械式气调储藏，1962年美国试制出一种以丙烷为原料，把经过燃烧去除氧气后的空气通入库内，使气调库中的氧气迅速降低的氮气发生装置，从此，储藏技术走向了一个新阶段。

目前，气调储藏已成为工业发达国家果蔬保鲜的重要手段，特别是果蔬储藏已逐渐由单一冷藏向气调储藏发展，并开展了一系列研究，为实际生产提供了技术参数和理论指导。如贝尔托利尼·P（Bertolini P）等研究表明，气调冷藏抑制梨果实表面病斑、果心褐变及维持果实的品质和使用特性的最佳气体成分为1.5%氧气和0.8%二氧化碳；有研究表明，奇异果（Kiwifruit）在5%氧气和5%二氧化碳或5%氧气和2%二氧化碳环境中可以储藏6个月，货架期15d；博通迪·R（Botondi R）等研究表明，低氧（1%或2%）对早期采收的杏果实没有作用；托马斯（Tomas）、贝朗（beran）等研究表明，气调储藏能够改善果蔬相关酚的特性；门尼蒂·A.M（Menniti A M）等研究表明，甘蓝气调储藏的最佳气体成分为3%氧气和5%二氧化碳。另外，有关资料报道，近年来，美国气调储藏苹果已占冷藏总数的80%，新建的果品冷库几乎都是气调库，英国气调库总容量达22万吨，其他国家如法国、意大利等也大力发展气调冷藏保鲜技术，气调储藏苹果均达到普通冷藏苹果的50%~70%，而且形成从采收、入库到销售环环相扣的冷藏链，从而使果蔬质量得到有效的保证。

2. 我国果蔬气调保鲜发展概况

我国在发扬传统储藏保鲜方法的同时，也开始了气调保鲜技术的研究和应用，但起步较晚。20 世纪 60 年代初开始用塑料薄膜进行自然降氧储藏，华南农业大学李培文教授等应用薄膜袋储藏荔枝，把荔枝从华南运往北方；北京地区也利用薄膜袋储藏苹果、蒜薹；用塑料大帐结合硅胶窗储藏苹果。在常温下对番茄进行气调储藏，之后又对黄瓜、甜椒、蘑菇、油菜等十多个蔬菜品种进行了气调储藏的研究。1978 年我国建成第一座试验性模拟气调库，20 世纪 80 年代山西果树所利用地窖进行模拟气调库的研究和应用，在储藏苹果方面取得了成功，表明我国的气调储藏已开始进入人工控制气体成分的 CA 储藏阶段。

随着塑料工业的发展，国内针对塑料薄膜的气调储藏工艺进行了广泛研究，研制出采用各种塑料薄膜进行简易气调储藏的应用系统，为果蔬的储藏、运输、销售、包装开辟了新的途径。塑料薄膜气调储藏早已达到实用阶段，并继续向自动化气调储藏方向发展。与此同时，我国也加快了气调设备的研制工作，从 20 世纪 70 年代到现在，相继研制出催化燃烧降氧机、二氧化碳脱除机、焦炭分子筛制氮机、中空纤维膜制氮机、氧控制仪及二氧化碳测试仪等，为我国现代化气调库提供了必要的设备和检测仪器。

在气调储藏工艺方面也有新的发展，主要有快速降氧气调储藏、超低氧气调储藏、低乙烯气调储藏、减压气调储藏、机动气调储藏、双变动气调储藏、动态气调储藏、一氧化碳气调储藏、短期高二氧化碳处理、短期高浓度氧气处理等储藏方法。

由于我国在果蔬气调保鲜技术方面的研究起步较晚，储藏设施也跟不上，果蔬采摘后腐烂损失率高达 20% 以上，一些落后地区则高达 40% ~ 50%。虽然果蔬的气调储藏效果好，但至今仍然未能在我国普及。究其原因，一方面是气调库的建立对技术和设备要求较高，建库成本和储藏费用较高。因此，机械化气调储藏以欧美等发达国家为多，发展中国家仍然以 MA 储藏和塑料大帐储藏为主。另一方面，并不是每一种果蔬都适于气调储藏。另外，若气调储藏条件控制不当，对果蔬损害很大，因此，储藏技术要求较高，也限制了气调储藏的普及应用。我国气调储藏果蔬量很少，仅占总产量的 12%左右，其中机械气调储藏只占 4%，相关的技术比较落后且不配套，冷藏链不健全。另外，我国的气调设备还依赖于进口，这些都严重阻碍了我国气调保鲜技术的发展。

一些学者对低压条件下食品的传热、传质进行了研究，如卡琳（Karin）、托尔·瓦尔德森（Thorvaldsson）等对水分扩散和传热以及蒸汽的运动进行了建模处理，利用模型研究食品的传热、传质过程；对超热流低压下食品的水分蒸发进行了分析与建模，得出了一个含有两个经验参数的数学模型，通过实验数据来拟合这两个参数；瓦西利斯（Vassilis）耶卡斯（Gekas）建立了水分扩散的传质模型，上述研究大都停留在食品热加工这一领域，如低压热风干燥食品等。然而对于气调储藏条件下食品的传热、传质几乎没有学者进行过详细的研究。

（四）气调储藏的优缺点

气调储藏能在适宜低温条件下，通过改变储藏环境气体成分、相对湿度，最大限度地创造果蔬储藏最佳环境，其效果表现在以下方面：气调储藏营造的低氧气（一般氧气含量为2%~5%）、适当二氧化碳浓度能有效地抑制呼吸作用，减少果蔬中营养物质的损耗，同时抑制病原菌的滋生繁殖，控制某些生理病害的发生；消除储藏环境气体中的乙烯，以抑制其对果蔬的催熟作用，延缓后熟和衰老过程；增加环境气体中的相对湿度，以降低果蔬的蒸腾作用，从而达到果蔬长期储藏保鲜的目的。因此，经过气调保鲜的果蔬具有以下特点：一是很好地保持果蔬原有的形、色、香味。二是果实硬度高于普通冷藏。三是储藏时间延长。四是果实腐烂率低、自然损耗（失水率）低。五是延长货架期。由于果蔬长期受低氧气和高二氧化碳作用，当解除气调状态后果蔬仍有一段很长时间的“滞后效应”或休眠期。六是有利于长途运输和外销。果蔬质量明显改善，为外销和运销创造了条件。七是许多果蔬能够达到季产年销周年供应，创出良好的社会效益和经济效益。

气调储藏虽有许多优点，但也存在一些问题。为了实现果蔬气调储藏，就需要营造气调库。气调库比一般的冷库涉及的问题更多一些，因而技术要求就更高一些。在气调库中，不仅要保持适宜的低温和相对湿度，还要保持特定的气体组成。因此，气调库的维护结构不仅要有良好的隔热性能，还必须有良好的气密性能。在气调库的技术设备中，除去制冷设备外，还必须有降氧设备、除二氧化碳设备、清除乙烯的设备和调节相对湿度的设备。此外，库内气体具有特定组成，不同于空气，不但需要同大气隔离，工作人员也不宜无防护地在其中工作，为入库和出库操作及日常的生产管理带来一些特殊问题。

（五）研究方案的提出

本书的研究对象是果蔬类食品，主要探讨气调储藏保鲜果蔬技术及影响气调储藏果蔬的各种因素。另外，本书从传热、传质的角度对气调储藏果蔬过程中果蔬的温度分布和质量损失进行理论分析计算，建立物理模型、数学模型和数值计算方法。通过理论计算获得果蔬在气调储藏过程中的温度分布规律和对其质量损失的影响因素。建立实验模型，对气调储藏保鲜的果蔬进行详细的实验研究。通过理论和实验研究得出的结论将对实现果蔬长期保质保鲜提供理论依据，对果蔬气调储藏的工艺参数确定也具有一定的指导意义，有助于生产实践中推广。

二、气调保鲜果蔬的传热机理研究

果蔬是生鲜易腐食品。果蔬收获时温度一般较高，在这样的温度下，果蔬的呼吸强度大，营养成分分解快。如不尽早地将果蔬冷却到适宜的低温，会缩短以后的储藏期限。因此，为了尽可能长时间地保存果蔬，果蔬收获后应尽早进行冷却。

（一）理论基础

食品的营养成分可分为有机物质和无机物质两大类。无机物质直接来自自然界中的水和盐等物质，而有机物质主要来自两个方面：植物和动物。植物性食品主要包括各种谷物、果品和蔬菜等；动物性食品主要指家畜、禽肉、鱼类、蛋类和乳品等。植物性食品在冷藏过程中是有生命的活的物体，靠自身的物质消耗来维持生命的代谢活动，可继续完成成熟、衰老、死亡等过程。动物性食品除鲜蛋是有生命体产品外，其他均为无生命食品。无论是有生命食品还是无生命食品，其自身均进行着一系列的生物化学反应，同时微生物也不断地对其进行浸染，使食品最终腐烂变质。

1. 食品的主要成分

食品的主要化学成分有蛋白质、脂肪、糖类、酶、水分和矿物质。由于它们的生物化学性质不同，对人体的营养价值也不同。在储藏中应尽量减少或避免营养成分的破坏与损失，保持新鲜食品的营养价值与风味。

蛋白质是构成一切生命体的重要物质，也是食品冷藏加工保存的主要对象。大分子的蛋白质在酸、碱、酶等物质作用下可发生水解反应，最终水解为较小分子的氨基酸。蛋白质是亲水化合物，在水溶液中，由于表面带有很多极性基团，被具有极性的水分子包围，使蛋白质颗粒分散在水溶液中呈溶胶状态。蛋白质颗粒周围的水分子是从有序到无序排列逐渐变化的，越靠近蛋白质颗粒的水分子，与其结合力越强，其溶解度、蒸汽压、冰点等均显著下降，而黏度上升。当蛋白质受不同温度和其他作用时，蛋白质的物理和生物化学性质会发生变化，这是蛋白质的变性现象。变性蛋白质在溶液中溶解度下降，同时推动了其生理活性功能，如蛋白质受热凝固、毛发受热卷曲、肉类解冻后汁液流失等。

脂肪主要由甘油和脂肪酸组成，其中也常有少量的色素、脂溶性维生素和抗氧化酶。脂肪的性质与脂肪酸的关系很大，脂肪酸可分为饱和脂肪酸和不饱和脂肪酸。脂肪中含有的饱和脂肪酸成分越多，其流动性越差。习惯上称常温下呈固态的脂肪为脂，液态的为油。在冷藏中需要关注的是脂肪的水解和氧化作用，脂肪在酸、碱溶液中或在微生物作用下可迅速水解为甘油和脂肪酸，使甘油分离出来。脂肪酸在酶的一系列催化作用下生成酮酸，脱羧后成为具有苦味及臭味的酮类。另外脂肪酸链中不饱和键被空气中的氧氧化，生成过氧化物。过氧化物继续分解产生具有刺激性气味的醛、酮或酸等物质。脂肪氧化也称为脂肪酸败，脂肪酸败不但使脂肪失去营养，而且会产生毒性。

水分是食品的主要成分之一，不同食品的水分含量相差很大，动物性食品中的水分含量依其品种、年龄、生长状态的不同而有所差异，而且同一种动物中各组织的含水量亦有很大差异。新鲜水果和蔬菜含水量更大，一般在 80%~95%，最高的达 97%左右，最低的也有 67%左右。若果蔬中的水分减少 5%以上，就会失去鲜嫩的品质，影响食用价值。而且由于水分减少，果蔬中酶的活性增强，加快了果蔬的化学反应速度，导致营养物质损失，果蔬的耐储性和抗病性减弱，引起品质裂变，储藏期明显缩短。

食品中还有如维生素、酶、矿物质等常量元素和微量元素，虽然它们对食品的热物性参数影响不大，但是对于维持生理过程、正常代谢、生物化学过程是不可缺少的。在食品的储藏过程中要密切保证它们的含量。

食品中的糖类也称为碳水化合物，主要存在于植物性食品中，占植物干重的50%~80%。糖是人体重要代谢过程的主要物质成分，糖类一般可分为单糖、低聚糖和多糖，其中淀粉、维生素和果胶属于多糖类。在食品的成分中，糖类最不易变质。

2. 食品的热物理性质

对食品热物理性质研究的深度可以反映出人们对食品冷却速度的预测能力的大小。早期对食品加热或冷却过程中的传热分析需要假定食品的热力性质是不变的常量，这样的分析往往过分简化而不够精确。在非稳态条件下，食品的热物理性质是随时间、温度以及在加热或冷却中所处位置变化而变化的。这就需要我们有比较精确的热物理性质数据和更完善的方法。

食品的热物理性质一般主要由其组成成分决定，随着对食品组成成分的不断深入了解，对食品的热物理性质也越来越量化了。对于一种理想化的食品，只要知道它的组成、温度、密度，就能预测它在冷却或加热过程中的热物理性质。随着科学技术的发展，越来越多的食品出现在人们的餐桌上，迫切需要科技工作者了解不同种类食品的热物理性质。

食品的热物理性质计算公式通常需要实验数据来确定，也就是说通过统计实验数据拟合，而不是仅通过对传热分析理论推导而得到。食品的热物理性质是一个关于温度、组分的函数，在温度变化范围不大的情况下，可以认为热物理性质与温度无关。食品冷藏的温度变化范围是-5℃~40℃，在这个温度区域中，食品的热物理性质随温度变化不大。

（1）密度

将食品简单地分成是由水分和其他物质两大类组成，它的密度是由水密度和其他成分密度的加权平均值。在食品加工过程中，只要知道食品某一时刻的水分和其他成分各自所占的百分比，就可以知道该时刻食品的密度。虽然水和其他物质的密度同样受到温度、压力等影响，但食品往往是固体或液体，对于液体或固体而言，在一般的加工条件下，压力和温度对其密度影响微乎其微。因此，在精确度要求不是很高的前提下，食品的密度可以简单地认为是水分和其他物质的简单函数。

$$\rho = W\rho_w + (1 - W)\rho_0 \tag{3-1}$$

式（3-1）中，ρ——食品密度，kg/m^3；

W——水分含量；

下标 w——水；

下标 0——除水以外的其他成分。

（2）比热

食品的比热与质量大小无关，但是与食品的组分有关，只要知道食品中各组分的比例就可以知道它的比热。常见的比热方程是水分含量和温度的函数，在没有其他成分挥发和温度变化不大的情况下，比热是水分的一元一次方程：

$$C_P = C_1 + C_2W \tag{3-2}$$

式（3-2）中，C_P——定压比热容，J/（kg·K）；

C_1，C_2——常数；

W——水分含量。

式（3-2）中的两个常数在不同的食品中的值不同。当水分含量趋于100%时，食品比热接近 4.187kJ/（kg. K）；但当水分含量趋于 0 时，食品中干物质的比热就千差万别，因为不同食品中各种成分的含量各不相同。大多数食品比热的经验方程只适用于比较窄的温度范围，不能用于食品中水含量从 0 到 100%的变化范围，通过外推法得到方程误差较大。在气调储藏中，如果食品的水分含量变化不是很大，一些经验方程还是比较适用的。但是这些方程中通常忽略了食品中各类成分的相互作用，所以在分析比热时仍存在一定误差，在工程应用上的误差在 2%～5%。因此有人研究了带温度项的比热方程，例如费尔南德斯-马丁（Fernadez-Martin）和蒙雷斯（Monres）两人研究的公式如下：

$$C_P = 4.19W + [(1.37 + 0.01137T)(1 - W)] \tag{3-3}$$

式（3-3）中对除水分外的其他物质进行了温度项修正。也有的学者考虑了对水分温度项的修正，食品的比热方程显得更加复杂。

（3）导热系数

食品在冰点到常温的温度范围内，由于不同食品组成成分不同，所以它们的导热系数方程也相异。对于纯物质而言，它是个简单的常数。在水分占主要成分的食品中，它的导热系数方程可以写成以下公式：

$$K = C_1 + C_2W \tag{3-4}$$

式（3-4）中，K——导热系数，W/（m. K）；

C_1，C_2——常数；

W——水分含量。

要使式（3-4）能适合大多数食品，则必须考虑温度项，而且要同时考虑温度的一次项和二次项，因为水的导热系数与温度的平方成比例关系改变。

大多数液体和固体食品需要一个建立在水分、蛋白质、碳水化合物、脂肪（油）和灰分成分含量基础上的经验公式。波彭迪克（Poppendiek）等用一个建立在水分、蛋白质和其他成分上的附加模型对食品的导热系数进行建模处理，如肉类、肌肉和器官等，但他们对蛋白质和其他成分的导热率仅仅是估算而已。

将液体食品的导热系数看作水、蛋白质、碳水化合物、油脂和灰分的函数。用计算机计算各个成分的系数，这些系数比较符合实验数据。具体的函数表达式为

$$K = 0.31X_W + 0.20X_P + 0.205X_C + 0.175X_f + 0.135X_a \tag{3-5}$$

式（3-5）中，K——导热系数，W/（m·K）；

X——体积分数或摩尔浓度；

下标 w——水分；

下标 P——蛋白质；

下标 C——碳水化合物；

下标 f——油脂；

下标 a——灰分。

式（3-5）是针对液体食品而言的，然而对于固体食品也比较适用。类似的方程还有

$$K = 0.58X_W + 0.155X_P + 0.25X_C + 0.16X_f + 0.135X_a \tag{3-6}$$

式（3-6）中的符号和下标的意义与式（3-5）中的相同，这里不再重复。

这些模型在计算中比较合理，但它们的准确性是建立在各纯物质导热系数准确性基础上。这对水和油是很容易实现的，而其他成分就相对比较困难。实际上，蛋白质、碳水化合物的物理、化学性质的改变对其导热系数影响很大，如果要求更精确的方程，就需要知道任意时刻中蛋白质、碳水化合物的实时导热系数。

大多数食品不是两种成分简单的连接，在许多情况下是非均相物质，如食品由两种成分组成，可以有三种情况，由三种不同方式对热导率做

贡献。

当导热方向与两组分系统的界面平行（见图 3-1），其热导率为

$$K = X_1K_1 + X_2K_2 \tag{3-7}$$

式（3-7）中，X ——食品组分的体积分数；

下标 1、2——食品组分。

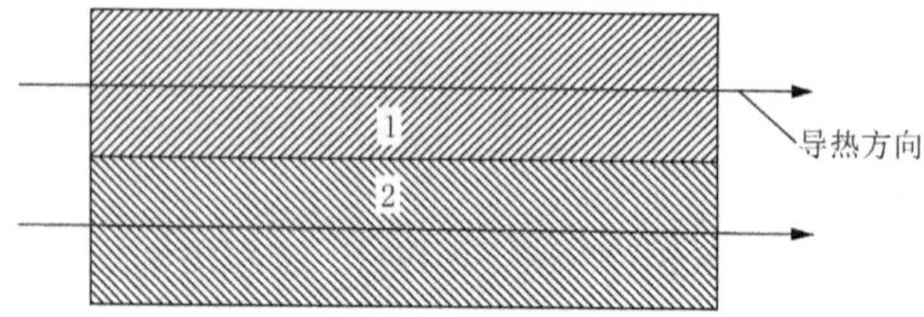

图 3-1　导热方向与组分界面平行

当导热方向与两组分系统的界面垂直（见图 3-2），其热导率为

$$K = \left(\frac{X_1}{K_1} + \frac{X_2}{K_2}\right)^{-1} \tag{3-8}$$

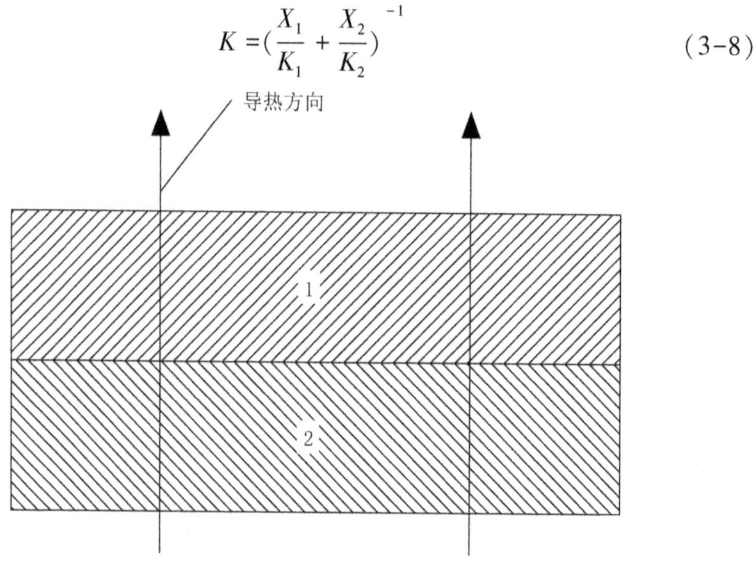

图 3-2　导热方向与组分界面垂直

一般食品中最普遍的是一组分分散于另一组分中（见图 3-3），其热导率为

$$K = K_1 \times \frac{1 - X_2^2\left(1 - \frac{K_2}{K_1}\right)}{1 - X_2^2\left(1 - \frac{K_2}{K_1}\right)(1 - X_2)} \tag{3-9}$$

式（3-9）中，下标 1——连续组分；

下标 2——分散系。

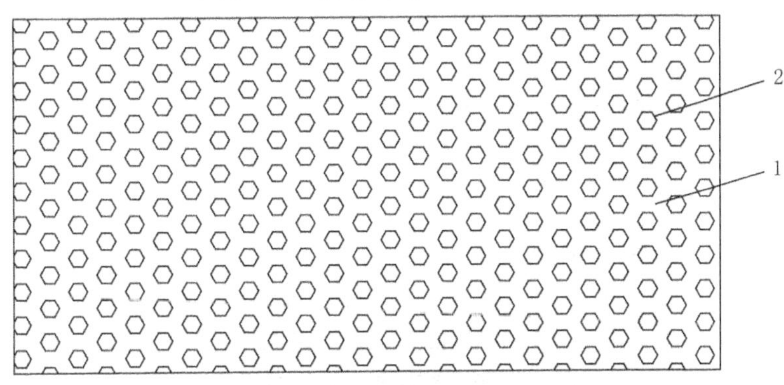

图 3-3 两组分成扩散体系

综上所述，食品的各种物性参数是其组成、温度、压力等的函数。但是在较小的温度范围内，物性参数随温度、压力等的变化不是很明显。如在水分体积数为 0.8 的食品中，温度从 20℃降到 0℃，导热系数的变化还达不到 1.6%，密度变化只有 1‰左右。除了中间空隙容积很大的这一类食品，压力变化会影响它的物性参数，其他食品的物性参数基本不随压力变化。

因此，在冷藏温度范围内，食品的物性参数可以认为只是水分和其他物质的简单函数，没有必要片面追求方程的精确度。首先，诸如温度、压力所引起食品物性改变的影响很小；其次，这些方程本身是经验公式，有一定的温度适用范围；最后，这些经验公式本身就没有考虑食品本身各成分之间的相互作用。如果食品中水分变化不是很大，可以认为食品是常物性，即其参数不随食品冷藏过程中温度的变化而变化。

（二）物理模型

果蔬的气调储藏可以分为两个阶段，即气调冷却和气调冷藏阶段。在前一个过程中果蔬通过制冷装置的作用使其温度下降；在后一个阶段中，果蔬与气调环境的温度和湿度达到平衡，果蔬在气调冷藏的环境中保存。

1. 气调冷却

果蔬在气调冷却环境中，用氧气和二氧化碳浓度有所变化的空气作介质来冷却果蔬时，在传热学中属于第三类边界条件（对流换热边界条件）下的不稳态导热。果蔬表面与冷却介质发生了热交换，将热量传给温度低于它的冷却介质使其温度降低。这样果蔬表面与内部之间产生很大的温度梯度，在梯度势的作用下，果蔬内部产生传热过程（见图 3-4）。

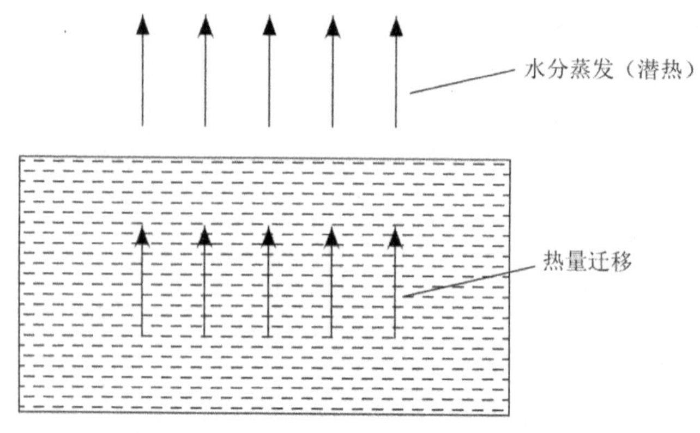

图 3-4 果蔬表面和内部的热量迁移

2. 气调冷藏

当果蔬与气调环境之间温度、传热达到动态平衡后，果蔬的温度不再发生较大变化。果蔬储藏在一个低氧、高二氧化碳、低温的环境中，因为环境处于稍高于果蔬的冰点或产生冷害的临界点的低温，加之气调介质中氧含量的降低皆有效地抑制了大部分微生物的生存和繁殖，降低酶的活性，减弱果蔬的呼吸作用，延缓果蔬的成熟及后熟期。

为了保证果蔬的储藏质量，在气调冷藏过程中关键要控制冷藏温度，防止气调冷却和气调冷藏过程中果蔬温度低于果蔬的冰点和产生冷害临界点温度。另外也要控制好气调介质中的各气体含量，防止低氧造成果蔬无氧呼吸和高二氧化碳造成果蔬中毒。

影响果蔬质量的传热过程主要发生在气调冷却过程中，所以本章重点对气调冷却阶段的传热过程进行详细的讨论。

（三）数学模型

对果蔬表面和果蔬内部的传热进行数学建模。

1. 理论假设

为了简化计算，作如下假设：

(1) 空气和水蒸气为理想气体；

(2) 果蔬各项同性；

(3) 果蔬在冷藏温度范围内为常物性；

(4) 果蔬在冷藏过程中体积不发生变化；

（5）果蔬内部水分迁移时不引起热量传递；

（6）环境的温度恒定，装置可以完全密封；

（7）忽略果蔬的呼吸热；

（8）忽略气调储藏过程中的辐射换热；

（9）忽略蒸腾作用产生的蒸发冷却；

（10）冷却储藏单体果蔬。

2. 数学建模

（1）果蔬表面

在气调冷却环境中，果蔬表面的温度往往高于气调环境温度，只要有温差两者之间就有换热发生，所以气调冷却的表面边界换热方程为

$$-\left(K_x\frac{\partial T}{\partial x}n_x+K_y\frac{\partial T}{\partial y}n_y+K_z\frac{\partial T}{\partial z}n_z\right)=\alpha(T-T_f) \tag{3-10}$$

式（3-10）中，K_x，K_y，K_z ——各坐标方向上的导热系数；

n_x，n_y，n_z ——方向因子；

x、y、z ——直角坐标轴方向。

利用假设条件（2）可得

$$-K\left(\frac{\partial T}{\partial x}n_x+\frac{\partial T}{\partial y}n_y+\frac{\partial T}{\partial z}n_z\right)=\alpha(T-T_f) \tag{3-11}$$

（2）果蔬内部

大多数果蔬的热导率比较小，而几何尺寸相对比较大，所以必须考虑食品内部组织的传热。热传导的基本公式是傅立叶定律：

$$q=-K\left(\frac{\partial T}{\partial x}+\frac{\partial T}{\partial y}+\frac{\partial T}{\partial z}\right) \tag{3-12}$$

式（3-12）中，q ——单位面积传热量，W/m^2。

对于非稳态，无内热源微元的导热微分方程为

$$\frac{\partial\ (\rho cT)}{\partial \tau}=K\left(\frac{\partial^2 T}{\partial x^2}+\frac{\partial^2 T}{\partial y^2}+\frac{\partial^2 T}{\partial z^2}\right) \tag{3-13}$$

式（3-13）中，ρ ——果蔬密度，kg/m^3；

c ——果蔬比热，kJ/（kg·K）；

τ ——时间，s。

3. 统一建模

上面对果蔬在直角坐标系上冷却过程中的传热过程进行了数学建模，

但是果蔬的形状千差万别，即使建立了模型，确定形状表面因子也是非常困难的。如果能够建立一个通用的统一模型，可以大大简化计算和提高实用性。本书重点对无限大平板、无限长圆柱和球体果蔬的冷却传热过程进行建模处理，拟对这三种基本形状建立一个通用模型。假定这三种形状果蔬的特性尺寸分别为：无限大平板的厚度为 $2R$；无限长圆柱的底圆半径为 R；球体半径为 R。这三种基本形状的果蔬可以建立一维坐标，无限大平板类果蔬以中心截面为对称面，直角坐标的原点定在中心面上，沿厚度从 $-R$ 到 R 方向建立一维坐标；无限长圆柱形状的中心轴作为坐标轴，其沿半径方向的圆柱坐标从 0 到 R 也是一维坐标。球体类果蔬的球心为坐标原点，坐标轴从 0 到 R。

对于三种基本形状类果蔬，表面换热方程为

$$-K\left(\frac{\partial T}{\partial r}\right)_{r=R}=\alpha(T-T_f) \tag{3-14}$$

果蔬内部的传热方程为（无限大平板 $-R<r<R$、无限长圆柱 $0<r<R$、球体 $0<r<R$）：

$$\frac{\partial(\rho cT)}{\partial\tau}=K\frac{\partial^2 T}{\partial r^2}+(n-1)\frac{K}{r}\frac{\partial T}{\partial r} \tag{3-15}$$

式（3-15）中，r——果蔬内部空间位置，m；

n——果蔬的形状因子，无限大平板为 1；无限长圆柱为 2；球体为 3。

（四）建立数值计算方法

这里的数值计算是指数值传热学求解。数值传热学（Numerical Heat Transfer，NHT）又称计算传热学（Computational Heat Transfer，CHT），是指对描写流动与传热问题的控制方程采用数值方法通过计算机予以求解的一门传热学与数值方法相结合的交叉学科。数值传热学求解问题的基本思想是：把原来在空间与时间坐标中连续的物理量的场（如温度场），用一系列有限个离散点（称为节点）上的值的集合来代替，通过一定的原则建立起这些离散点上变量值之间关系的代数方程（称为离散方程），求解所建立起来的代数方程以获得所求解变量的近似值。上述基本思想可用图 3-5 来表示。

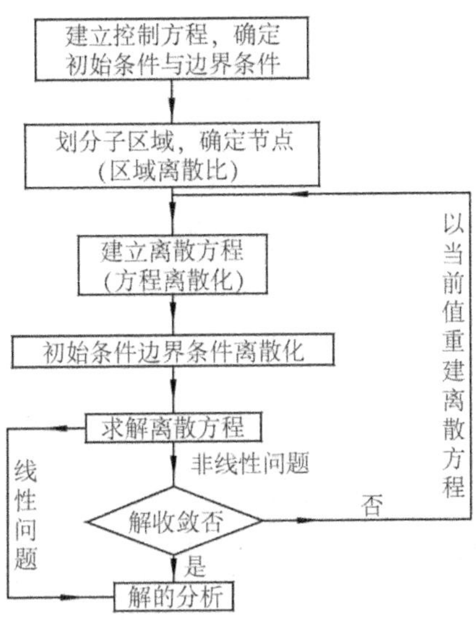

图 3-5 数值传热学求解的基本过程

数值传热学有多种数值解法，本书主要采用有限差分法求解。这是历史上最早采用的数值方法，对简单几何形状中的流动与换热问题也是一种最容易实施的数值方法。其基本点是：将求解区域用与坐标平行的一系列网格线的交点所组成的点的集合来代替，在每个节点上，将控制方程中每一个导数用相应的差分表达式来代替，从而在每个节点上形成一个代数方程，每个方程中包括了本节点及其附近一些节点上的未知值，求解这些代数方程就获得了所需的数值解。

用有限差分法解方程组（3-14）~（3-15）。人为地将果蔬一半分成 M 层，产生 M+1 个节点。最大节点位于果蔬表面，每个体积微元的节点位于微元两个面之间，而最外和最里面微元因为厚度只有其他微元的一半，节点定在微元其中一面。网格划分如图 3-6 所示。

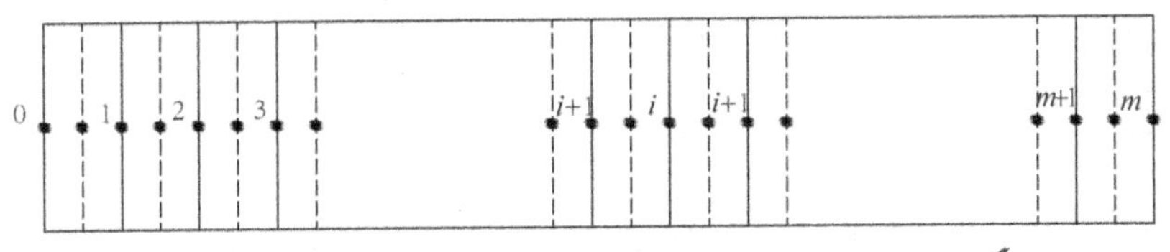

图 3-6 果蔬的网格划分

根据能量守恒定律，离散化方程（3-15），得方程（3-16）（$0<m<M$，$\tau>0$）：

$$\frac{T_m^{i+1}-T_m^i}{\Delta\tau}=\frac{K}{\rho c}\frac{[1+(\frac{n-1}{2m})]T_{m+1}^i-2T_m^i+[1-(\frac{n-1}{2m})]T_{m-1}^i}{\Delta r^2}\tag{3-16}$$

式（3-16）中，m——果蔬内部节点；

上标 i——时间步长。

由边界绝热条件可得在 $r=0$ 处的传热方程：

$$\frac{\rho c}{2n}(\frac{T_0^{i+1}-T_0^i}{\Delta\tau})=\frac{K}{\Delta r^2}(T_1^i-T_0^i)\tag{3-17}$$

表面换热方程（3-14）离散化为

$$\rho c\frac{T_M^{i+1}-T_M^i}{\Delta\tau}=K\frac{T_{M-1}^i-T_M^i}{\Delta r}+\alpha(T_f-T_M^i)\tag{3-18}$$

果蔬在初始时刻 $T=T_0$。

通过果蔬各节点的温度与气体体积的加权平均可以算出在任意时刻的平均温度。

果蔬平均温度为

$$T_{av}=\frac{[M^n-(M-0.5)^n]T_M+\frac{T_0}{2^n}+\sum_{m=1}^{M-1}[(m+0.5)^n-(m-0.5)^n]T_m}{M^n}\tag{3-19}$$

通过式（3-19）可以计算出任一时刻下果蔬的平均温度，这为在理论模拟以控制果蔬温度方式的程序运行提供了计算依据，还可以了解果蔬在冷藏过程中的温度变化情况以及为保证果蔬储藏质量提供参考。

（五）小结

本章主要建立了果蔬在气调储藏过程中传热机理的物理模型、数学模型以及建立数学模型的数值计算方法。

三、气调保鲜果蔬的传质机理研究

新鲜农产品在常温环境下存放，由于附着在其表面的微生物的浸染，内部所含酶的生物化学反应以及脱水，会逐渐失去鲜度如色、香、味与营养价值的降低以及失水萎蔫，最终发生腐烂变质，以致完全丧失商品价值。究其原因，对动物性产品来说主要是由于它们的生物体已失去生命力，无法控制其内部引起变质的酶的生化作用，也不能抵制附着在表面引起腐败变质的微生物的浸染。因此对动物性产品的保鲜，原则上只要降低其温度，如在-18℃以下就能使微生物和酶的作用变得非常微弱，不会导致腐败变质，达到较长期的储藏保鲜目的。

植物性产品采收后，虽然不能从母株上得到水分和营养物质，但仍然是活着的生命体，继续进行着呼吸作用等生理活动，使其具有一定的阻止微生物的浸染和控制机体内酶的作用。但为了维持这些生理活动，只能靠消耗自身体内的营养物质，因而逐渐衰老变质腐烂。因此，为了较长期地对它们进行储藏保鲜，就必须维持它们的活动状态，同时要减弱它们的呼吸作用等生理活动。降低温度和保持适当的低温（因品种不同而异），虽然能减弱呼吸作用，但温度又不能过低，过低的温度（低于植物性产品的冰点）会产生植物生理病害，即低温伤害，甚至冻坏。在调节温度的同时，还要调节环境空气中的成分（如氧气、二氧化碳、水蒸气以及乙烯等），使适应其生理条件，才能获得最佳的保鲜效果（保鲜寿命和保鲜质量）。而水分是采后果蔬维持生命活动的主要成分，同时也是果蔬新鲜程度的一个重要指标，它与果蔬的保鲜质量和耐储性密切相关。因为采后的果蔬失去了水分的来源，在保鲜储运过程中，还会发生不同程度的失水，造成失重，鲜度下降，严重时会产生萎蔫，缩短保鲜期，失去应有的商品价值。因此，果蔬的采后生理以及水分在保鲜过程中的变化，对于进一步采用有效的保鲜技术、延长保鲜寿命具有重要意义。

（一）理论基础

1. 果蔬—水系统的热力学

水在生命系统中具有极其重要的作用，是其他物质所无法取代的。水是最好的溶剂，具有较大的比热容、潜热、介电常数和表面张力等性质，它也是决定食品性质和耐储性的重要因素。所以必须了解果蔬中水分含量及其存在的性质和状态，这对果蔬的冷藏工艺和冷藏时间也有重要意义。

在果蔬中水分主要有自由水和结合水两种形式。自由水又称为游离水或机械结合水，存在于果蔬的细胞内外，它占含水量的大部分，这种形式的水与其他部分结合力最弱，最容易在保鲜加工和储藏中失去，因为它具有一般水的性质，其中常溶解糖、酸和无机盐等物质。结合水又可分为物理结合水和化学结合水两种。前者是物理吸附在果蔬内部胶体微粒表面的水分，具有较强的结合力，不易脱除。除非加以足够的能量才能使其离开表面而脱附；后者是内部化合物中的结晶水，它的结合力最强，也结合得最稳定，不能用一般干燥的方法加以脱除。结合水不但在维持动植物体的生命上具有重要意义，同时与食品的味道也有密切的关系，如干燥的食品由于失去结合水吃起来味道不佳。

自由水和结合水在许多性质上有所不同。自由水是大多数物质的良好溶剂，而结合水与分子或离子结合，不能再起溶剂作用；自由水在0℃即可结冰，而结合水在温度降低到-20℃以下还不会结冰；自由水导电率大，结合水导电率小；自由水容易蒸发，而结合水不容易蒸发。果蔬中结合水一般比自由水少，并与自由水构成化学平衡。

（1）相平衡热力学

在研究相平衡时，最方便的是应用被称为吉布斯自由能的热力学性质，它的定义为

$$G = H - TS \tag{3-20}$$

式（3-20）中，G——吉布斯自由能；

H——焓；

S——熵。

根据热力学第一定律、第二定律得出的热力学微分方程为

$$T\mathrm{d}S = \mathrm{d}H - V\mathrm{d}P \tag{3-21}$$

$$\mathrm{d}G = \mathrm{d}H - T\mathrm{d}S - S\mathrm{d}T \tag{3-22}$$

$$\mathrm{d}G = V\mathrm{d}P - S\mathrm{d}T \tag{3-23}$$

对于等温等压的相平衡过程：$\mathrm{d}P = 0$，$\mathrm{d}T = 0$

因此

$$\mathrm{d}G = 0 \tag{3-24}$$

即吉布斯自由能没有变化。

对于一个多组分系统，各组分的物质的量分别为 n_1，n_2，…，n_i，系统的吉布斯自由能不仅和压力 P、温度 T 有关，而且与其各组分的物质的量有关，即

$$G = G(P, T, n_i)$$

表示成全微分的形式为

$$dG = \left(\frac{\partial G}{\partial P}\right)_{T,\ n} dP + \left(\frac{\partial G}{\partial T}\right)_{P,\ n} dT + \sum_{i=1}^{r} \left(\frac{\partial G}{\partial n_i}\right)_{T,\ P,\ n_j} dn_i \tag{3-25}$$

令 $$\mu_i = \left(\frac{\partial G}{\partial n_i}\right)_{T,P,n}$$

式中，μ_i ——在压力、温度和其他条件不变的情况下，某一组分 i 变化时所引起的化学势的变化。μ_i 被称为偏摩尔量的吉布斯自由能，或称为第 i 组分的化学势。

这样，

$$\mathrm{d}G = V\mathrm{d}P - S\mathrm{d}T + \sum_i \mu_i \mathrm{d}n_i$$

由于是等温等压，水分在果蔬内部和果蔬上部之间的组分化学势应相等，即在气相中水分的化学势等于在果蔬中自由水的化学势：

$$\mu_W(vapor) = \mu_W(vegetables) \tag{3-26}$$

（2）气相中水分化学势

在果蔬上面的水蒸气和空气，如果能看作理想气体的混合物，服从理想气体方程 $PV = mRT$ ，则按道尔顿分压定律，可以得到

$$P = n_1\frac{RT}{V} + n_2\frac{RT}{V} + \cdots n_i\frac{RT}{V} + \cdots = P_1 + P_2 + \cdots + P_i + \cdots = \sum_i P_i \tag{3-27}$$

$$d\mu_W(vapor) = RT\frac{dP_W}{P_W} \tag{3-28}$$

由式（3-28）可以知道化学势的变化，但并不知道化学势的绝对值。因为首先须定义一个参考点，选择101.325kPa作为标准压力，将水蒸气视为理想气体，化学势为 μ_W^0 ，则在任意压力 P 下，水蒸气的化学势为

$$\mu_W = \mu_W^0 + RT\text{In}\frac{P_W}{P_0} \tag{3-29}$$

为了简化上式，用新的 μ_W^0 代替上式中的 $\mu_W^0 - RT\text{In}P_0$，则可以得到

$$\mu_W(vapor) = \mu_W^0 + RT\text{In}P_W \tag{3-30}$$

由式（3-30）可知理想气体中水蒸气压力与化学势之间的关系。

如果考虑到不能将水蒸气看作理想气体，而应看作实际气体，则式（3-30）应修正为

$$\mu_W(vapor) = \mu_W^0 + RT\text{In}f_W \tag{3-31}$$

式（3-31）中的 f_W 是考虑了实际气体的性质时仍能计算化学势而对压力值进行修正后的值。f_W 称为“有效压力”或“逸度”。而压力校正因

子，即有效压力 f_W 与实际压力之比（r_W），称为“逸度系数”：

$$r_W = \frac{f_W}{P_W} \tag{3-32}$$

当 $P \to 0$ 时，$f_W \to P_W$，$r_W \to 1$。

在低于100℃的温度范围内，水的逸度系数 r_W 近似为1.0；但在高压和高温下，逸度系数可能偏离1.0较远。

（3）水分活度

由于果蔬内部水分有不同的结合力，因此其内部水分的蒸汽压就比相同温度下纯水的蒸汽压要低。为了说明果蔬中水的状态，常采用水分活度 a_W 加以表示，水分活度是指果蔬中呈液体状态的水的蒸汽压与纯水的蒸汽压之比，即

$$a_W = \frac{P_v}{P_s} \tag{3-33}$$

式（3-33）中，P_v ——果蔬中水的蒸汽压；

P_s ——同温度下纯水的饱和蒸汽压。

水分活度能直接反映果蔬的储藏保鲜条件的优劣。绝大多数新鲜果蔬的 $a_W > 0.90$。多数微生物在繁殖时最低水分活度大部分细菌为0.86，酵母为0.78，霉菌为0.64。因此，新鲜果蔬的 a_W 是抑制微生物繁殖、果蔬保鲜的一项重要指标。

理想溶液具有与理想气体相似的性质，其溶剂（水）服从拉乌尔定律，即

$$\mu_W(solution) = \mu_W^*(P,\ T) + RT\ln x_W \tag{3-34}$$

式（3-34）中，$\mu_W^*(P,\ T)$ ——纯水在一定压力、温度下的化学势。

对于实际溶液，即非理想溶液，按类比的方法可用下式表示其中溶剂（水）的化学势：

$$\mu_W(solution) = \mu_W^*(P,\ T) + RT\ln a_W \tag{3-35}$$

$$a_W = r_W x_W \tag{3-36}$$

式（3-36）中，a_W ——水分活度；

r_W ——水的活度因子或称为活度系数；

x_W ——水的摩尔分数。

同样，a_W 可以看作实际溶液对理想溶液的校正浓度，也可成为有效浓

度。当摩尔分数 $x_W \to 1$ 时，$a_W \to x_W$，$r_W \to 1$。

果蔬可以近似看作理想溶液，其中水是溶剂，糖类、碳水化合物等是溶质。若果蔬在温度 T 时和上层空间的空气相平衡，根据相平衡条件，可得

$$\mu_W(vapor) = \mu_W(vegetables) \tag{3-36a}$$

在上层空气中，计算公式与方程（3-31）相同：

$$\mu_W(vapor) = \mu_W^0 + RT\text{In}f_W \tag{3-36b}$$

在果蔬中，根据溶液中水分的化学势：

$$\mu_W(vegetables) = \mu_W^*(P,\ T) + RTIna_W \tag{3-37}$$

联立方程（3-36a）、方程（3-36b）、方程（3-37）可得

$$RT\text{Ina}_W = RT\text{In}f_W - (\mu_W^* - \mu_W^0) \tag{3-38}$$

对于纯水，$a_W = 1$，$f_W = f_W^*$。

这样就可得

$$\mu_W^* - \mu_W^0 = RT\text{In}f_W^* \tag{3-39}$$

$$a_W = \frac{f_W}{f_W^*} \tag{3-40}$$

式（3-40）中，f_W^* ——与纯水平衡时的水蒸气的逸度，即纯水的蒸汽压。

即

$$f_W^* = P_W^*\ ,f_W = r_W P_W$$

式中，f_W ——果蔬中水蒸气的逸度（有效压力）。

故果蔬中水分活度亦为

$$a_W = \left(\frac{r_W P_W}{P_W^*}\right)_T \tag{3-41}$$

在压力不是很高的情况下，r_W 近似取 1.0，因此，$a_W \cong \left(\frac{P_W}{P_W^*}\right)_T \cong$ 与之相平衡的周围环境的相对浓度。

前文已叙及，果蔬中的水分活度对果蔬保存有着重要影响。一般认为水分活度 a_W 小于 0.6，则没有微生物的繁殖，果蔬容易储藏，但是果蔬的口感不好，没有新鲜感。

在物理学中，空气的相对湿度 φ 的定义为

$$\varphi = \frac{P_C}{P_S} \tag{3-42}$$

式（3-42）中，P_C ——空气中水的蒸汽压；

P_S ——空气中水的饱和蒸汽压。

在温度一定的条件下，达到平衡时，室内空气中的水蒸气压就是植物内部水分的蒸汽压，即 $P_W = P_e$。这时，植物的水分活度在数值上等于平衡时的空气相对湿度。但是必须指出 a_W 与 φ 是两个不同的物理概念。例如植物置于相对湿度比其水分活度大的环境内，将从空气中吸收水分，直到平衡，这种现象称为吸湿；相反，置于相对湿度比其水分活度值小的环境内，将向空气中放出水分直到平衡，这种现象称为去湿。

2. 传递现象

传递现象是自然界中的基本物理现象之一，在一种物体内部，或在两种彼此接触（包括直接接触或间接接触）的物体之间，只要有势差存在就会发生传递现象，如存在温度差时就会发生热量传递，存在浓度差或分压力差时就会产生质量传递。

从微观来看，流体分子都具有一定的能量和速度，处于不停地运动状态，在运动中互相碰撞，在碰撞中交换能量和动量，形成流体分子无规则运动，并且各方向的运动概率基本相等。如果混合物的浓度场均匀，那么一定数量某一组分的分子沿某一方向运动，必然会有相同数量的同种分子沿相反方向运动，总体结果是没有发生宏观的分子运动。如果流场中存在浓度梯度，高浓度区分子要向低浓度区扩散，于是有了该组分流动，从而产生质量传递，直到流体混合物达到均匀状态为止，这就是流体内迁移现象。因此，从微观上讲，流体内迁移现象是指在静止流体中或垂直于浓度梯度方向作层流运动的流体中，由于浓度梯度而产生的传质过程。

微观上的温度不同，即存在温度梯度时，会引起宏观上的传热现象，使热量从高温处传向低温处。而浓度不同产生的浓度梯度引起宏观的扩散传质现象。在这种现象中，如果质量浓度较低，质量传递率较小，则质量传递的数学描写与对流换热的数学描写有类似的形式，从对流换热得出的许多结果可以通过比拟直接应用于对流传质。

传质有两种基本形式：分子扩散传质和对流传质。在静止的流体中或在垂直于浓度梯度方向作层流运动的流体中的传质，由微观分子运动所引起的称为分子扩散传质，它的机理类似导热；在流体中由于对流掺混引起的质量传递，称为对流传质，它和热交换中的对流换热类似。

（1）传质定律

①质量浓度和摩尔浓度。传质的推动力是组分的浓度梯度。组分 i 的浓度梯度通常用质量浓度 ρ_i［kg/m^3］和摩尔浓度 C_i［$kmol/m^3$］来表示。它们分别定义如下：

$$\rho_A = \frac{M_A}{V},\ \rho_B = \frac{M_B}{V} \tag{3-43}$$

$$C_A = \frac{n_A}{V},\ C_B = \frac{n_B}{V} \tag{3-44}$$

式（3-44）中，M_A，M_B——分别为在容积 V 中组分 A 和 B 的质量；

n_A，n_B——分别为在容积 V 中组分 A 和 B 的摩尔数。

对于混合气体，应用理想气体方程式，有

$$C_i = \frac{P_i}{R_m T} \tag{3-45}$$

式（3-45）中，P_i——混合物中组分 i 的分压力；

R_m——通用气体常数，$R_m = 8314 J/kmol. K$。

由此可见，在等温系统中组分 i 的摩尔浓度与分压力成正比。

②菲克定律。扩散通量（亦称扩散流率）以每单位时间通过单位截面积的物质的数量来度量，随着所选取的浓度单位不同，可表示为质流通量 m 或摩尔流通量 N。菲克定律总结了由浓度引起的扩散的实验规律性：扩散通量正比例于浓度梯度。对于稳态下的双组分混合物可表达为

$$m_A = -D_{AB}\frac{d\rho_A}{dy} kg/(m^2 \cdot s) \tag{3-46}$$

$$N_A = -d_{AB}\frac{dC_A}{dy} kmol/(m^2 \cdot s) \tag{3-47}$$

式（3-47）中，m—质量通量，$kg/(m^2 \cdot s)$；

N—摩尔通量，$kmol/(m^2 \cdot s)$；

D—质扩散率，m^2/s；

y—扩散坐标方向。

质流通量 m_A 和摩尔流通量 N_A 的换算关系为

$$N_A = \frac{m_A}{\mu_A}$$

式中，μ_A ——组分 A 的相对分子量。

D_{AB} 的下角码 AB 表示物质 A 向物质 B 进行扩散。式中负号表示扩散由浓度高向浓度低的方向进行，与导热的傅立叶定律相似。

需要说明的是，扩散通量计算以哪个截面为准应予注意，在这一点上它与导热有所不同。为了说清楚这个问题，这里以 A、B 两组分浓度不均匀的混合物中相互扩散过程为例进行讨论。当两组分的扩散通量不相等时，混合物将产生整体流动，以某一平均速度（可以是质平均速度或摩尔平均速度）相对于静止坐标是一动坐标。就扩散规律而论，整体流动不应计算在浓度梯度引起的扩散通量之内，所以式（3-46）、式（3-47）均指对动坐标而言。显然，只有 A、B 两组分的扩散通量相等时，动坐标才与静坐标一致。

在雷诺比拟的讨论中，动量转移与热量转移在基本计算公式上具有类似性。由下面菲克定律和它们的对比，进一步表明质量转移与动量转移、热量转移的类似性：

$$N_A = - D_{AB} \frac{\mathrm{d}C_A}{\mathrm{d}y} \tag{3-48}$$

$$q = - \lambda \frac{\mathrm{d}T}{\mathrm{d}y} = - \frac{\lambda}{\rho C_p} \frac{\mathrm{d}(\rho C_p T)}{\mathrm{d}y} = - a \frac{\mathrm{d}(\rho C_p T)}{\mathrm{d}y} \tag{3-49}$$

$$\tau = - \mu \frac{\mathrm{d}u}{\mathrm{d}y} = - \frac{\mu}{\rho} \frac{\mathrm{d}(u\rho)}{\mathrm{d}y} = - \nu \frac{\mathrm{d}(u\rho)}{\mathrm{d}y} \tag{3-50}$$

式（3-50）中切应力的负号表示与 $u\rho$ 增大的方向相反。

这三种转移量有以下共同的形式：

转移量=扩散率 × 转移推动力

三种扩散率的单位相同，都是 m^2/s。

对于气体，菲克定律可按式（3-45）的关系表示成方便的分压力梯度的形式。而水分在果蔬表面蒸发后，以水蒸气的形式向环境空气中迁移，这正属于一种气体向另一种气体扩散。为了方便计算，当组分 A 向组分 B 扩散时，根据菲克定律表示为

$$m_A = - \frac{D_{AB}}{R_A T} \frac{\mathrm{d}P_A}{\mathrm{d}y} \tag{3-51}$$

$$N_A = -\frac{D_{AB}}{RT}\frac{dP_A}{dy} \tag{3-52}$$

式（3–52）中，P——气体分压力；

R——气体常数。

利用式（3–51）、式（3–52）可以根据果蔬表面与环境中各组分的分压计算水蒸气的扩散量、扩散速度。

（二）物理模型

水分蒸发需要吸收蒸发潜热，如果环境不能提供这部分热量，那么自由水蒸发需要的潜热就只能由果蔬本身提供，而水的汽化潜热远大于果蔬的比热，所以蒸发很小一部分水分，果蔬温度就能降低很多，这大大加快了果蔬的冷却时间。

由上一节的理论基础可知，在平衡条件下果蔬中水分的化学势与环境介质中水蒸气的化学势是相等的，当气调设备抽出环境中的空气时，同时减少了环境中水蒸气含量（或相对含量），于是环境水蒸气的化学势小于果蔬溶液中水分的化学势，果蔬表面水分开始蒸发为水蒸气并向环境扩散，即果蔬与周围介质之间发生传质交换。

1. 果蔬表面水分扩散

在传质交换过程中，果蔬表面与主体气调介质之间会形成传质阻力层（见图 3–7）。

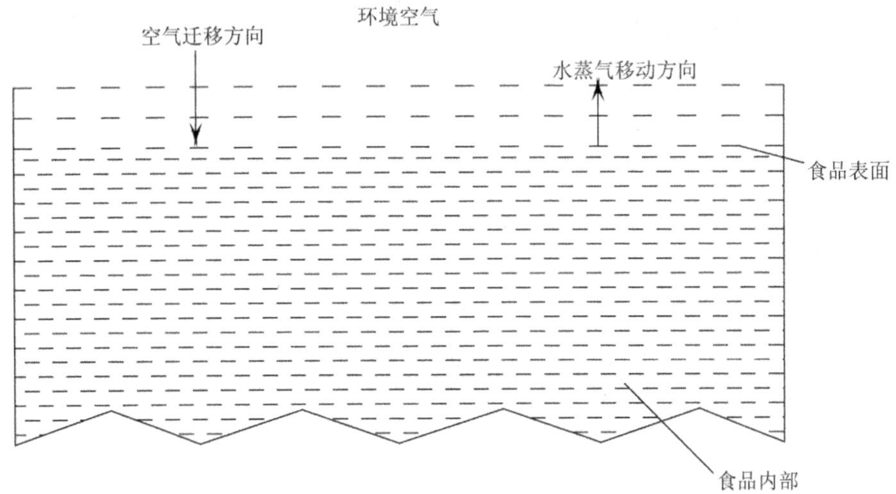

图 3–7　果蔬表面水蒸气与气调介质扩散

水蒸气的扩散必须通过这个边界层，它对果蔬的冷却过程影响极大。边界层中各点的气体组成成分在垂直方向上各不相同，它也不同于冷藏箱中的空气状态和果蔬表面的气体状态，混合气体成分沿着从物料表面到主体气调介质逐渐变化。边界层中的介质主要是空气和水蒸气的混合物，也有微量从果蔬挥发出来的其他物质，边界层中混合物在各点的总压强相同，但物料表面附近的水蒸气分压大于靠近主体空气的水蒸气分压。在这种分压差的作用下，使水蒸气由果蔬表面向储藏环境扩散，而空气则相反，向果蔬表面运动。边界层很薄，换热可以忽略不计，认为在边界层里只有单纯的水蒸气和空气扩散。

这种在静止的流体中，垂直于浓度梯度方向流动的流体中的传质是由微观分子运动所引起的分子扩散传质，它的机理类似导热。在气调冷却过程中，水蒸气运动属于一种组分通过另一停滞组分扩散。果蔬表面的水蒸气必须通过表面传质阻力层才能扩散到主体空气，边界层的水蒸气分布浓度不断改变。在扩散过程中，果蔬表面空气是不能穿过果蔬的，它只能透过传质阻力层扩散到果蔬表面；果蔬表面的水蒸气可以向空气中扩散，对于静坐标而言是单方向进行的，因此可以说是单项扩散，当然对于动坐标而言仍属双向扩散。

质扩散率是一个表征物质扩散能力大小的物性参数。它的数值取决于扩散时的温度、压力及混合系统的性质，一般主要依靠实验来确定。如果能将二元气体混合物作为理想气体，可用分子运动理论推导出质扩散系数 D 正比例于 $P^{-1}T^{3/2}$ 的关系，我们可利用已知 P_0、T_0 状态下质扩散率的数据，用下式推算其他 P、T 状态下的质扩散率：

$$D = D_0 \frac{P_0}{P}\left(\frac{T}{T_0}\right)^{3/2} \tag{3-53}$$

式（3-53）中，D_0——在一个大气压下、温度为 25℃时各种气体在空气中的物质扩散率。

对于缺乏直接实验数据的二元气体混合物，可用分子运动理论推出的以下半经验公式作为初步估算：

$$D = 435.7 \frac{T^{3/2}}{P(V_A^{1/3} + V_B^{1/3})} \sqrt{\frac{1}{\mu_A} + \frac{1}{\mu_B}} \tag{3-54}$$

式（3-54）中，T——绝对温度，K；

P——总压力，Pa；

μ_A，μ_B——分别为气体 A、B 的相对分子量；

V_A，V_B——分别为气体 A、B 在正常沸点下液态的摩尔容积，cm^3/mol。

在计算中，应注意式（3-54）得出的质扩散率的单位为 cm^2/s，应用到质流通量和摩尔流通量公式中需换算成 m^2/s。

在质扩散率的作用下，果蔬表面水分扩散并带走一定的汽化潜热，但这部分潜热与制冷设备进行制冷冷却所带走的热量相比较而言是很小的，为了简化计算，这部分汽化潜热在传热计算中忽略不计。

2. 果蔬内部的传质

水分蒸发使果蔬水分含量降低，与果蔬内部之间产生很大水分梯度，在梯度势的作用下，果蔬内部产生一个传质的湿量迁移过程（见图 3-8）。

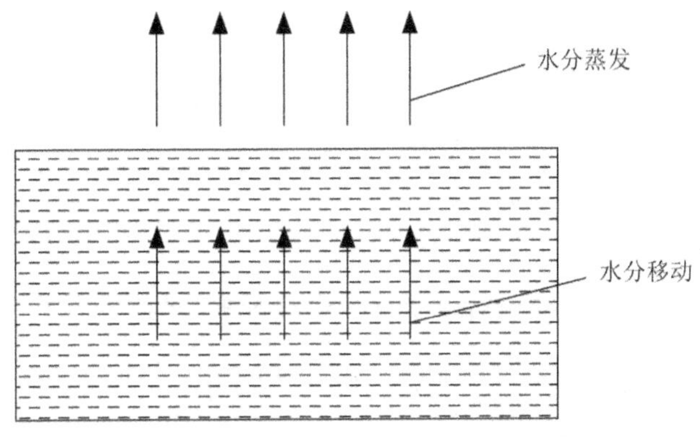

图 3-8 果蔬表面和内部的水分迁移

在气调冷却过程中，热交换与质交换现象是紧密相连的，传质交换中有热交换，而热交换中同样伴有质交换。果蔬是一个由多种成分组成的混合物，除了干物质外，还有大部分水分以及微量气体成分。当果蔬物料中水分含量相当大时，因湿度梯度而引起的内部质量迁移，主要以液体形式进行。当物料中的水分低时，水分主要以蒸汽的形式进行迁移。

与传热过程类似，影响果蔬质量的传质过程亦主要发生在冷却过程，所以本书拟对气调冷却过程传质情况进行研究。

（三）数学模型

对果蔬表面传质阻力层、环境水蒸气分压、果蔬表面和果蔬内部的传质进行数学建模。

1. 理论假设

在前文建立传热模型时进行假设的基础上，为了进一步简化计算又作如下假设：

（1）内部水分扩散以液体形式进行；

（2）水分蒸发只发生在果蔬表面；

（3）传质阻力层近似认为等于果蔬表皮层厚度；

（4）传质阻力层里面只有传质，没有传热。

2. 果蔬表面传质阻力层

在表面传质阻力层中，靠近果蔬表面空气中的水蒸气分压力可认为是等于果蔬溶液中水的饱和压力，它比边界层上部的水蒸气分压力高（边界层上部的水蒸气分压可以近似认为等同于环境空气中水蒸气的分压），产生水蒸气从下向上的扩散（见图 3-9）。

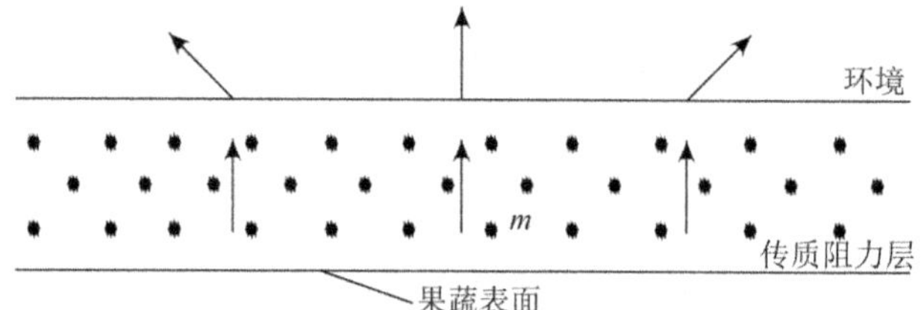

图 3-9 传质阻力层中水分中水蒸气的扩散

由于边界层中水蒸气与空气混合物的总压力不变，所以边界层中的水蒸气分布如图 3-10 所示。

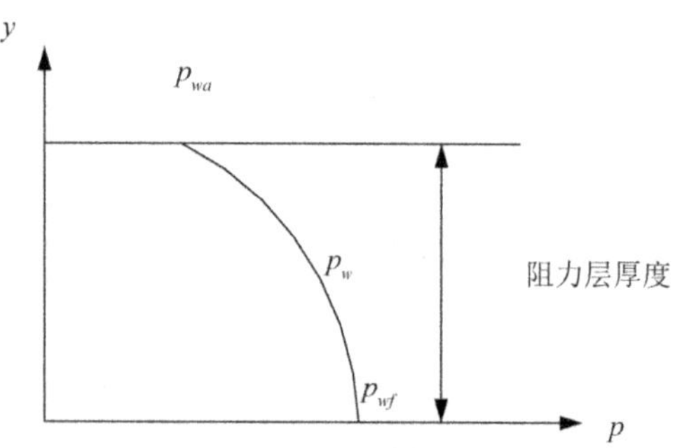

图 3-10 传质阻力层中水蒸气压力变化

空气向下扩散，由于空气不能通过果蔬表面，所以必然要有混合物向上的整体流动，使空气不致在果蔬表面堆积而破坏压力平衡。这股整体流

动的质平均速度以 v 表示。

因为空气的质扩散流通量对静坐标而言为零，故用静坐标分析较为方便。由菲克定律表达式可知，空气的扩散量为

$$m'_a = m_a + v\rho_a = 0 \tag{3-55}$$

$$m_a = -\frac{D}{R_a T}\frac{dP_a}{dy} \tag{3-56}$$

$$\rho_a = \frac{P_a}{R_a T} \tag{3-57}$$

水分的扩散量为

$$m'_w = m_w + v\rho_w \tag{3-58}$$

$$m_w = -\frac{D}{R_W T}\frac{dP_W}{dy} \tag{3-59}$$

$$\rho_w = \frac{P_w}{R_W T} \tag{3-60}$$

式（3-58）至式（3-60）中，m'_a，m'_w ——分别为静坐标中空气和水分的扩散量；

m_a，m_w ——分别为动坐标中空气和水分的扩散量；

v ——质扩散平均速度；

下标 w——水蒸气；

下标 a——空气。

由式（3-55）~式（3-57）解得质扩散平均速度：

$$v = \frac{D}{P_a}\frac{dP_a}{dy} \tag{3-61}$$

因为总压力为 $P = P_a + P_W =$ 常数，故

$$\frac{dP_W}{dy} = -\frac{dP_a}{dy} \tag{3-62}$$

得

$$v = -\frac{D}{P - P_W}\frac{dP_W}{dy} \tag{3-63}$$

将式（3-63）代入式（3-58）中，可得

$$m'_W = -\frac{D}{R_W T}\frac{\mathrm{d}P_W}{\mathrm{d}y} - \frac{D}{P - P_W}\frac{\mathrm{d}P_W}{\mathrm{d}y}\frac{P_W}{R_W T}$$

所以

$$m'_W = -\frac{D}{R_W T}\frac{P}{P - P_W}\frac{\mathrm{d}P_W}{\mathrm{d}y} \tag{3-64}$$

式（3-64）中，P——气体总压力，Pa；

P_W——水蒸气分压力，Pa。

式（3-64）为斯蒂芬定律的微分表达式。它揭示了一组分通过另一停滞组分的扩散规律。其中 $\frac{P}{P - P_W}$ 可认为是对菲克定律的修正项。

令传质边界层的厚度为 l，将式（3-64）分离变量并从 $y = 0$ 积分至 $y = l$。已知边界条件为

$$y = 0: P - p_{wf} = p_{a0}$$

$$y = l: P - p_{we} = p_{al}$$

得

$$m'_W = \frac{D}{R_W T}\frac{P}{l}\ln\frac{P - p_{we}}{P - p_{wf}} \tag{3-65}$$

式（3-65）中，下标 f——果蔬表面；

下标 e——环境。

为了简化方程，用 m 代替方程（3-65）中的 m'_W，表示在单位时间、单位面积果蔬表面扩散的水量，则方程（3-65）变为

$$m = \frac{D}{R_W T}\frac{P}{l}\ln\frac{P - p_{we}}{P - p_{wf}} \tag{3-66}$$

根据方程（3-53），方程（3-66）可变为

$$m = D_0\frac{P_0}{T_0^{3/2}}\frac{T^{1/2}}{R_W l}\ln\frac{P - p_{we}}{P - p_{wf}} \tag{3-67}$$

由式（3-67）可以看出，在气调冷藏中单位时间单位面积表面上的水蒸气扩散量与表面温度的平方根成正比，与传质阻力层的厚度成反比。利用数学知识可知，环境的绝对压力以及环境中的水蒸气分压是水分扩散量的减函数，即在其他条件一定时，环境压力越低，水分蒸发越快；同理，环境空气中水蒸气含量越少，水分蒸发越多。果蔬表面水蒸气含量是水分蒸发量的增函数，在环境条件不变时，果蔬表面水蒸气浓度越高，水蒸气

扩散越快。

如果要加快果蔬水分蒸发速度，可以通过降低环境压力、减少环境中水蒸气含量或者减小传质阻力层的厚度。反之，如果要降低果蔬的水分蒸发量，则可以通过相反的措施来实现，如加湿等。

在式（3-67）中有

$$p_{wf} = a_w P_W \tag{3-68}$$

式（3-68）中，P_W——果蔬表面温度所对应的纯水的饱和蒸气压，Pa。

由式（3-68）可知，果蔬表面的水蒸气分压等于该温度下纯水对应的饱和蒸气压与其表面水分活度 a_w 的乘积，而果蔬的水分活度不是一个固定不变的参数。不同的果树，它们的含水量不同，其水分活度也各不相同；即使在同一果蔬的表面和内部数值上也有很大差别，而且 a_w 与果蔬表面水分运动状态以及表皮层和蒸发率密切相关，在自然界中带皮的食品往往对其失水具有保护作用，所以对有皮食品而言，一种可行的方法是，忽略皮层的储水量，将皮层作为传质阻力层建模。食品一旦失去皮层，它的表面水分活度就接近于1。在计算中可近似用食品中水的摩尔数代替水分活度。

3. 环境中水蒸气

在气调储藏环境中，随着气调设备的运行，气调环境中水蒸气成分相应（或相对）减少，与果蔬表面空气中水蒸气的化学势差越大，单位时间内水分蒸发就越多。但是随着水分蒸发，环境中水蒸气分压力增大，直接影响果蔬表面水分蒸发。

根据式（3-67）和气体状态方程，环境空气中水蒸气压力的变化可表示为

$$\mathrm{d}p_{we} = \frac{mAR_w T_e}{V}\mathrm{d}\tau \tag{3-69}$$

式（3-69）中，A——果蔬传质面积，m^2；

V——气调冷藏箱容积，m^3。

在气调冷藏过程中，随着果蔬水分的蒸发，环境空气中水蒸气含量不断增大，果蔬表面的水分含量减少，水分蒸发速度逐渐减慢。如果环境中水蒸气分压与果蔬表面溶液的饱和蒸气压达到平衡，此时环境中的水分不再增加，果蔬与环境之间的传质交换达到平衡。

4. 果蔬表面与内部

（1）果蔬表面

果蔬表面有水分蒸发而离开果蔬，并且带走潜热，同时水分也会从果蔬内部向表面迁移。在任意一个表面上，根据质量守恒，从表面扩散到边界层的水蒸气的量必须等于离开果蔬表面的水分蒸发量。根据菲克定律，在直角坐标系中应有

$$-\rho(D_x\frac{\partial W}{\partial x}n_x + D_y\frac{\partial W}{\partial y}n_y + D_z\frac{\partial W}{\partial z}n_z) = D_0\frac{P_0}{T_0^{3/2}}\frac{T^{1/2}}{R_W l}\text{In}\frac{P - p_{we}}{P - p_{wf}} \quad (3-70)$$

式（3-70）中，n_x，n_y，n_z——方向因子；

D_x，D_y，D_z——各坐标方向上的质扩散率；

x，y，z——直角坐标轴方向。

利用所作的理论假设条件（2）、（3）、（4）得

$$-\rho D_e(\frac{\partial W}{\partial x}n_x + \frac{\partial W}{\partial y}n_y + \frac{\partial W}{\partial z}n_z) = D_0\frac{P_0}{T_0^{3/2}}\frac{T^{1/2}}{R_W l}\text{In}\frac{P - p_{we}}{P - p_{wf}} \quad (3-71)$$

式（3-71）中，D_e——果蔬内部有效湿扩散系数，m^2/s。

（2）果蔬内部

果蔬内部的水分扩散系数较小，但是当果蔬表面层失水后，表面与内部会产生相当大的水分梯度。因此果蔬内部，尤其是靠近表面的区域，它的水分扩散不能忽略，果蔬内部水分扩散方程为

$$\frac{\partial W}{\partial \tau} = -\rho D_e(\frac{\partial W}{\partial x} + \frac{\partial W}{\partial y} + \frac{\partial W}{\partial z}) \quad (3-72)$$

在一个很小的体积微元中根据水分传质的质量平衡，得水分扩散的微分方程为

$$\frac{\partial W}{\partial \tau} = D_e\rho(\frac{\partial^2 W}{\partial x^2} + \frac{\partial^2 W}{\partial y^2} + \frac{\partial^2 W}{\partial z^2}) \quad (3-73)$$

5. 统一模型

类似传热建模，为了避免确定形状表面因子的困难，建立一个适用的统一传质模型，可以大大简化计算和提高实用性。在此重点对无限大平板、无限长圆柱和球体类果蔬的气调冷却过程的传质进行建模处理，拟对这三种基本形状建立一个通用的传质模型。假定三种基本形状果蔬的特性尺寸分别为无限大平板厚度为 $2R$；无限长圆柱底圆半径为 R；球体半径为 R。这三种基本形状的果蔬可以建立一维坐标，无限大平板类果蔬以中心

截面为对称面，直角坐标的原点定在中心面上，沿厚度从$-R$到R方向建立一维坐标。无限长圆柱形状的中心轴作为坐标轴，其沿半径方向的圆柱坐标从0到R也是一维性。球体类果蔬的球心为坐标原点，坐标轴从0到R。

对于三种基本形状类的果蔬，根据质量守恒，在气调冷藏过程中，果蔬表面水分扩散方程为

$$-\rho\left(D_e\frac{\partial W}{\partial r}\right)_{r=R}=\frac{D}{R_W T}\frac{P}{l}\text{In}\frac{P-p_{we}}{P-p_{wf}} \tag{3-74}$$

果蔬内部水分扩散方程为

$$\rho\frac{\partial W}{\partial \tau}=D_e\frac{\partial^2 W}{\partial r^2}+(n-1)\frac{D_e}{r}\frac{\partial W}{\partial r} \tag{3-75}$$

果蔬表面水蒸气的饱和压力服从安东尼公式：

$$P_W\approx\exp\left(23.4975-\frac{3990.56}{T+233.833}\right) \tag{3-76}$$

（四）小结

主要建立了果蔬在气调储藏过程中传质机理的物理模型、数学模型。

四、理论模拟

（一）气调冷藏的运行模式

根据气调设备动作频率和冷藏环境的换气方式，与减压冷藏类似，也将气调冷藏分为密闭储藏、定压气调冷藏、动态气调冷藏以及恒定水蒸气分压四种运行模式。不同的运行模式对果蔬保存的质量，果蔬内部和表面的传热、传质的影响也不尽相同。

1. 密闭储藏

运行模式：将果蔬置于冷藏箱内，密封箱体，启动气调设备对箱内的气调储藏介质进行调节到规定要求后，停止气调设备运行，关闭气调设备与冷藏箱之间的阀门，并保持冷藏温度恒定。在冷藏过程中，不再对冷藏箱进行气调处理。

从果蔬蒸发出来的水分和其他挥发性物质全部储留在冷藏箱中，冷藏箱中水蒸气分压随着水分的蒸发而不断增加，环境中的化学势不断增大。而与此同时，果蔬溶液中自由水的化学势由于水分蒸发而减小，两者之间的化学势差能在较短时间内消失达到平衡，所以在这种运行模式下的果蔬

水分蒸发量比较小。

2. 定压气调冷藏

运行模式：同密闭储藏不同的是，定压气调冷藏的环境压力保持在规定范围内，当冷藏压力超过这一规定值上限时，用配备的真空泵和气调设备对其进行调节使其压力达到规定值。

气调设备停止工作后，从果蔬中蒸发出来的水蒸气、其他挥发性物质以及漏入气体开始在冷藏箱中积聚，使箱内压力增加，需要运行真空泵抽取部分气体以保持箱内压力恒定，与此同时，为了保证气调介质在规定的浓度范围内，又要运行气调设备对其进行调节。这样能在保持恒压的同时保证储藏果蔬的新鲜度。在抽气过程中，总会有部分水蒸气被抽出冷藏箱，使环境空气中水蒸气与果蔬中自由水之间的化学势差又重新增大，加快了水分蒸发速度，所以果蔬失水较多。

3. 动态气调冷藏

运行模式：利用气调设备连续对冷藏环境进行气调介质浓度的调节，同时通过真空泵保持冷藏箱内压力平衡。

从果蔬中蒸发出来的水分，部分随真空泵排出环境，余下的水蒸气使环境中水蒸气的含量会增加。在这种运行模式下水分蒸发较多，因此果蔬失水比较大。输入的气调气体可以先通过一个加湿器进行加湿处理，有利于保存对水分含量要求比较高的果蔬。但这种运行方式由于需气调设备连续运行，运行费用比较高。

4. 恒定水蒸气分压

运行模式：在气调冷却和冷藏过程中，保持环境温度、压力恒定的同时，维持环境中水蒸气分压为一定常数。

在这一运行模式下，除了保持合适的冷藏环境温度、压力以外，还通过各种方法清除从果蔬蒸发出来的水蒸气，保持环境中水蒸气分压为定值。一般是通过控制装置中补水器的温度来实现，将补水器的温度降低到冷藏箱内水蒸气分压所对应的饱和温度或者更低，这样冷藏箱和补水器之间的水蒸气存在化学势差，从果蔬蒸发出来的水蒸气会慢慢扩散到补水器里，反过来补水器中的水分还可以在水蒸气化学势的作用下对环境补水，维持水蒸气分压恒定，保证了冷藏箱里水蒸气分压不变，而扩散出来的水分在补水器的蒸发盘管上以水或霜的形式凝结下来。

（二）程序框图

对无限大平板、无限长圆柱及球体形状的果蔬用计算机理论模拟气调储藏过程中果蔬的温度变化、质量损失变化。在一定的运行模式下主要选择参数有环境压力、环境温度、环境水蒸气分压、果蔬的初始温度与初始质量、果蔬与环境的综合换热系数、果蔬的表面状况、水分在空气中的扩散系数以及果蔬的物性参数如密度、比热、导热系数、特型尺寸及果蔬内部有效湿扩散系数等。

在模拟阶段有两个参数难以精确确定，一个是果蔬与环境之间的综合换热系数。因为在气调储藏条件下，气调介质的流速很小甚至有时为零，而且冷藏温度又不是很高，所以根据文献取果蔬与环境之间的换热系数α＝5W/（$m^2 \cdot K$）。

另一个难以确定的参数是果蔬表面的传质阻力层。果蔬表面传质阻力层厚度对果蔬的传热、传质皆具有很大影响，尤其直接影响传质。传质阻力层越薄，果蔬表面水分蒸发越快；传质阻力层的厚度越大，水分蒸发越慢，果蔬冷却速度也相应减慢。目前国内外对果蔬的气调冷藏的研究大多停留于降温速率的实验测量与分析，对其在气调条件下传质阻力层的厚度几乎没有研究。在化工精馏过程中纯液体与气体之间传质方面有一些关于传质阻力层厚度的数据。但在气调储藏条件下，果蔬表面水分与空气之间的传质与精馏过程中的传质又有所区别，其阻力层的厚度受很多因素的影响，如表面水分含量、空气流动速度、环境空气压力大小等。在此采用的方法是将果蔬自然皮层作为传质阻力层。

程序控制模式为：计算果蔬各节点的温度变化、果蔬的平均温度及果蔬在储藏过程中的质量损失等，当果蔬的中心点温度达到规定值时，输出模拟结果。程序框图如图 3-11 所示。

在计算机模拟过程中可能会出现这样的情况，例如环境温度为 10℃，而果蔬在 11.5℃左右时果蔬与环境之间的传质已达到平衡，此时果蔬的温降只能通过自然对流达到与环境平衡（忽略辐射换热）。如果以果蔬中心点温度降到 10℃为控制条件，则其运行时间在理论上将会是无穷大。为了防止出现这种情况，在程序中设定了判断条件，当果蔬表面温度与中心温度相差非常小时，提示果蔬内外温度已一致，询问是否还要继续运行模拟程序。

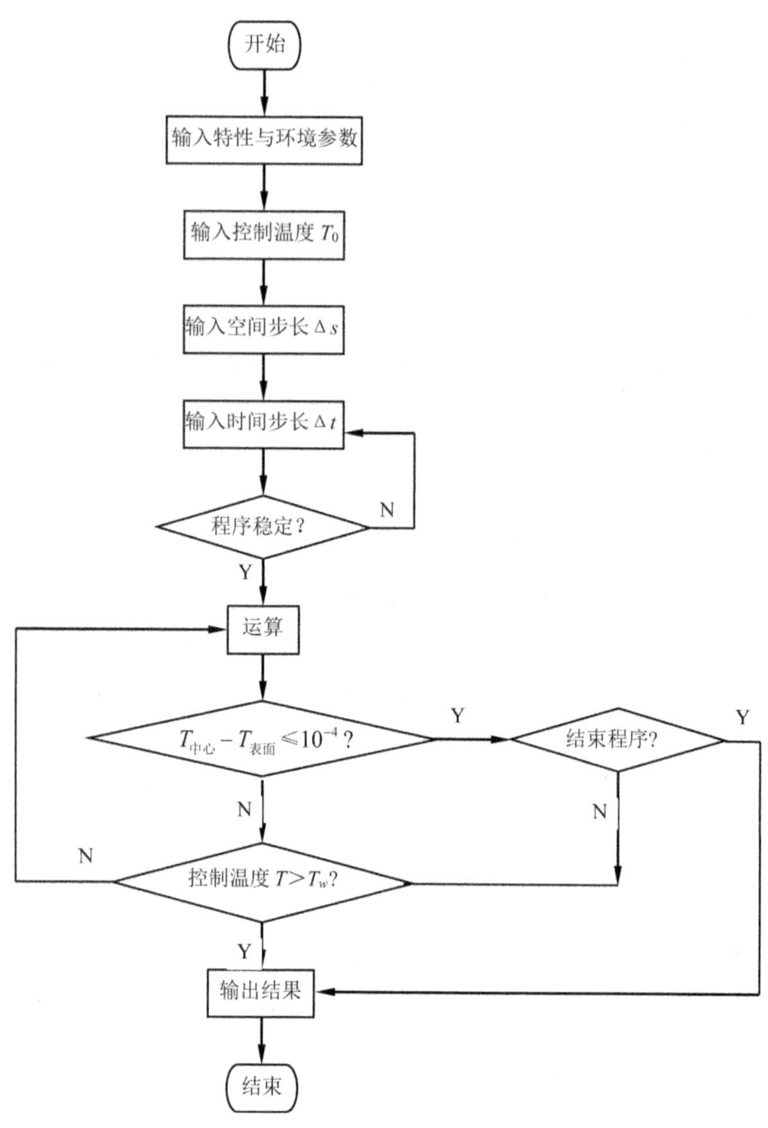

图 3-11　程序框图

（三）理论模拟结果

用理论模拟的方法对无限大平板、无限长圆柱及球体形状的果蔬在气调储藏中的温度分布和质量损失进行理论计算，并分析气调储藏果蔬的影响因素。

1. 果蔬温度变化及水分蒸发引起的质量变化

以东北地区特产的油豆角为模拟研究对象，其主要物性参数确定如下：

（1）密度

根据介绍的理论基础部分，在精确度要求不是很高的前提下，果蔬的密度可以简单地认为是水分和其他物质的简单函数：

$$\rho = W\rho_w + (1 - W)\rho_0 \tag{3-77}$$

式（3-77）中，ρ——果蔬密度，是待定量；

W——果蔬中的水分含量，通过资料或实验可确定；

ρ_w——水的密度，可查得；

ρ_0——除水以外的其他成分的密度，该值由于果蔬的品种不同而各异，而且很少有资料记载其详细数值。

通过以下方法确定 ρ_0：

油豆角的含水率 $W = 88.9\%$。由于油豆角是果蔬，所以根据已知密度值的两种蔬菜来确定各自所含水分以外的物质的密度 ρ_0，然后根据两点公式来确定油豆角的 ρ_0。

芜箐：$W_1 = 89.8\%$，$\rho_1 = 1000\text{kg/m}^3$；

洋葱：$W_2 = 87.3\%$，$\rho_2 = 970\text{kg/m}^3$。

根据式（3-77）有

$$\rho = W\rho_w + (1 - W)\rho_0$$

解得

$$\rho_0 = \frac{\rho - W\rho_w}{1 - W}\ (\rho_w \text{ 取 } 1000\ \text{kg/m}^3)$$

将数值代入上式得 $\rho_{01} = 1000\text{kg/m}^3$，$\rho_{02} = 763.8\text{kg/m}^3$。

根据两点公式来确定油豆角中水分以外物质的密度：

$$\rho_0 = \rho_{01}\frac{W - W_1}{W_2 - W_1} + \rho_{02}\frac{W - W_2}{W_1 - W_2} \tag{3-78}$$

将 $\rho_{01} = 1000\text{kg/m}^3$；$\rho_{02} = 763.8\text{kg/m}^3$ 代入式（3-78）中得

$$\rho_0 = 848.3\ \text{kg/m}^3$$

利用式（3-78）得油豆角的密度为

$$\rho = W\rho_w + (1 - W)\rho_0 = 983.2\text{kg/m}^3$$

(2) 导热系数

由于气调储藏中的冷却温度一般皆在0℃以上，尤其油豆角的储温在10℃左右才不致于发生冷害，所以气调储藏过程中油豆角的导热系数可作为常数处理。由于现有的资料中未能查到油豆角的导热系数，所以其导热系数若采用前文介绍的导热系数方程式有些系数难以确定，其精确度不高。为了计算简便，油豆角的导热系数计算采用安德森（Andersen）提出的食品的导热系数计算式：

$$k = Wk_s + (1 - W)k_g \tag{3-79}$$

式（3-79）中，k——冻结果蔬的导热系数，W/（m·K）；

k_s——水的导热系数，可取 k_s =0.6W/（m·K）；

k_g——果蔬中干物质的导热系数，由于果蔬中干物质主要是碳水化合物，一般可取 k_g =0.245W/（m·K）；

W——果蔬含水率，油豆角的含水率 W =88.9%。

根据式（3-79）可计算出油豆角的导热系数为

$$k = 88.9\% \times 0.6 + (1 - 88.9\%) \times 0.245 = 0.561\ \text{W/(m·K)}$$

(3) 比热

在没有其他成分挥发和温度变化不大的情况下，根据第二章的理论基础可知，比热是水分的一元一次方程：

$$C = C_1 + C_2W \tag{3-80}$$

式（3-80）中，C——果蔬的比热，J/（kg·K）；

C_1——常系数，取 C_1=837.2；

C_2——常系数，取 C_2=33.49；

W——果蔬含水率,%，油豆角的含水率 W =88.9%。

根据式（3-80）可计算出油豆角的比热为

$$C = C_1 + C_2W = 837.2+33.49\times88.9 = 3814.5\text{J/(kg·K)}。$$

以特性尺寸为5mm无限大平板状油豆角为例，运行模式为恒定水蒸气分压。环境压力保持一个大气压，环境温度保持10℃，冷却时间2h，果蔬的温度变化曲线如图3-12所示。

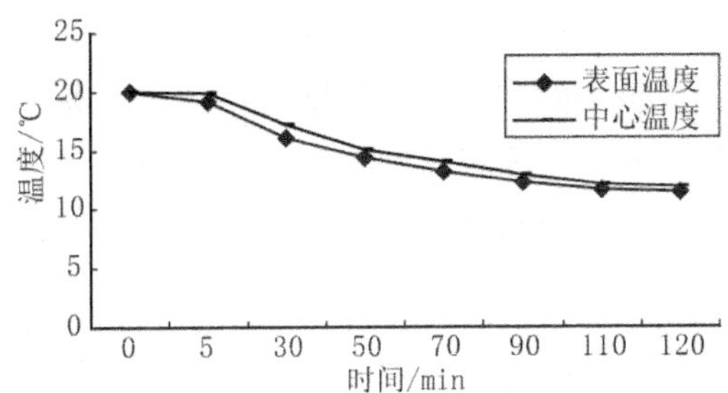

图 3-12　气调冷藏中果蔬各层温度变化

由图 3-12 可以看出，在果蔬冷却过程中各层温度差异比较小，这是由于无限大平板的特性尺寸小，各节点距离较近。

果蔬的平均温度变化见图 3-13。

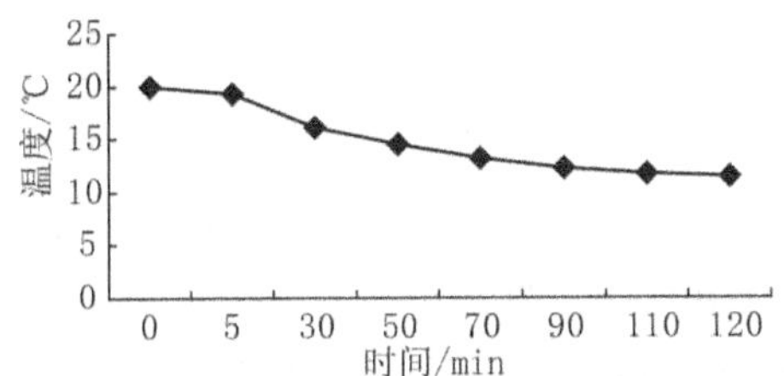

图 3-13　气调储藏中果蔬平均温度变化

单位时间、单位面积果蔬表面扩散的水分质量变化曲线如图 3-14 所示。

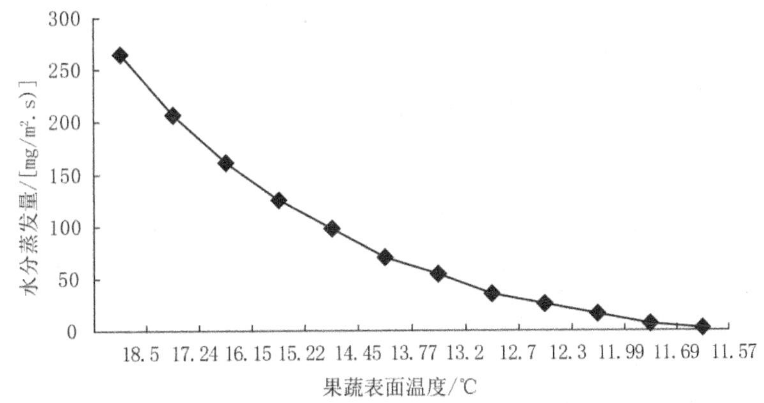

图 3-14　气调储藏中果蔬表面水分蒸发量

由图 3-14 可以看出，随着气调储藏果蔬表面温度的降低，果蔬表面单位时间、单位面积扩散的水分量降低，这说明果蔬中各点的水分含量降低，果蔬表面的水分蒸发量与果蔬表面温度关系很密切，当果蔬表面温度降到一定数值时，果蔬表面的水蒸气分压与环境中水蒸气分压相等，此时二者的水的化学势平衡，果蔬表面不再有水分扩散出来，即传质已达到平衡。这也正是只考虑气调冷却过程中传热、传质的原因。

（四）小结

确定了实验材料油豆角的物性参数，并通过所编制计算程序的运行得出了油豆角在气调冷却过程中各点温度变化及其表面单位时间、单位面积扩散水分变化的理论模拟规律。

五、实验研究

（一）实验装置的设计与改建

要营造一个低温、气调的储藏环境，气调冷藏装置必须具备气调和制冷两项基本功能。实验装置应包括气调系统、制冷系统、控制系统以及测量系统等功能系统，按其物理设施，包括气调冷藏箱、制冷机组、电机、控制设备以及各种管道、阀门等。

本实验所使用的装置是由实验室中现有的一台减压冷藏装置改建而成，两者在气密、制冷的基本原理上是一致的，但是两者的工艺流程、储藏原理、操作方式等有许多区别，如减压冷藏需要一个真空的储藏环境，而气调冷藏则需要一个常压并且空气中各组成成分的浓度有所改变的气调储藏环境。因此需要对各个功能系统作一定的改进。

1. 装置的功能系统

实验装置原理如图 3-15 所示。

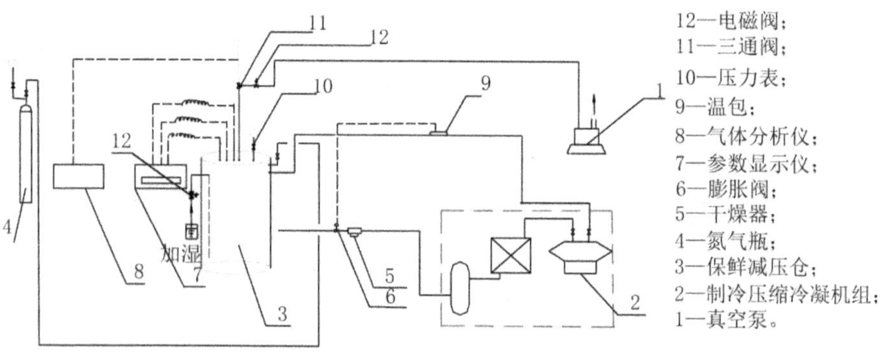

图 3-15 实验装置原理

注：真空泵用于 CA 冷藏与减压冷藏对比。

（1）气调系统

气调系统采用氮气瓶充氮降氧。如图 3-15 所示，这种降氧应采用开式循环系统。氮气瓶内的高压氮气经减压阀降压后，从进气管进入冷藏箱内，箱内气体从排气管排出箱外，直到箱内的氧气浓度接近规定值。在储藏过程中，如检测箱内二氧化碳浓度过高，可用充氮法降低二氧化碳含量。此时如箱内氧气浓度过低，可加入适当空气稀释二氧化碳含量提高氧气含量。

（2）制冷系统

在气调冷藏过程中，系统的主要热负荷有：果蔬从室温降到冷藏温度放出的显热；果蔬呼吸产生的呼吸热；为了保持果蔬新鲜的需要而进行气体调节时引入新气体所带入的热负荷；外界环境通过箱体壁、门及其他管道与箱内形成的漏热负荷；运送果蔬时所带入的热量；等等。

制冷系统的功能是向气调冷藏箱提供冷量，保持恒定的温度环境。在有水汽捕集器的系统中，同时向捕水汽提供冷量。制冷系统主要由压缩机、蒸发器、冷凝器、干燥过滤器、热力膨胀阀等组成。

制冷系统采用的制冷剂是 R22，在实验中通过温度控制器来自动启停制冷系统。

（3）控制系统

为了防止储藏环境设计参数波动大而影响果蔬保存质量，需维持规定的低温气调环境，尤其是在果蔬冰点附近或者是在易产生冷害附近的温度区域冷藏时，为了防止果蔬产生冻害或冷害，同时预防低氧或高二氧化碳浓度所造成的果蔬中毒现象的发生，系统更需要在尽可能稳定的状态下运行。这就需要实验装置有一个良好的控制系统。

控制系统主要由制冷系统中的温度控制器、压缩机的过流保护和压缩机的高低压保护器及各种电磁阀组成。由于条件有限，在实验中气调冷藏箱中的气体浓度以手动控制。

（4）测量系统

在实验过程中，为了准确分析果蔬在气调冷藏过程中温度和水分含量是如何变化的，需要仪器测量任意一时刻下的温度及在该温度下的质量损耗情况。冷藏箱中压力、温度、湿度和气体浓度等参数由测量系统进行测量，测量仪表主要有压力表、测温热电偶、湿度仪、电子天平秤及气体分析仪等。

为了观察果蔬中各点在气调冷却过程中的温度变化，在实验中采用自制的铜—康铜热电偶温度计。

2. 气调冷藏箱

冷藏箱是气调储藏的主要部件，它的功能是存放果蔬。根据制冷与气调的工艺，必须是一个集气调与保温于一体的容器，里面布置制冷系统的蒸发器，同时为了放置果蔬，在其内部还要设置搁放果蔬的搁板。冷藏箱用金属轧制板材制成，可焊性与气密性良好，为了保温需要，冷藏箱为双层壁，中间充填聚氨酯绝热材料。在搁物架上放置电子天平秤，再将果蔬放在电子天平秤上，这样方便观察果蔬干耗情况。气调冷藏箱中还需要布置测量温度和湿度的其他辅助设施。

实验中用热电偶测量果蔬温度，要测量果蔬中各点的温度变化，测温元件的测温点要尽可能小，能够测量到较小区域点的温度，提高测量精度。

改造后的实验装置如图 3-16 所示。

图 3-16 实验装置

气调冷藏的工艺流程：果蔬放入冷藏箱后，启动氮气瓶上的减压阀和制冷压缩机，开启各系统管路中的阀门，氮气瓶对冷藏箱充氮降氧，降低环境中的氧气浓度；通过温度控制器的设定来调节冷藏箱的温度，维持箱内的温度以防止温差波动过大。当温度达到规定值的上限时，温度控制器控制制冷系统自动开启；当冷藏温度达到下限时，自动关闭制冷系统。同理，当冷藏箱内的氧气浓度达到规定值的上限时，手动开启减压阀；当箱内的氧气浓度达到规定值的下限时，手动关闭减压阀，对系统进行气调。通过关闭气调冷藏箱各管路上的阀门对其进行密封。

（二）实验材料与方法

实验分析不同品种、成熟度、储藏温度及储藏手段对果蔬储藏效果的影响。

在上一实验基础上进一步研究果蔬储藏过程中各点温度变化及质量损失情况，验证所建立的传热、传质模型的正确性。

1. 材料

紫花油豆角、将军王油豆角、八月绿油豆角，皆产于黑龙江省哈尔滨市郊区。

（1）2003 年实验材料

实验品种：露地生长的紫花油豆角、将军王油豆角和八月绿油豆角，从早市上购买刚采摘的材料进行储藏实验。

实验用试剂：来自哈尔滨商业大学食品工程学院实验室。

（2）2004 年实验材料

实验品种：紫花油豆角，从早市上购得进行储藏实验。

2. 储前处理

挑选具有本品特征、特性，均匀、顺直、无机械伤、无病虫害的油豆角作为实验材料，及时分组、称重、处理进入储藏环境。

3. 实验设计

（1）成熟度实验

紫花油豆角和八月绿油豆角，按低、中、高三个成熟度进行分组，放入气调储藏箱内，用氮气瓶调节气体成分，10℃下储藏。每个处理 3 个重复，每个重复 1kg。气体成分分析用 CYES-Ⅱ性气体分析仪，并用奥氏气体分析仪校正。油豆角按其外观分为三个成熟度：

低——成熟度约在五成，豆荚短、形态不够挺拔、色泽嫩绿、荚内无豆或豆粒很小。

中——成熟度约在七成，豆荚尚未膨大、外观饱满挺拔、色泽鲜绿、质地脆嫩。

高——成熟度约在九成，八月绿油豆角外荚绿中发白；紫花油豆角荚色发暗、外皮有明显脉络鼓出，荚内籽粒长大使豆荚明显膨大。

在储藏 3 周后，对其进行感官评定，感官评定分级标准如表 3-4 所示。

表 3-4 油豆角感官评定分级标准

项目	级别				
	0	1	2	3	4
腐烂	无腐烂	腐烂面积 $<1cm^2$	腐烂面积<整个豆荚面积的 1/10	腐烂面积<整个豆荚面积的 1/2	腐烂面积>整个豆荚面积的 1/2
锈斑	无锈斑	豆荚表面有微小褐色斑点	较多微小斑点、轻度凹陷	较大斑点、明显凹陷	锈斑最大纵径>1.5cm，锈斑连片
硬度	脆硬	一端折起< 90^0，断裂	90^0 <一端折起< 180^0，断裂	对折断裂	对折不断裂，非常软
色泽	鲜绿	绿	轻微褪色	严重褪色	变黄

待测油豆角按上述标准分级后，各测试项目以指数表示。例如，测试油豆角的腐烂情况，将油豆角按标准分级，记录每级的数量，然后按下式计算腐烂指标：

$$腐烂指数 = \frac{\sum(数量 \times 级值)}{总数 \times 最高级值} \times 100$$

另外，商品率的确定方法如下：

规定表 3-4 中 0 级和 1 级的油豆角具有商品价值，而其他级别则无商品价值。按此规定，油豆角的商品率为具有商品价值的豆角总数与该处理的总豆角数的比值。

这种方法将反映油豆角鲜度的主要感官指标用指数表示，使油豆角感官品质变异程度数量化，因而能更直观地反映油豆角储藏期间的鲜度变化情况。

（2）温度实验

将中等成熟度紫花油豆角分别储于 5℃、10℃、15℃三种温度条件下，每个处理为 3 个重复，每个重复 1kg。储藏期间每隔一定时间取样，测定呼吸强度，其测定方法用如下的静止法：

用移液管吸取 0.4N NaOH 溶液 20ml 放入培养皿中，将培养皿放进真空干燥器中，放置隔板，装入 1kg 油豆角，封盖。1h 后取出培养皿，把碱液移入烧杯中，加饱和 $BaCl_2$ 溶液 25ml，酚酞 2 滴，用 0.2N 的草酸溶液滴定。用同样的方法作空白滴定。

$$呼吸强度[CO_2mg/kg \cdot h)] = \frac{22(V_1 - V_2)N}{Wh}$$

式中，V_1-V_2——草酸滴定空白碱液和待测样的差值；

N——草酸溶液的当量浓度；

W——样品重量，kg；

H——测定时间，h；

22——CO_2 的毫克当量。

（3）品种实验

选取中等成熟度的紫花油豆角、八月绿油豆角和将军王油豆角为实验材料材，在气调冷藏条件下储藏21d后，进行感官评定。每个处理为3个重复，每个重复1kg。

（4）2004年实验

根据前期实验所确定的油豆角适宜储藏温度、成熟度和品种，对油豆角在气调储藏过程中各点的温度变化及其在对应温度情况下的失重情况进行实验。与此同时，为了体现气调储藏的效果，进行了对照实验——普通冷藏和减压冷藏实验。

选取中等成熟度的紫花油豆角置于温度为10±1℃，氧气含量为2%~5%，二氧化碳浓度为2%~5%的气调冷藏箱内储藏。用自制的铜—康—铜热电偶温度计测量紫花油豆角的各点温度；通过观察电子天平秤来测量其失重情况，从而验证本书所建立的传热、传质模型的准确性。

4. 数据分析

采用Excel软件对检测数据进行统计分析与制图。

（三）结果与分析

1. 成熟度、温度、品种对油豆角储藏效果的影响

（1）成熟度对油豆角储藏效果的影响（见表3-5）

表3-5　成熟度对油豆角储藏效果的影响

单位：%

成熟度	感官评定项目				
	腐烂指数	锈斑指数	硬度指数	色泽指数	商品率
低	36.38	37.98	34.28	26.25	32.86
	35.07	36.39	32.62	24.28	37.26

续表

成熟度	感官评定项目				
	腐烂指数	锈斑指数	硬度指数	色泽指数	商品率
中	19.82	20.16	17.98	13.26	83.32
	17.69	17.06	15.62	11.38	86.29
高	36.02	39.25	35.89	26.95	31.27
	33.85	37.38	34.06	24.25	33.85

注：上下两行数据分别是八月绿油豆角和紫花油豆角的感官评定指数。

为了使比较效果更直观，采用 Excel 软件对表 3-5 数据进行系统分析并制图，如图 3-17～图 3-20 所示。

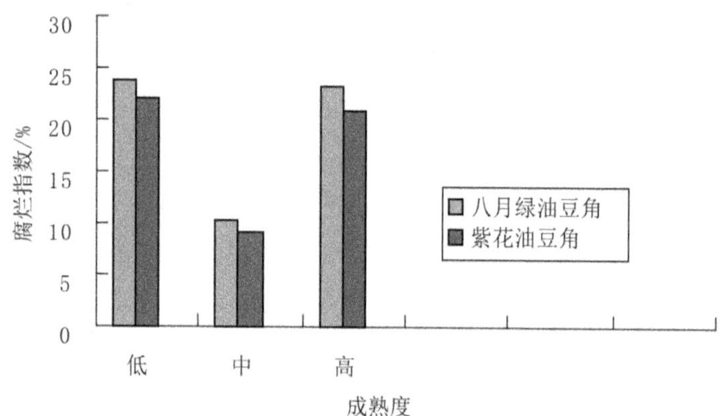

图 3-17　成熟度对油豆角腐烂指数的影响

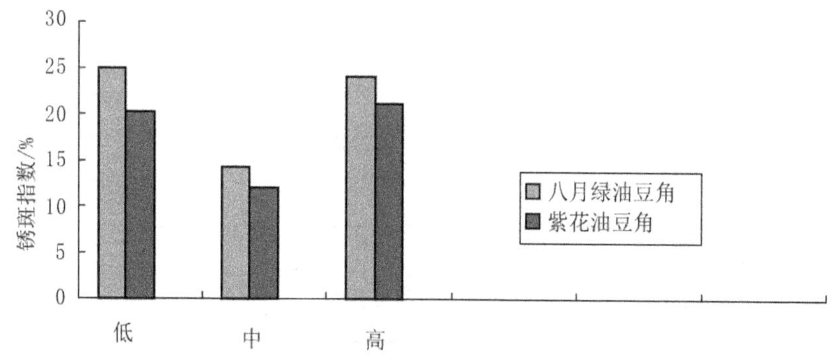

图 3-18　成熟度对油豆角锈斑指数的影响

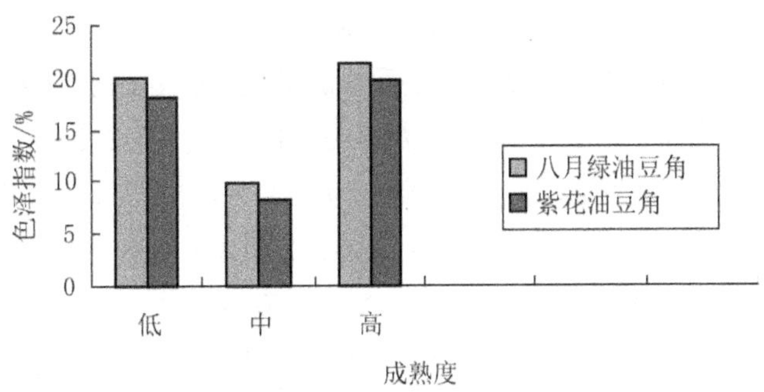

图 3-19　成熟度对油豆角色泽指数的影响

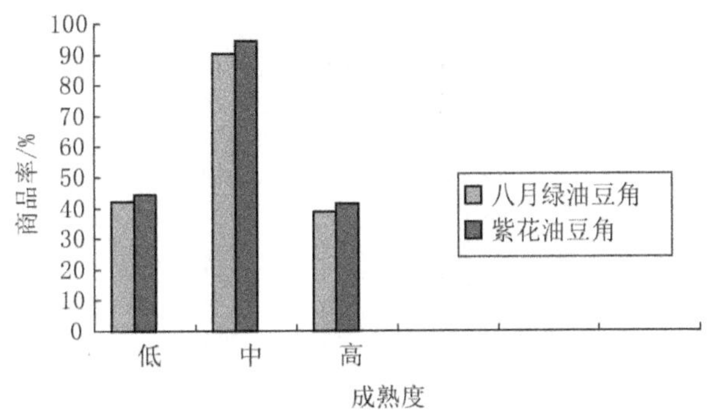

图 3-20　成熟度对油豆角商品率的影响

图 3-17 至图 3-20 分别是不同成熟度的八月绿油豆角和紫花油豆角在 10℃温度，氧气浓度为 2%～5%，二氧化碳浓度为 2%～5%的环境下储藏 21d 的各感官评定指标和商品率。可以看出，成熟度与油豆角的储藏效果有密切关系。中等成熟度的油豆角储藏效果最好，比低成熟度和高成熟度的油豆角的各感官评定指数都明显偏低，而商品率却明显偏高。这主要是由油豆角的自身特点所决定的。低成熟度的油豆角组织幼嫩，呼吸强度大，物质损耗的速度较快；高成熟度的油豆角在采摘时组织已经开始老化、抗病性弱。因此，供储藏用的油豆角一定要严格控制其成熟度，在达到中等成熟度时采摘，才能保证良好的储藏效果。

(2) 温度对油豆角储藏效果的影响

①温度对锈斑指数和商品率的影响。图 3-21 和图 3-22 是气调储藏油豆角到 21d 时，不同温度下的锈斑指数和商品率的观察统计数据。通过储藏观察可以看出温度对油豆角锈斑指数和商品率的影响非常大。

温度是影响油豆角锈斑指数及腐烂发生的重要因素。由图 3-21 可以看出，同样气调储藏 21d 后，10℃气调环境中油豆角的锈斑指数最小（19.82%），5℃和 15℃气调环境下锈斑指数很大，分别为 75.26%和 68.89%，皆是 10℃环境下锈斑指数的 3 倍以上。由图 3-22 可以看出，10℃气调环境中油豆角的商品率最高，为 83.32%，5℃和 15℃气调环境下储藏油豆角的商品率分别为 30.56%和 38.12%，分别是 10℃气调环境下储藏油豆角的商品率的 36.61%和 45.75%。这说明 10℃是油豆角比较适宜的储藏温度，5℃和 15℃气调环境的气调环境会使油豆角的锈斑指数和腐烂指数增大，从而造成商品率的降低，因此，5℃和 15℃是不利于油豆角储藏的温度。

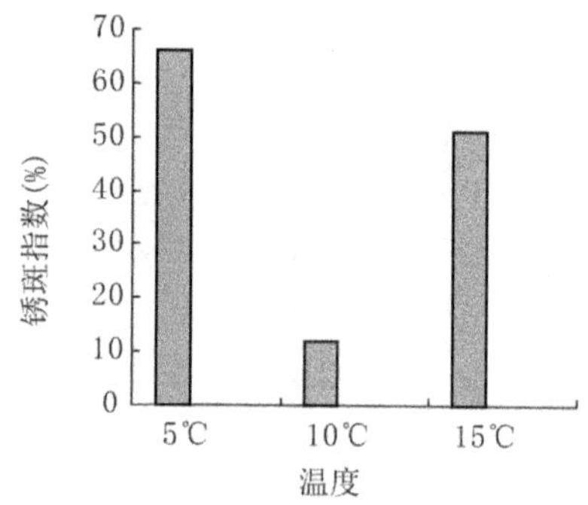

图 3-21　温度对气调储藏油豆角锈斑指数的影响

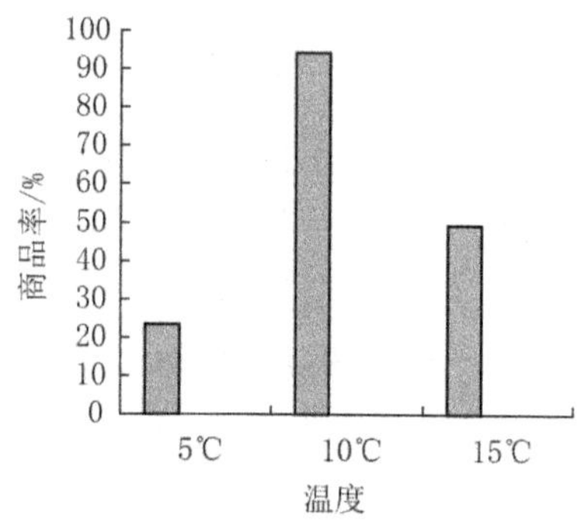

图 3-22　温度对气调储藏油豆角商品率的影响

②温度对呼吸强度的影响。由图 3-23 可以看出，油豆角是一种呼吸跃变型蔬菜。刚采摘的豆荚呼吸旺盛，在储藏温度为 10℃和 15℃时，储藏初期，呼吸强度缓慢降低，在储藏一段时间之后，呼吸强度突然大幅上升，达到一个高峰后又开始下降，最后保持在一个稳定的低水平上，这一

变化规律符合呼吸跃变型果蔬的特点。温度不仅影响呼吸强度的大小，而且影响着呼吸高峰出现的时间，温度越高，呼吸高峰出现越早。储藏温度在15℃时，在储藏第18d即出现呼吸高峰，而储藏在10℃条件下的油豆角，到第21d才出现呼吸高峰。这说明低温储藏不仅可以降低呼吸强度，而且可以延缓呼吸高峰的到来，从而抑制后熟，延长储藏期。但是温度并非越低越好，油豆角在5℃条件下储藏第6d呼吸强度异常升高，在第12d达到一个极高的峰值，然后急剧下降，并维持在一个极低的水平上，说明油豆角已受冷害。所以，在不至于引起冷害的条件下，10℃左右的低温可以较好地抑制油豆角的呼吸作用。

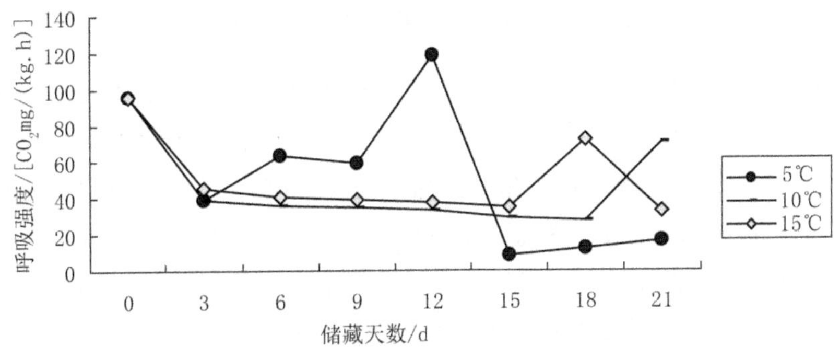

图3-23　油豆角不同储藏温度下呼吸强度的变化

（3）品种对油豆角储藏效果的影响

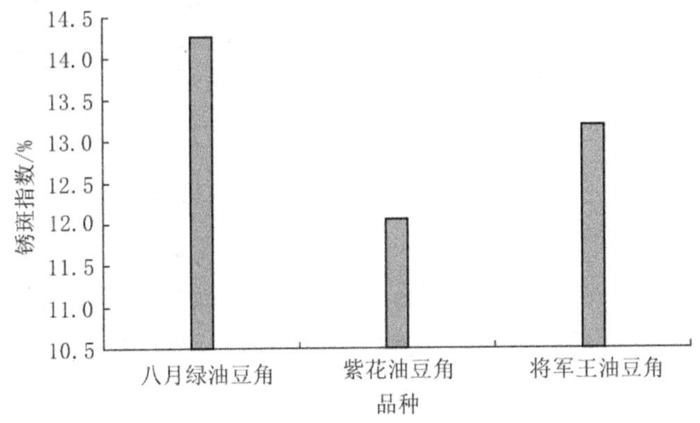

图3-24　不同品种油豆角对锈斑指数的影响

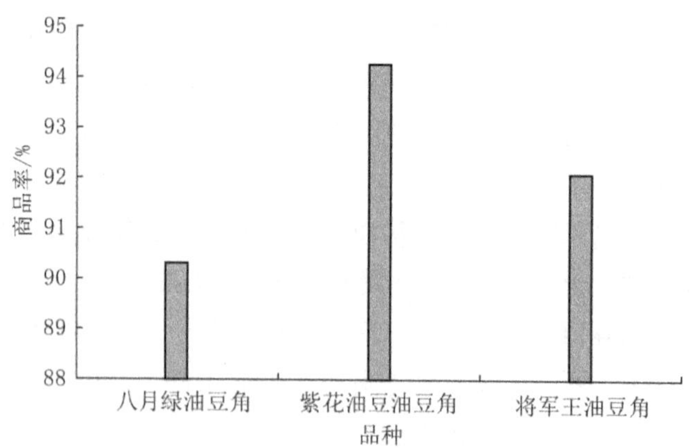

图 3-25 不同油豆角品种对商品率的影响

由图 3-24 可知，经气调储藏后，紫花油豆角的锈斑指数为 12.05%，比八月绿油豆角和将军王油豆角的锈斑指数分别降低了 15.68%和 8.64%；由图 3-25 可以看出紫花油豆角的商品率为 94.26%，比八月绿油豆角和将军王油豆角的商品率分别升高了 4.36%和 2.36%。因此，可以认为紫花油豆角更适宜长期储藏，而八月绿油豆角和将军王油豆角适宜用作鲜食。

2. 气调储藏过程中油豆角各点温度变化及质量损失情况

油豆角是黑龙江地区的一种特产，这种豆角素以口感润滑、肉厚、质地均匀、味道醇正等特点受到本地和外地广大居民的喜爱。为了实现油豆角的周年供应而作为主要实验对象进行研究。由于油豆角的长度（16~20cm）和宽度（2~3cm）比其厚度（0.5~0.99cm）大得多，所以将其近似看作能够保证在传热、传质过程中的一维性，可以应用无限大平板模型。

考虑到无限大平板内的温度对称分布，只测量其厚度方向一半的温度值即可知道整个厚度方向上的温度分布。由于油豆角的厚度本身就很小，所以将其厚度的一半分成五个节点区域测温，各测温点如都放入一根油豆角中将会互相影响而产生很大误差，所以用五个热电偶分别测量同一处理中的五根油豆角的不同节点区域的温度，这样可以减少测量误差。

为了与模拟计算结果相比较，我们仅考虑恒定水蒸气分压气调冷藏的运行模式。油豆角的上下传热传质面积为 180mm×30mm，$\delta = 5$mm。为了保持储藏箱中的水蒸气分压为正常量，间隔一段时间就同时启动真空泵和气调设备，这样既移除了冷藏箱中产生的水蒸气及有害气体，又保持了箱中的气调环境。储藏箱的温度为10±1℃，相对湿度为88%~96%，通过将浸泡过水的草垫或海绵垫在箱底来保持相对湿度。与此对应的水蒸气分压为1225Pa。

（1）油豆角温度变化

由图3-26可知，在气调冷藏中果蔬表面由于气调介质与之对流换热使其温度迅速下降。理论模拟与果蔬实际冷却接近，但实际测量时由于热电偶受到空气温度的影响，波动相对较大。

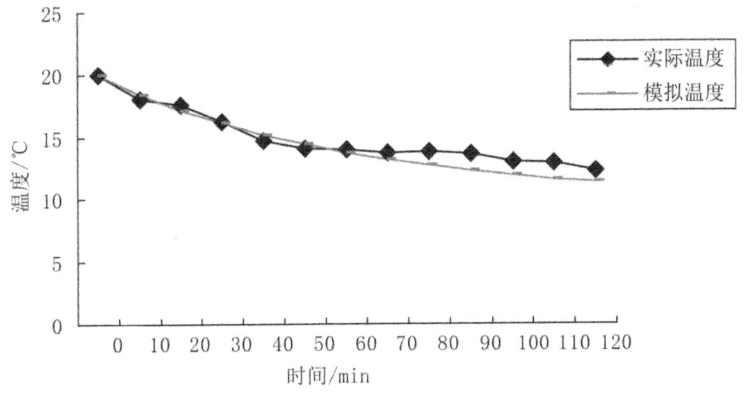

图3-26　油豆角表面温度理论模拟与实际冷却温度曲线

由于对流换热和水分蒸发皆发生在果蔬表面，所以果蔬表面的温度下降迅速，虽然内部也有水分迁移，但是基本没有水分蒸发吸收潜热，所以在冷却开始阶段虽然表面温度已经很低，但是由于导热速度缓慢，其内部温度变化不是很明显，中心点温度变化如图3-27所示。

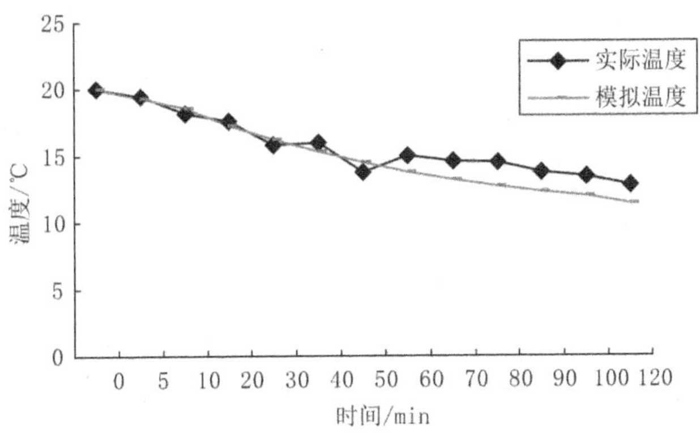

图3-27　油豆角中心温度理论模拟与实际冷却温度曲线

由图 3-26、图 3-27 可知，在果蔬冷却开始阶段，果蔬表面的理论模拟与实际温度变化比较接近，果蔬内部的温度变化与理论模拟基本相似，但由于在测量过程中的误差等，两者之间均存在一定的差别。

（2）油豆角由于水分蒸发引起的质量变化

目前尚无仪器可以测出果蔬水分含量实时变化，但是通过测量果蔬在任意时刻的质量变化，可以定性地分析其水分含量的变化。由于实验条件限制，未能测取得到任意时刻下果蔬质量变化的实验数据，在实验中仅以测量果蔬总失重来分析其在气调冷藏过程中水分的蒸发量。通过比较一定时间（40min）内果蔬实际失重与理论失重，作为理论模拟与实验误差的参考。

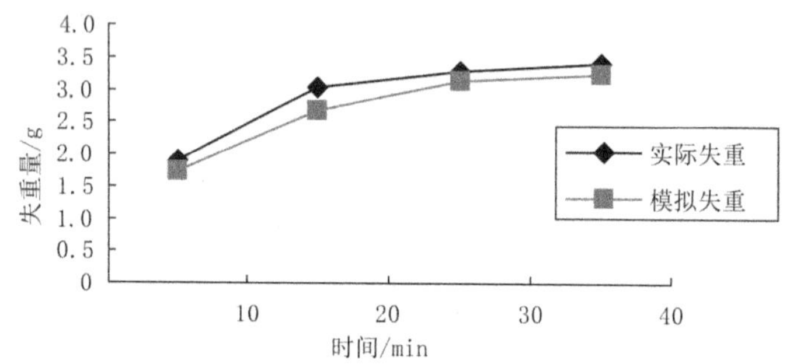

图 3-28 油豆角实际失重与理论模拟失重

由图 3-28 可以看出果蔬实际失重比理论计算得大，一方面是因为理论模拟与实际冷却存在一定的误差，模拟过程中作了许多简化；另一方面，在气调储藏中，除了水分以外还有一些挥发性气体从果蔬中挥发，而这些物质的损失没有被模型考虑在内，所以实际果蔬失重肯定会大于理想的水分蒸发量。理论模拟与实际冷却过程的误差不大，实际油豆角的初始质量为 53. 14g，气调冷藏 40min 后失重 3. 28g，而按照理论模拟计算失水量为 3. 14g，误差为 4. 27%。因此验证了数学模型及理论模拟可以近似认为是果蔬实际的干耗情况。

3. 气调储藏效果

为了观察气调储藏效果，表 3-6 列出了气调储藏与减压储藏、普通冷藏油豆角实验对比情况。图 3-29 列出了储藏天数与失重变化的对比曲线；表 3-6 列出了储藏天数与变质情况的对比曲线。其中，编号为一组的是指气调储藏的油豆角，编号为二组的是指减压储藏的油豆角，编号为三组的是指存放在普通家用冰箱中作为冷藏对比组的油豆角。

由图 3-29、图 3-30 可以看出，气调储藏油豆角的总体效果要优于减压储藏和普通冷藏的油豆角，尤其是失重情况更是占优势。

（四）小结

主要研究了影响气调储藏果蔬的因素、实验与理论模拟结果的比较以及气调储藏与减压储藏、普通冷藏效果的比较。

表 3-6　气调储藏法与减压储藏法、普通冷藏法外部特性对比

编号	储藏方式	储藏天数/d						
		7	14	21	28	35	42	49
一组	气调储藏法含 O_2:2~5%；含 CO_2:2~5%。相对湿度：88%~96%	表面无变化，色泽鲜绿，荚皮脆硬	表面光泽稍有减退，荚皮脆硬	表面光泽减退，荚皮仍较脆硬	表面光泽消失，荚皮脆硬度减小	表面不新鲜，颜色减退，不脆硬	出现少量点状锈斑	23.9%出现锈斑，少量根蒂处腐烂
二组	减压储藏法真空度：72~82kPa	表面无变化，色泽鲜绿，荚皮脆硬	表面光泽减退，荚皮脆硬度减小	表面光泽消失，不新鲜	出现少量点状锈斑，颜色轻微减退	37.3%外观有褐色锈斑生成	67.1%有褐色锈斑，少量根蒂处腐烂	荚皮变黄，大部分腐烂变质
三组	普通冷藏法（常压）温度：10±1℃，相对湿度：~78%	表面光泽有减退	表面光泽消失，出现少量点状锈斑	表面萎蔫，颜色减退，27%出现褐色锈斑	49.1%出现褐色锈斑，根蒂处腐烂变质			

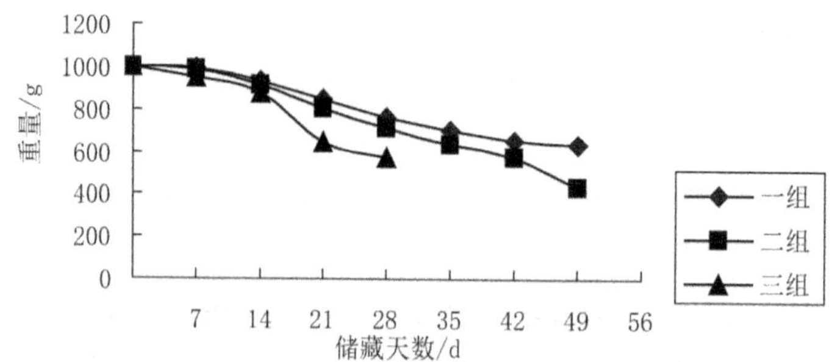

图 3-29　气调储藏与减压储藏及普通冷藏重量变化对比

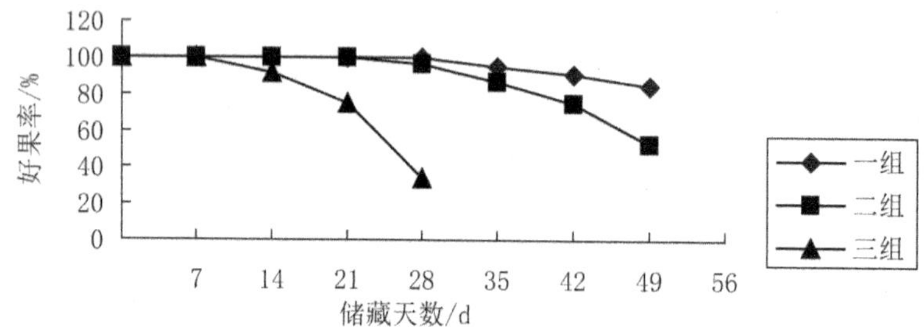

图 3-30　气调储藏与减压储藏及普通冷藏好果率对比

结论

本书对气调冷藏条件下果蔬的温度和质量变化以及果蔬储藏的效果进行了深入研究。首先建立了果蔬在气调冷藏条件下的传热、传质的物理模型和数学模型，进行了理论分析和模拟研究。其次利用现有的设备进行设计和改建，建立了本实验的实验装置。最后对果蔬在气调储藏过程中的温度、质量变化作了详细测量和分析，证明了只要保持适宜的气调环境、温度和湿度，果蔬的气调储藏质量明显优于普通冷藏，在一定程度上也优于减压储藏，并得到以下重要结论：

（1）利用斯蒂芬定律和传热方程建立了数学模型，在计算果蔬气调储藏过程中的传热、传质变化方面取得了满意的结果。本研究结果对应用于生产实践中有一定的价值。

（2）在理论模拟和实验过程中发现，气调环境中加湿，减少了果蔬自身的失水量，维持了果蔬的鲜度。在保存水分含量要求比较高的果蔬时，在气调冷藏箱中必须有加湿系统。

（3）在气调冷藏过程中，果蔬的自然皮层对其水分有保护作用。气调冷藏果蔬时不宜储藏自然皮层破损的果蔬。

（4）本书对气调储藏油豆角的研究表明，油豆角是呼吸跃变型蔬菜，有明显的呼吸高峰，气调储藏可延迟呼吸高峰的到来。

（5）油豆角是冷敏性菜豆类，在 5℃条件下发生冷害，所以在气调储藏果蔬时一定要避开储藏温度过低而造成果蔬冷害的发生。

（6）用于储藏的油豆角，应严格控制采摘成熟度，选择豆角生长结束、豆粒尚未膨胀、成熟度中等（约在七成）时采摘，避免果柄的机械伤害。

（7）适宜的低温（10±1℃）可以减少油豆角锈斑的发生。

（8）气调储藏（温度为 10±1℃，相对湿度为 88%~92%，气体浓度氧气 2%~5%、二氧化碳 2%~5%）有利于抑制油豆角后熟衰老，使其营养品质和感官品质保持较高水平，保鲜效果较好。

本书首次对果蔬气调储藏技术进行理论和实验研究，在理论分析与实验研究过程中出现了一些亟待解决的问题，这些问题的发现为研究的进一步深入和装置的改进提供了重要的参考。

（1）实验台是通过一简易自制的减压冷藏箱改进的，实验缺少一些自控器件，在实验中大多数依靠手动操作，使实验中容易出现一些不必要的波动及人为误差。

（2）冷藏箱没有观察窗口，在进行测取试材指标时不得不打开箱门，造成气调环境的波动。在实验中为了减少误差，实验观察时间往往间隔稍长一些。

（3）实验对油豆角、甜椒以及黄瓜进行了气调储藏实验。从外观分析可以看到果蔬在合适的气调冷藏条件下储藏效果很好，由于实验条件限制，未能对气调冷藏后的果蔬作进一步的生化理化分析，缺少一些这方面的技术数据。在实验方面，由于缺少仪器来测定果蔬水分含量的实时变化，所以在理论计算中只将模型建出而未将水分含量变化的模拟结果计算出，只作了定性分析。如能将这一问题解决则更具可比性。

（4）理论计算和实验研究主要停留在油豆角这类果蔬上，对其他形状的果蔬只进行简单的定性分析。

（5）本书中仅对无限大平板、无限长圆柱和球体三类基本形状的果蔬进行建模和研究，没有对二维和三维的具体果蔬进行深入研究，如圆柱类果蔬高度与直径比为多少时，果蔬可以作为无限长圆柱类物体；片状类果蔬的外形比是多少时，可以作为无限大平板考虑，没有进行很好的验证与计算。

（6）在理论模拟中的综合换热系数和果蔬传质阻力层厚度因为无资料可查，采用了根据有关文献建议取值的方法，这可能掩盖了某些误差。

本书在气调冷藏研究方面只是做个开端，还有许多地方有待于进一步深入研究。

第四节　果蔬气调冷藏下表皮和果胶超微结构与品质变化

一、果蔬储藏中超微结构与品质特性研究进展

（一）研究背景及意义

改革开放以来，我国农业取得了很大成绩，果蔬种植面积和产量都有了大幅度提高，培育出许多优质高产果蔬品种，极大地丰富了人们生活。但是由于果蔬属于易腐食品，流通中极易损耗甚至腐烂，很多优质高产的水果由于没有完善的采后保鲜技术而难以开拓市场。如何最大限度地延长果蔬的保鲜期并尽量减少质量损失是果蔬保鲜的主要目标。由于大棚技术的推广，大多数蔬菜可以保证几乎全年上市，而对水果来说，基本上还是受控于季节，很多水果上市非常集中，集中上市造成价格下跌，影响了果农的实际收益。应用储藏技术可调节水果的供应期，实现或可以造成反季节供应，既满足消费者的需要，又能保证果农获得较高的利润。人工气调（Controlled Atmosphere，CA）储藏通过人为改变果蔬储藏的气体组分，一般通过充氮降氧，并利用果蔬呼吸产生 CO_2 或充入 CO_2 造成一定的 O_2/CO_2/N_2 条件，抑制果蔬的呼吸来保藏果蔬。一般在应用时常配合低温和一定的相对湿度，此时可泛称为气调冷藏；而自然气调（Modified Atmosphere，MA）储藏利用具有一定透气性的薄膜袋密闭包装果蔬，利用果蔬

呼吸改变包装中的气体成分以抑制果蔬呼吸，储藏中果蔬的呼吸和薄膜袋的透气性之间维持动态平衡来保藏果蔬。上海作为国际大都市，全市常住人口达1614万人，人口密集并且流量大，果蔬消费量很大，而且本地瓜果资源有限，消费市场巨大。消费者选购水果产品时，更多地倾向于选择鲜食，而不是过去所青睐的罐头产品。这给气调冷藏技术提供了巨大的市场空间。上海市奉贤区光明镇所生产的“锦绣”黄桃，果形整齐匀称，果肉和果皮呈金黄色，平均果重约200g，最大果重在400~500g，是水果中的佳品。以往黄桃主要加工成罐头供出口，深受国际市场欢迎，近年来随着人们追求“安全、健康、天然”的消费时尚，黄桃正逐渐成为市民的鲜食佳品而备受青睐。黄桃属晚熟品种，上市集中在8月下旬到9月上旬，正值其他桃类退出市场之时。黄桃上市时正值一年中最热的季节，平均气温在30℃以上，1~2d品质迅速劣变。及时将黄桃进行储藏对平衡市场供应、调节市场流通、保持较高市场价格、保护果农积极性等有重要作用，有着重要的社会意义和经济价值。果蔬作为大众消费品，在农产品国际贸易中占有重要地位，定量而有效地评价果蔬质量等级非常重要，而果蔬尤其是经过一段时间储藏的果蔬，由于储藏期间的失水造成表皮的皱缩现象非常突出，严重影响产品的质量等级。研究并制定果蔬表皮粗糙度的定量测定方法及分析评价体系，对客观评价果蔬的商品质量有重要意义。同时研究果蔬中化学成分（如果胶）的微观结构并结合宏观品质属性变化，探讨气调冷藏下果蔬品质与超微结构变化，了解果蔬在气调冷藏下变化的一般规律，可以利用和改进气调冷藏条件，课题具有重要的理论和实际意义。上海交通大学拥有食品气调、制冷工程以及分析测试中心的良好实验条件。桃的储藏具有很多水果储藏中的共性，本课题主要以黄桃为例，同时为验证某些指标的科学性，选择蘑菇和花椰菜等作为某些指标的验证。通过研究储藏中超微结构与品质和生理特性的变化，为解释果蔬储藏中生理和品质变化提供理论指导。

（二）国内外研究现状

1. 原子力显微镜在植物材料研究中的应用

（1）原子力显微镜（Atomic Force Microscopy，AFM）

扫描探针显微镜（Scanning Probe Microscoope，SPM）可以用来观察细胞内物质的分子状态，SPM包括扫描隧道显微镜（Scanning Tunneling Microscope，STM）和 AFM。其中 STM 测定时需要样品导电，如果样品本身不导电，则需要在样品表面进行金属喷涂。这样得到的图像有时受喷涂的金属颗粒的影响。AFM 由于对样品没有特别要求而且分辨率很高，对于生物非导电样品的分析非常适合，可以用来直接观测单个及完整的生物多糖聚合物的详细结构。AFM 主要包括三部分：显微镜、控制器和计算机。其中显微镜部分由扫描器、探针、样品台和激光探测器及减震台组成。计算机分扫描控制和数据图像处理两个显示器。扫描器（Scanner）是 AFM 组成部件中最为重要的部分，其主要构成为压电材料，压电材料根据加在其上的电压成比例地扩展或收缩。AFM 中扫描器是由相互独立的几块压电材料组成，分别控制扫描器在 x，y 和 z 方向的运动，这些压电材料安装在一个圆柱管中，通过扫描器的运动可以在三维空间上精确地控制样品及针尖。当针尖在样品表面进行扫描，由于样品表面的起伏使得针尖的悬臂发生弹性弯曲，从而引起投射在其上的激光发生微小的偏转，该偏转信号被激光系统的光探测器上的光电二极管记录，经反馈系统处理成一个相应大小的电压信号传送给扫描器的 z 方向压电材料，使得样品相应地升高或降低，以保持激光反射光斑不发生偏转。AFM 的常用工作模式包括接触模式（Contact Mode）和轻敲模式（Tapping Mode）。接触模式工作时针尖与样品始终相互接触，这种方式对于较硬的材料有较好的分辨率，但对软样品则由于针尖在样品表面的直接作用导致对样品的破坏，样品的碎片有可能污染针尖。轻敲模式工作时，针尖与样品不是始终直接接触，而是在样品的表面以一定频率与一定的振幅振动。当样品表面有起伏时，导致针尖的振幅发生改变，从而引起激光光斑在光电二极管中发生位移。位移产生一反馈电压信号给压电材料，产生样品表面形貌的图像。

植物细胞壁的主要成分有纤维素、半纤维素和木质素。由于细胞壁中的细纤维是由纤维素组成，细胞壁是由原生质体分泌的代谢产物构成，在细胞分泌过程中即已开始形成，先后形成胞间层、初生层和次生层。胞间层主要含木质素，也有一定量的果胶、半纤维素，纤维素极少。在高分辨率电子与光子显微镜发明以前，人们对细胞壁的结构已有一定的了解。比如认为细胞壁中多种大分子之间是以非共价键的相互作用结合在一起的，通过酶的降解得出：除纤维素外，细胞壁的各种大分子组分之间以共价交联的方式而存在。通过化学与生物的萃取技术，确定出细胞壁的多种聚合物的单体组成。化学分析把紧密连接的多糖降解成一系列的单糖或短链的低聚糖，但要了解这些组分之间以何种方式连接还需要其他手段验证。研究细胞壁内部的超分子结构信息主要是用透射电镜技术（TEM），最新的发展包括使用快速冷冻、深度蚀刻等技术，与传统的电镜技术相比，不需要化学固定化或去水化操作，更接近细胞活体状态的图像。但由于分辨率的限制，电镜只能观察到细胞水平。

（2）果蔬表皮成像技术及 AFM 研究

外观情况是评价果蔬储藏品质的重要指标，储藏中果蔬失重除冷却时外界强制对流作用外，主要是蒸腾和呼吸作用。储藏中失重降低了果蔬的商品价值。失重 5%果蔬丧失新鲜感呈萎蔫状。高相对湿度可延缓失重但容易引起霉菌生长。失重一般容易发生在较长时间储藏的果蔬。传统的评价失重程度常用感官分析和失重率两种方法表示。失重率考虑整个果蔬，而失水一般发生在果皮。考虑到评价指标的客观性，分析中一般倾向于用仪器分析法代替感官评价法。

对果蔬等植物表皮的图像方面的研究有：Veraverbeke 等尝试用激光共聚焦扫描电镜（Confocal Laser ScanningMicroscope，CLSM）和环境扫描电镜（Environmental Scanning Electron Microscope，ESEM）分析水果表皮分层情况，用传统光镜（Light Microscope，LM）观察表皮三维结构。CLSM 和 ESEM 需要琐碎的染色工作，而且图像是间接成形的，只有通过荧光才能观察。LM 则由于分辨率的限制而难以看清表皮的情况。Gibbs 和 Bishop 提出用地球统计分析技术（Geostatistical Technique）来描述生物膜表面粗糙度，但高度精确度只能达到 1μm。Burdon 和 Clark 用系列定量核磁共振图像来检测失水的影响，但结果不直观。关于果蔬等植物表皮的 AFM 研究，Hershoko 和 Nussinovitch 以及 Hershoko 等用 AFM 比较了洋葱和大蒜表皮经氯仿漂洗前后表面粗糙度的变化，也有关于其他植物表皮观察的报道，但没有关于果蔬在储藏表皮变化的报道。

（3）果蔬中果胶及相关物质的 AFM 研究进展

Morris 等用 AFM 研究了植物细胞壁、细胞壁多糖和凝胶的结构，包括果胶、藻类（角叉胶），并观察了 K-角叉胶在水化膜中的分布，得到了中华马蹄（Chinese Water Chestnut）细胞壁、果胶分子、K-角叉胶清晰的结构信息。

朗德（Round）用AFM测定了未成熟的番茄细胞壁中果胶多糖的结构，第一次观测到番茄果胶结构中支链的存在，图像结果不同于根据酶水解产物所推断的中性糖的侧链结构。分枝长度在30~170nm并呈相对线性。这一工作表明在不均一溶液中，AFM可以准确地确认出物质的结构，而且所需样品量极少。比较AFM图像和中性糖成分，对两种果胶组分进行分析表明，观察到的分枝的分布和含量与中性糖分布模式不同。因此朗德（Round）等提出果胶长链由聚半乳糖醛酸组成，认为长链和中性糖分析出的短的看不到的分枝一起，通过某尚未了解的键连接到果胶骨架上。这种解释对揭示植物细胞壁中果胶内部网络和商业果胶凝胶的模式有重要意义。重要分枝的存在会显著影响提取出来的果胶黏性。近年来，有学者通过研究凝胶网络结构来研究多糖的性质。柯林斯（Gunning）等用AFM研究了半精制的微角叉胶的网络结构，表明水溶性部分主要是由结晶纤维素I组成。Decho利用AFM中的轻敲模式观察了藻酸盐聚集体的单个分子和凝胶基质的网络结构，稀释的非离子型溶液中聚集体分子呈现“扭结”(Kink)或方向上突然的右折（Right-Angle Changes)。基于此现象提出扭结是椅式构象的主链在α-L-古罗糖（G）和β-D-甘露糖（M）之间连接。在强离子作用下，2%浓度的浓藻酸盐形成的凝胶由立体重复单元排列组成，水分布在凝胶内部有规则的溶剂孔穴内。表明在此条件下邻近聚集体之间形成规则的阳离子桥，用AFM的轻敲模式可观察到凝胶是一柔顺的聚合的基质结构。Frank等用AFM观察了离子对多糖和黏性膜的表面的决定性作用。Jokinen等用AFM测定了三种单体凝胶的黏弹性特征。柯林斯（Gunning）等用AFM的轻敲模式观察了来源于微生物的黄原胶的结构，黄原胶水溶液在云母片上风干，得到凝胶和单个分子的图像。其他相关研究还有：Gad等用AFM研究了活的微生物细胞的细胞壁多糖的图像特征，通过AFM针尖的选择利用键—受体对之间的相互作用来推测多糖在活体微生物表面的位置。李（Lee）等用AFM研究了纤维素酶系统中底物—酶的相互作用。并通过AFM分析了纤维素酶作用于棉花纤维的机理。法伦（Fahlén）等用AFM观察了木纤维形成过程中次级壁的交联结构，同时观察了化学处理对纤维素聚集体排列的影响，在碱液中，半纤维素有不同程度的损失，纤维素聚集体大小主要是由加热引起纤维素分子重新组合决定的。未加工木纤维素聚集体平均侧链长度在18nm左右，加工后在23nm左右。莫里斯（Morris）等用AFM从分子水平解释食品生物聚集体的流变学特征。卡比（Kirby）等认为AFM将在食品科学研究中发挥越来越重要的作用。

2. 采后桃等果蔬的品质和酶活性研究

（1）采后桃等果蔬的品质特性研究

谢菲尔特（Shewfelt）等在采后流通中设置六个取样点，研究桃的采收成熟度和流通环节对销售时品质的影响。评价指标采用成熟度、颜色、硬度、可溶性固形物和总酸度等表示。结果表明，采收成熟度和温度管理是采后流通系统中最关键的因素，硬度是影响品质的决定性因素。在流通系统中通过严格控制采后成熟度，并且在出售前取出置于18℃～24℃空气中成熟可以保持桃的品质。

泰（Thai）和谢菲尔特（Shewfelt）研究了不同温度下桃品质的变化。取新鲜"Redglobe"桃，储藏在不同的恒温环境下，比较了色泽与硬度的感官评价结果与仪器测量值之间的关系，得到感官评价的经验关系式。张（Zhang）研究了桃硬度的冲击力模型以模拟运输中桃的碰撞情况。冲击力与时间的曲线可以用作非破坏性分级新鲜水果。改进的模型考虑了力时间曲线的不对称性，模型中有两个参数与桃性质和下落特征有关，其中之一比以往所用的硬度预测指标更能反映真实情况。选择50个桃分别代表三个品种，两种成熟度，两种储藏时间，三种降落高度，下落后得到的冲击力数据，模型中力的峰值误差在0.6%以内，力—时间函数误差在3.7%以内，力—时间曲线初始斜率误差在4.1%以内。

费尔南德斯（Fernúndez）等研究了MAP对冷藏"flat"桃品质的影响及如何保持桃的品质。对Firm-Breaker（FB）和Firm-Mature（FM）两种类型桃在20℃空气中储藏10d，或预冷后密闭于两种未打孔袋中或一种开较大孔的聚丙烯膜中2℃放14d和21d。在大孔薄膜袋内的气体在储藏中接近空气的组成，在未打孔袋内，在6~9d达到稳定气体状态：FB果，标准型聚丙烯袋内12%CO_2和4%O_2，定向型聚丙烯袋内23%CO_2和2%O_2；对FM果，标准型聚丙烯袋内22%CO_2和3%O_2，定向型聚丙烯袋内21%CO_2和2%O_2。储藏14d后再经3d货架期测试，大孔聚丙烯袋内果实发生絮败和轻微的内部褐变。两种桃在定向型聚丙烯袋内均有乙醇和乙醛代谢积累。两种没有开孔的MA储藏均减少了失重、衰老、冷害和腐烂率，推迟了货架期中的成熟过程。

怀特洛克（Whitelock）等研究了热/物理性质对预测新鲜桃失重的影响。许多产品的热/物理性质作为模型输入时变化很大，许多不能独立确定，这些性质的选定值会影响预测失重的准确度。考察三个参数：表面传质系数（K_s）、溶质的蒸气压效应（VPL）和半径。在温度为5℃～25℃，相对湿度为50%～100%，风速为0.005～5.0m/s下对影响失重的主要因素进行分析。结果表明，K_s对失重的影响随相对湿度、风速的增大和温度的降低而降低。VPL对失重的影响则在较高温度、较低风速和低的相对湿度下较大。变动K_s和VPL输入值预测失重与实验结果相关度为71%。桃冷藏中极易出现冷害问题，其典型症状是果肉“絮败（Wooliness）”，特征是果肉褐变、松弛，果核处颜色很深。另外，果蔬储藏结束后在市场流通中极易变软，严重影响黄桃的商品价值。

费尔南德斯（Fernández）等研究了与冷害下成熟有关的桃生理变化。选择两种果实：FB和FM，两种储藏条件：2℃储藏四周或2℃下储藏，每6d拿出在20℃放置1d。同时研究正常的采后成熟与20℃储藏后成熟，以将采后生理与冷害发生（Chilling Injuries，CI）导致的絮败、凝胶破断和冻伤疤联系起来。作者认为关于桃的凝胶破断和冻伤疤属首次报道和描述。FB桃比FM桃对CI更敏感，传统的储藏条件下两周后呼吸速率和乙烯生成量较高，随后乙烯生成减少。在成熟阶段果实都形成冷害，间歇升温（Intermittent Warming）大大降低了储藏中冷害的发生。周期性的升温使冷的果实产生一定量的乙烯并促进后熟，生成乙烯的量决定于采收时的成熟度，储藏结束后乙烯生成的增加量与过熟程度有关。间歇升温有助于减少桃的冷害。费尔南德斯（Fernández）等用间歇升温的方法来保持冷藏桃子的品质。储藏在2℃的桃每隔6d在20℃下放置1d，定期测定桃的品质，结果表明间歇升温有助于减少桃的低温冷害。黄万荣等研究了间歇升温对冷藏桃果实硬度及有关酶活性的影响。PG（多聚半乳糖醛酸酶）、PE（果胶甲酯酶）的活性与果实硬度均呈显著负相关，表明大久保桃果实变软是由PG、PE共同作用的结果。薛文通等研究了桃的“冰温”储藏，利用“冰温”储藏技术可明显抑制桃的呼吸作用，推迟桃的呼吸高峰期，减少各种营养成分的损失。茅林春等研究了桃果实絮败与果胶变化和细胞壁变化的关系。结果表明，絮败果肉细胞壁的明显特征是：伴随胞间层的分解和胞间隙的扩大，出现大量凝胶状物质的沉积，初生壁结构变化不明显，也没有细胞壁次生加厚的迹象。薛炳烨研究了肥城桃发育成熟中软化生理机理。其他相关成果有：姜爱丽研究了“红灯”甜樱桃在CA、MA和CK下的生理变化、褐变指数等风味品质和耐储性。田世平等研究了冷藏条件下超低氧处理对樱桃果实中乙醇、乙醛和甲醇含量的影响。0℃储藏18d乙醇含量提高180~300倍，乙醛含量提高8~9倍。

（2）采后果蔬的果胶和果胶酶特性研究

果胶与半纤维素（Hemicellulose）、纤维素（Cellulose）等形成交联结构，共同维持细胞骨架的形态。果蔬的品质特性特别是结构等指标与果胶的结构状态和含量密切相关，研究果蔬中果胶的结构、含量及变化可深入了解果蔬储藏中品质变化的规律。果胶物质（Pectic Substances）是胞间层和初生壁的主要成分。果胶物质是一类成分比较复杂的多糖，它是由半乳糖醛酸组成的杂聚糖，根据其成分和理化性质可分为三类：果胶酸、果胶和原果胶。成分的变化本质上看可归结为半乳糖醛酸酯结构的变化。果蔬未成熟时，—R为—CH_3，即—OR键为—OCH_3，这时甲酯化含量很高，果胶以原果胶形式存在，成熟过程中，酯键逐渐水解，则部分—R表现为—H，即—OR键表现为—OH，甲酯化含量逐渐降低，表现为果胶形式，继续完熟的果蔬，其酯键水解更多，-R表现为-H，即—OR表现为—OH，此时果胶中半乳糖醛酸结构表现为酸，即果胶酸状态。

菲什曼（Fishman）研究了桃的果胶物质在采前和采后储藏中物理和化学性质的变化。桃的溶解果肉（Melting Flesh，MF）和不溶性果肉（Non Melting Flesh，NMF）部分的细胞壁提取得到1，2环己二胺四乙酸（CDTA）溶性果胶（Chelate-Soluble Pectin，CSP）和碱溶性果胶（Alkaline-Soluble Pectin，ASP），分别测定含量得到中性糖的百分率。考虑回转半径、固有黏度、分子量和半乳糖醛酸的百分含量。同时测定了细胞壁果胶含量以及硬度，选择开花后第20周、第21周和第22周的果实，并将开花后第21周果实在25±2℃经不同的货架期处理，细胞壁含量和硬度在开花后第21周和第22周显著下降，与NMF相比，MF在储藏的第3d到第6d显著降低。在此期间，MF中果胶含量和半乳糖醛酸量较NMF中显著下降。MF桃与NMF桃相比，CSP含量和固有黏度下降显著，结果表明α-D-半乳糖醛酸酶在MF桃成熟后半阶段参与软化，而且，含有长而细的果胶聚集体的细胞壁聚合体被破坏，而含有短而粗的果胶聚集体的细胞壁聚合体得以保留。

诺瓦（Naohara）和Manabe研究了蜜柑果实储藏中果胶分子量和溶解特性的变化。利用高效凝胶过滤色谱研究5℃下储藏时四种蜜柑果实中可溶性果胶的变化，发现水溶性果胶含量随着储藏时间的延长而逐渐增加。另外，低分子量部分的果胶含量增加。彩尔茨（Schols）等通过PG/PE分离果胶片段发现苹果细胞壁中果胶毛状区域的不同聚集情况。麦克杜格尔（MacDougall）等研究了未成熟番茄果实中分离的果胶多糖的钙化凝胶。CDTA溶性果胶提纯后，通过糖的甲基化分析，证明初生细胞壁是典型的鼠李糖—半乳糖苷结构，分离的多糖通过黏度计和空间排阻色谱研究表明糖具有多分散性。Pagán等分别研究了新鲜和储藏的桃皮渣中提取果胶的工艺和提取出的果胶的性质，分析了储藏对提取出的果胶质量的影响。周（Zhou）等研究了“Flavotop”蜜桃中细胞壁中的酶和细胞壁的变化，包括mRNA含量、果胶和中性聚合物在成熟和“絮败”果实中的变化。蜜桃直接储藏在0℃时，拿出后会形成冷害。分析细胞壁成分表明在“絮败”的果实中，Na_2CO_3溶性果胶组分的比例高。尽管在成熟过程中Na_2CO_3溶性果胶组分的聚合体在分子量上会降低，在“絮败”果实的半纤维素组分中，聚集的果胶和半纤维素仍是大的聚集体。通过延时储藏预防冷害可能是由于果实中代谢物积累，在储藏中延缓了细胞壁的降解，果实重新受热后仍能继续完成正常的成熟。调控软化的过程似乎不是由于酶的合成引起的，因为酶的mRNA水平与酶活性大小并不一致。

文献也阐述了桃储藏中果胶物质的变化。另外，泰勒（Taylor）等研究了冷藏中李子的采收成熟度对果胶物质、电导率及可溶性固形物等的影响。储藏中果胶的结构和含量变化都有果胶酶的参与，通过研究果胶酶活性的变化和规律可揭示果胶结构与含量的变化，进而可分析与干预果蔬的质构变化、果实成熟中聚半乳糖醛酸酶在果蔬成熟中分解果胶的可能作用机理、间歇升温对桃的果胶酯酶（PE）和聚半乳糖醛酸酶（PG）的活性的一般影响。0℃储藏的桃每隔8d分别在15℃和20℃环境中间歇升温24h，冷藏后PE活性升高并最终保持恒定，而PG在两周后活性下降。15℃间歇升温与传统冷藏有相似的效应，20℃间歇升温则不同。这种不同似乎与冷害发生有关，因为15℃没有减轻冷害而20℃有助于减轻冷害，表明冷害的发生与PE的活性相关，在储藏两周后抑制了内切半乳糖醛酸酶

（endo-PG）的活性而对外切半乳糖醛酸酶（exo-PG）活性无影响。Tijskens 等研究了桃储藏中 PG 的动力学与硬度的关系。桃在不同温度储藏中内切聚半乳糖醛酸酶（endo-PG）受一些无活性的前体作用导致变性或阻碍变成非活性形式。由这些前提而提出基于过程的数学模型，此模型经多变量非线性回归分析得到相关度超过 80%。用两个季节的数据，分析表明数据有很好的一致性。尽管事实上采收成熟度和酶活力的初始水平有很大差异，但两个季节数据结合得到的参数值与单个季节的数据仍具有可比性。建立了 PG 活性对桃硬度影响的模型，相关度接近 90%，得到的参数很好地说明了酶的变性作用。

关于等研究了桃烫漂过程中 PE 的活性变化。建立了桃中 PE 酶的模型并进行分析，提出酶具有两种构象：一种为结合状态，另一种为自由状态。结合态构象可转化为自由态构象，这两种构象受温度影响程度不同。所有反应速率常数数据与温度的关系都符合 Arrhenius 方程。尽管每天的测量都有波动，用该模型进行多变量非线性回归分析的相关度在 90%以上。获得的参数值对连续两个季节的数据具有高度可比性。两个季节的数据的分析与用动力学参数估计得到的数据有可比性，可以用来全面预测结果。周（Zhou）等研究了桃果胶组分中 PE、PG 和凝胶形成情况。在 0℃下普通空气中储藏或在 CA 储藏条件下（10%CO_2，3%O_2）储藏 4 周，然后桃在 20℃下后熟 4d。在空气中储藏的桃发生絮败而 CA 储藏的桃正常成熟，絮败果实内部的中果皮比表面的严重。絮败果实的中果皮外层和内层的 PG 和 PE 活性不同，在外层中果皮比内层的 PG 活性小而 PE 活性大，而在健康的水果中，内外层活性相似，细胞壁组分的水溶性果胶、螯合（1，2 环己二胺四乙酸）溶性果胶、Na_2CO_3 溶性果胶从新鲜采收的桃中制备并用不同比例的成熟桃的 PE 和 PG 作用，仅 CDTA 溶性果胶组分用商业 PE（从橘皮提取）作用可形成凝胶，桃提取的 PE 在 0℃下储藏 9d 保持稳定，而 PG 活性仅可稳定 1d。作者认为 PE 作用果胶发生在细胞壁内部，导致凝胶形成，CDTA 溶性聚合体有结合亲质体水的能力并造成絮败果实果肉发干。罗查（Rocha）和莫雷斯（Morais）研究了 CA 储藏条件对“Jonagored”苹果丁的多酚氧化酶（PPO）活性的影响，PPO 被认为与最少加工时颜色变化相关。选择的 CA 条件为 2%O_2+4%CO_2、2%O_2+8%CO_2 和 2%O_2+12%CO_2。测定了冷藏条件下 PPO 活性和酚含量，并考察了这些变化与酶促褐变的关系。结果表明 CA 储藏抑制了苹果丁储藏中 PPO 的活性。CO_2 浓度越高对 PPO 抑制作用越强，褐变程度越轻。从底物—酶角度考虑，酚含量作为底物是影响褐变程度的主要因素。茅林春等测定了果胶酶和纤维素酶在桃果实软化和絮败过程中的活性，分析了储藏前加温和中途加温的酶学效应。文献中也论述了桃储藏中酶的活性变化。

3. 采后果蔬的货架期与动力学研究

Shewfelt 等研究了动态储藏温度下桃品质的变化。Wells 和 Singh 提到冷冻食品可用 T-T-T（Time-Temperature-Tolerance）关系来预测货架期，即通过一系列温度和时间组合下的货架期实验，推测未知温度和时间下可能的货架期。

果蔬的颜色是表征品质特性的重要指标。一般用 CIELAB 系统表示的颜色空间坐标图来表征。其中 $L*$ 表示透明度，$L*=0$ 为黑色，$L*=100$ 为白色；$a*$（正值）表示红色程度，（负值）表示绿色程度；$b*$（正值）表示黄色程度，（负值）表示蓝色程度（*Lab* 与 $L*$、$a*$、$b*$ 是相似的两种颜色表征方式）。储藏中果蔬的动力学研究主要是温度对品质特性的影响。Avila 和 Silva 研究了桃果泥受热降解动力学。热处理条件的优化依赖于对食品安全与质量指标降解动力学的充分了解，用桃果泥为例计算优化条件，在 110℃～135℃范围做几组恒温实验，颜色用 L、a、b 系统定量。这些参数用 *Lab* 和总色差（Total Colour Difference，TCD，即通常用的 ΔE）两组组合评价总的颜色变化。以 Arrhenius 模型对所有数据进行非线性回归。结果表明 L 值和 b 值变化符合一级反应，活化能分别为 107±7kJ/mol 和 109±8kJ/mol。对 a 值，La/b 值和 ΔE 值用分段模型得到的活化能分别为 106±13kJ/mol、106±10kJ/mol 和 119±9kJ/mol。

劳（Lau）等研究了热处理绿芦笋的质地和颜色变化的动力学。选择 70℃～98℃的几个温度段，分别用最大剪切力和芦笋表面的 H 角表示热处理的质地和颜色变化。芦笋受热软化符合一级动力学规律，活化能为 24.0±0.5kcal/mol，84℃时根部的反应速率为 $0.016min^{-1}$，头部为 $0.027min^{-1}$，芦笋绿色变化符合一级反应规律，活化能为 13.1±0.2kcal/mol，84℃的反应速率为 $0.0066±0.0002min^{-1}$。Chen 和 Ramaswamy 研究了成熟香蕉的颜色与质地变化动力学。以储藏温度为自变量，颜色用 L、a、b 值表示，同时用 ΔE 表示样品与成熟阶段颜色的总色差；以破断力（Puncture Force，PF）评价香蕉的质地特性。结果表明时间与 L、ΔE 和 PF 值之间呈 Logistic 模型，而 a、b 值可各自用一简单的零级和分段函数表示。可用 Arrhenius 方程来描述颜色与质地变化时温度与反应速率常数间的关系，得到参考温度为 15℃时的活化能和反应速率常数，在颜色参数（L，a，b，ΔE）与质地参数（PF）间存在显著的线性关系。

在非稳态储藏条件下，冷冻绿色蔬菜中维生素 C 降解的动力学模型，选择四种蔬菜（菠菜、豌豆、绿菜豆和秋葵）冷冻储藏。在-20℃～-3℃范围内，维生素 C 降解与温度之间符合 Arrhenius 方程，四种冷冻绿色蔬菜活化能在 98～112kJ/mol。为建立适用于商业产品中真实的市场流通过程，改进的模型适用于波动的时间—温度条件。以模型为基础，在冷冻链的任一环节可以计算出营养素含量并了解整个时间与温度关系的历史。不同的绿色蔬菜之间进行比较，结果表明不同类型植物组织的维生素 C 损失速率有显著差别。冷冻菠菜维生素 C 易损失，豌豆和绿菜豆维生素 C 损失速率居中，而秋葵中维生素 C 损失速率较低。

（三）研究存在的问题

综合国内外研究情况，在果蔬的表皮微观结构方面，没有关于储藏中表皮粗糙度定量变化的报道，同时果蔬储藏中果胶的微观结构的直观研究也没有开展；关于气调冷藏中气体组分影响果胶酶活性的机理也没有具体阐述，关于果胶含量与硬度等质地特性间的关系仍有待研究。

（四）主要工作

1. 研究目标

从影响气调冷藏果蔬的降解特性的条件出发，通过微观结构变化和宏观品质及生理变化的研究，解释宏观现象与微观变化间的关系，揭示果蔬储藏中解变化的规律，根据实验结果，寻找较好的储藏条件，并应用动力学方程预测各种储藏条件下果蔬的货架期。

2. 研究内容

（1）利用 AFM 技术的粗糙度指标（Roughness analysis）分析果蔬气调冷藏中表皮萎蔫情况；

（2）利用 AFM 技术分析果蔬气调冷藏中果胶组分（水溶性果胶和 Na_2CO_3 溶性果胶）的变化情况，特别是果胶链宽、链长和分枝分布情况，分析果胶的结构模型及结构变化的可能方式；

（3）利用TA-XT plus 物性仪测定气调冷藏中果蔬的硬度的变化，并测定果蔬储藏中果胶酶活性的变化，建立气调冷藏中酶的动力学方程，分析果胶酶活性变化与果实质地特性的关系，利用化学方法测定果胶组分变化并与微观结构比较，分析果胶含量变化与硬度的关系；

（4）研究不同气调冷藏下果蔬的降解动力学行为，为预测实际储藏中的果蔬货架期提供理论依据。

3. 拟解决的关键性问题

（1）果蔬表皮粗糙度定量方法的建立和不同储藏条件下粗糙度定量比较；

（2）解释果胶分子结构的变化，建立微观结构变化和宏观品质及生理指标变化的关系；

（3）通过果胶酶在气调冷藏中的活性变化，建立气调冷藏中酶活性变化的动力学模型。

二、果蔬储藏中表皮粗糙度的定量测定

（一）概述

表皮状况是果蔬质量评价的重要指标。失重5%的果蔬会失去新鲜的质感，视觉上表现为萎蔫（Wilting）。较高的相对湿度（RH）有助于减少果蔬的萎蔫，然而高相对湿度的环境下易造成储藏中霉菌大量繁殖，导致果蔬腐烂而减少货架期。在实际储藏中，果蔬的失水导致萎蔫一般都会发生。传统的评价果蔬萎蔫程度的指标常常是感官评价（Sensory Evaluation）和失重率（weight loss）。失重率对果蔬的不同部位来说是不一致的，对于消费者来说，更关心的是果蔬表皮的失重状况，因为表皮的失重直接影响表皮的感官状态，果蔬表皮失水而皱缩会严重影响产品的商品价值。就品质评价而言，相对感官评价来说，在科学研究和商业应用上更倾向于采用仪器分析，因为仪器分析减少了不同研究人员个体造成的差异，其客观结果便于在研究和贸易中共同交流。在果蔬采后储藏和加工领域，目前强调开发出实时（Real-time）、非破坏性的分选技术（Non-destructive sorting）。光学显微镜（Light Microscopy，LM）和扫描电子显微镜（Scanning Electron Microscopy，SEM）都不能直接提供定量的图形方面的数据。SEM 可观察蘑菇表面涂膜后不同部分的结构，然而却不能得到具体的定量数值。Veraverbeke 等用激光共聚焦显微镜（Confocal Laser ScanningMicroscopy，CLSM）和环境扫描电子显微镜（Environmental Scanning Electron Microscopy，ESEM）研究了水果的表层结构。这两者都需要染色操作，试验过程烦琐，并且对于 CLSM 来说，染色后 CLSM 仅能观察荧光反射后的结果，而反射后得到的图像一般比较模糊。Gibbs 和 Bishop 提出用地球统计技术（Geostatistical Technique）描述生物膜表面的粗糙度。其高度测定的精确到 1μm 或更小，但这个精确度对于观察表皮的粗糙度变化来说，其分辨率仍太小 Burdon 和 Clark 用系列定量质磁共振成像技术研究果蔬的失水过程，然而，这样的结果不够直观。原子力显微镜（Atomic Force Microscopy，AFM）在纳米层次上研究生物科学和材料科学方面取得了迅速发展。由于其图像的高分辨率这一优点，使它能得到精确的图像，AFM 可对很多样品成像，无须染色和包埋，在空气或液体中均可成像，在天然状态和接近天然状态下直接成像。研究人员利用 AFM 对植物材料的成像进行了基础研究。Hershko 和 Nussinovitch 比较了用氯仿稀溶液清洗前后的洋葱表皮的粗糙度，并通过此粗糙度的差异描述清洗涂膜的效果。另有关于用 AFM 定量测定塑料薄膜和金属表面粗糙度的报道。然而，就目前我们所查的资料所知，目前尚没有关于果蔬储藏中表皮粗糙度变化的报道。

本章的主要目的是提出用果蔬表皮的粗糙度变化作为反映采后的质量评价指标之一，并应用 AFM 得到果蔬表皮图像，同时精确定量测定其表皮粗糙度。为研究这一指标的通用性，作者分别选择 MA 储藏下蘑菇和 CA 储藏下黄桃作为试验材料，蘑菇的储藏期较短而黄桃储藏期较长，选择这两类材料可分别代表短期和较长期储藏，也分别代表 MA 和 CA 储藏。以验证作者提出的采后果蔬表皮粗糙度定量测定是否具有一定的通用性。

（二）材料、设备及方法

1. 原料

蘑菇［Agaricus bisporus（Lange）Imbach］，采后 4h 内实验室，立即在 2℃ 下预冷 12h。然后分选、修剪去掉菇柄末端，清洗后立刻浸没在 0.1mol/L NaCl 30min 以抑制多酚氧化酶（Polyphenol Oxidase）活性。取出后放入真空干燥箱中脱水（2000Pa，20min），然后用 0.035mm 低密度聚乙烯（Low Density Polyethylene，LDPE）包装，分三组后开始计时作为储藏起始时刻。第一组和第二组分别储藏在 2℃ 和 25℃。第三组模拟商业流通中实际的冷链。

“锦绣”黄桃（Prunus persicu L. Batsch.），约八成熟采收，选择成熟度一致，采收包装后2h内运到冷链实验室，随后立刻入冷库预冷，预冷条件选择4℃下12h，确保完全除去果蔬的田间热，然后入各气调箱气调储藏，温度设定为2±1℃。

黄桃储藏分人工气调冷藏组（CA，2% O_2+5% CO_2）和大气储藏组（RA），两个气调箱（1050mm×550mm×1000mm），分别用于CA组和RA组。CA组的初始氧气和二氧化碳浓度通过控制N_2流量（由压缩机压缩空气经真空纤维膜分离得到）和钢瓶内二氧化碳调节。每周打开乙烯吸收装置吸收储藏中黄桃产生的乙烯（一般运行2h左右），二氧化碳浓度根据气体浓度显示屏（GAC-1100，Italy），通过打开二氧化碳吸收装置（Soda Limecontaining Ethyl Violet as Indicator）来吸附以保持平衡。大气储藏组（RA）气调箱不密封，箱内气体保持与大气相同，但为减小果蔬表皮水分散失和两组气调箱温度一致，RA组箱加盖以防止外界循环空气进入影响果蔬表皮周围环境。CA和RA箱的黄桃各选择120±10kg（每小纸盒装约5kg，储藏环境为2±1℃，相对湿度约95%）。

2. 材料与设备

气调装置（Fruit Control Equipment）：GAC1100，意大利；

真空干燥箱：上海一恒科学仪器有限公司；

SANYO恒温培养箱：日本SANYO公司；

AR2140型电子天平：美国，精度0.0001g；

原子力显微镜：美国Digital Instrument公司；

XW-80A型旋涡混合器：上海精科实业有限公司；

Fd 96型Fudan减震器：复旦大学校办工厂；

低密度聚乙烯袋：上海安城塑料制品有限公司。

3. AFM表皮粗糙度测定和分析

蘑菇表皮的取样是将薄的表皮切片（厚度<10μm），按照AFM成像要求，选取表面积约0.5cm×0.5cm的蘑菇表皮，每个样品取样位置大体相同，样品用双面胶固定在云母片（Mica）上，云母片放在样品台上固定后，用轻敲模式成像，扫描频率为1~2Hz。由于黄桃表皮有毛（Hair），在测定粗糙度前，需要小心用洗毛刷轻轻拭去黄桃表皮的绒毛，为了提高

结果的可比性，各扫描表面选择面积约 2μm×2μm。使用的仪器为 NanoScope IIIa AFM（Digital Instruments，CA，USA），悬臂扫描器为 Si3N4，可扫描范围为 12μm×12μm，垂直方向为 4μm。其分辨率在垂直方向约 0.1nm，水平方向 1~2nm。为使结果具有可比性，每个样品从中心处成像，由于扫描范围很小，扫描范围内不含脉管系统（Vasculature）。在成像前，AFM 针尖用一已知高度在 5~7nm 标准样品进行校正。对于每组样品取三个平行样品，测定后用 5.12 版的 AFM 分析软件离线分析得到粗糙度值。高度测定选择不同储藏条件下储藏的蘑菇菌盖进行表面扫描（2.0μm×2.0μm 到 5.0μm×5.0μm），文中仅选择一些代表性的图像。

图像高度的表示用色阶表示，颜色越亮表示高度越高，越暗则越低。图像中高度（Vertical）和水平（Lateral）方向的比例尺不同。

用两种方法表示粗糙度，分别是算术平均粗糙度（Arithmetic Average Roughness，Ra）和平方根平均粗糙度（Root Mean Square Roughness，Rq）。所有用到的参数取自表面计量单位，结果根据标准取修正值（Tilt-corrected Topography Data）。

第五节　气调冷藏库与 CA 冷藏库

一、气调冷藏库

气调冷藏是以冷藏库房作为封闭体，主要用于大宗新鲜果蔬长期储藏的大型气调储藏系统。由于储藏量大，所以一般自动化程度要求较高。一般气调冷藏库主要由库房、制冷系统、气体发生系统、气体净化系统、压力平衡装置等组成。

（一）库房

结构和冷藏设备与一般冷藏库基本相同，但要求有更高的气密性，防止漏气，确保库内环境条件稳定。为提高库房的气密性，可在四壁内侧和天地板加衬金属薄板或不透气塑料板，或喷涂塑料层，杜绝一切漏缝；库门、观察窗和各个通过墙壁的管道处也都要有气密措施。整个库房还应具有一定的耐压（正压和负压）能力。

一个气调库在同一时间只能保持一种气体组成和温度，且不宜频繁开闭，所以通常整座气调库分隔成若干个子库分别进行调节管理，以储藏不同的产品。每个子库容积不宜大，只储一种产品，且最好是整批出入库。

气调冷藏库的冷风系统有两种形式：一种是将冷风机放在密封库内，库房内的空气直接受到冷风机的冷却循环，这是效果好而常用的形式；另一种是将气调密封库安排在常规冷库内，密封库的内壁由镀锌钢板、铝板或塑料薄膜构成，通过对密封库外表面的冷却来降温。

（二）气体发生系统

气体发生系统是利用气体燃料（如丙烷或天然气）将来自空调库气体中的氧气在燃烧炉内转换成二氧化碳。燃烧产生的混合物主要成分为氮气、二氧化碳，尚有少量残存的氧气。由于库内空气不断地循环通过燃烧炉，因而库内的氧气不断降低，从而达到所需浓度。

（三）气体净化系统

用一般冷藏室储藏果蔬时，须不断排除多的二氧化碳，气调冷藏库也不例外，而且要除去果蔬自身某些挥发性物质，如乙烯和芳香酯类。具体方法是用气体净化系统。气体净化系统可分为湿式和干式两类。湿式是一个喷淋吸收系统，用风机将内部的空气引出流经碱液喷淋层，使空气中的二氧化碳等气体被净化。净化后的空气重新回到气调库。调节气流速度可以控制氧化碳的含量。干式用的是固体吸收剂（如活性炭等）。气调库的空气流经吸收剂除去二氧化碳等气体，然后流回库内。

（四）压力平衡装置

气调库内常常会发生气压变化，如吸收二氧化碳时，库内就出现负压。为保证库房的气密性，需在库外侧设置压力平衡装置，常见的有气压袋和水封装置两种形式。气压袋常用软质不透气的聚乙烯制成，体积为气调库的1%~2%，用管子与室内连通。室内气压发生变化时，袋子膨胀或收缩，从而保持室内外气压平衡。当库内压力超过一定值时，库内空气通过水封进入库内，使库内外压力差始终不超过一定的值。当库内需要增加氧气时，可除去水封装置底部的盖子，库外空气可以由此进入库内。

二、CA 冷藏库

（一）CA 冷藏库特征

（1）具有制冷装置，使果蔬在储藏时能达到所要求的低温。

（2）气密性好。气调库气密性的好坏决定着库内气体成分的稳定性，关系到产品的冷藏效果和冷藏寿命。如果冷藏室气密性轻度不良而引起库内气体成分的波动，可以通过经常运转调节气体的装置来改善，但这会使经济效益严重下降。如果气密性严重不良，那就不能作为气调库使用。因此在气密层施工完毕之后，必须对库房进行气密性实验。气调冷库必须经过有营业执照的专业设计院设计，保证漏气量符合标准规定。

（3）有调节气体成分装置，在短时间内能达到要求的数值。气体成分的调节靠气体发生器来完成。

（4）有调湿措施。

（5）有检测气体成分的仪器。

（6）冷藏库的围护结构应有良好的隔热和防潮材料。

（7）CA 冷藏库内空气必须循环。

（二）CA 冷藏库的形式

CA 冷藏库一般有两种形式：一种是内冷却器型 CA 冷藏库，另一种是外冷却器型 CA 冷藏库。

1. 内冷却器型 CA 冷藏库

这是一种把冷却器安装在 CA 冷藏室内，在冷藏库外安装 CA 装置并广泛使用的一种新型冷藏库。

2. 外冷却器型 CA 冷藏库

它在气密室外安装冷却器，在冷藏库外安装气体发生装置。这种 CA 冷藏库，一般是在冷藏库的基础上改建的，实际上是一种夹套式气调库。气密室的墙壁使用镀锌铁皮密封，也可用不透气的塑料薄膜。这种设计投资少、见效快。但是，因为冷却器在气密室外安装，需要通过气密壁从外侧间接进行冷却，所以冷却速度慢。

（三）CA 冷藏库的气密性

1. CA 冷藏库氧气升高的原因

CA 冷藏库除要求隔热、隔气和隔潮等，还要求气密好。在工程设计和建筑中，即使气密性再好，漏气也是不可避免的。但是，漏气的程度不能改变冷藏食品所要求的条件，气密度必须达到设计的标准。否则，果蔬在冷藏中就达不到预期的效果。气调库氧气升高的原因有多种，并会出现以下现象：

（1）气压变动

CA 集装箱从高原地带运往沿海，因外部气压的变动，内部的压力也随之变化，使冷藏环境的气体成分改变。

（2）温度变动

由于冷冻机的开停，库内温度经常发生周期性的波动，使库内的压力发生变化。

（3）库压降低

果蔬冷藏中放出的二氧化碳被吸收剂等吸收，使库内的压力降低。

所以，在设计 CA 冷藏库时，应该把以上因素考虑进去。

2. CA 冷藏库的气密测试

CA 冷藏库建成后或在每年使用之前，都应进行气密测试，如果不符合标准，应找出原因，进行密封。一般用比较法或气密系数（λ）来判断气密的程度。

第四章

食品冷却冷冻保鲜技术

第一节 低温储藏食品的基本原理

食品的低温保藏可以防止或减缓食品变质。人们很早就知道在冬天寒冷季节，食品不易变质而能保存较长的时间。目前在食品制造、储存和运输系统中，则普遍采用人工制冷的方式来保持食品的质量。使食品原料或制品从生产到消费的全过程中，始终保持低温的方式和工具称为冷链，包括制冷系统、冷却冷冻系统、冷库、冷藏车船以及冷冻销售系统等。

冷却和冷冻不仅可以保存食品，还可以和其他食品制造过程结合起来，达到改变食品性能和功能的目的。例如，冻结浓缩、冻结干燥、冻结粉碎等方法，业已普遍得到应用。而冷饮及冰激凌制品等早已成为大众食品。目前在我国方便食品体系中，冷冻方便食品也已渐普及，可望在近期有很大的增长。

食品在低温下不易变质的原因主要有以下几个方面：

(1) 低温下水变成冰，水的活度降低，食品的保水能力大大增强。有许多水分食品及原料的保鲜，其水分的保持是质量的重要原因之一。

(2) 低温下可抑制微生物的生长和繁殖。通常在10℃以下大多数微生物便难以繁殖，-10℃就几乎不再发育。虽然有个别或少数嗜冷性微生物还能活动，但可以说在-10℃以下，实际上因微生物而导致食品的变质很少。不过值得注意的是低温并不导致微生物的灭绝。

(3) 在低温下食品内原有的酶的活性大大降低。大多数酶的适宜活动温度为30℃~40℃，一般来说，如将温度维持在18℃以下，酶的活性将受到很大程度的抑制，从而延缓了食品的变质和腐败。

低温保藏一般可以分为冷冻和冷藏两种方式。前者要将保藏物降温到冰点以下，使水部分或全部呈冻结状态，动物性食品常用此法。后者无冻结过程，通常降温至微生物和酶活力较小的温度，新鲜果蔬类常用此法。食品变质的原因是多样的，如果将食品进行冷冻加工，食品的生化反应速度大大减慢，使食品可以在较长时间内储藏而不变质，这就是低温储藏食品的基本原理。食品在变质过程中的矛盾是复杂的，动物性食品变质过程中的矛盾和植物性食品因其在性质上有很大差异而不同。

一、动物性食品低温储藏原理

动物性食品变质的主要原因是微生物和酶的作用。变质过程中的主要矛盾是微生物侵入和食品抗病性（抵抗微生物的能力）的矛盾。因为动物性食品是非生体食品，它们的生物体与细胞都死亡了，故不能控制引起食品变质的酶的作用，也不能抵抗引起食品变质的微生物的作用，因此，对细菌的抵抗力不大，细菌一旦染上去，很快就会繁殖起来，最后使食品变质。但是，微生物要繁殖，酶要发生作用，都需要有适当的温、湿度和水分等条件，环境不适宜，微生物就会停止繁殖，甚至死亡，酶也会丧失催化能力，甚至被破坏。另外，氧化等反应的速度也与温度有关，温度降低，化学反应显著减慢。为此，要解决这个主要矛盾，必须控制微生物的活动和酶的作用。将动物性食品放在低温条件下，微生物和酶对食品的作用就更微小了。当食品在低温下冻结时，其水分生成的冰结晶使微生物丧失活力而不能繁殖，酶的反应受到严重抑制，生物体内起的化学变化就会变慢，食品就可以通过较长时间储藏来维持它的新鲜状态而不会变质。

二、植物性食品低温储藏原理

呼吸作用是植物性食品变质的主要原因。变质过程中的主要矛盾是呼吸作用和耐藏性（延缓呼吸作用消耗营养的能力）的矛盾。耐藏性是指储藏期间果菜的质量无显著恶化，并且其质量损耗也最小；果蔬的耐藏性并非由果蔬的某一种性质所决定，而是果蔬各种物理、化学、生理学、生物化学性质的综合反映。它是随着果菜整个新陈代谢的变化而发生改变的，即从属于整个新陈代谢的状况。

新鲜果蔬水分含量大都在 80% 以上，之所以没有产生急剧的失水现象，完全是由果蔬的表皮组织所决定。表皮组织是指表皮和其周围的组织，它不仅对外来的损伤和微生物的侵入等起着保护作用，还具有调节呼吸和蒸发等生理作用。

表皮组织的角质层、蜡质、木栓，作为抑制水分蒸发和气体透过的保护组织，具有重要的作用。角质层也称为角皮，是覆盖在植物体表皮细胞壁上极细密的一层膜。角质层对于水分和气体的透过，以及微生物的侵入，抵抗性很强。将水分透过角质层的蒸发称为角质层蒸发，而水果通过角质层的水分蒸发极少，因为水果的角质层比较厚，一般为 3~8μm。而蔬菜由于从开花到收获的天数较短，所以，角质层不十分发达，水分蒸发快。因此，一般蔬菜储藏性低。蜡质在角质层的表面，有 10~100μm 的蜡质层。蜡质和角质层同样具有保护内部组织的作用，并对抑制水分蒸发有相当强的作用。一旦去掉蜡质，蒸发量会急剧增加。一般水果蜡质较多，而蔬菜蜡质较少。木栓皮也称为木栓，是随着成熟的进展，角质层脱落，代之以栓皮的形成，或者是果实在生长中受伤后，为保护内部组织，自然形成的。木栓与角质层一样，对微生物的侵害有很强的抵抗性，并能抑制水分蒸发和气体通过。

表皮组织的开孔是进行正常呼吸作用和蒸发作用不可少的组织，开孔的代表是气孔。气孔是从表皮组织细胞分化后形成的组织，气孔可以根据周围的环境条件有开闭的能力，如低温、无光时则关闭；相反，则打开。叶菜类气孔发达，因此，水分蒸发可顺利地进行。正因如此，收获后的叶菜类，很多较早地枯萎，而薯类的表面有木栓组织保护，水分蒸发得较慢。虽然气孔主要集中在叶子上，但在叶子以外的器官上也可以看到。如在桃子果面上，平均每平方厘米为 3~6 个；而苹果、梨的角质层较厚，木栓发达，气孔较少，水分蒸发较慢，故比桃子耐储藏。除气孔以外的开孔，还有皮孔，皮孔是随着植物的成熟而逐渐形成的。皮孔数多少，由于果蔬的种类、品种、成熟度等不同而有很大差异，如每个酵露苹果的皮孔数为 450~800 个。

在苹果、梨、桃、樱桃、李子等水果的果面都有开孔，但是在柿子、葡萄、茄子、西红柿和甜椒等果蔬的果面上没有皮孔。那么这样的果蔬在哪里进行气体交换和水分蒸发呢？这在果蔬的涂膜保鲜中极为重要。实验证明，这些果蔬的开孔集中在蒂的部位，靠蒂的开孔进行气体交换和水分蒸发，从而明确蒂在生理上起着重要的作用。果蔬的水分蒸发，主要靠开孔进行。所以，为了抑制水分蒸发，对果蔬可进行涂膜处理，可以大大地抑制水分蒸发，但又要根据果蔬的开孔部位进行涂膜处理，否则，将得不到理想效果。

综上所述，果蔬的耐藏性非常明显。与此同时，果蔬在采摘后不再继续生长，但它们仍是一个有生命力的有机体，呼吸作用的有氧呼吸在整个新陈代谢中占有主导地位。这是因为，有氧呼吸是一种强大的生物氧化体系，对果蔬组织细胞具有以下三个方面的重要保护作用：

（1）呼吸作用激发氧化过程，能够把微生物分泌的水解酶氧化而变成无害物质，使果蔬的细胞不受毒害，从而阻止微生物的侵入。

（2）正常呼吸作用的氧化过程较为活泼，可以维持果蔬组织中的分解过程与氧化过程的协调平衡，能控制机体内酶的作用，并对引起变质、发酵的外界微生物的侵入有一定的抵抗能力，因而有效地防止代谢失调所引起的生理障碍。

（3）当果蔬遭受机械损伤和病原微生物浸染时，呼吸作用能激发氧化过程，使受到机械损伤和已被微生物侵入的表皮组织构成新细胞并形成木栓层，从而保护果蔬内层的健康组织。或者产生某些有害于微生物发育的物质（如酚类物质）起着抗病作用。

由此可见，果蔬的呼吸作用的正常协调，是增强果蔬耐藏性的先决条件，它对果蔬的耐藏性起着重要作用。但是，由于果蔬是活体，要进行呼吸，它们与采摘前不同的是不能再从母株上得到水分及其他营养物质，只能消耗其体内的营养物质而逐渐失去耐藏性，使抗病能力降低而发生病害。果蔬在储藏期间的病害是造成大量腐烂损失的重要原因，储藏中的病害主要有两类：浸染性病害和非浸染性病害。浸染性病害是由病原微生物引起的。真菌和细菌是果蔬储藏病害的主要致病菌，如蔬菜的软腐病、霜霉病、炭疽病等，果品的霉菌病（青霉病、绿霉病等）、轮纹病、褐腐病等。非浸染性病害主要是生理病害，是由于储藏环境条件（如温度、湿度、气体成分等）不适于果蔬的生理活动的要求，使细胞组织的正常代谢过程遭受破坏所致。如苹果的虎皮病、苦痘病，鸭梨的黑心病，柑橘的褐斑病（干疤）、枯水病、水肿病，马铃薯的黑心病等都属于生理病害。为防止果蔬的病害，在储藏中应该注意：对储藏场所及工具器材消毒；对要储藏的果蔬严格挑选和妥善包装；做好温、湿度和通风换气工作；加强质量检查，剔除染病的果蔬，防止病害的传染。

因此，必须解决上述的主要矛盾，即控制呼吸作用。所以，要长期储藏植物性食品，就必须维持它们的活体状态，同时要控制减弱它们的呼吸作用。而低温是能够减弱果蔬类食品的呼吸作用，延长储藏期限的。但温度又不能过低，过低会引起植物性食品生理病害，甚至冻死。例如，香蕉储藏温度要求在12℃~13℃，如降到12℃以下，香蕉就会变黑。因此，储藏温度应该选择在接近冰点但又不致使植物发生冻死现象的温度。植物性食品储藏不仅与温度有关，还与储藏间的空气成分有关。不同种类的植物性食品，有各自适宜的气体成分。因此，在降低温度的同时，如能控制空气中成分含量（氧气、二氧化碳），就能取得最佳的效果。

第二节　食品冷却保鲜技术

一、食品冷却保鲜技术的应用范围

冷却是将食品的品温降低到接近食品的冰点但不冻结的一种冷加工方法，它是延长食品储藏期的一种被广泛采用的方法。

冷却的主要对象是植物性食品，由于果蔬等植物性食品都是有生命的有机体，在储藏过程中还在进行呼吸作用，放出呼吸热使其自身温度升高而加快衰老过程，因此必须靠冷却来除去呼吸热而延长其储藏期。另外，果蔬的冷却应及时进行，以除去田间热，使呼吸作用自摘收后就处于较低水平，以保持果蔬的品质。对于草莓、葡萄、樱桃、生菜、胡萝卜等品种，摘收后早一天冷却处理，往往可以延长储藏期半个月至一个月。但是，马铃薯、洋葱等品种由于收获前生长在地下，收获时容易破皮、碰伤，因此需要在常温下养好伤后再进行冷却储藏。

应当指出，果蔬类植物性食品的冷却温度不能低于发生冷害的界限温度，否则会使果蔬正常的生理机能受到障碍，出现冷害。

冷却也是短期保存肉类的有效手段。肉类的冷却是将肉类冷却到冰点以上的温度，一般为0℃~4℃。由于在此温度下，酶的分解作用、微生物的生长繁殖及干耗、氧化作用等均未被充分抑制，因此冷却肉只能储藏两周左右的时间。如果想进行较长期的储藏，必须把肉类冻结，使温度降到-18℃，才能有效地抑制酶、非酶及微生物的作用。肉类在冷却储藏的过程中，在低温下进行成熟作用，使肉的色泽、风味、柔软度都变好，增加了商品价值。这种变化对牛肉来说特别重要。另外，冷却肉与冻结肉相比，由于没有经过冻结过程中水变成冰晶和解冻过程中冰晶融化成水的过程，因此在品质各方面更接近于新鲜肉，因而更受消费者的欢迎。近年来，国际、国内的销售情况都表明，冷却肉的消费量在不断增大，而冻结肉的消费量则在不断减小。英、美等发达国家甚至提出不吃冻结肉的观点，因此肉类的冷却工艺目前广泛受到了人们的重视。

二、食品冷却保鲜方法与设备

常用的冷却食品的方法有冷风冷却、冷水冷却、碎冰冷却、真空冷却等。具体使用时，应根据食品的种类及冷却要求的不同，选择其适用的冷却方法。表 4-1 是各类食品冷却方法的一般适用范围。

表 4-1　冷却方法与适用范围

冷却方法	肉	禽	蛋	鱼	水果	蔬菜	烹调食品
冷风冷却	○	○	○		○	○	○
冷水冷却		○		○	○	○	
碎冰冷却		○		○	○	○	
真空冷却						○	

（一）冷风冷却

冷风冷却是利用被风机强制流动的冷空气使被冷却食品的温度下降的一种冷却方法，它是一种使用范围较广的冷却方法。冷风冷却使用最多的是冷却果蔬，冷风机将冷空气从风道中吹出，冷空气流经库房内的果蔬表面吸收热量，然后回到冷风机的蒸发器中，将热量传递给蒸发器，空气自身温度降低后又被风机吹出。如此循环往复，不断地吸收果蔬的热量并维持其低温状态。冷风的温度可根据选择的储藏温度进行调节和控制。

近年来，由于冷却肉的销售量不断扩大，冷却肉的冷风冷却装置使用普遍。冷风冷却装置中的主要设备为冷风机。随着制冷技术的不断发展，冷风机的开发制造工作也发展迅速，图 4-1 给出了五种不同吸、吹风形式的冷风机，根据冷风机不同的吸、吹风形式，可布置成不同的冷风冷却室。图 4-2 至图 4-7 给出了六种布置形式。

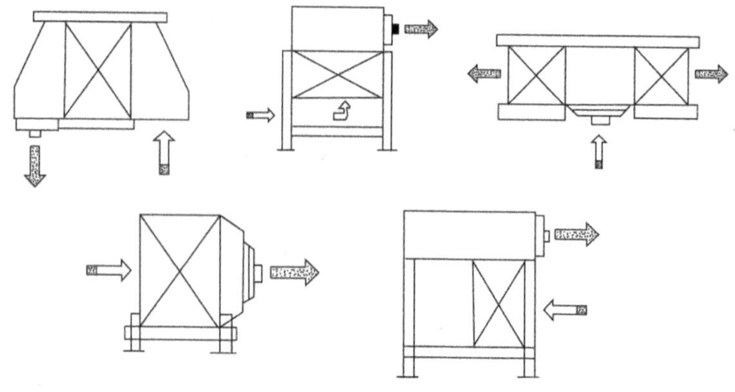

图 4-1　冷风冷却示意图

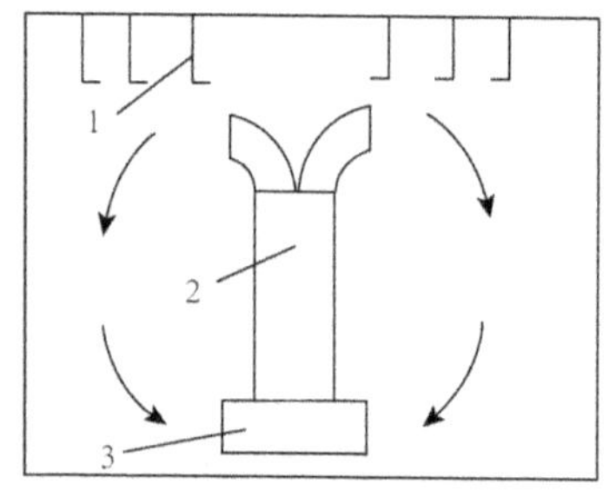

图 4-2　肉类冷风冷却装置

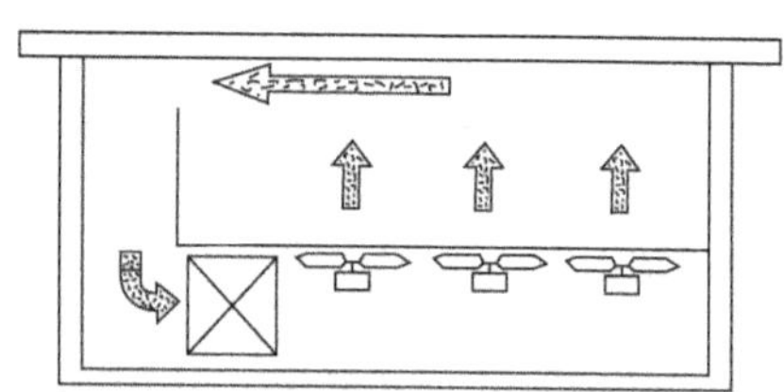

图 4-3　冷风冷却系统示意图①

在肉类的冷却工艺上也进行了新的研究，主张采用变温快速两段冷却法：第一阶段是在快速冷却间内进行，空气流速为 2m/s，空气温度较低，一般在-5℃～15℃。经过 2～4h 后，胴体表面温度降到-2℃～0℃，而后腿中心温度还在 16℃～20℃。然后在温度为-1℃～1℃的空气自然循环冷却间内进行第二阶段的冷却，经过 10～14h 后，半白条肉内外温度基本趋向一致，达到平衡温度 4℃时，即可认为冷却结束。整个冷却过程在 14～18h 之内可以完成。最近国外推荐的二段冷却温度更低，第一阶段温度达到-35℃，在 1h 内完成；第二阶段冷却室空气温度在-20℃。在整个冷却过程中，第一阶段在肉类表面形成不大于 2cm 的冻结层，此冻结层在 20h 的冷却过程中一直保持存在，研究认为这样可有效减小干耗（见图 4-8 及图 4-9）。

采用两段冷却法的优点是：干耗小，平均干耗量为 1%；肉的表面干燥，外观好，肉味佳，在分割时汁液流量少。但由于冷却肉的温度为 0℃ ~4℃，在这样的温度条件下，不能有效地抑制微生物的生长繁殖和酶的作用，所以只能储藏 1~2 周。冷风冷却还可以用来冷却禽、蛋、调理食品等。冷却时通常把被冷却食品放于金属传送带上，可连续作业。冷却装置可使用图 4-7 所示系统并配上金属传送带。冷风冷却可广泛地用于不能用水冷却的食品上，其缺点是当室内温度低时，被冷却食品的干耗大。

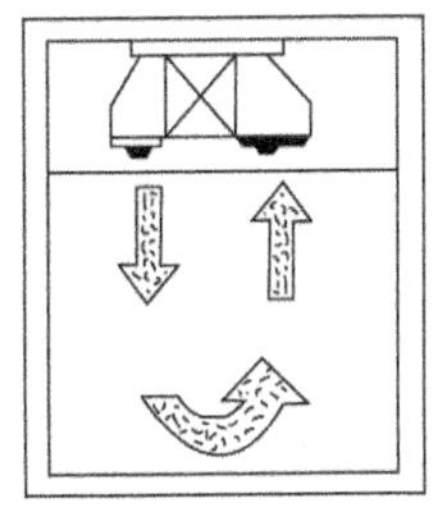

图 4-4　冷风冷却系统示意图②

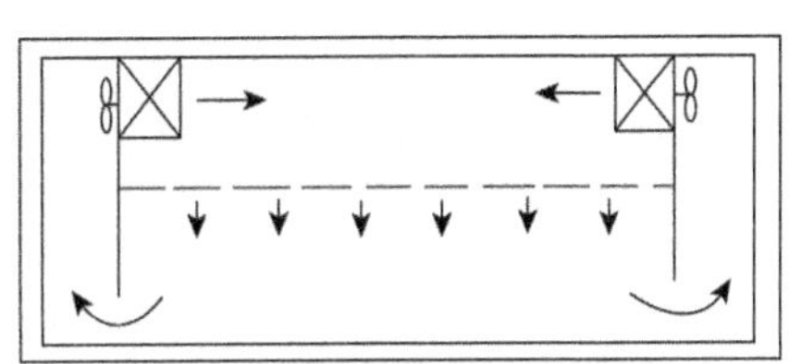

图 4-5　冷风冷却系统示意图③

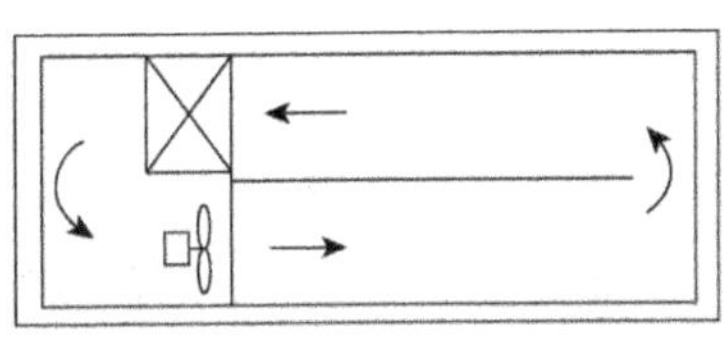

图 4-6　冷风冷却系统示意图④

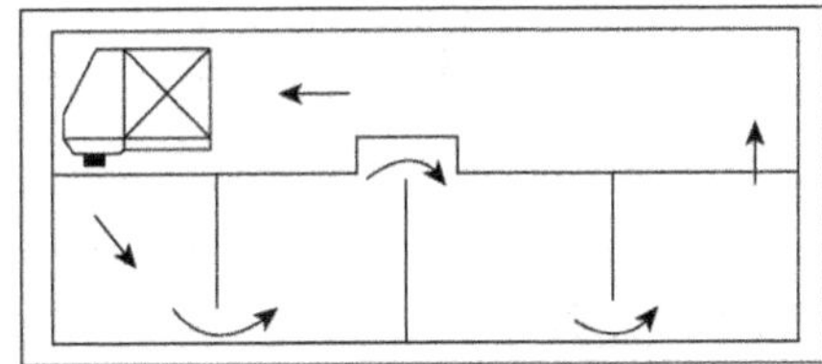

图 4-7　冷风冷却系统示意图⑤

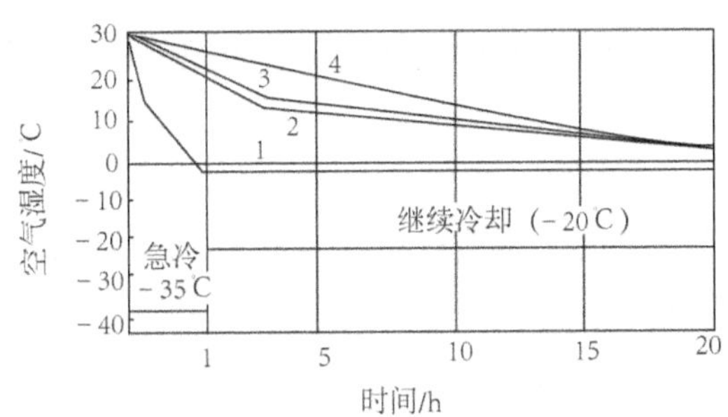

图 4-8　肉类冷却时各部位温度

（二）冷水冷却

冷水冷却是通过低温水把被冷却的食品冷却到指定温度的方法。冷水冷却可用于水果、蔬菜、家禽、水产品等食品的冷却，特别是对一些易变质的食品更适合。冷水冷却通常用预冷水箱来进行，水在预冷水箱中被布置于其中的制冷系统的蒸发器冷却，然后与食品接触，把食品冷却下来。如不设预冷水箱，可把蒸发器直接设置于冷却槽内，此种情况下，冷却池必须设搅拌器，由搅拌器促使水流动，使冷却池内温度均匀。现代冰畜冷技术的研究与完善，为冷水冷却提供了更广阔的应用前景。具体做法是在冷却开始前先让冰凝结于蒸发器上，冷却开始后，此部分冰就会释放出冷量。

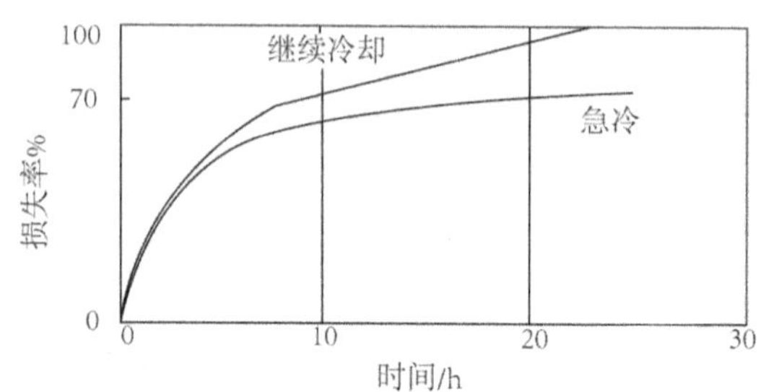

图 4-9　肉类冷却时质量损失

冷水冷却有以下三种形式：

1. 降水式

被冷却的水果在传送带上移动，上部的水盘均匀得像降雨一样降水，这种形式适用于大量处理。冷水冷却比冷风冷却速度快，而且没有干耗。缺点是被冷却食品之间易交叉感染。

2. 浸渍式

被冷却食品直接浸在冷水中冷却，冷水被搅拌器不停地搅拌，以至温度均匀。

3. 散水式

在被冷却食品的上方，由喷嘴把冷却了的有压力的水呈散水状喷向食品，以达到冷却的目的。

（三）碎冰冷却

冰是一种很好的冷却介质，它有很强的冷却能力。在与食品接触过程中，冰融化成水要吸收 334. 53kJ/kg 的相变潜热，使食品迅速冷却。冰价格便宜、无害，易携带和储藏。碎冰冷却能避免干耗现象。

用来冷却食品的冰有淡水冰和海水冰两种。一般淡水鱼用淡水冰来冷却，海水鱼可用海水冰冷却。淡水冰可分为机制块冰（块重 100kg/块或

120kg/块，经破碎后用来冷却食品）、管冰、片冰、米粒冰等多种形式，按冰质可分成透明冰和不透明冰。不透明冰是因为形成的冰中含有许多微小的空气气泡而导致不透明。从单位体积释放的冷量来讲，透明冰要高于不透明冰。海水冰也有多种形式，主要以块冰和片冰为主。随着制冰机技术的完善，许多作业渔船可带制冰机随制随用，但要注意，不允许用被污染的海水及港湾内的水来制冰。常用碎冰的体积质量和比体积如表 4-2 所示。

表 4-2　碎冰的体积质量和比体积

碎冰的规格	体积质量/（kg/m³）	比体积（m³/t）
大块冰（约 10cm×1.0cm×5cm）	500	2.00
中块冰（约 4cm×4cm×4cm）	550	4.82
细块冰（约 1cm×1cm×1cm）	560	1.78
混合冰	625	1.60

在海上，渔获物的冷却一般有加冰法（干法）、水冰法（湿法）及冷海水法三种。

加冰法要求在容器的底部和四壁先加上冰，随后层冰层鱼、薄冰薄鱼。最上面的盖冰冰量要充足，冰粒要细，撒布要均匀，融冰水应及时排出以免对鱼体造成不良影响。

水冰法是在有盖的泡沫塑料箱内，以冰加冷海水来保鲜鱼货。海水必须先预冷到-1.5℃~1.5℃再送入容器或舱中，再加鱼和冰，鱼必须完全被冰浸盖。用冰量根据气候变化而定，一般鱼与水之比为 2∶1~3∶1。为了防止海水鱼在冰水中变色，用淡水冰时需加盐，如乌贼鱼要加盐 3%，鲷鱼要加盐 2%。淡水鱼则可用淡水加淡水冰保藏运输，不需加盐。水冰法操作简便，用冰省，冷却速度快，但浸泡后肉质较软弱，易于变质，故从冰水中取出后仍需冰藏保鲜。此法适用于死后易变质的鱼类，如鲐鱼、鳍鱼、竹刀鱼等。

冷海水法主要是以机械制冷的冷海水来冷却保藏鱼货，其与水冰法相似，水温一般控制在-1℃~0℃。冷海水法可大量处理鱼货，所用劳力少、卸货快、冷却速度快。缺点是有些水分和盐分被鱼体吸收后使鱼体膨胀，颜色发生变化，蛋白质也容易损耗，另外因舱体的摇摆，鱼体易相互碰擦而造成机械伤口等。冷海水法目前在国际上被广泛地用来作为预冷手段。

（四）真空冷却

真空冷却又叫减压冷却，其原理是水分在不同的压力下有不同的沸点，详见表4-3。由表可见，只要改变压力，就可改变水分的沸腾温度，真空冷却装置就是根据这个原理设计的。真空冷却装置中配有真空冷却槽、制冷装置、真空泵等设备，详见图4-10。装置中配有的制冷装置，不是直接用来冷却蔬菜的。由于水在666.6Pa压力、1℃温度下变成水蒸气时，其体积要增大将近20万倍，此时即使用二级真空泵来抽，也不能使真空冷却槽内的压力维持在666.6Pa。制冰装置的作用是让水汽重新凝结于蒸发器上而排出，维持了真空冷却槽内压力的稳定。

表4-3 水的温度与蒸汽压

沸腾温度/℃	压力/mmHg	沸腾温度/℃	压力/mmHg
100	760.0	5	6.540
60	149.5	1	4.925
40	55.34	-5	3.011
20	17.53	-10	1.948
10	9.205	-30	0.285

真空冷却主要用于蔬菜的快速冷却。收获后的蔬菜，经过挑选、整理，放入有孔的容器内，然后放入真空槽内，关闭槽门，启动真空冷却装置。当真空槽内压力降低至666.6Pa时，蔬菜中的水分在1℃低温下迅速气化。水变成水蒸气时吸收的2253.88kJ/kg的汽化潜热，使蔬菜本身的温度迅速下降到1℃。真空冷却是目前最快的一种冷却方法，对表面积大的食品的冷却效果特别好。但其缺点是食品干耗大、能耗大。

三、食品冷却过程中发生的变化

食品在冷却储藏时，虽然温度较低，但还是会发生一系列的变化。所有的变化中除肉类在冷却过程中的成熟作用外，其他均会使食品的品质下降。

（一）水分蒸发

食品在冷却时，不仅食品的温度下降，而且食品中汁液的浓度会有所增加，食品表面水分蒸发，出现干燥现象。当食品中的水分减少后，不但造成质量损失（俗称干耗），而且使植物性食品失去新鲜饱满的外观，当减重达到5%时，果蔬会出现明显的凋萎现象。肉类食品在冷却储藏中也会因水分蒸发而发生干耗，同时肉的表面收缩、硬化，形成干燥皮膜，肉色也有变化。鸡蛋在冷却储藏中，因水分蒸发而造成气室增大，使蛋内组织挤压在一起而造成质量下降。

为了减少果蔬类食品冷却时的水分蒸发量，要根据它们各自的水分蒸发特性，控制其适宜的湿度、温度及风速。表4–4是根据水分蒸发特性对果蔬食品进行分类。肉类水分蒸发的量与冷却室内的温度、湿度及流速有密切关系，还与肉的种类、单位质量表面积的大小、表面形状、脂肪含量等有关。

表4–4 果蔬的水分蒸发特性

水分蒸发特性	果蔬的种类
A型（蒸发小）	苹果、橘子、柿子、梨、西瓜、葡萄（欧洲种）、马铃薯、洋葱
B型（中等）	白桃、李子、无花果、番茄、甜瓜、莴苣、萝卜
C型（蒸发大）	樱桃、杨梅、龙须菜、葡萄（美国种）、叶菜类、蘑菇

（二）移臭（串味）

有强烈香味或臭味的食品，与其他食品放在一起冷却储藏，香味或臭味就会传给其他食品。例如洋葱与苹果放在一起冷藏，葱的臭味就会传到苹果上。这样，食品原有的风味就会发生变化，使品质下降。有时，一间冷藏室内放过具有强烈气味的物质后，在室内留下的强烈气味会串给接下来放入的食品。如放入洋葱后，虽然洋葱已出库，但其气味会串给随后放入的苹果。要避免上述两种情况，就要求在管理上做到专库专用，或在一种食品出库后严格消毒和除味。此外，冷藏库还具有一些特有的臭味，俗称冷臭，这种冷臭也会串给冷却食品。

（三）寒冷收缩

宰后的牛肉在短时间内快速冷却，肌肉会发生显著收缩现象，以后即使经过成熟过程，肉质也不会十分软化，这种现象叫作寒冷收缩。一般来说，宰后10h内，肉温降低到8℃以下，容易发生寒冷收缩现象。但此温度与时间并不固定，成牛与小牛，或者同一头牛的不同部位的肉都有差异。例如成牛，肉温低于8℃，而小牛则肉温低于4℃。按照过去的想法，肉类宰杀后要迅速冷却，但近年来由于冷却肉的销售量不断扩大，为了避免寒冷收缩的发生，国际上正在研究不引起寒冷收缩的冷却方法。

（四）冷害

在冷却储藏时当储藏温度低于某一界限温度时，有些果蔬正常的生理机能遇到障碍，失去平衡，称为冷害。冷害症状随品种的不同而各不相同，最明显的症状是表皮出现软化斑点和核周围肉质变色，像西瓜表面凹斑、鸭梨的黑心病、马铃薯的发甜等。表 4–5 列举了一些果蔬发生冷害的界限温度与症状。

另有一些果蔬，在外观上看不出冷害的症状，但冷藏后再放到常温中，就丧失了正常的促进成熟作用的能力，这也是冷害的一种。例如香蕉，如放入低于 11.7℃的冷藏室内一段时间，拿出冷藏室后表皮变黑呈腐烂状，俗称“见风黑”。而生香蕉的成熟作用能力则已完全失去。一般来讲，产地在热带、亚热带的果蔬容易发生冷害。应当强调指出，需要在低于界限温度的环境中放置一段时间冷害才能显现，症状出现最早的品种是香蕉，像黄瓜、茄子一般则需要 10~14d 的时间。

表 4–5　果蔬冷害界限温度和症状

种类	界限温度/℃	症状
香蕉	11.7~13.8	果皮变黑、催熟不良
西瓜	4.4	凹斑，风味异常
黄瓜	7.2	凹斑，水浸状斑点，腐败
茄子	7.2	表皮变色，腐败
马铃薯	4.4	发甜，褐变
番茄（熟）	7.2~10	软化，腐烂
番茄（生）	12.3~13.9	催熟果颜色不好，腐烂

（五）生理作用

果蔬在收获后仍是有生命的活体。为了运输和储存上的便利，果蔬一般在收获时尚未完全成熟，因此收获后还有个后熟过程。在冷却储藏过程中，果蔬的呼吸作用、后熟作用仍在继续进行，体内各种成分也在不断发生变化，例如淀粉和糖的比例，糖、酸比，维生素 C 的含量等，同时可以看到颜色、硬度等的变化。

（六）成熟作用

刚屠宰的动物的肉是柔软的，并具有很高的持水性，经过一段时间放置后，就会进入僵硬阶段，此时肉质变得粗硬，持水性也大大降低。继续延长放置时间，肉就会进入解硬阶段，此时肉质又变软，持水性也有所恢复。进一步放置，肉质就进一步柔软，口味、风味也有极大的改善，达到了最佳食用状态。这一系列变化是体内进行的一系列生物化学变化和物理化学变化的结果。由于这一系列的变化，使肉类变得柔嫩，并具有特殊的鲜、香风味。我们把肉的这种变化过程称为肉的成熟。这是一种受人欢迎的变化。由于动物种类的不同，成熟作用的效果也不同。对猪、家禽等肉质原来就较柔嫩的品种来讲，成熟作用不十分重要。但对牛、绵羊、野禽等，成熟作用就十分重要，它对肉质的软化与风味的增加有显著的效果，提高了它们的商品价值。但是，必须指出的是，成熟作用如果进行得过分的话，肉质就会进入腐败阶段，一旦进入腐败阶段，肉类的商品价值就会降低甚至失去。

（七）微生物的繁殖

食品中的微生物若按温度划分可分为低温细菌、中温细菌和高温细菌。在冷却、冷藏状态下，微生物特别是低温微生物，它的繁殖和分解作用并没有被充分抑制，只是速度变得缓慢了一些，其总量还是增加的，如时间较长，就会使食品发生腐败。低温细菌的繁殖在0℃以下变得缓慢，但如果要它们停止繁殖，一般来说温度要降到-10℃以下，对于个别低温细菌，在-40℃低温下仍有繁殖现象。

（八）淀粉老化

普通淀粉大致由20%的直链淀粉和80%的支链淀粉构成，这两种成分形成微小的结晶，这种结晶的淀粉叫作β-淀粉。淀粉在适当温度下，在水中溶胀分裂形成均匀的糊状溶液，这种作用叫作糊化作用。糊化作用实质上是把淀粉分子间的氢键断开，水分子与淀粉形成氢键，形成胶体溶液。糊化的淀粉又称为α-淀粉。食品中的淀粉是以α-淀粉的形式存在的，但是在接近0℃的低温范围内，糊化了的α-淀粉分子又自动排列成序，形成致密的高度晶化的不溶性淀粉分子，迅速出现了淀粉的β化，这就是淀粉的老化。老化的淀粉不易为淀粉酶作用，所以也不易被人体消化吸收。水分含量在30%~60%的淀粉最易老化，含水量在10%以下的干燥状态及在大量水中的淀粉都不易老化。淀粉老化作用的最适温度是2℃~4℃。例如面包在冷却储藏时淀粉迅速老化，味道就变得很不好吃。又如马铃薯放在冷藏陈列柜中储存时，也会有淀粉老化的现象发生。当储存温度低于-20℃或高于60℃时，均不会发生淀粉老化现象。因为低于-20℃时，淀粉分子间的水分急速冻结，形成了冰结晶，阻碍了淀粉分子间的相互靠近而不能形成氢键，所以不会发生淀粉老化的现象。

（九）脂类的变化

在冷却储藏过程中，食品中所含的油脂会发生水解、脂肪酸的氧化、聚合等复杂的变化，其反应生成的低级醛、酮类物质会使食品的风味变差、味道恶化，使食品出现变色、酸败、发黏等现象。这种变化进行得非常严重时，则称为“油烧”。

四、食品冷却保鲜的工艺流程

（一）畜肉类冷却工艺

1. 一次冷却工艺

由于畜肉的冷却过程宜在最短的时间内完成，所以冷却时应采用尽可能低的温度，但不能使肉体内部冻结。畜肉类冷却一般用-15℃冷却系统制冷装置来完成。冷却间一端安装有干式冷风机。畜肉类冷却时，冷却间的空气借助于干式冷却盘管与盘管内制冷剂氨液进行热交换，从而降低了吸入空气温度成为低温空气再从干式冷风机的顶部吹到冷间内。冷风由风道口吹出，从上向下，畜肉类挂在吊钩上，并列放置，中间留有间隔，冷风从这些间隙中流过，使畜肉类食品快速冷却。

由于热鲜肉温度高，表面潮湿，为了快速使肉体温度下降，缩短冷却时间，冷却间在未进鲜肉之前，应先开启干式冷风机，进行供液降温，将冷却间的空气温度降低至-4℃~-3℃，以使大量肉体热量能迅速导出。在进货结束时，库内温度只允许有小幅度的上升，最高不得超过3℃~4℃，最好控制在0℃左右。在经过10h后，整个冷却过程的空气温度应稳定在-1℃~0℃，不能有较大幅度的波动。

空气相对湿度既要考虑为使胴体表面尽快形成干燥膜，控制微生物的繁殖，相对湿度不宜过高；又要考虑相对湿度过低则会因介质与肉体间温差过大而引起肉体干缩。为此，空气相对湿度宜分两阶段调整。冷却初始阶段，相对湿度控制在95%~98%；6~8h以后，相对湿度则维持在90%~92%。这样，既能保证肉体表面形成风干的保护膜，抑制微生物的繁殖，又不致因水分过多蒸发而引起质量损失。

空气流速是影响冷却速度和干耗的重要因素。在其他因素不变的情况下，增加空气流速可达到提高冷却速度的目的。但空气流速过大，会增加干耗。因此，在冷却过程中，空气流速一般为0.5~1.5m/s，不宜超过2m/s。干耗量平均为1.3%左右。畜肉的冷却时间受多方面因素的影响。在其他条件相同时，例如猪白条肉在0℃中冷却需36h，才能达到0℃，若在-2℃中冷却时，需24h；又如在空气流速为0.1/s时，需要32h才能达到3℃，而当空气流速增至0.55m/s时，需21h；再如由于肉体厚度不同，猪白条肉和1/4片牛白条肉最厚部中心温度冷却至0℃~4℃，需20h，而羊整腔只需10~12h。

2. 两阶段冷却工艺

对畜肉的冷却采用了两阶段快速冷却工艺，其主要特点是采用较低的温度和较高的风速进行冷却。两阶段冷却工艺一般是：第一阶段，将畜肉放在空气温度为-10℃~15℃、空气流速为1.5~3m/s的冷间内，冷却2~4h，这时，畜肉体表面温度降至-2℃~0℃，干膜迅速形成，畜肉内部温度为16℃~25℃。第二阶段，将畜肉放在室温为0℃~2℃、空气为一般流速的冷间内冷却10~16h，肉体内部温度逐渐平衡达3℃~6℃，即完成冷却。

两阶段冷却工艺形式，一种是先在吊轨的冷却间或冷却隧道中进行，然后再输送到一般冷间中。另一种是二段冷却都在同一冷间中进行。

采用两阶段快速冷却法的优点是：肉品干耗少，比一般冷却法减少40%~50%，平均为1%。冷却肉的质量优于一般冷却法，肉表面干燥，外观良好，肉味佳。在相同的生产面积下生产量比一般方法快1.5~2倍。快速冷却肉在分割时汁液流失减少50%。

两阶段冷却法的问题是快速冷却会引起牛、羊肉的寒冷收缩现象，导致肉在后熟时也不能得到充分软化。另外，冷却肉在0℃左右的冷藏间只能储藏1~2周。

(二) 果蔬的冷却

由于新鲜果蔬在采集后，应在最短时间内先冷却到额定温度（例如

4℃)，然后再入冷藏库。我国一般采取以冷却冷藏为主、冻结冻藏为辅储存果蔬的方法，对于气调储藏，也在逐步加以重视和应用。例如苹果在10月采集后还没有完全成熟，入库苹果不冷却，在20℃温度下，每天质量损失达10%，使水果生命力最高为10d；而在4.4℃温度下，每天质量损失为1%，这样，水果生命力达100d。可见果蔬的冷却是十分重要的。

1. 冷空气冷却法

(1) 一般冷空气冷却法

冷却间的温度视果蔬的品种而定，一般在0℃~5℃，如温度过低，接近果蔬冻结点时，会发生“冻伤”现象。相对湿度在85%~90%，空气流速为0.5m/s，经过12~24h后，盛果蔬的容器中心温度达到5℃左右，完成冷却过程。有些果蔬，如栗子、毛豆需要拆包后倒在席子上摊开冷却，待冷却后再包装。在冷却时，一般采用交叉堆码方法，以保证冷空气流通，加速果蔬的冷却。对于直接入库冷藏的果蔬，可采取逐步降温的方法，使果蔬由常温逐渐冷却，然后定温冷藏。例如，大白菜直接入冷藏高温库后，应先降温到6℃，相对湿度为65%，可储藏6周左右，使库内温度稳定后，再降低到0℃~1℃，相对湿度为85%~90%，可储藏3~4个月，这样基本上就恒定不动了。为了提高大白菜的冷藏质量，冷间的蒸发温度与冷间温度之间温差越小越好，并应有良好保持湿度的设备，同时注意不能与产生乙烯的果蔬储藏在一起，以免被污染。

(2) 压差通风式冷却法

对于果蔬类易腐食品，应采用更快的冷却速度，因此，近几年国外开发了一种新的冷却方法——压差通风冷却法。压差冷却是在冷却果蔬箱子上开孔，用压差板把冷风从箱子的孔引入箱子内部，这样才能达到提高冷却速度的目的。箱子孔的大小和多少，要根据果蔬食品的品种和箱内部充填层而定，其标准是冷风在一定时间里，能顺利地在箱子内部流动。果蔬装入箱子后，一般按规定的方法堆积起来。要求每层箱子与箱子的孔必须相通，这样，冷风才能顺利地通过。堆放上一层箱子时，要相对下一层箱子调转90°，但也必须把每个箱子的孔对齐。

2. 冷水冷却法

冷水冷却法一般有喷水式，其中有喷淋式和喷雾式、沉浸式和混合式(喷水和沉浸) 三种。常用的有喷水式和沉浸式两种。

喷水式冷却装置由冷却隧道、冷却水槽、传送带、压缩机、冷却排管和水泵等部分组成。在冷却水槽中有冷却盘管，由压缩机制冷而使盘管周围的水结冰，因而在冷却水槽中形成了冰水混合，所以，水温一般在0℃～3℃，将冷却的水用泵抽到冷却隧道的顶部，食品从冷却隧道的传送带上通过，冷却水从上向下喷到食品的表面而使其冷却。

沉浸式冷却装置，一般在冷水槽底部设有冷却排管，上部有冷却产品的传送带，将食品直接沉浸或装入箱中沉浸冷却。

混合式是喷水式和沉浸式交替进行冷却的方法。一般是先沉浸后喷水，这种冷却不仅速度快还卫生。

冷水冷却易引起食品的腐败，产生的原因主要是水中有微生物易被污染及由于水流动而受损伤，还有冷却食品带有较多的细菌，冷却水反复使用，水中细菌越来越多。这些细菌大多数为低温性细菌，它们在土壤、空气中都能见到，即使在0℃～10℃下，也会生长和繁殖。为此要求使用的冷水必须连续进行过滤，并要保持水的清洁，而且要经常更换。此外，要在冷却水中放入杀菌剂，但要按照食品卫生法的有关规定执行。一般在水中使用的杀菌剂为漂白粉。

这种方法是将果蔬浸入冷却的水中或将冷水以喷雾进行冷却的方法。这对于根菜类、果菜类、果实等真空冷却无效的产品有效，而且能很好地传热，效果良好。此法是浸入水中而无掉秤现象，也没有冻坏的危险。但太软的果蔬不适合使用。此外，应该在冷却后包装上市。

在美国，冷藏水果，特别是桃子，在冷藏前，通常用这种方法先冷却，效果良好。对于叶菜类食品常用直接撒细碎冰或雨雪状冰来冷却。

3. 真空汽化冷却法

水在0.1MPa时，即在常压下温度到100℃时开始沸腾汽化为水蒸气，如要使压力下降到0.006MPa，则水在0℃的温度下就汽化为水蒸气，这时需要除掉2500kJ/kg潜热。

真空汽化冷却原理就是将果蔬放入真空柜内，使之与外面空气完全隔绝。然后用真空泵抽去真空柜内空气，使之压力逐渐降到所需要的真空压力，造成果蔬中一部分水汽化为水蒸气，同时必然除去了果蔬内部的蒸发潜热，从而使其温度下降得以冷却。

影响真空汽化冷却效果的主要因素有：

（1）水分蒸发和预先湿润

一般当果蔬本身温度在27℃及其以上时，会使其水分蒸发掉5%以上，这时商品的价值就变得很低。所以从某种意义来说，果蔬温度下降到20℃时所蒸发掉4%的水分是商品价值的临界限。因此，南方地区与北方地区所产的蔬菜，当要求达到相同的冷却终温时，前者的温度下降幅度就大了，当然蔬菜所蒸发掉的水分量也就多，易发生萎缩现象。另外，蔬菜的水分挥发首先是表面很快地失去水分，其干瘪程度要比整个蔬菜平均蒸发水分的干瘪要高。由于产地不同，即使同样是菠菜，有的叶子肉厚，有的叶子肉薄；有的叶子肉硬，有的叶子肉软；而且其组织也不同。这些都需要有足够的认识和处理经验。为此在真空冷却前，必须要预先以喷雾加湿、弄湿果蔬表面。这样果蔬表面水分的汽化冷却会更加充分，同时果蔬的重量损失因水分蒸发量减少而降低到1%~3%，这就叫作预先湿润。

（2）果蔬的种类

在真空减压条件下，水分的蒸发量是根据果蔬的体积与它的表面积的比例、本身的构造、组织的粗密以及表面状态等不同而变化着。从这些特点来看，将有关果蔬分为A、B、C三组。A组是叶菜类，它们的表面积对体积的百分比大，叶软而多汁，表皮薄，其组成很多是水分，容易蒸发。B组是花菜类、果菜类的四季豆及草莓，与A组相比它们的表面积稍小，组织也略硬，因而冷却效果稍低。C组是以果菜类和根菜类为主体的，它们的表面积较小，表皮厚，水分蒸发难。这组是最难进行真空冷却的。因此，叶菜类、花菜类的菜花及果菜类的四季豆等豆类因表面积大，适应真空冷却并能在短时间内完成。青果类则视品种而决定适应与否。从容积来说，表面积小的如西红柿、黄瓜、胡萝卜、辣椒及马铃薯等果菜类、根菜类及果品类，因品温不能迅速下降而不适合真空冷却。由于果蔬的种类不同，其处理的条件也不同。一般是在0.61~0.67kPa条件下进行10~30min的真空冷却。

（3）商品的包装

对商品进行包装，有利于商品干耗的减少和保存。但包装必须要有透气性，如果用完全没有透气性的塑料薄膜密封包装，则真空汽化冷却就不可能实现。

真空汽化冷却的优点是：冷却时间短，相同数量的果蔬，真空汽化冷却一般为20~30min，而普通冷却需24h左右；干耗少，真空汽化冷却的果蔬干耗在3%~4%，而普通冷却在10%以上；不受包装限制，操作方便；用纸箱、塑料袋（透水蒸气）等包装的果蔬，在真空汽化冷却时其冷却速度与不包装的产品几乎无差异，这在生产中极为方便；冷藏时间较长，真空冷却果蔬会使其降温迅速，呼吸速度马上下降，食品内营养成分分解减慢；质量好，经过真空冷却的果蔬，其蛋白质、糖类、脂类、维生素等并未受到损失，并且对有异味的蔬菜，风味可得到改善。

真空汽化冷却的缺点是：冷却品种有限。一般只适用于冷却表面积比较大的叶菜类，如菠菜、韭菜、芥菜、菜花、芹菜、白菜、莴苣、卷心菜、甘蓝、豆类等。青果品则视种类而决定适应与否。表面积比较小的马铃薯、胡萝卜、西红柿等果蔬类、根菜类、果品类等因温度不能迅速下降，不适用于真空冷却。另外，仁果类和果菜类在低压下有可能将果芯的空气抽出，使内部压力过小，会呈凹形，失去鲜活商品价值，如甜椒等品种。真空冷却装置造价高，消耗电能。因此其成本比冷空气冷却和冷水冷却高。

4. 湿冷冷却法

湿冷冷却是采用机械制冷、蓄积冷量的方法得到0.5℃的冷水，然后通过换热器使库内空气与冷水进行直接接触的热、质交换，获得接近冰点温度的高湿空气，再经强制通风来冷却果蔬。冷却速度比常规空气冷却快1倍以上；保鲜效果好，能同时提供高湿、低温而利于果菜储藏；有效地抑制呼吸作用和微生物的繁殖；防止果蔬在冷藏期间失水萎蔫，有利于保持果菜的新鲜程度；适用于多数果蔬的冷却和储藏保鲜，果蔬对湿冷冷却方法的适应率高于空气冷却、冷水冷却和真空冷却方法；湿冷系统采用间接冷却方法，具有蓄冷作用，可降低制冷机组装机容量，电能消耗低；湿冷保鲜库造价低，产品可随进随出，使用方便。湿冷系统目前主要用于果蔬的冷却和短期保鲜储藏（1~2周）。

5. 冰冷却法

由于冰的吸热量大（与冷水相比），所以果蔬在冰的作用下冷却速度快，食品无干耗。但制冰设备占地面积大，初投资高，一般只用于水产加工或冷藏运输。果菜类采用冰冷却，温度不易调节，容易造成冷害，温度也不易均匀，一般很少用。

第三节　食品冷冻保鲜技术

一、食品在冷冻过程中发生的变化

食品在冷冻过程中所含水分要结冰，鱼、肉、禽等动物性食品若不经前处理直接冻结，解冻后的感官品质变化不大，但果蔬类植物性食品若不经前处理直接冻结，解冻后的感官品质就会明显恶化。所以蔬菜解冻前须进行烫漂，水果要进行加糖或糖液等前处理后再冻结。

（一）物理变化

1. 液体流失

食品经过冻结、解冻后，内部冰晶融化成水，如不能被组织、细胞吸收恢复到原来的状态，这部分水分就分离出来成为流失液。流失液不仅是水，还包括溶于水的成分，如蛋白质、盐类、维生素类等。体液流失使食品的质量减少，营养成分、风味亦受损失。因此，流失液的产生率成为评定冻品质量的指标之一。

解冻时水分不能被组织吸收，是因为食品中的蛋白质、淀粉等成分的持水能力，因冻结和冻藏中的不可逆变化而丧失，由保水性变成脱水性。体液的流出是由于肉质组织在冻结过程中产生冰结晶受到的机械损伤所造成的。损伤严重时，肉质间的空隙大，内部冰晶融化的水通过这些空隙向外流出；机械损伤轻微时，内部冰晶融化的水因毛细管作用被保留在肉质中，加压时才向外流失。冻结时食品内物理变化越大，解冻时体液流失也越多。

一般来说，如果食品原料新鲜，冻结速度快，冻藏温度低且波动小，冷藏期短，则解冻时流失液少。若水分含量多，流失液也多。如鱼和肉比，鱼的含水量高故流失液也多。叶菜类和豆类相比，叶菜类流失液多。经冻结前处理如加盐糖、磷酸盐时流失液少。食品原料切得越细小，流失液亦越多。

2. 体积膨胀、产生内压

水在4℃时体积最小，因而密度最大，为1000kg/m^3。0℃时水结成冰，体积约增加9%，在食品中体积约增加6%。冰的温度每下降1℃，其体积收缩0.005%~0.01%。二者相比，膨胀比收缩大得多，所以含水分多的食品冻结时体积会膨胀。

食品冻结时，首先是表面水分结冰，然后冰层逐渐向内部延伸。当内部的水分因冻结而体积膨胀时，会受到外部冻结层的阻碍，产生内压，称作冻结膨胀压，纯理论计算其数值可高达8.7MPa。当外层受不了这样的内压时就会破裂，逐渐使内压消失。如采用-196℃的液氮冻结金枪鱼时，由于厚度较大，冻品会发生龟裂，这就是内压造成的。此外，在内压作用下可使内脏的酶类挤出、红血球崩溃、脂肪向表层移动等，并因血球膜破坏，血红蛋白流出，加速了肉的变色。当食品温度通过-5℃~-1℃最大冰晶生成带时，膨胀压曲线升高达到最大值。外部肉质抵抗不住此压力时会产生龟裂，内压迅速下降。当食品厚度大、含水率高、表面温度下降极快时易产生龟裂。日本为了防止因冻结内压引起冻品表面的龟裂，在用-40℃的氯化钙盐水浸渍或喷淋冻结金枪鱼时，采用均温处理的二段冻结方式，先将鱼体降温至中心温度接近冻结点，取出放入-15℃的空气或盐水中使鱼体各部位温度趋于均匀，然后再用-40℃的氯化钙盐水浸渍或喷淋冻结至终点，可防止鱼体表面龟裂现象的发生。此外，冻结过程中水变成冰晶后，体积膨胀使体液中溶解的气体从液相中游离出来，加大了食品内部的压力。冻结鳕鱼肉的海绵化，就是由于鳕鱼肉的体液中含有较多的氮气，随着水分冻结的进行成为游离的氮气，其体积迅速膨胀产生的压力将未冻结的水分挤出细胞外，在细胞外形成冰结晶。这种细胞外的冻结，使细胞内的蛋白质变性而失去保水能力，解冻后不能复原，成为富含水分并有很多小孔的海绵状肉质。严重的时候，用刀子切开的肉的断面像蜂巢，食味变淡。

3. 干耗

食品在冻结过程中，因食品中的水分从表面蒸发，造成食品的质量减少，俗称“干耗”。干耗不仅会造成企业很大的经济损失，还给冻品的品质和外观带来影响。

干耗发生的原因是冻结室内的空气未达到水蒸气的饱和状态，其蒸气压小于饱和水蒸气压，而鱼、肉等含水量较高，其表面层接近饱和水蒸气压，在蒸汽压差的作用下食品表面水分向空气中蒸发，表面层水分蒸发后内层水分在扩散作用下向表面层移动。由于冻结室内的空气连续不断地经过蒸发器，空气中的水蒸气凝结在蒸发器表面，减湿后常处于不饱和状态，所以冻结过程中的干耗在不断地进行着。

（二）化学变化

1. 变色

食品在冻结过程中发生的变色主要是冷冻水产品的变色，从外观上看通常有褐变、黑变、褪色等现象。水产品变色的原因包括自然色泽的分解和产生新的变色物质两方面。自然色泽的被破坏如红色鱼皮的褪色、冷冻金枪鱼的变色等，产生新的变色物质如虾类的黑变、鳕鱼肉的褐变等。变色不但使水产品的外观变差，有时还会产生异味，影响冻品的质量。

2. 蛋白质冻结变性

鱼、肉等动物性食品中，构成肌肉的主要蛋白质是肌原纤维蛋白质。食品在冻结过程中，肌原纤维蛋白质会发生冷冻变性，表现为盐溶性降低、ATP 酶活性减小、盐溶液的黏度降低、蛋白质分子产生凝集使空间立体结构发生变化等。蛋白质变性后的肌肉组织，持水力降低、质地变硬、口感变差，作为食品加工原料时，加工适宜性下降。如用蛋白质冷冻变性的鱼肉作为加工鱼糜制品的原料，其产品缺乏弹性。

蛋白质发生冷冻变性的原因目前尚不十分清楚，但可认为主要是由下述的一个或几个原因共同造成的：

冻结时食品中的水分形成冰结晶，被排除的盐类、酸类及气体等不纯物就向残存的水分移动，未冻结的水分成为浓缩溶液。当食品中的蛋白质与盐类的浓缩溶液接触后，就会因盐析作用而发生变性。

慢速冻结时，肌细胞外产生大冰晶，肌细胞内的肌原纤维被挤压，集结成束，并因冰晶生成时蛋白质分子间失去结合水，肌原纤维蛋白质互相靠近、蛋白质的反应基互相结合形成各种交联，因而发生凝集。

鳕鱼、狭鳕等鱼类的体内存在特异的酶，它能将氧化三甲胺分解成甲醛和二甲基苯胺。甲醛会促使鳕鱼肉的蛋白质发生变性。

脂类分解的氧化产物对蛋白质变性有促进作用。脂肪水解产生游离脂肪酸，但很不稳定，其氧化结果产生低级的醛、酮等产物，促使蛋白质变性。脂肪的氧化水解是在磷脂酶的作用下进行的，此酶在低温下活性仍很强。

上述原因是互相伴随发生的，通常因食品种类、生理条件、冻结条件不同，而由其中一个原因起主导作用。

（三）组织变化

由于植物组织在冻结时受到的损伤要比动物组织大，所以果蔬类植物性食品在冻结前一般要进行烫漂或加糖等前处理工序。

植物细胞的构造与动物细胞不同。植物细胞内有大的液泡，它使植物组织保持高的含水量，但结冰时因含水量高，对细胞的损伤大。植物细胞的细胞膜外还有以纤维素为主的细胞壁，而动物细胞只有细胞膜，细胞壁比细胞膜厚又缺乏弹性，冻结时容易被胀破，使细胞受损伤。此外，植物细胞与动物细胞内的成分不同，特别是高分子蛋白质、碳水化合物含量不同，有机物的组成也不一样。由于这些差异，在同样的冻结条件下，冰结晶的生成量、位置、大小、形状不同，造成的机械损伤和胶体损伤的程度亦不同。

新鲜的果蔬等植物性食品是具有生命力的有机体，在冻结过程中其植物细胞会死亡，这与植物组织冻结时细胞内的水分变成冰结晶有关。当植物冻结致死后，因氧化酶的活性增强而使果蔬褐变。为了保持原有的色泽，防止褐变，蔬菜在速冻前一般要进行烫漂处理，而动物性食品因是非活性细胞则不需要此工序。

（四）生物和微生物的变化

生物是指小生物，如昆虫、寄生虫之类，经过冻结都会死亡。牛肉、猪肉中寄生的无钩绦虫、有钩绦虫等的胞囊在冻结时都会死亡。猪肉中的旋毛虫的幼虫在-15℃下 20d 后死亡。大麻哈鱼中的裂头绦虫的幼虫在-15℃下 5d 死亡。由于冻结对肉类所带有的寄生虫有杀死作用，有些国家对肉的冻结状态作出规定，FAO 和 WHO 共同建议，肉类寄生虫污染不严重时，须在-10℃温度下至少储存 10d。

引起食品腐败变质的微生物有细菌、霉菌和酵母，其中与食品腐败和食物中毒关系最大的是细菌。微生物的生长、繁殖需要一定的环境条件，温度就是其中一个重要条件。当温度低于最适温度时，微生物的生长受到抑制，当温度低于最低温度时，微生物即停止繁殖。引起食物中毒的细菌一般是中温菌，在10℃以下繁殖减慢，4.5℃以下停止繁殖。霉菌和鱼类的腐败菌一般是低温菌，在0℃以下繁殖缓慢，-10℃以下停止繁殖。

冻结阻止了微生物的生长、繁殖。食品在冻结状态下储藏，冻结前污染的微生物数随着时间的延长会逐渐减少，但不能期待利用冻结可以杀死污染的微生物，只要温度一回升，微生物就很快繁殖起来。所以食品冻结前要尽可能减少细菌污染，才能保证冻品的质量。

冻结阻止了细菌的生长、繁殖，但由于细菌产生的酶还有活性，尽管活性很小但还有作用，它使生化过程仍缓慢进行，降低了食品的品质，所以冻结食品的储藏仍有一定期限。食品在-10℃时大部分水已冻结成冰，剩下的溶液浓度增高，水分活性降低，细菌不能繁殖。所以，-10℃对冻结食品来说是最高的温度界限。国际冷冻协会（IIR）建议为防止微生物繁殖，冻结食品必须在-12℃以下储藏。为防止酶及物理变化，冻结食品的品温必须低于-18℃。

二、食品产生冰结晶的条件

冰结晶是表现冻结过程的最基本的实质。当食品中所含水分结成冰结晶时，即有热量从食品中传出，同时食品的温度也随之降低。

从物质分子结构来看，液体是介于气体和固体之间的。气体分子运动是混乱的，彼此各不相关。而在固体（结晶体）中，分子是按一定的规律排列的，彼此之间有着相互的关联。当温度升高时，液体分子运动加速使它的结构与气体接近；当温度降低时，液体分子运动减慢，其结构则趋向于结晶体。当液体温度降低至冰结点时，液相与结晶相处于平衡状态。要使液体变为冰结晶体，就必须破坏这种平衡状态，也就是使液体温度降至稍低于冰结点的温度，造成液体的过冷。由此可见，过冷现象是使液体中产生冰结晶的先决条件。

当液体处于过冷状态时，由于某种刺激作用（如液体中所含的灰尘或振动等），其内部形成了稳定的原始结晶核，因此，普通河水较煮沸水和蒸馏水容易结晶。灰尘与杂质能确定液体中结晶核的位置，并产生两相的分接口。

在稳定的结晶核形成后，如继续散失热量，水分子就聚集在冰结晶核周围组成结晶冰的晶格排列，使水变成冰而放出热量。这种热量的放出，使水或水溶液的温度由过冷温度上升至冰结点温度。因此，要保证冰结晶过程的进行，必须不间断地将热量移走。食品在冻结过程中，随着冻结时间的延长，冰晶将不断地发展，使食品内部的热量不断导出而在其内部亦产生冰结晶。

三、食品的结冰率

纯水通常在大气压下温度降至0℃就开始结冰，0℃称为水的冰点或冻结点。食品中的水分不是纯水，是含有有机物质和无机物质的溶液，这些物质包括盐类、糖类、酸类及水溶性蛋白质、维生素和微量气体等。根据拉乌尔定律，溶液冰点的降低与溶质的浓度成正比。1kg 水中每增加 1mol 溶质，水的冰点下降 1. 86℃。因此食品的温度要降至0℃以下才产生冰晶，此冰晶开始出现的温度即食品的冻结点。由于食品的种类、动物类死后条件、肌浆浓度等不同，各种食品的冻结点也不相同。一般食品冻结点的温度范围为-2. 5℃～-0. 5℃。

食品温度降至冻结点后其内部开始出现冰晶。随着温度继续降低，食品中水分的冻结量逐渐增多，但要食品内含有的水分全部冻结，温度要降至-60℃左右，此温度称为共晶点。要获得这样低的温度，在技术上和经济上都有难度，因此目前大多数食品冻结只要求食品中绝大部分水分冻结，品温在-18℃以下即达到冻结储藏要求。食品在冻结点与共晶点之间的任意温度下，其水分冻结的比例称为冻结率（w_0），以质量分数表示，其近似值可用下式计算：

$$w_0 = 1 - \theta_f/\theta \tag{4-1}$$

式（4-1）中，θ_f——食品冻结点温度；

θ——食品冻结点以下的实测温度。

四、食品冻结曲线和最大冰晶生成带

（一）食品冻结曲线

通常把在冻结过程中食品温度随冻结速度和时间变化的曲线称为食品冻结曲线。冻结曲线一般是指食品热中心的温度变化曲线。所谓食品的热中心，是指冻结过程中食品内部温度最高的坐标点。对于均质和各向同性的食品，热中心就是几何中心。

食品冻结时的曲线是根据冻结速度而变化的，但不论快速或慢速冻结，在冻结过程中，温度的下降可分为三个阶段，如图4-10所示。

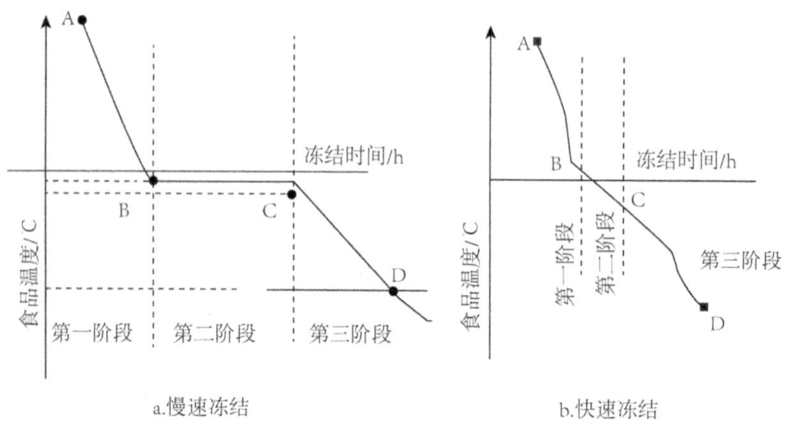

图4-10 食品在冻结时温度下降的情况

在第一阶段，食品的温度迅速冷却下降，放出的热量是显热，此热量与全部放出热量比较是较小的，故降温快，曲线较陡，直到降低至冻结温度为止。第二阶段即冰结晶形成阶段，曲线呈平坦，近于水平面。这一阶段的温度在-5℃~-1℃左右，所以水变为冰，同时放出相变热即潜热。由于冰的潜热大于显热50~60倍，整个冻结过程中绝大部分热量在此阶段放出。这种大量形成冰结晶的温度范围，称为冰结晶的最大生成带。在冰结晶形成时所放出的潜热相当大，通过最大冰结晶生成带时，热量不能大量及时导出，故温度下降减缓，曲线呈平坦，相对需要较长的时间。所以食品在进行冻结操作时，要充分发挥制冷机和设备的效率，加快冻结速度。当慢速冻结时，食品内冰结晶的形成以较慢速度由表面向中心推移，而食品中心温度在很长时间内处于停滞阶段，水平线段又平又长。当快速冻结时，由于热传导强烈，冰结晶的形成很快地从食品的表面层推移到食品中心，因此水平线段很短。最后，进入第三阶段，表明冻结后的食品从冻结点温度继续下降冻结到规定的最终温度（如对肉类要求为-15℃），此阶段一部分是冰的降温，一部分是使食品内部还没结冰的水继续结冰，但结冰量要比第二阶段少，放出的热量主要是显热。在这一阶段中，开始时温度下降比较迅速，之后随着食品与周围介质之间温度差的缩小，降温速度不断减慢，而且冰的比热比水小，照理曲线更陡，但因还有残留水结冰其放出热量大于水和冰的比热，所以曲线呈陡缓，不如初阶段那样陡峭。为了保证冻结食品的质量，必须采用快速冻结，即按照曲线 B 的方式冻结，这样能使冻结食品有最大的可逆性。

冻结曲线平坦段的长短与冷却介质导热的快慢关系很大。冷却介质导热快，则中阶段的曲线平坦段短。所以，采用导热性能高的冷却介质能缩短冻结时间。

食品冻结过程的三阶段，在生产上应注意：

第一阶段：在此温度范围内微生物和酶的作用不能抑制。若在此阶段操作停留时间过长，则食品冻前的品质就会下降，故必须迅速通过。

第二阶段：食品从冰点降到中心温度-5℃时，食品内 80%以上的水分将冻结。必须采用双级压缩制冷循环，快速冻结使通过时间短，在最大冰晶生成带中产生的不良影响就能避免。

第三阶段：从-5℃降至要求-15℃终温，由于微生物和酶一般在-15℃以下才能抑制，故亦必须调整好双级压缩制冷系统，加速通过此阶段。

（二）最大冰结晶生成带

对许多食品来说，当其温度为-5℃时，结冰率已经达到 80%，即食品中绝大部分水分已经变成冰。从感官上看，-5℃的食品已经处于冻结状态，具有很高的硬度。从-5℃继续降温，即使降低到使全部自由水分冻结的极低温，结冰量也只占食品全部自由水分的 20%左右。因此，食品冻结时绝大部分冰是在-5℃～-1℃这一温度带中形成的，习惯上称它为最大冰结晶生成带。

在最大冰结晶生成带，单位时间内的结冰量最多，热负荷最大，在选择食品冻结装置时要考虑到最大冰结晶生成带的热负荷。此外，最大冰结晶生成带对于冻结食品的质量也有很大影响。这种影响主要表现在以下几个方面：

（1）食品组织结构在冻结过程中受到损伤的程度取决于冰结晶的形成情况（如冰晶的大小、数量、形状及位置），而冰结晶的形成情况又取决于通过最大冰结晶生成带的时间长短。一系列的研究表明，通过最大冰结晶生成带的时间越短，食品的质量就越好。

（2）对 α-淀粉来说，发生矿化变化最快的温度区间为-1℃～1℃，在-5℃～-1℃的温度范围，β 化的速度仍然很快。因此，对于含有 α 淀粉的烹调冷冻食品来说，迅速通过最大冰结晶生成带也是很重要的。

（3）有些低温性微生物在-5℃～-1℃温度下仍能发育。为了抑制这一部分微生物的发育，有必要迅速通过最大冰结晶生成带，使食品的温度尽快降至-12℃以下。

（4）肉、鱼中的肌肉蛋白质，尤其是肌球蛋白，发生冻结变性速度最快的温度区间为-3℃～-2℃，恰好处于最大冰结晶生成带内。为了减轻肌球蛋白的冻结变性，应该迅速通过最大冰结晶生成带。

五、冻结速度与冰晶分布

人们对食品冻结速度快与慢的划分，目前还未完全统一。冻结速度通常有以时间来划分和以距离来划分两种方法。以时间划分，是指食品中心温度从-1℃降至-5℃所需的时间，如在30min之内是快速冻结，超过30min属于慢速冻结。由于食品的种类、冻结点、前处理不同，其耐冻程度也不一样，所以对任何食品都以30min为标准有不妥之处。

以距离划分，是指单位时间内-5℃的冻结层从食品表面向内部推进的距离。时间以h为单位，距离以cm为单位，冻结速度 v 的单位为cm/h。R Plank把食品冻结速度分为三类：快速冻结（$v \geq 5 \sim 20$cm/h）、中速冻结（$v = 1 \sim 5$cm/h）和慢速冻结（$v = 0.1 \sim 1$cm/h）。

$IIRC_2$ 委员会对食品冻结速度所作的定义如下：食品表面与温度中心点间的最短距离与食品表面温度达到0℃后，食品温度中心点降至比冻结点低10℃所需时间之比，该比值即食品冻结速度（v=距离/时间）。根据这一定义，食品温度中心点降温的计算值是随食品冻结点而改变的，与前面所述冻结速度计算的温度下限为-5℃相比要低得多，所以对冻结设备的设计、制造提出了更高的要求。

目前国内使用的各种食品冻结装置，由于性能不同，其冻结速度有很大差异，一般范围为0.2～100cm/h。例如食品在吹风冷库中冻结，其冻结速度为0.2cm/h，属慢速冻结；食品在吹风冻结装置中冻结，其冻结速度为0.5～3cm/h，属中速冻结；食品在流态化冻结装置中冻结，冻结速度为5～10cm/h，在液氮冻结装置中冻结，冻结速度为10～100cm/h，均属于快速冻结。

动植物组织是由无数细胞所构成。细胞内的水分与细胞间隙之间的水分由于其所含盐类等物质的浓度不同，冻结点也有差异。当食品温度降低时，冰结晶首先在细胞间隙中产生。如果快速冻结，细胞内外几乎同时达到形成冰晶的温度条件，组织内冰层推进的速度也大于水分移动的速度，食品中冰晶的分布接近冻前食品中液态水分布的状态，冰晶呈针状结晶体，数量多，分布均匀。如果缓慢冻结，冰晶首先在细胞外的间隙中产生，而此时细胞内的水分仍以液相形式存在。由于同温度下水的蒸汽压大于冰的蒸汽压，在蒸汽压差的作用下，细胞内的水分透过细胞膜向细胞外的冰结晶移动，使大部分水冻结于细胞间隙内，形成大冰晶，并且数量少，分布不均匀。冻结速度与冰晶形状的关系如表 4-6 所示。由于食品冻结过程中因细胞汁液浓缩，引起蛋白质冻结变性，持水能力降低，使细胞膜的透水性增加。缓慢冻结过程中，因晶核形成数量少，冰晶生长速度快，所以生成大冰晶。水变成冰体积要增大 9%左右，大冰晶对细胞膜产生的胀力更大，使细胞破裂，组织结构受到损伤，解冻时大量汁液流出，致使食品品质明显下降。而快速冻结时，细胞内外同时产生冰晶，晶核形成数量多，冰晶细小且分布均匀，组织结构无明显损伤时，解冻时汁液流失少，解冻品的复原性好。所以，快速冻结的食品比缓慢冻结食品的质量好。

表 4-6　冻结速度与冰晶形状的关系

冻结速度(通过 -5℃~0℃的时间)	冰结晶				冰层推进速度 I 水分移速 W
	位置	形状	大小(直径×长度)	数量	
数秒	细胞内	针状	(1~5μm)×(5~10μm)	无数	$I>>W$
1. 5min	细胞内	杆状	(0~20μm)×(20~50μm)	多数	$I>W$
40min	细胞内	柱状	(50~100μm)×100μm 以上	少数	$I<W$
90min	细胞外	快粒状	(50~200μm)×200μm 以上	少数	$I<<W$

第五章

食品冻干保鲜技术

第一节 概述

冻干食品是指用人工制冷的方法根据食品种类的不同将其冻结到-30℃～-15℃或更低的温度要求后，在低温、低压下进行冷冻干燥，使食品中的冰升华为水蒸气，形成脱水食品而获得的干制品。就产品质量而言，冻干食品优于热风干燥、喷雾干燥、真空干燥等传统脱水干燥食品；就运输和储存费而言，冻干食品优于速冻食品和罐藏食品。

一、食品冻干保鲜技术的发展状况

随着科学技术进步和经济的发展，人们对食品的要求日趋理性化。传统以保藏为目的的食品加工，满足了人们的消费需求。植物食品不受季节和地域限制的需求，但加工出来造成的营养成分、生理活性成分的损失，色、香、味的劣变，以及过分依赖添加剂等所引起的安全性等问题，日益为消费者所关注和担忧。随着人们生活水平的提高及对饮食快捷化、方便化的迫切需求，人们对待“吃”的观念已由过去的吃饱吃好转向注重饮食的快捷与营养、安全并重，使得冻干食品应运而生，并给冻干食品的发展提供了机遇。

我国的冻干食品起步较晚，于20世纪60年代后期才开始在北京、上海等地建立起一些实验性冻干设备，70年代中期在上海建立了年产300吨的冻干食品车间，但因效益不佳导致停产。进入20世纪80年代后，冻干食品的生产在我国有了较大的发展，如青岛市第二食品厂率先引进日本冻干设备，生产冻干葱、冻干姜片等，以后不少省市的企业相继引进了意大利、丹麦的冻干设备，取得了良好的经济效益。

随着我国种植、养殖业的发展，动、植物产品的品种、数量不断地增加，我国的冻干食品资源十分丰富，使得冻干食品的种类繁多。如冻干蔬菜、冻干果品、冻干牛肉、冻干海鲜、冻干鸡蛋片、冻干蛋白粉、冻干什锦米饭、冻干粥、冻干面条、冻干豆腐、冻干虾、冻干鱼片、冻干汤料、冻干大蒜粉、冻干芦笋、冻干胡萝卜、冻干香菇、冻干木耳、冻干速溶咖啡、冻干速溶茶等，这些必将使我国的冻干食品工业蓬勃发展。随着人们生活水平的提高，人们对食品的需求也随之发生了质的变化，以往人们不敢问津的诸如冻干食品的高档食品已进入了普通百姓家。

由于冻干食品质量轻、复水快，色、香、味俱佳，它在旅游、探险、登山、航海、军队野战及宇宙航行等场合中具有不可替代的地位，所有这些都将给我国的旅游、探险、航海等事业带来很大发展，也为冻干食品的推广普及提供了广阔的市场。

二、冻干食品的特点

食品冻结后水变成冰形成了一个稳定的固体骨架，当冷冻干燥后冰晶升华，使固体骨架基本维持不变。因此，冻干食品的收缩率远远低于其他干制品，能够保持新鲜食品的形态。冻干食品由于脱水较彻底，包装适当，不加任何防腐剂，对储存时的环境温度没有特别的要求，即在常温下可安全地储存较长的时间。因此，其储存、销售等经常性费用远远低于冷冻食品。

冻干食品冰晶升华后，溶于水中的无机盐等溶解物就地析出，避免了用一般干燥法时由于食品内部水分向表面迁移，使之携带的无机盐等成分在表面析出的问题。因此冻干食品无表面硬化问题。

食品在冷冻干燥时，由于低温使各种化学反应速率较低，故食品的各种色素分解造成褪色、酶及氨基酸引起的褐变几乎不会发生。所以，冻干食品不需添加任何色素，最大限度地保留了食品的原有色泽。食品在冷冻干燥时，由于低温使成分挥发性低，且无氧化反应，故无异味产生。冷冻干燥后产品中的芳香成分浓度相对增加，所以，冻干食品风味不变，香气更加浓郁。

由于食品冻结后进行冷冻干燥，食品内细小冰晶在升华后留下大量空穴，呈多孔海绵状，在复水时能迅速渗入并与干物料充分接触，可使冻干食品在几分钟甚至数十秒内完全复水，因而最大限度地保留了新鲜食品的色、香、味。所以，冻干食品具有优异的复水性能，是高质量的速食方便食品。由于食品的冷冻干燥在低温及高真空度下进行，避免了食品中热敏性成分的破坏和易氧化成分的氧化，所以，冻干食品的营养成分和生理活性成分损失率最低，这是某些功能性食品采用冻干食品为基料的主要原因。

但是，冻干食品一旦暴露于空气中容易吸湿潮气，故包装材料要绝对隔湿防潮。冻干食品表面积与其体积之比的比表面积较大，在储存期间食品中的脂肪容易氧化造成脂肪酸败。所以，冻干食品要真空包装，最好充氮包装。冻干食品一般所占体积相对较大，不利于包装、运输和销售，所以冻干食品常被压缩之后再包装。冻干食品因具有多孔海绵状疏松结构，在运输、销售中易破碎及粉末化。所以，对不便压缩包装的冻干食品，应采用有保护作用的包装材料或形式。冻干食品的生产需要低温快速冻结制冷设备和高真空设备等，且冷冻干燥时间一般较长，所以，导致冻干食品投资费用较大，生产成本较高。但随着冻干技术的提高、冻干设备的国产化，冻干食品的生产成本将会降低。

第二节　冻干食品生产的基本原理和生产设备

一、冻干食品生产的基本原理

冷冻干燥是指生产中对食品所进行的冻结及其升华干燥和其后的解析干燥。由于升华干燥是冷冻干燥中的主要过程或操作，因此通常所说的冷冻干燥往往特指其中的升华干燥。食品冷冻干燥工艺或冻干食品生产工艺，往往包括预处理、冻结、升华干燥、解析干燥、后处理、包装等一系列操作。

（一）冰升华的条件

水有三种相态，即固相、液相和气相，三种相态之间既可以相互转换又可以共存。图 5-1 为水的相平衡图。图中 *OA*、*OB*、*OC* 三条曲线分别表示冰和水、水和水蒸气、冰和水蒸气两相共存时水蒸气与温度之间的关系，分别称为融化曲线、汽化曲线和升华曲线。O 点称为三相点，所对应的0.01℃，水蒸气压力为610.5Pa（4.58mmHg），在这样的温度和水蒸气压下，水、冰、水蒸气三者可共存且相互平衡。

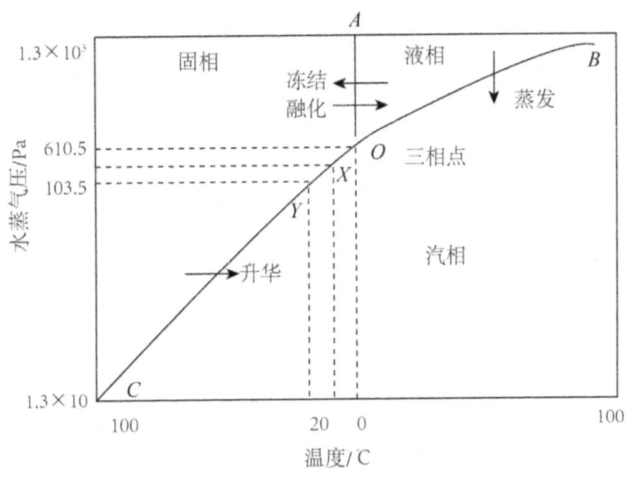

图 5-1 水的相平衡

当蒸汽压大于611Pa时，冰只能先融化为水，然后再由水转化为水蒸气；而当冰周围的蒸汽压力低于611Pa时，冰可以直接升华为水蒸气，这就是升华干燥的理论基础。

水蒸发时，其状态点只能在蒸发曲线上。同样，冰升华时，其状态点只能在升华曲线上。比如，温度为-10℃的冰，如果其周围的水蒸气压为400Pa，则必须将蒸汽压降低到低于260Pa（-10℃冰的饱和蒸汽压）时，冰才能开始升华。蒸汽压为103.5Pa的冰，如果其温度为-30℃，则必须将其温度提高到高于-20℃（与103.5Pa水蒸气压相平衡的冰温）时，冰才能开始升华。

0.01℃和610.5Pa是指在没有空气存在的情况下，纯水三相点的温度和蒸汽压。常压下，冰、水、水蒸气三相在0℃时处于平衡，蒸汽压依然为610.5Pa，只是总压为98kPa。空气的存在使三相点降低是由于下列两种效应：第一，在98kPa下，空气在水中的溶解度中以使其凝固点降低0.0024℃。第二，压力从610.5Pa升高至98kPa时，水的凝固点下降0.0075℃。由此可见，升华有两个基本条件：一是保持冰不融化；二是冰周围的水蒸气必须低于610.5Pa。需要指出的是，后一个条件是指水蒸气压，而不是总压。所以，在常压下升华干燥也可以进行，这是常压冷冻干燥的理论基础。冰升华需要吸收热量，不同温度下冰的升华热不同，但相差不大（见表5-1）。

表5-1 不同温度下冰的升华潜热

温度/℃	0	-10	-20	-30	-40	-50
升华潜热/（kJ/kg）	2838	2813	2796	2771	2759	2746

所以升华干燥时，要不停地向冰晶传热，以提供升华所需要的热量。但如果所供给的热量大于冰升华所需要的热量，多余的热量就会被冰作为显热吸收，导致冰温上升。当升到冰点时，冰就会融化。所以，即使冰处于总压远远低于三相点压力的环境中，但如果加热不当，它也有可能融化。如果冰表面的水蒸气压低于冰的饱和蒸汽压，则一部分冰升华为水蒸气，使水蒸气压增高。当水蒸气压增高到等于此温度下冰的饱和蒸汽压时，冰与水蒸气达到平衡，宏观上表现为冰停止升华。

所以，维持升华干燥必须满足两个条件：一是不断向冰供热；二是不断去除冰表面的水蒸气，以使水蒸气压永远达不到冰的饱和蒸汽压。对于一块纯冰来说，冰的温度越高，冰的蒸汽越高，冰升华的速率越快。

（二）升华干燥中的传热与传质

要维持升华干燥的不断进行，必须满足两个基本条件，即热量的不断供给和生成蒸汽的不断排除。在开始阶段，如果食品温度相对较高，升华所需要的潜热可取自食品本身的显热。但随着升华的进行，食品温度很快就降到与干燥室蒸汽分压相平衡的温度，此时，若没有外界供热，升华干燥便停止进行。在外界供热的情况下，升华所生成的蒸汽如果不及时排除，蒸汽分压就会升高，食品温度也随之升高，当达到食品的冻结点时，食品中的冰晶就会融化，冷冻干燥也就无法进行了。

供给热量的过程是一个传热过程，排除蒸汽的过程是一个传质过程，因此，升华干燥过程实质上是一个传热、传质同时进行的过程，如图5-2所示。自然界中所发生的任何过程都有驱动力，升华干燥中的传热动力为热源与升华界面之间的温差，而传质驱动力为升华界面与蒸汽捕集器之间的蒸汽分压差。温差越大，传热速率越快；蒸汽分压差越大，传质速率越快。

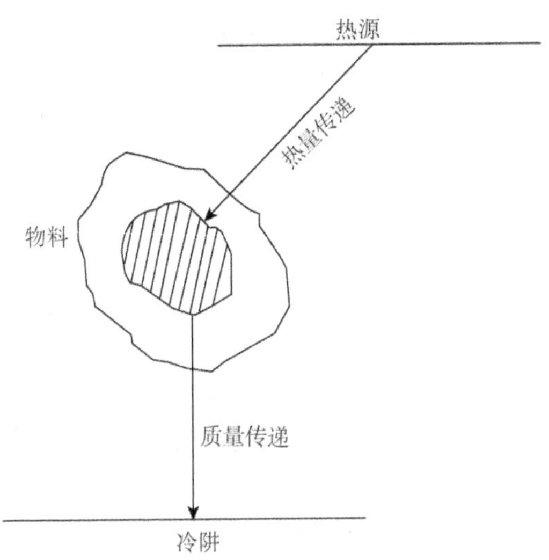

图 5-2　冷冻干燥传热、传质示意图

冻干时，既要保持产品的优良品质，又要取得较快的干燥速率。升华所需要的潜热必须由热源通过外界传热过程传送到被干燥食品的表面，然后再通过内部传热过程传送到食品内冰升华的实际发生处。所产生的水蒸气必须通过内部传质过程到达食品的表面，再通过外部传质过程转移到蒸汽捕集器（冷阱）中。任何一个过程或几个过程一起都可能成为干燥过程的“瓶颈”，它取决于冻干设备的设计、操作条件以及被干燥食品的特征。只有同时提高传热、传质速率，增加单位体积冻干食品的表面积，才能取得更快的干燥速率。

蒸汽捕集器又称为水蒸气凝结器，均可称为冷阱或脱水装置。因为在13.3Pa 真空下，1g 的冰升华可生成 $100m^3$ 的水蒸汽，若这大量水蒸气不加以处理而由真空泵抽出，则需要大容量的抽气机才能维持所需的真空度，因此脱水装置（冷阱）是必要的，冷阱即是制冷系统中的蒸发器。冷阱安装在干燥室和真空泵之间，它是靠干燥箱与凝结器间的温差所形成的压力差来作为推动力的，所以冷阱的温度要比干燥室低，并保持足够低的温度，以保证升华出来的水蒸气有足够的扩散动力，同时避免水蒸气进入真空泵。实践表明，对于多数食品的冷冻干燥，冷阱表面温度在-50℃～-40℃已能满足干燥要求。另外，冷阱应该有足够的捕水面积，捕水面积过小，将增加冰霜层的厚度，使冷阱捕水性能下降；冷阱捕水面积过大，将造成材料浪费和结构庞大等问题。我国目前常以冷阱表面结霜厚度4~6mm为设计标准。冷阱的结构形式有螺旋盘管式、平板式等。

1. 热量的传递

在普通的真空冻干机中，热量首先被传递到食品表面，然后再通过食品层传递到升华界面上。传热的驱动力是加热板表面与升华界面之间的温差。总的传热量为传导、对流、辐射三种传热量之和。传热的总温差分为两部分：一部分是从热源表面到食品表面；另一部分是从食品表面到升华界面。

热量首先被传递到食品表面，然后再从食品表面向内传递，所以食品的表面温度最高。为了避免食品的质量损失，一定要保证食品温度低于某一特定限制温度。不同的食品具有不同的限制温度。热源调节系统的任务是控制向被干燥食品的热量输入，使食品的温度不超过允许温度，但又保持接近其最高允许温度，以使干燥速率尽可能快，干燥成本尽可能低。

在真空干燥室内，由热源表面向食品表面的热量传递可以采用不同的传热方式，传热方式决定冻干机的类型。无论是哪一种传热方式，食品都要呈薄层形式，而热源一般都是水平加热板。

一种传热方式是通过接触式冻干机进行。将食品平铺在金属盘内，金属盘放在水平加热板上，金属盘的一面与加热板相接触，另一面与食品的部分表面相接触，热量由加热板向食品表面的传递主要是通过金属盘的热传导。食品、金属盘、加热板三者之间如果接触良好，热量就均匀分布，升华干燥就可以在充分可控的状况下进行。由于热量传递主要依靠的是向食品层一面的热传导，则干燥时间相对较长。

20世纪50年代，研制出双面接触冻干技术，称为“强化干燥”或“加速干燥”。这种技术是将热量由加热片向食品层的上下两面同时传导，从而大大降低了干燥时间。该技术仍然使用食品浅盘，在盘内食品层的底部放置一个膨胀金属片，在食品层上表面再放置一个金属片，犹如一个“三明治”，上下为金属板，中间为食品层。将这种“三明治”放置在上下两个水平的加热板之间，加热板将“三明治”紧紧压在一起。热量通过料盘和膨胀金属片的热传导传递到食品层的上下两面。膨胀金属片具有双重功能，一是为食品与金属表面之间水蒸气的外溢提供通道；二是使食品表面的传热量均匀分布。食品层厚度如不均匀，可以通过膨胀金属片的挤压得到弥补。

另一种传热方式是辐射加热，即热源与食品表面之间主要是通过辐射传热，它们之间没有金属接触。在辐射加热冻干机中，食品浅盘处于加热板之间，但与加热板不接触，上边加热板将热量辐射到食品的上表面，下边加热板将热量辐射到料盘的底部。

传热系统的任务是发射可控热流量，以使其均匀地到达食品的受热表面。控制加热板的温度就可以有效地控制热流量。热流量的均匀分布通过加热系统的结构形状来保证。

加热板或料盘表面所存在的任何微小的不平整都会导致热流分布得不均匀，是接触式冻干系统的一个显著缺点。在接触式冻干系统中，热流量的传递主要是通过料盘的热传导以及如果接触不良料盘与加热板之间可能存在的蒸汽层的热传导。与金属直接接触相比，蒸汽层是有效的绝热层，

2. 水蒸气传递

1kg 的冰在压强为 133. 3Pa 的真空室中升华，约产生 $1m^3$ 的水蒸气，在压强为 66. 7Pa 的真空室中升华，可产生 $2m^3$ 的水蒸气，当冻结食品升华干燥时，升华界面上产生的如此大体积的水蒸气都必须首先被传递到食品表面，然后由表面向外扩散，否则水蒸气压将升高，升华界面温度也随之升高，这可能导致冰晶融化。

当在很低的压力下进行干燥时，必须去除产生的蒸汽，为此可采用两种方法，要么冷凝、泵吸，要么用干燥剂吸收。为了冷凝水蒸气，冷凝介质的温度必须低于正在冻干的食品的温度。这样做的费用很大，因为从水蒸气中吸收热量巨大，而且在低温下操作的冷冻机的效率相当低。

冷冻干燥也可在常压下进行。然而，常压下水蒸气在食品内部的传递过程主要是扩散过程，速率非常低，所以，干燥时间相当长。目前尚未找到提高常压下冻干速率的经济、有效的办法。因此，目前一般采用真空冻干机。

在工业化冻干生产中，用机械泵抽吸大量水蒸气是不经济的。真空室内水蒸气的去除一般是采用一个低温表面使水蒸气冷凝，具有此作用的冷凝表面称为冷阱或蒸汽捕集器。水蒸气在传递过程中夹带着不凝性气体，真空泵与冷阱相连，将不凝性气体抽去，以维持真空室内的低压。

3. 传热和传质的联合作用

在真空状态下干燥时，外部的传热、传质过程在一定程度上有所加强。通常，提高外部传热、传质速率要比提高内部传热、传质速率容易些。所以，在设计干燥设备或进行干燥操作时，外部传热、传质速率应当足够高，不要使外部阻力成为限制干燥速率的主要因素。

内部传热靠的是热传导，而内部传质对于低水分含量的食品是靠水蒸气的黏滞流动或大量水蒸气的弥散进行的。大量气体的弥散率与压力成反比，故真空状态下水蒸气的弥散有助于提高低温干燥速率。由于冻干时产品的收缩率相当低，故在真空条件下，限制性的内部阻力常常是传热而不是传质。

二、冻干食品生产的基本设备

冷冻干燥设备是一个集真空、制冷、加热干燥、控制、清洗消毒等多功能于一体的复杂装置。它最早用于生物医药行业中，并且得到了迅速的发展，如干燥人体血浆、疫苗等各种生物活性材料和药品。冷冻干燥设备用于食品工业上略晚，而且发展相对较慢。目前，主要用于干燥某些特殊用途的食品或某些风味食品，如宇航食品、高价值保健食品、速溶咖啡、调味品等。冷冻干燥食品发展较慢的主要原因是冷冻干燥设备昂贵，生产率低。所以，降低设备造价、提高设备性能是发展冷冻干燥食品的主要因素。

冷冻干燥机的型式可概括为以下几种：按冷冻干燥对象分，有医药冷冻干燥机和食品冷冻干燥机；按设备运行方式分，有间歇式冷冻干燥机和连续式冷冻干燥机；按加工容量分，有工业用冷冻干燥机和实验用冷冻干燥机。此外，还有按干燥箱能否进行预冻、能否自动加塞、能否自动清洗消毒等进行分类。食品冷冻干燥机有间歇式和连续式，而医药冷冻干燥机几乎均是间歇式。

（一）间歇式冷冻干燥机

间歇式冷冻干燥机的优缺点有：

适用于多品种、小产量的生产，特别适合于季节性强的食品生产；单机操作，如一台设备发生了故障，不会影响其他设备的正常运行；便于设备的加工制造和维修保养；便于控制物料干燥时不同阶段对加热温度和真空度的要求。但是，由于装料、卸料和启动等预备性操作，使设备的利用率低，能量浪费大；若满足一定量的生产要求，往往需要多台单机，且各单机均需配以整套的附属系统，使设备投资费用和操作费用增加。目前，先进的间歇式冷冻干燥机均有完善的集中控制系统，在各个干燥箱之间可实现顺序启动或交替工作的方式，实现多台机组的系统优化，从而可提高设备利用率，节省能量消耗。有代表性的间歇式冷冻干燥机为两种，一种是接触导热式；另一种是辐射传热式。

1. 接触导热式

这种冷冻干燥机如图 5-3 所示。主要用于医药生物制剂和液体食品(如果汁、咖啡等）的生产。其特点是，干燥箱内的多层搁板不但可以用来搁置被干燥的食品，而且食品在冻结时可提供冷量，在随后的干燥中可提供升华热量和解析热量。

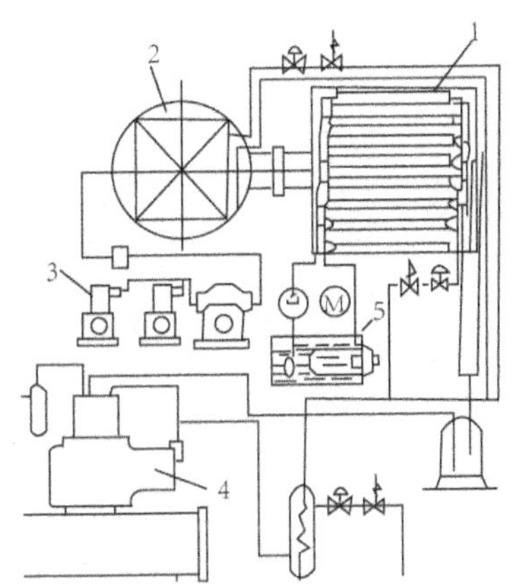

图 5-3　接触导热式、间歇式冷冻干燥机

注：1—干燥箱；2—冷阱；3—真空系统；4—制冷系统；5—加热系统。

冷冻干燥过程如下：如果食品是在干燥箱外预冻结，在食品托盘移入干燥箱之前，必须对冷阱和干燥箱进行空箱降温，以保证冻结食品移入干燥箱后能迅速启动真空系统，避免已冻结食品发生融化。如果食品是在干燥箱内预冻结，当食品温度达到共晶点温度以下，冷阱温度达到约-40℃时，开启真空泵使干燥箱真空度达到工艺要求值。随着食品表面的升华，搁板开始对食品加热，直至冷冻干燥结束。

在整个冷冻干燥过程中，虽然制冷系统、真空系统和加热系统均处于连续工作状态，但负荷变化却较大。其中比较明显的是制冷系统和真空系统。如在冷冻干燥开始时，制冷系统和真空系统的负荷是整个干燥过程中各自平均值的2~3倍。

2. 辐射传热式

这种间歇式冷冻干燥机的主体结构如图5-4所示，多用于食品冷冻干燥中。盛有食品的料盘悬于上下两块加热板之间，料盘与加热板不直接接触，而是通过吊车或小推车将料盘快速地移入干燥箱。多层加热板分排在干燥箱内的两侧。吊车沿导轨移动，从食品清洗、切分等预处理开始，再经过装盘和预冻结间后，最后将料盘及料车一起快速移入干燥箱中。

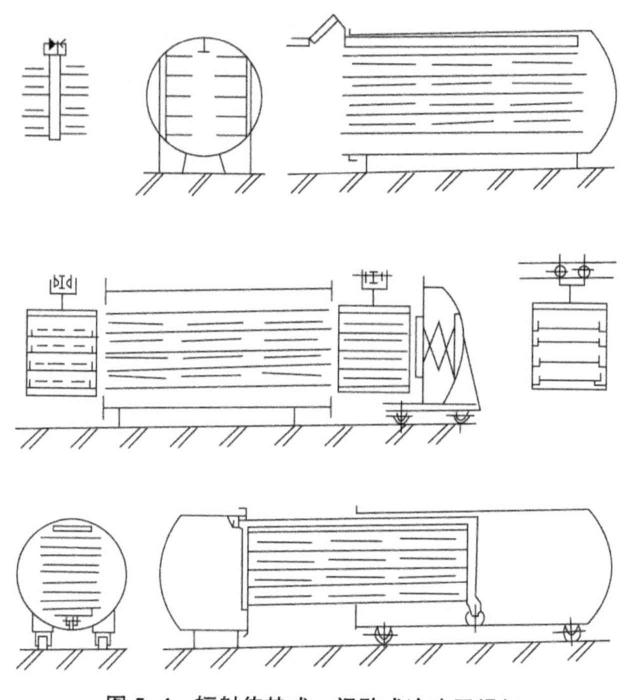

图5-4 辐射传热式、间歇式冷冻干燥机

（二）连续式冷冻干燥机

连续式冷冻干燥机适用于品种单一、产量大、原料充足的产品生产，尤其适用于浆状或颗粒状食品的生产。其优点是设备利用率高，便于实现自动化生产。而缺点是设备复杂，难于加工制造，尤其是装卸料口的真空密封问题需要更高的加工工艺。目前比较典型的连续式冷冻干燥机有水平隧道式和垂直螺旋式。

1. 水平隧道式

食品首先在预冻结间内冻结，随后在装料间内装盘，当装料隔离室的真空度达到隧道干燥室的真空度时，打开隧道干燥室与装料隔离室间的闸阀，使料盘进入隧道干燥室。关闭闸阀后破坏装料隔离室的真空度，准备接收下一组料盘的进入。卸料隔离室与装料隔离室的工作过程相辅相成，一组料盘从装料隔离室进入隧道干燥室的同时，已干燥好的一组料盘将从隧道干燥室的另一端进入卸料隔离室，此时，卸料隔离室的真空度已预抽空到隧道干燥室的真空度。当关闭卸料隔离室与隧道干燥室间的闸阀后，破坏卸料隔离室的真空，将干燥好的食品移送到卸料和包装处理间。如此反复进行，使每一次开闭闸阀都将有一组新的料盘送入，一组已干燥好的料盘推出。也就是说，从预冻结间进入装料隔离室和从卸料隔离室进入卸料间，隔离室内真空度的形成与破坏、闸阀的开启与关闭应该是相互关联的。在保证隧道干燥室的真空度情况下，待加工的食品不断地进入，加工后的食品不断地被移出，形成连续干燥作业状态。

2. 垂直螺旋式

这种连续式冷冻干燥机特别适用于加工颗粒状食品。中间干燥室上部有两个交替开启的进料口，下部也有两个交替开启的出料口，两侧各有一个相互独立的冷阱，通过大型的开关阀门与干燥室相通，实现了交替融霜的目的。其工作过程如下：经过预冻结的颗粒食品，从顶部两个入口密封门之一轮流地落到顶部圆形的加热盘上，干燥室的中央立轴上装有带铲的搅拌臂，立轴旋转时，铲子搅动物料，不断地使物料向加热盘外缘移动，直至从加热盘外缘落到直径较大的下一块加热盘上。在下一块加热盘上，铲子迫使物料向中心方向移动，一直移至加热盘内边缘而落入第三块加热盘上，此盘大小与顶部第一块盘相同。物料如此逐盘下落，直到从最底下的一块加热盘上落下，并从两个密封口之一卸出。物料从顶部落入到底部排出的运动轨迹实际上是一条螺旋线，而且颗粒在各个加热盘上受到的温度也不同。

第三节 食品冷冻干燥的工艺条件

食品冷冻干燥工艺流程大致可分为预处理、冷冻干燥、包装储藏、复水四个过程。其中冻结和干燥两个过程是整个工艺的重点内容。由于食品种类、品种、预处理方式、冻结快慢以及冷冻干燥机性能等多因素影响，目前没有一个通用的工艺技术能适用于多种食品的生产。

一、食品冻干前的预处理

（一）固体食品的预处理

固体食品几乎需先经处理后才可以冷冻干燥。食品冻干一般要先将原料洗净，除去其不必要的部分，再整形调理等。

1. 果蔬类食品的预处理

对果蔬类食品预处理的目的是尽量减少其营养成分和色、香、味在加工、储运中的损失，同时有利于传热和传质。首先要除去果蔬上所附带的泥沙，将其进行彻底的洗涤。

果蔬类主要预处理操作有原料选择、分级、清洗、脱皮或除去其不可食用的部分、切分、热烫、冻结。植物性食品冻结后的结构对冰的升华界面的影响不像肉及鱼那么重要。即使冰的升华界面转动90°，对传热和传质的影响也基本相同。

植物细胞进行呼吸作用，将糖氧化成二氧化碳和水并产生能量。植物细胞具有泡胀压力，此压力由细胞壁维持。正是由于此泡胀压力，新鲜的果蔬才坚实挺脆。冻干果蔬复水后，只有恢复了此泡胀压力，才不至于松软。

果蔬原料必须是经挑选的品种，在正确的成熟期采收。此外，原料必须新鲜、完整。

用于冻干的果蔬应具有较高的固形物含量、鲜艳的色泽和浓郁的芳香。苹果及梨应先剥皮并去芯，而有核果实应先敲裂去核再切成片或丁。草莓、木莓、葡萄应洗涤后摘梗，有时还要在其表面切缝，以提高干燥速率。有的水果的表皮对水及水蒸气的渗透性差，最好是能在冻结后擦刮其表皮或磨出疤痕。

去皮过度，往往造成原材料的严重浪费。例如，直径为 76mm 的球形马铃薯，如去掉的皮厚为 1.6mm，则体积损失 17.6%；如去掉的皮厚为 3.2mm，则体积损失 33%。

加工时，根类蔬菜切成片、条或丁；叶类蔬菜切成细条或碎。龙眼包心菜、小胡萝卜及洋葱除外。多叶蔬菜、菠菜和豌豆苗在切后应洗涤。马铃薯在切片后有淀粉淌出，应洗掉以确保产品的优良品质。

果蔬中含有多种酶，如过氧化氢酶、过氧化酶、多酚氧化酶等。果蔬在切截、脱皮及切片时，经常发生酶促褐变。例如在将苹果、香蕉、桃及马铃薯切片时，多酚氧化酶在有氧存在时能使其变色。通过加热可钝化果蔬类中酶的活性，称为杀青或漂烫。杀青的方法是将食品浸在 95℃～100℃的热水中数分钟，或以 100℃的蒸汽热烫。热烫会造成固形物流失，蒸汽热烫的损失为 3%，热水热烫的损失为 13%。所以，果蔬冻干前更适于蒸汽热烫。热烫后最好是用空气冷却，用冷水冷却会造成可溶性固形物的更多流失。

除了热烫，也可在清洗水中加入重亚硫酸钠或柠檬酸等以抑制褐变反应。还可用硫黄熏蒸，既可钝化酶的活性，也可抑制水果中常见的非酶褐变。一般取水果质量的 0.1%～0.4%的硫黄，在密闭室中熏蒸 0.5～5h 即可。果蔬若不热烫，会发生其他酶促劣变。若未热烫的冻干食品在储存时，若温度在 20℃以上，其水分含量又较高，就可能发生褐变及由酶作用而引起的风味变化。

漂烫除上述作用外，还能除去部分水分和气体，软化细胞组织，使水分在冷冻干燥时易于扩散。但漂烫也使部分水溶性和热敏性营养成分损失，有些果蔬食品漂烫后口感和风味会发生变化。是否需要漂烫处理应该根据食品种类、食用方式及包装储藏条件而定。如采用真空包装或充惰性气体包装可减缓某些不良反应。

切分成型的尺寸大小和切分形状，应根据是否有利于冷冻干燥中的传热与传质、是否符合食用习惯、是否有利于包装储运等因素而定。实验表明，颗粒尺寸过大或过厚会使冷冻干燥周期显著增加，一般干燥时间与食品厚度成立方关系。颗粒小使升华表面积增加，干燥时间短。但过小又将造成切分时营养汁液流失过多。

2. 肉类和鱼类食品的预处理

这类食品的预处理主要有剔除肥膘、切分、蒸煮和添加必要的抗氧化剂等。

肉类冻干时一般不允许连骨带脂一起干燥，因为骨头的干燥时间长，而脂肪组织在干燥时间长、干燥温度高时就有可能融化。由于脂肪组织只含有10%~15%的水，瘦肉含70%~75%的水，即使是在干燥的初期，当食品表面的温度升高到某一值时，表层脂肪组织也有可能融化。脂肪熔化后，液体油脂将堵塞冻干层中的空穴，阻碍蒸汽向外传递，从而导致冰晶融化。另外，肉类脂肪经冷冻干燥加工后自由表面积增加100~150倍，使脂肪颗粒充分暴露在有氧的环境下，从而加速氧化产生异味、变色而腐败。所以，畜肉在冻干前应剔除过多的脂肪。

先将剔除脂肪后的瘦肉冻结成10~15mm厚的薄片。冻结肉在切割时，应注意尽量使切割面垂直于肌纤维的方向，使冻干时冰的升华界面的移动方向与肉的纹理一致，并保持与热流方向平行，这样对传热和传质都有利。当热量垂直于肉的纹理方向传递时，升华的水蒸气难以向外扩散外溢，则干燥速率降低且冻干产品的复水较慢。

切分可在未冻结、半冻结或即将冻结状态下进行，一般切成片状或丁状。蒸煮可除去部分水分，并更方便食用。

为了减少脂肪、蛋白质和色素氧化，可适当添加抗氧化剂，如L-抗坏血酸、D-异抗坏血酸、磷酸酯、维生素E等；为了抗糖类引起的褐变，可添加葡萄糖氧化酶或酵母等；甚至在屠宰前可对活体注射某种制剂，以改善肉类嫩度和持水能力。

（二）液体食品的预处理

液体食品没有特定的形状，而含有大量的水。在将水脱除后，液体食品即成为可复水的粉末。液体食品分为两类：一类天然产品，包括牛奶、鸡蛋清和鸡蛋黄等；另一类为提取液，包括蔬菜汁、果汁、茶、咖啡和调味品提取液等。液体食品的预处理主要包括杀菌，浓缩，制粒，添加抗氧化、抗结块等制剂。

液体食品如柑橘汁、番茄汁等水分含量高达80%~90%，若将它们直接干燥成低水分含量的粉末，在经济上不合算。因此，在不影响产品品质的前提下，冻干前应尽可能先将液体食品浓缩。一般果蔬提取液的浓度在8%~15%，这样浓度过低会增加升华负荷，同时由于固形物少，在真空状态下容易随气流流失。因此，冷冻干燥液体食品的一般提取浓度（质量分数）在30%~50%较好，如表5-2所示。浓缩一般采用真空浓缩，且最好是在10℃~15℃的低温下浓缩。有些被干燥液在10℃~15℃下浓缩时，仍会有芳香成分的逸散、维生素的损失、酶促变化及微生物的生长，从而引起产品变质，这时要采用冻结浓缩的方法。

为了增加液体食品的升华表面积，液体食品常在大的浅盘中冻结成表面积较大的薄片，如果将冻结的食品在低温下粉碎或采用低温喷雾的方法制成均匀颗粒，升华干燥的效果会更好。

表5-2 冷冻干燥前有关液体合理浓缩质量分数

单位：%

食品	质量分数	食品	质量分数	食品	质量分数	食品	质量分数
葡萄汁	45~50	菠萝汁	50~60	绿茶	30	全乳	40~50
柠檬汁	40~45	苹果汁	40~50	红茶	30~35	油	25~30
密柑汁	50~55	西红柿	25~35	咖啡	30~35	味素	30~53

二、食品冻干的工艺条件

食品物料的厚度、加热板温度、干燥室真空度和冷阱温度是影响冻干时间及冻干品质的重要操作参数。冻干时的最佳操作参数或冻干机的最佳控制策略，随食品物料的不同而不同，随冻干机的结构、类型和加热系统的不同而不同。一般冻干机的真空度和冷阱温度的可调性不强，这两个参数的选择和确定更多的是在设计冻干机时考虑。

（一）冻干机的装载量

干燥时，冻干机的湿重装载量即单位面积干燥板上被干燥食品的质量，是决定干燥时间的重要因素。被干燥食品的厚度也是影响干燥时间的因素。

冷冻干燥时，食品的干燥是由外层向内层推进，因此，被干燥食品较厚时，需要较长的干燥时间。在实际干燥时，被干燥食品物料均被切成15~30mm的均一厚度。单位面积干燥板所应装载的食物量，应根据加热方式及干燥食品的种类而定。在工业化大规模装置进行干燥时，若干燥周期为6~8h，则每平方米干燥板可装载5~15kg的食品。表5-3也列了采用接触式加热板（复式加热）冻干时各种被干燥食品的单位面积装载量。

表5-3 采用接触加热式冻干时被干燥食品的装载量与干燥时间

食品名称	干燥比	装载量/（kg/m^2）	干燥时间/h
生牛肉	3.6：1	12.22	6.5
生猪肉	3.2：1	12.22	7.5
生小羊肉	2.9：1	12.22	7.5
熟碎牛肉	3.0：1	14.66	6.5
熟牛肉	2.9：1	14.66	7.0
熟猪肉	2.9：1	14.66	7.5
熟小羊肉	2.9：1	14.66	7.5
熟碎小羊肉	2.5：1	14.66	9.0
熟碎小牛肉	3.3：1	14.66	7.0
熟鸡肉	2.9：1	12.22	7.5
生鱼块	5.1：1	12.22	8.5
熟鱼片	4.0：1	12.22	9.0
熟龙虾	5.1：1	7.33	6.0
乳酪片	1.6：1	9.77	8.0
蚕豆	4.5：1	7.33	8.5
菜豆	10.0：1	9.77	8.5
结球甘蓝	8.6：1	9.77	9.0
卷心菜	13.2：1	9.77	9.5
小胡萝卜块	10.0：1	9.77	9.0
菜花	11.0：1	7.33	8.5

（二）干燥温度

冷冻干燥时，为能缩短干燥时间，必须有效地供给冰晶升华所需要的热量，因此设计出各种实用的加热方式。干燥控制在以不引起被干燥食品中冰晶熔解、已干燥部分不会因过热而引起热变性的范围内。因此，在单一加热方式中，干燥板的升华旺盛的干燥初期温度应控制在 70℃ ~ 80℃，干燥中期在 60℃，干燥后期在 40℃ ~ 50℃。

表 5-4 列出了采用单一加热方式冷冻干燥有关食品。

表 5-4　采用单一加热方式冷冻干燥有关食品

食品名称	厚度/mm	干燥板温度/℃	真空度/Pa	干燥时间/h
牛肉（煮熟）	8 ~ 10	55	133.3	6
金枪鱼（生）	6	40	133.3	6
牡蛎（生）	10 ~ 15	40	1.3 ~ 66.6	14
螃蟹（水煮）	10 ~ 20	40	1.3 ~ 66.6	8
虾（半剖水煮）	8 ~ 10	45	1.3 ~ 66.6	6
蛋白（生）	5	40	1.3 ~ 66.6	4
蛋黄（生）	5	40	1.3 ~ 66.6	3
全蛋（生）	5	40	1.3 ~ 66.6	3 ~ 4
白桃	10 ~ 20	45	1.3 ~ 66.6	14
罐头桃	10 ~ 15	45	1.3 ~ 66.6	12
香蕉（切成圆片）	5	45	1.3 ~ 66.6	6
番茄汁	5	50	1.3 ~ 66.6	4 ~ 5
圆辣椒（生）	4	50	133.3	5
圆辣椒（热烫）	4	50	133.3	4
卷心菜	1 ~ 2	50	133.3	2 ~ 3
洋葱（切成圆片）	3 ~ 4	50	133.3	5
胡萝卜（切成圆片）	4	50	133.3	5
藕（切成圆片）	4	50	133.3	4
马铃薯（热烫）	10	55	133.3	5
山芋菜	2 ~ 3	50	133.3	3
浆果（切成圆片）	2	50	133.3	3 ~ 4
松蘑	10	45	1.3 ~ 66.6	5

续表

食品名称	厚度/mm	干燥板温度/℃	真空度/Pa	干燥时间/h
酱油	3	45	1.3~66.6	3
味噌（日本面豆酱）	4	45	133.3	4~5
绿茶（浓浸出液）	4	40	1.3~66.6	3
红茶（浓浸出液）	4	40	1.3~66.6	3
咖啡（浓浸出液）	4	40	1.3~66.6	3
蜂王浆	4	40	1.3~66.6	2~3

在辐射加热方式中，干燥板不与加热板接触，被干燥食品的已干燥部分经常会因升华潜热而被冷却，因此，加热板的温度在干燥初期被调节在200℃，干燥中期为90℃，干燥后期为70℃左右。

无论是单一加热、辐射加热还是接触加热，在干燥初期即干燥开始后的1~2h内，升华处于旺盛阶段，这时虽然充分地供给食品热量，但由于升华潜热往往将被干燥食品作为升温所需的显热来吸收，因此被干燥食品的表层很少发生热变性。在干燥中期，也就是升华界面到达食品的中层附近时，升华量降低，因此利用升华潜热冷却表层的作用较少。为防止表层的热变性，应将加热温度降低。在干燥后期，升华量与升华速度更低，加热温度应降低到被干燥食品的加热允许温度。

一般而言，无论采用何种加热方式，干燥厚度为1mm的食品需要30~50min。若使用2450MHz左右的微波电加热，时间则可缩短1/10~1/5。

三、几种常见蔬菜的冻干保鲜技术

表5-5是由新鲜蔬菜生产冻干蔬菜的产率。根据该表，可在配制汤料时计算出与新鲜蔬菜质量相当的冻干蔬菜量。

表5-5 生产1kg冻干蔬菜所需要的新鲜蔬菜量

蔬菜	刚收获后的新鲜蔬菜质量/kg	清洗去皮漂烫后的蔬菜质量/kg	产率/%
芦笋	30.0	11.0	3.33
卷心菜	21.0	11.5	4.76
胡萝卜	12.0	7.0	8.33

续表

蔬菜	刚收获后的新鲜蔬菜质量/kg	清洗去皮漂烫后的蔬菜质量/kg	产率/%
芹菜（茎）	13.0	17.5	7.69
大蒜	8.0	5.0	12.5
青刀豆	—	12.5	—
甜青椒	22.0	16.0	4.55
青葱	14.0	10.5	7.14
青豌豆	—	5.0	—
辣根	5.0	5.0	20.0
韭菜	11.0	9.5	9.09
洋葱	12.5	10.0	8.0
香芹菜	11.0	9.5	9.09
马铃薯	7.0	4.5	14.3
红甜椒	19.0	12.0	5.26
菠菜	13.5	13.0	7.41
西红柿	20.0	14.0	5.0

（一）冻干胡萝卜

胡萝卜生长期长，收获期短。为了延长胡萝卜的干制期，需将其妥善储存。胡萝卜在近0℃时可安全储存，储存环境的相对湿度不应低于95%。通风良好的地窖是储存胡萝卜的好场所。

用于脱水的原料应为固形物含量高、无木质纤维的胡萝卜。与一般市售胡萝卜相比，用于脱水的胡萝卜应个头大、成熟度高、胡萝卜素含量高，另外，它还应无腐烂、无污物污染、无晒焦斑、无绿心和松软心，未受虫害、冻害，无机械损伤等。

加工时，首先将胡萝卜在旋转筒筛内干筛，以除去尘土、残叶和毛细萝卜等，干筛后用高压水冲洗。去皮可采用蒸汽或碱液。蒸汽去皮是在0.68Mpa压力下处理30s，如果压力低，处理时间就要长一些。碱液去皮是在99℃下用5%的碱液处理4min。胡萝卜在用碱液或蒸汽处理后要用高压水彻底喷淋清洗，以去除其软化了的皮及携带的碱液，然后用自动分选机把去皮胡萝卜分成粗、细两类（粗的用于切丁，细的用于横切成片）。

无论粗、细，胡萝卜都在分选后通过自动切头机除去胡萝卜的青头。然后原料进入检查带，在检查带上将去了皮的胡萝卜修整，除去其坏掉的部分和色泽不良的部分。

将胡萝卜丁以 18kg/m^2 的密度抛撒在连续移动的不锈钢网带上，然后用流动蒸汽加热 6~8min。将 0.9%~1.0%的亚硫酸盐溶液（溶液浓度要确保最终产品中 SO_2 的含量为 500~1000mg/kg）喷洒在热烫机出口端的胡萝卜丁上。也可用于 79℃、2.5%的玉米淀粉悬浮液喷洒或包涂热烫过的胡萝卜丁，这种方法在生产中已有应用。试验表明，将用淀粉包涂的脱水胡萝卜丁用玻璃纸封存，在 29℃时的储藏时间，比热烫后用亚硫酸盐溶液处理的脱水胡萝卜于同等条件下的储藏时间长 4~6 倍。没有用淀粉包涂的脱水胡萝卜应采用氮气包装，以确保其品质不随储存的时间而改变。胡萝卜素易氧化，在空气中包装的胡萝卜，即使曾经热烫、亚硫酸盐处理过，也会在几个月内损失掉许多胡萝卜素。

胡萝卜素氧化会导致褪色、产生干草味及类似紫罗兰味的异味。由于胡萝卜含糖量高，因此冻结温度要相当低，最好能低达-33℃。如果是自冻，就要求冻干机达到 26.7Pa 的压力。如果不能达到这样低的压力，就要在进入干燥室前预冻。从组织学方面比较热烫后用热风干燥与冷冻干燥的胡萝卜，所有用热风干燥的胡萝卜的细胞全部塌陷，而经冷冻干燥的组织无塌陷现象，但细胞壁易破裂。

不同水分活度的冻干胡萝卜粉在储藏时期类胡萝卜素是有一定变化的。胡萝卜经热烫后进行干燥，再用纸—铝箔—聚乙烯复合材料包装，于室温下储藏，发现类胡萝卜素在水分活度 A_w 为 0.32~0.57 时较稳定，在 0.43 时最稳定。原料（热烫后）在 5%的氯化钠溶液、0.1%的焦亚硫酸钠溶液和 0.1%的 Embanox 中浸渍可明显降低脱水胡萝卜的非酶褐变率及类胡萝卜素的损失率。

将胡萝卜于-20℃下冷冻干燥。与加热干燥或真空干燥相比，在-20℃下冻干的胡萝卜没有明显的变化。冻干胡萝卜比加热或真空干燥的胡萝卜复水性能好。将冻结的胡萝卜丁在干燥流动的空气中脱水，当空气的温度为-4℃~-1℃时，胡萝卜丁脱水最快。虽然在 60℃下胡萝卜丁的干燥比冷冻温度下干燥更快，但产品的风味、气味差，形状扭曲、皱缩。常压冷冻干燥由于是在低温下进行的，与热风干燥相比，产品的色泽、风味保留情况好。

（二）冻干芦笋

冻干芦笋的干燥方法不同对脱水青芦笋的质量是有影响的。比较用热水和蒸汽热烫对冻干青芦笋及热风干燥青芦笋的影响，评价指标有水分含量、糖含量、叶绿素含量、抗坏血酸含量及色泽。结果表明，用热水热烫的芦笋采用冻干法获得的产品比热风干燥产品复水快，质地较柔软，且复水后色泽、形状和风味较后者都好。

芦笋收获后品质会很快劣变，故应立即将其冷冻干燥或储存在温度为0℃～4℃、相对湿度为90%的冷藏室内。芦笋在输送带上通过高压喷水清洗、重新排列，再用旋转切截器切成5～8mm长的横切片。切片在95℃～100℃的热水中热烫60s。热烫后将产品用冷水喷淋冷却，再用与蘑菇同样的方法进行冻结及冷冻干燥。

（三）冻干蘑菇

蘑菇是常采用冷冻干燥的主要品种。冻干蘑菇片的生产程序为鲜蘑菇进厂→清洗→漂白→切片→分选→冻结→冷冻干燥→包装。

蘑菇在收获后应尽快加工，收获后至加工的时间最好不超过3h，否则就不能获得优质产品。建议原料用0.9～1.4MPa压力喷淋水彻底浸泡清洗。由于收获后的蘑菇可能发生酶促褐变造成色变，所以有时要在水中加入焦亚硫酸钠来漂白蘑菇。一般情况下，产品中SO_2的含量限制在200mg/kg以下。国外有些购销商不允许使用焦亚硫酸钠。

加工时，应将蘑菇切成5mm厚的薄片，在分选时将不完整的切片或不好的切片剔除。将蘑菇片装到食品盘上是一步关键操作，如果装载不均匀就会造成产品一部分干焦而另一部分尚未干透的现象。食品盘一般为0.35m^2，每盘约装3kg。一般情况下，1cm的装料厚度比较合适。装盘后蘑菇被送到冷冻室冻结，冻结速度越快，最终产品质量越好。当蘑菇片温度达到-30℃～-25℃时，即可送到干燥室冷冻干燥。冻结操作一般需要4～6h。在干燥开始后，当蘑菇片表面的冰消失时，就可以开始供热了。

此法制得冻干蘑菇水分含量在3%左右。有些购销商要求产品细菌总数低于1×10^4个/g。用这种方法生产，12kg的鲜蘑菇可制得1kg的冻干蘑菇，1kg的冻干蘑菇复水后可获得8kg的复水蘑菇。

热烫、化学处理、冻结方法对冻干蘑菇的影响：在实验中，蘑菇被切成5mm厚的片。通过以下方法抑制蘑菇片的多酚氧化酶的活性：将蘑菇片浸于焦亚硫酸钠溶液中，使最终产品中的SO_2含量达到200mg/kg；或将蘑菇片浸于2%氯化钠溶液中；或者将蘑菇片在沸水中热烫2min后，蘑菇片被移到真空室内蒸发冷却，之后浸于-30℃中冻结60s，最后用Stokes冻干机干燥到3%的水分含量。冻结前在沸水中热烫2min的干燥制品在复水后色泽比浸于盐液的产品明亮。但热烫处理的产品在风味和质构方面较差，热烫还会造成一定量水溶性固形物及抗坏血酸的损失。曾有人研究包装于塑料复合袋及AFC袋的冻干蘑菇片的储藏稳定性和化学变化，比较了蒸汽热烫与用焦亚硫酸钠溶液处理过的冻干产品质量的不同。未经处理的样品的色泽比热烫样品暗。热烫过的样品色泽比用焦亚硫酸钠溶液处理过的样品暗。所有样品在储存8个月后的色泽亮度比储存2个月时的色泽亮度大。若储存温度升高，储存时间延长，则复水后的色泽亮度增加。如要保持冻干蘑菇较好的质量，最好采用铝箔复合袋、氮气包装，在20℃温度下储存。

热风干燥蘑菇片和冻干蘑菇片相比较得出如下结论：未热烫的热风干燥蘑菇比冻干蘑菇质构差，冻干蘑菇复水比热风干燥蘑菇好且快。未热烫的蘑菇，无论是冻干品还是热风干燥品，都在复水后很快变色。

（四）冻干大蒜粉

优质大蒜粉的冻干工艺流程为鲜大蒜→去蒂、分瓣→浸泡→剥皮、去膜衣→漂洗→滤干→低温破碎→冷冻干燥→粉碎→过筛→真空包装。

大蒜冻干的最佳工艺参数因冻干机不同而不同。对于热量由冷冻层传导的冻干设备，最佳压力为6.7Pa左右，最佳料层厚度为1cm左右，加热介质温度约为53℃，冷阱温度最好为-60℃左右。

鲜大蒜的水分含量为71%，储存2个月后降为68%。如此高的水分含量，不仅为大蒜休眠期后的发芽、霉变创造了有利条件，而且严重影响了大蒜的运输及销售。大蒜经脱水后不但储存期延长，而且体积减小、质量减轻，从而可大大降低运输费用及储存费用。

从田间收获的大蒜是以蒜头的形式进入工厂的。蒜头表面不仅带有大量的霉菌、细菌，而且其表面还有不可食用的蒜蒂和紧紧包裹蒜肉的蒜皮、膜衣，因此，大蒜在干燥前要进行必要的预处理。预处理一般包括去蒂、分瓣、剥皮、去膜衣和漂洗。在剥皮前，如将蒜瓣用水浸泡数小时，剥皮较为容易。漂洗后，将水滤干，以减少干燥时不必要的负荷。

在整个大蒜粉加工过程中，除冷冻可在一定程度上杀灭某些微生物外，再没有其他灭菌措施了。因此，降低原料的微生物数和保证其在加工过程中不受微生物污染，是实现产品安全、卫生的主要措施。在预处理中，剥皮后大蒜的微生物数大大减少，而漂洗是降低原料微生物数的最后环节，漂洗彻底与否直接影响着大蒜粉的细菌总数。

大蒜本身是一种很强的杀菌剂，对与食品卫生和食品腐败方面有关的几十种细菌有较强的抑制和杀灭作用，它对几十种污染食品的真菌的抑制和杀灭作用与苯甲酸、山梨酸相近。尽管如此，作为优质大蒜粉，还是应尽量降低产品中的细菌总数，使得产品更卫生、更安全。

由于整瓣大蒜的干燥速率相当低，所以一般将大蒜切成片或破碎成泥后进行干燥。

大蒜被破碎后，有强烈的大蒜味，这是大蒜素等含硫化合物挥发的结果。但完整的大蒜瓣没有任何气味，将整粒大蒜煮熟后食用也没有大蒜味，这是因为大蒜中只含其风味物质的前体蒜氨酸以及呈区域化分布的蒜氨酸酶。当大蒜被机械破坏时，蒜氨酸酶的区域化分布遭破坏，于是蒜氨酸在蒜氨酸酶的作用下水解为大蒜素。大蒜素具有挥发性，是大蒜辛辣味的主要成分，也是大蒜中最重要的生理活性物质。大蒜的许多保健功能与大蒜素有关。大蒜素极不稳定，常温下易分解成许多具有挥发性的含硫化合物，从而构成大蒜特有的蒜臭味。因此，无论是从保存生理活性的成分，还是从避免蒜臭味的产生来看，都不希望在脱水加工中发生蒜氨酸的水解。

冷冻干燥的主要缺点是干燥速率低、干燥时间长，因此要设法提高干燥速率。显然，蒜泥的干燥速率要比蒜片的干燥速率高。但大蒜的破碎程度越高，就有越多的蒜氨酸水解为大蒜素。为了解决这个矛盾，一个可行的办法是先将大蒜冻结，在冻结的状态下将大蒜破碎。要保持破碎后的大蒜仍然处于冻结状态，然后送入冻干机中冻干。由于是在低于-1℃时破碎，因此蒜氨酸酶的活性很低，故蒜氨酸基本上不被水解。当冻干后，由于水分含量很低，蒜氨酸仍然难以被蒜氨酸酶水解，只有当复水时，才有大量的大蒜素生成。

四、鱼片冻干保鲜技术

（一）冻干鱼片的生产工艺流程

生产冻干鱼片的生产工艺流程为鲜鱼→挑选→沥水→装盘→速冻→升华干燥→检验→回软→压块→后干燥→包装→成品。

1. 挑选

选用鲜度一级的新鲜鱼类（海、淡水鱼类），剔除其中变质腐败的部分。

2. 处理

去鳞、去鳍、剖腹、除内脏，并紧挨头部从鳃盖后开始沿着脊骨切成两条鱼片，切除腹内侧之肋刺。

3. 水洗

水洗的目的是去除沾在鱼片上的鱼鳞、内脏、血污和腹腔内的黑膜等杂质污物，以保证产品的卫生和外观整洁。

4. 沥水

水洗后的鱼片表面吸附有水分，如不沥水，将浪费速冻时的冷量和延长干燥时间。但沥水时间不能太长，否则会使鱼片的鲜度降低。

5. 装盘

要求每盘的质量一致。铺时要厚薄均匀，避免将鱼片交叉叠放，以免影响冰晶的升华和各部位的干燥均匀度。

6. 速冻

库温必须在-25℃以下，冻结结束时使鱼片中的水分能达到“冻硬”的要求。速冻一般在1~2h内冻至预定温度，空气流动采用冷风强制循环。如果冻结速度慢，则形成的冰晶较大，会挤破鱼肉组织细胞，造成成品的复水性差，并且成品会因弹性不足而发软。

7. 升华干燥

将载有已冻硬鱼片的料车迅速推入干燥室，避免其解冻，并立即关闭进料门，开启抽真空系统，使鱼片温度随着室内真空度的降低而迅速降低。室内真空度在5~6min内即应达到66.6~133.3Pa，以防止已冻结的鱼片升温解冻。这时鱼片的温度基本上稳定在预定的升华温度。然后进行加热，供应鱼片中冰晶升华时所需的热量。经过升温、恒温、降温三个阶段，鱼片就能达到预定的含水率（4%）。传热方式为辐射传热（辐射冻干机加热），加热板与鱼片不应直接接触，鱼片的最高温度不应超过50℃。

8. 检验

干燥后的检验是把未达到要求的鱼片拣出，以保证干鱼片的质量。

9. 回软

将已干的鱼片（一般含水量在4%左右）吸收一定量的水分，使其手捏不碎，表面不发黏，以便手工压块操作的进行。

10. 压块

根据鱼片的含水量和回软程度来确定压块压力。

11. 二次干燥（后干燥）

除去回软水分，使鱼片恢复到回软前的水分含量（4%左右）。

12. 包装

要求密封避光、不漏气，并进行充氮包装，以防止鱼类的脂肪氧化。

（二）冻干鱼片的质量

与鲜鱼肉相比，冻干鱼肉的色泽、形状、气味、滋味和消化率均基本保持不变，同时复水性能好，这是自然晾干、晒干或热风干燥鱼肉制品所不及的。冻干鱼片在浸水煮熟后，其外观、稠度和气味与煮熟的冻鱼对照差别不大，但吃起来黏性较差，汁水较少。

鲜鱼、冻鱼和冻干鱼肌肉中的营养成分见表5-6。

表5-6 加工处理方法不同的鱼肉的营养成分

鱼肉组织状态	成分含量/%				发热量/(J/100g)	各类氮含量(干基)/%					
	水分	脂肪	蛋白质	灰分		总氮量	盐溶性氮	水溶性氮	非蛋白质氮	氨态氮	挥发性盐基氮
鲜鱼	80.82	1.17	16.44	1.08	346.5	15.33	10.72	4.72	1.74	0.27	0.017
解冻鱼	79.86	0.43	19.38	1.21	387.5	15.39	4.81	3.13	1.54	0.47	—
冻干鱼	5.07	5.69	86.25	5.64	1699.2	14.54	4.13	3.00	1.89	0.35	0.020

从表5-6中可以看出，冻干鱼肉可以说是一种蛋白浓缩物，其蛋白质含量为86.25%；冻干后的鱼肉的发热量增加为原来的5倍，其盐溶性氮和水溶性氮的含量大大减少，但解冻后鱼肉的各项指标却几乎保持不变。

表5-7中对煮熟的鲜鱼肉和煮熟的复水冻干鱼肉作了比较，从中可看到冻干鱼肉与鲜鱼肉的蛋白质含量相差不大。但煮熟鲜鱼肉的可溶性蛋白比煮熟冻干鱼肉几乎多1倍，而且鲜鱼肉煮熟后保留的水分(77.86%)比煮熟的冻干鱼肉(69.59%)多，这是因为煮熟的冻干鱼肉经过冻结、干燥和煮熟三次处理，而煮熟的鲜鱼肉仅经过一次热处理。此外，冻干鱼肉复水时含氮物质向浸泡水中转移；复水后煮制时，含氮物质继续向汤水中转移。

表5-7 不同处理下冻干鱼肉的含氮量

单位:%

鱼肉组织状态	含水量	氮含量(干基)				
		总氮量	盐溶性氮	水溶性氮	非蛋白质氮	氨态氮
鲜鱼肉	82.85	15.33	10.72	4.72	1.74	0.27
鲜鱼肉煮熟	76.86	14.91	6.17	3.22	1.04	0.25
冻干鱼肉	5.07	14.54	4.13	3.00	1.89	0.50
冻干后在水中浸泡3h	75.05	14.59	4.49	4.45	1.02	0.21
冻干鱼肉复水后煮熟	69.59	14.48	2.56	2.68	0.66	0.26

第四节 冻干食品的品质

在冷冻与干燥时，有些食品会发生物理变化。在考虑食品的风味问题时，对黏性、弹性、硬度等舌感、齿感、吞咽感等都不容忽视。如新鲜的芹菜在齿咬方面本应具有酥脆的风味感，但其在冷冻干燥后会丧失此特性，复水后的芹菜，质地松软、咬劲较差。冻干食品组织呈多孔结构，容易吸湿并增加了氧化表面积。吸湿将引起产品变质，而氧化会使产品褪色、变色和产生异臭等。这些缺点都可以利用适当的包装条件、包装材料和抗氧化剂来避免。另外，由于产品被干燥至低水分含量，在机械的冲击力下非常脆弱，且制品的形状与干燥前相同，也就是说体积不发生变化，这一点无疑对包装和运输都是不利的。

一、冻干食品的感官品质

（一）冻干食品的复水能力

复水能力是指冻干产品浸泡在水中，努力恢复其冻干前状态的过程。大多数冻干产品是在复水后食用。复水时间、复水率、持水能力是衡量冻干产品复水能力的指标。复水率是指冻干产品复水后增加的质量与冻干时失去的质量比值。持水能力实际上就是冻干产品复水后的水分含率。其测定程序为称取一定质量的冻干产品→加水→复水→取出→滤干→除去表面水→称重。复水能力的高低是脱水食品重要的品质指标。干燥温度高、高温下预煮时间长都将降低冻干产品的复水能力。与传统的脱水食品相比，冻干食品复水快、持水力强。表 5-8 为某些冻干蔬菜与传统脱水蔬菜在沸水中复水时的比较。

表 5-8　冻干蔬菜与传统脱水蔬菜的复水时间、复水含量

蔬菜品种	冻干蔬菜			传统脱水蔬菜		
	复水时间/min	复水前水分含量/%	复水后水分含量/%	复水时间/min	复水前水分含量/%	复水后水分含量/%
胡萝卜	3	2.24	93.4	21	2.89	85.0
芹菜	3	2.37	95.0	15	4.65	86.5
韭菜	3	1.53	92.0	8	2.37	89.0
西红柿	3	3.76	90.7	20	5.16	85.9
马铃薯	10	1.84	85.4	20	6.54	71.7

做复水实验时，从干燥盘、食品仓或最终产品包装内取出 50g 品放在直身玻璃杯或罐内，对于豌豆、马铃薯、玉米和甘薯产品，可加入约 20ml 的冷水；对于其他蔬菜，一般加入 300~500ml 的冷水，如根类蔬菜约 300ml，青刀豆、西红柿、菠菜、卷心菜等为 400~500ml。如果容器中有漂浮块，就用一个合适的金属筛使其沉浸在水中。样品在室温下浸渍 12h 后在筛上滤干 3~4min，然后再次称重。用不同批样品实验后，每种蔬菜的最小滤干重就可

作为复水能力的指标。

冻干食品的复水能力与复水温度有关。不同的冻干食品的复水能力与温度的关系不同。用蒸馏水分别于26℃和98℃下使冻干蘑菇复水,结果在26℃时,蘑菇快速达到复水极限;而98℃时其复水速率较低。

于0℃氮气中避光储存各种冻干蔬菜,最后将它们混合配成汤料。在冷水和沸水中对冻干蔬菜进行复水实验,在沸水中西红柿和马铃薯复水容易,但很快就丧失了其原有质构。应当注意的是,即使将脱水蔬菜长时间煮泡,也达不到蔬菜新鲜时的水分含量。

相对地,有些食品冻干后复水比含水时冻干更困难一些。这是由于冻干常引起食品的一些不可逆的变化,冻干时发生崩溃的结构阻碍了冻干食品复水时水的浸入,而浸入的水难以使其恢复到冻干前的状况。

牡蛎相当容易冻干,但冻干后很难储存。此外,全牡蛎冻干后复水十分困难。鲜牡蛎中水分占87%,固形物占13%,其中6.2%为蛋白质,1.2%为脂肪。冻干牡蛎中脂肪氧化很快,冻干后几个小时内就会出现异味。为了确保冻干牡蛎成功地复水,可以用蛋白水解酶将牡蛎中的蛋白质进行适度降解,这种办法比用大头针穿刺或从冻干牡蛎内排气效果要好。切碎的牡蛎在冷水中复水并不困难,尤其是切成小块时更是如此,一般切碎的牡蛎在冷水中复水需要数分钟,在沸水中复水一般较快。整牡蛎无论是在热水中还是在冷水中,复水都很慢,有时需要2h,产品会产生异味。整牡蛎在复水时,如采用0.1%的蛋白酶水溶液就可在15min内完全复水。每只牡蛎只要有0.5g的蛋白质被水解就足以使水从底部渗透到上壳。如此复水的冻干牡蛎在外观上与鲜牡蛎相似,如果在短时间内食用,其质构和风味都可接受。

无论是传统脱水食品还是冻干食品,都不能完全复水到和原料一样的质量。冻干食品持水能力的降低通常降低了产品的可接受性,持水能力降低的原因可能是某些多聚物在冻干后相互紧密结合的程度增加了。对于植物性原料,脱水后其持水能力的降低与纤维素和淀粉的结晶度增加有关,结晶度增加的主要机制可能是脱水时氢键的形成。由于冻干后肌原纤维蛋白质交联程度的增加,故蛋白质也与持水能力的降低有关。此外,蛋白质与非蛋白质(尤其是脂的氧化产物及还原糖)之间的缩合反应也可能是造成持水能力下降的重要因素。畜肉、鱼冷冻干燥后的持水能力与干燥温度之间存在明显且密切的关系。如比目鱼(生)的冻干温度与持水能力之间的关系如

表 5-9 所示。冷冻干燥食品的收缩较一般干燥的小，固体食品在冻干后的收缩较液体食品小。

表 5-9　比目鱼(生)的冻干温度与持水能力的关系

	持水能力/(g 水/g 全固形物)
对照	1.25
52℃	1.00
78℃	0.87

由于水果等含糖量高的食品原料很难获得具有均匀结构的冻干产品，因此，这些产品的复水比较困难。如杏汁、桃汁在冻干后内部呈泡沫状，而表面为一层胶膜，如果在冻结操作中，先在食品盘中冻结一薄层冰再装载果汁，冻结后在其表面洒一层水，使其冻结成冰，这样就可以防止胶膜的形成，有利于产品的复水。但其代价是增加了冰的升华量。在柠檬汁中添加水果的外中果皮或在橘子汁中添加明胶，能改善冻干果汁粉的复水能力。

(二)冻干食品的风味、质构与色泽

1. 风味

冷冻干燥中，挥发性芳香成分的损失明显比热风干燥时低，这是因为高温下热变性、分解、蒸发所引起的逸散与芳香成分的变化在冷冻干燥中几乎可被忽略。一般在被干燥至水分含量为 20%左右之前，被干燥食品的温度都保持在 0℃以下，特别是在升华旺盛的干燥初期，温度则低至 -30℃ ~ -20℃。在-20℃的低温下，食品中所含芳香成分的蒸汽压大多较冰的蒸汽压低，因此，冰虽可进行升华，但芳香成分却很少蒸发。随着干燥的进行，温度上升，但此时水分含量降低，使水溶性与脂溶性成分浓度升高，因此，芳香成分的蒸发阻力也增高，但蒸汽压高的芳香成分的逸散却无法避免。因此，即使是冷冻干燥也会有芳香成分的很少量损失。

通过测定挥发性还原物质值对冻干时芳香成分的损失作定性研究。挥发性还原物质值的测定是：将食品磨碎，加入热水中配成悬浮液，使洁净的空气强制通过，所挥发出的气体用过锰酸钾捕捉，此时过锰酸钾的消耗量即为挥发性还原物质值，其数值与食品的芳香程度(由感官评价得出的数值)非常一致。所以，在比较咖啡、非酒精性饮料、水果的芳香程度或判断鱼的新鲜度时，经常使用这种方法。生姜经冷冻干燥后，其芳香成分的损失为

20%~30%。但有些蔬菜,如甜玉米、青豌豆、萝卜、洋葱、大蒜、荷兰芹等,在冻干前后芳香成分的损失不一,但损失程度一般很小。干燥时食品的状态对芳香成分的损失有影响,如具有一定组织厚度的食品与磨碎后组织已受破坏的食品相比,其芳香物质的损失会有很大的差别(如洋葱)。很明显,在冷冻干燥时,将被干燥食品细切或磨碎,其芳香成分的损失会增加。因此,有些食品在冻干时,虽然最终的冻干制品为粉末颗粒状,但干燥时可将其切成一定厚度的切片,以保持其芳香成分。

气相色谱法是检测风味物质损失的简便、有效的方法,用气相色谱分析冻干过程中洋葱的风味变化情况,在预处理时,如避免热处理,其风味物质的损失可降到50%。大多数蔬菜在传统干燥或冻干前要经过热烫。热烫的形式和程度决定了风味物质的保留程度。与水热烫相比,蒸汽热烫风味物质损失少。对于某些蔬菜,如大蒜、洋葱、韭菜和胡椒,由于热烫时风味物质损失很多,所以不采用热烫处理。在加速冻干(AFD)过程中,为了获得尽可能快的升华而采用尽可能高的温度,这样常导致干燥区内某些风味的变化。在柠檬汁中添加其外中果皮,能改善冻干速率和产品风味。添加量一般为1%。在橘子汁中添加明胶,也可以改善产品风味,效果比添加果胶和其他天然物质都好。

2. 质构

对于某些冻干食物,冻结或干燥可能会改变其弹性和持水能力的物理性质,例如,冻干的芹菜和芦笋在复水后,不再具有新鲜时原有的这种物理性质。

冻干西红柿和芹菜的物理变性是:果胶质不是造成感官质量差异的因素。芹菜和西红柿在冻干后失去了它们的刚性结构,这是由冻结和脱水时质构被破坏、泡胀压力降低所引起的。

干燥前或干燥后,可用氯化纳、碳酸钠等盐类软化根茎类蔬菜。干燥前在蔬菜中加入粉末状盐或将其在盐液中热烫,可以获得最佳效果。钙盐可用以硬化切成块的蔬菜。烹调时,汤汁的PH也会影响复水蔬菜的质构。

3. 色泽

亚硫酸钠可用来漂白(使色泽明亮)某些脱水蔬菜。

采用热空气干燥的蔬菜比冻干蔬菜色泽暗,其部分原因是空气干燥会造成产品收缩,而收缩具有颜色增浓的效果。

将水分含量为2.5%的冻干胡萝卜丁包装在罐中抽真空至133.3Pa，再充氮气，于30℃下储存9个月，其间，产品既无色泽的变化，又无类胡萝卜素的损失。

冷冻干燥时干燥过程是在低温低压下进行的，产品受氧气的影响非常小，因此，冻干时其化学成分的变化非常小。表5-10是干燥条件与干制品的色泽、质构的大致关系。很显然，采用冷冻干燥可获得品质卓越的干制食品。

此外，生畜肉在冻干时，组织中的糖原与氨基酸反应也会引起褐变，结果造成体色素中的肌红蛋白等消失，从而使肉失去粉红色。为此，可由糖原的残存程度来检验畜肉在冷冻干燥时的干燥温度，其结果如表5-11所示。在此实验中，干燥温度为20℃～60℃时，产品仍呈粉红色；但在80℃、100℃下干燥时，产品呈现明显的褐色。

（三）冻干食品的体积质量

冻干食品空隙多、水分含量低，产品的体积质量和相对密度与原料相差很大。一般情况下，冻干食品的体积质量相当小，见表5-12。

表5-10　干燥条件与干制品的色泽和质构

品名	干燥方法	干燥板温度/℃	真空度/Pa	干燥时间/h	制品水分/%	色泽	组织的硬化程度
熟鸡肉	真空干燥	70～73	23×10^3	8.5	31.7	暗色	++++
		70～72	5332	9.0	24.7	暗色	++++
		40～42	2666	10.5	39.2	微暗色	++
		40～72	40	10.5	7.8	良	+
		20	27	9.0	32.0	良	−
		0～15	3067	60.0	20.0	暗褐色	++
生牛肉	真空干燥	35～45	3067	65.0	7.5	暗褐色	+
	冷冻干燥	−15～40	27～13	24.0	3.0	淡红	−
鲜白桃	热风干燥	70～75	48×10^3	20.0	7～8	暗褐色	++++
	冷冻干燥	−20～60	67～0.67	14.0	2.5	白色	−

表 5-11 冻干生猪肉时干燥温度与葡萄糖含量的关系

干燥温度	葡萄糖含量/（mg/g 全固形物）
新鲜物	13. 80
20℃	9. 72
40℃	9. 68
60℃	8. 76
80℃	4. 32
100℃	1. 14

表 5-12 冻干食品的体积质量

冻干食品	体积质量/（g/ml）	相对密度	氧气含量/（mg/g 冻干产品）
生牛肉（碎肉）	0. 25	1. 33	1. 0
熟猪肉（块肉）	0. 20	1. 37	0. 1
熟牛肉（碎肉）	0. 32	1. 22	0. 2
熟洋式火腿（片状）	0. 67	1. 25	0. 1
熟猪肉（碎肉）	0. 67	1. 24	0. 1
炖牛肉和蔬菜	0. 20	1. 47	0. 1
调理过的猪肉和细通心面	0. 20	1. 66	0. 1
生鲤鱼（切块）	0. 13	1. 45	1. 0
熟鲤鱼（片状）	0. 18	1. 47	0. 5
马铃薯（小块）	0. 27	1. 78	5. 0
胡萝卜（块状）	0. 15	1. 21	0. 2
豌豆	0. 40	1. 48	1. 0
法国豆	0. 13	1. 10	1. 0
蚕豆	0. 32	1. 65	0. 7
草莓	0. 17	1. 73	0. 2
李子	0. 17	1. 38	0. 3

二、冻干食品的营养

（一）冻干食品脱水对蛋白质及氨基酸的影响

1. 冻干食品热处理脱水对蛋白质的影响

（1）冻干鲱鱼热处理脱水对蛋白质的影响情况如表 5-13 所示。

表 5-13　热处理与水分对鲱鱼肉的影响

热处理条件			占冻干鲱鱼肉的比例			
温度/℃	水分/%	时间/min	有效赖氨酸/%	胃蛋白酶消化率/%	净蛋白利用率/%	
					鼠	鸡
96	7.7	30	94	88.0	—	98.6
	8.8	60	96	84.0	—	102.0
	10.8	120	87	76.0	—	98.1
	36.0	60	87	71.0	97.7	98.6
116	6.4	120	94	78.1	95.3	96.6
	7.5	60	100	78.2	97.0	98.8
	8.4	30	96	80.0	97.4	99.7
132	2.5	120	97	58.4	91.8	97.1

由表 5-13 可以看出，随着鱼肉中水分含量的增加或加热时间的延长，有效赖氨酸的含量及胃蛋白酶的消化率在降低。表中数据还说明，干燥时高温、高湿对蛋白质的营养价值没有很突出的影响。对鼠的净蛋白利用率的研究表明，在 110℃～115℃时，冻干鲱鱼与快速干燥鲱鱼之间没有很大的区别。

（2）冻干畜肉和鱼肉的干燥温度对蛋白质的影响

测定畜肉中肌动球蛋白酶的活性，可推断出动物蛋白在干燥过程中的变化。肌动球蛋白具有催化腺嘌呤核苷酸（ATP）水解为腺嘌呤核苷二磷酸和无机磷酸盐的活性，通常称为 ATP-ase。因此，在研究蛋白变性时，测定 ATP-ase 的活性即可。生猪肉在干燥板不同温度下冷冻干燥时，其蛋白质变性如表 5-14 所示。另外，鲑鱼、鲭鱼、虾的干燥温度与残存的 ATP-ase 活性之间的关系如表 5-15 所示。

表 5-14 干燥温度与蛋白质变性的关系（生猪肉）

干燥温度	水溶性蛋白质/（mg 氮素/g 全固形物）	ATP-ase 活性/μg 无机磷	ATP 引起的收缩性
新鲜物	22.8	—	+++
20℃	22.1	5.2	+++
40℃	20.3	4.6	+++
60℃	20.6	4.7	+++
80℃	17.0	3.3	+
100℃	11.6	3.1	—

表 5-15 干燥温度与 ATP-ase 活性残存率的关系

干燥温度/℃	ATP-ase 活性残存率/%		
	鲑鱼	鲭鱼	虾
52	72	62	80
78	69	55	62

生牛肉在干燥板不同干燥温度下与蛋白质性质变化的关系为：干燥温度在 20℃～30℃时，牛肉蛋白质不发生变性；在 30℃～40℃时，会引起微量的变性；在 40℃～50℃时，蛋白链解开而与氢结合；在 65℃时，几乎完全变性。

2. 冻干草菇脱水对氨基酸的影响

表 5-16 列出了未加任何保护剂时，新鲜草菇、冻干草菇及真空包装后在室温下储藏 3 年冻干草菇氨基酸的含量，可以看出，有 9 种氨基酸在冻干过程中保存了 94%，在储藏过程中约保存了 68%。

表 5-16 冻干草菇氨基酸含量（以 100g 新鲜物料为基准）

氨基酸名称	氨基酸代号	新鲜草菇/g	冻干草菇/g	储藏 3 年的冻干草菇/g
赖氨酸	Lys	0.273	0.263	0.185
组氨酸	His	0.057	0.155	0.058

续表

氨基酸名称	氨基酸代号	新鲜草菇/g	冻干草菇/g	储藏3年的冻干草菇/g
精氨酸	Arg	0. 369	0. 317	0. 200
天门冬氨酸	Aasp	0. 224	0. 226	0. 221
苏氨酸	Tthr	0. 084	0. 129	0. 109
丝氨酸	Ser	0. 167	0. 123	0. 089
谷氨酸	Glu	0. 410	0. 267	0. 318
脯氨酸	Pro	0. 074	0. 057	0. 051
甘氨酸	Gly	0. 142	0. 200	0. 089
丙氨酸	Ala	0. 269	0. 218	0. 137
胱氨酸	Cys	0. 115	0. 080	0. 075
缬氨酸	Val	0. 166	0. 182	0. 125
蛋氨酸	Mer	0. 031	0. 041	0. 042
异亮氨酸	Heu	0. 170	0. 160	0. 131
亮氨酸	Leu	0. 306	0. 189	0. 182
酪氨酸	Tyr	0. 144	0. 071	0. 089
苯丙氨酸	Phe	0. 198	0. 202	0. 133

注：冻干条件为加热板温度低于70℃，干燥20h。

（二）冻干食品脱水对维生素的影响

1. 冻干食品脱水对水溶性维生素的影响

水溶性维生素因不稳定对干燥很敏感。食品物料中如抗坏血酸（VC）的损失取决于干燥温度、食品的水分活度、光、溶解的氧、重金属的存在与否及重金属的种类（如铜、铁）等。一般干燥时抗坏血酸的损失率为10%~50%。另外，冻干食品分别在金属盘和木盘干燥时，对抗坏血酸的损失差别很大，主要是由于金属盘传热快，从而使干燥速率加快。

硫胺素（VB_1）损失取决于食品的干燥温度与时间及其水分含量。例如猪肉于63℃下干燥20h，硫胺素的损失率高达50%。水分含量为0%、2%、4%、6%和9%的样品于49℃下干燥后，产品的硫胺素损失率分别为9%、40%、80%、89%和90%。

其他水溶性维生素损失的情况相差较大，如表5-17所示。

表 5-17 干燥食品水溶性维生素的损失

水溶性维生素种类	产品名称	损失率（%）
维生素 B_6	冻干鱼肉	0~30
泛酸	冻干鱼肉	20~30
核黄素、烟酸、泛酸	冻干蔬菜	<10
核黄素	冻干鸡肉	4~8
维生素 B_6、烟酸、叶酸	滚筒干燥豆粉	20

表 5-18 为冻干畜肉及冻干鲤鱼肉的水溶性维生素保留率。

表 5-18 冻干畜肉及冻干鲤鱼肉的水溶性维生素保留率

单位：%

水溶性维生素种类	水溶性维生素保留率			
	冻干牛肉	冻干猪肉	冻干羊肉	冻干鲤鱼
维生素 B_1	79	91	68	—
维生素 B_2	99	100	71	100
烟酸	85	96	88	100
泛酸	92	64	89	90
维生素 B_{12}	98	40	82	100
吡哆醇	73	—	—	73
（蛋白质）	100	100	100	100

2. 冻干食品脱水对脂溶性维生素的影响

食品冷冻干燥是在真空状态下进行的，所以环境中氧的含量很少，因此，冻干食品的脂溶性维生素保留率较高。脂溶性维生素的损失主要是氧化作用造成的。表 5-19 为冻干及热风干燥胡萝卜的 β-胡萝卜素的损失率。

表 5-19 冻干及热风干燥胡萝卜的 β-胡萝卜素的损失率

单位：%

干燥类型	平均损失率	
盘式热风干燥	26	40

续表

干燥类型	平均损失率	
冷冻干燥	10	20

（三）冻干番茄汁粉营养成分的保留率

表5-20为冻干番茄汁粉与真空干燥番茄汁粉营养成分保留率的比较（将原料果汁的营养成分保留率作为100%）。

从经济性方面来看，干燥最好是在不影响干制品营养的前提下选择能缩短干燥时间的加热方法。

表5-20 冻干番茄汁粉与真空干燥番茄汁粉的营养成分保留率

单位:%

营养成分	营养成分保留率	
	冷冻干燥	低真空干燥
全糖	96.0	90.9
氨态氮	96.1	64.3
汁液的褐变度（滤液透过率）	89.0	64.0
酸	98.4	114.8

（四）冻干食品的营养价值

对冻干食品、罐头食品、辐射杀菌食品及传统干燥食品做营养成分对比实验表明，维生素 B_1、维生素 B_2、维生素 B_5、维生素 B_3、维生素 B_{11} 等在冻干食品中都非常稳定。

猪肉含有大量的维生素 B_1，经冷冻干燥后，其保存率相当高，但经辐射杀菌后，猪肉中维生素 B_1 损失99%，罐头猪肉中维生素 B_1 仅存35%。对猪肉、牛肉作1年的储藏实验，其冻干品的维生素 B_1、维生素 B_2 及烟酸均完全残存下来，但其罐头制品的维生素 B_1 则损失40%，维生素 B_2 损失10%，烟酸。

维生素 B_6 在冷冻干燥时非常稳定，但在前处理中会损失25%~40%，在辐射杀菌时损失65%~100%。维生素 B_6 的损失率，鸡肉罐头为35%，牛、猪肉罐头为55%，虾罐头为75%，所以，食品中维生素 B_6 的保存以冷冻干燥法为最好。冷冻干燥中维生素 C 与 β-胡萝卜素的残存率均较其他处理方法高。必需氨基酸无论采用任何处理方法都损失很少。

另外，冷冻干燥食品与对照组对人体内蛋白质、脂肪消化率、血清的胡萝卜素含量、食物的效率（维持体重的需要量）具有同样的结果，证实了冷冻干燥食品具有较高的营养价值。

第六章

食品的加热、杀菌保藏法

第一节　加热对食品的影响

一、微生物的耐热性

食品的腐败是由微生物和酶所引起的。食品通过加热杀菌和使酶失活的方法，可久储不坏，但必须不重复染菌，因此要在装罐装瓶密封以后灭菌，或者灭菌后在无菌条件下装瓶装罐。

细菌（营养细胞）的耐热性因菌种不同而有较大的差异。通常，球菌较杆菌耐热性强；需要高水分活度的细菌耐热性差；发育时最适温度高的细菌耐热性强；细菌形成夹膜时耐热性强；脂肪含量高的细菌耐热性强。一般病原菌（梭状芽孢杆菌属除外）的耐热性差，通过低温杀菌（63℃，经30min）都可以杀灭。细菌的芽孢一般具有较高的耐热性，在100℃的条件下，可耐热1000min。食品中最可怕的是肉毒梭状芽孢杆菌，它是非酸性罐头的主要杀菌目标，因为该菌产生的肉毒梭菌毒素，只要有百万分之一克，即致人于死地，其孢子的耐热性因品种而异，特别值得注意的是菌株之间也有较大的差别。

微生物的耐热性因生长状态、种类、环境因子、食品成分等的不同而有较大的差别。例如，酵母的营养细胞在50℃～58℃，经10～15min可杀死，其孢子在60℃，经10～15min也能杀死。一般霉菌及其孢子在有水分的状态下，加热至60℃，保持5～10min可以杀死。可是在干燥状态下，其孢子的耐热性非常强，即使加热到120℃，也不一定全部能杀死。

二、影响加热杀菌的因素

（一）基质成分

由于细胞的生质部分脱水作用，阻止了蛋白质的凝固，因此基质中蔗糖浓度增加，则孢子死亡所需加热的时间将加长，同时酵母、霉菌的耐热性也相应地增加。

基质中食盐浓度对孢子耐热性的影响，当食盐浓度在4%以下时，浓度越高耐热性越强。当食盐浓度在8%以上，则降低微生物的耐热性。食盐有阻止微生物繁殖的作用。

基质中的脂肪、蛋白质及其他胶体物质，对细菌及孢子起着显著的保护作用。因此对乳脂及高蛋白食品的加热杀菌要特别注意。

多数香辛料，如芥子、丁香、洋葱、胡椒、蒜等，对微生物孢子的耐热性有显著的降低作用。香精用作食品的香料，也有防腐性和使孢子耐热性降低的效果。

（二）干湿状态

微生物的抗热力随水分的减少而增大，即使是同一种微生物，它们在干热环境中的抗热力要比在湿热环境中的抗热力大得多。例如，经研究表明，在湿热条件下，120℃、20min可以完全灭菌，但在干燥状态，要完全灭菌就必须在160℃~180℃，经3~4h。

（三）原始带菌量

食品中的微生物密度与该种微生物的抗热力有明显关系。因为微生物群集在一起时，受热致死，并非在同一时间内全部死亡，而是有先有后。菌体细胞因能分泌出对菌体有保护作用的蛋白性质的物质，有减低热力的作用。菌体细胞增多这种保护性物质的量也就增加，因此带菌量越多，则抗热力越强。即含有微生物的数量越大，则加热杀死最后一个微生物所需的时间就越长。

（四）pH

微生物的耐热性，受基质pH的影响很大。一般在中性领域，微生物的耐热性最大。基质向酸性或碱性变化，杀菌效果则显著增大，如图6-1所示。对于pH为4.5以下的酸性食品，100℃以下的温度便有完全杀菌的可能。

在食品中可用柠檬酸、乳酸及乙酸等来调节pH。若添加上述相同百分数的酸，对微生物耐热性降低的效果，乳酸最优，柠檬酸其次，乙酸最次。若以pH为基准，则乙酸最优，乳酸其次，柠檬酸最次。

（五）加热温度与时间

在一定的条件下，所需的杀菌时间随温度的升高而减少。例如每毫升

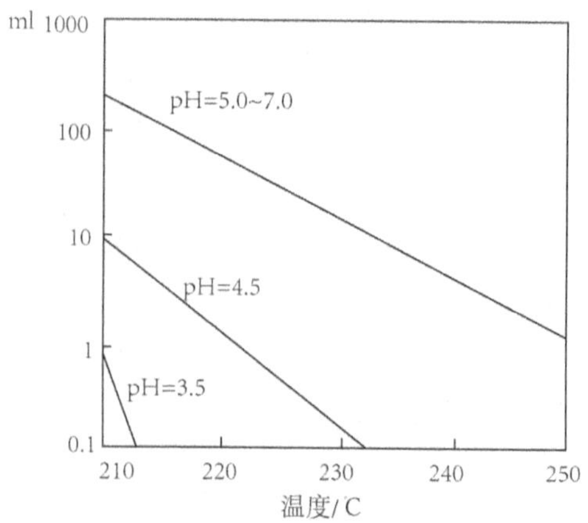

图 6-1 基质 pH 对微生物孢子耐热性的影响

玉米汁（pH = 6.1）中含有好热性菌孢子 115000 个，全部杀死所需时间为：100℃经 1200min；110℃ 经 190min；120℃ 经 19min；130℃ 经 3min；135℃经 1min；140℃以上的高温只要几秒钟。同时，因食品成分在高温瞬时内几乎没有什么变化，故高温瞬时灭菌是灭菌工艺的发展方向。例如新鲜牛乳利用高温瞬时杀菌，不但可以达到完全灭菌的目的，而且营养成分仍能保持原来的良好状态。但是对于固体食品来讲，由于传热速度的局限，不得不采用较长时间的灭菌方式。

三、加热处理对食品营养成分的影响

食品的加热杀菌，一方面采用高温处理可使食品的可消化性增高，肉类的风味变佳。但另一方面，对有些食品而言，其色泽、风味、化学成分可因加热而变差，该缺点与加热的程度呈正相关的关系。因此，为保持食品的品质和营养价值，又能达到杀菌（特别是致病菌）的目的，必须选择最适当的条件。

高温瞬时灭菌可减少食品品质的劣变与营养价值的降低，但总的来说，食品经高温处理后，其品质和营养成分不可能没有变化。

食品中的蛋白质在一般的加热杀菌中都要变性，几乎一切酶将被破坏而失活，这有利于食品的保藏。蛋白质的变性提高了可消化性，出现黏弹性构造，使食味更好。氮基酸在中性和微酸性下对热有较好的稳定性，故食品加热杀菌时氨基酸不会被破坏，但若有还原糖存在，会使碳氨反应遭破坏而使营养价值降低，但风味可能有改善。

食品中的碳水化合物在加热杀菌中的变化主要是淀粉的 α-化和纤维软化，后者在一定程度上影响食品的风味。

维生素中对热稳定性最差的是维生素 C 和维生素 B_1、B_{12}。其他维生素在杀菌加热中变化不大，如表 6-1 所示。蔬菜等通过杀青（热烫）等处理，维生素 B_1 损失 5%~10%，维生素 C 损失 10%~30%。通过装罐杀菌，维生素 B_1 损失 40%~60%，维生素 C 损失 50%~80%。

表 6-1　各种加热处理对牛乳中维生素的破坏情况

单位：%

名称	食用牛乳			乳制品		
	低温杀菌乳	HTST 乳	UHT 乳	无糖炼乳	加糖炼乳	乳粉（喷雾干燥）
维生素 A	0	0	0	0	0	0
维生素 D	0	0	0	0	0	0
维生素 B_1	<10	<10	<10	40	10	10
维生素 B_2	0	0	<10	0	<10	<10
烟酸	0	0	0	0	0	0
维生素 B_6	0	0	0	0	10	0
维生素 B_{12}	<10	10	15	90	40	30
维生素 C	20	20	20	60	20	20
烟酸	0	0	0	0	0	0
维生素 H	<10	<10	<10	10	10	10
泛酸	<10	<10	<10	<10	<10	<10

食品的维生素以及色泽、风味、成分的加热破坏速度，一般来说，温度每上升 10℃ 增强 2~3 倍，而细胞芽孢的杀灭速度则增加 5~20 倍，如图 6-2 所示。因此可知，高温短时杀菌效果好。

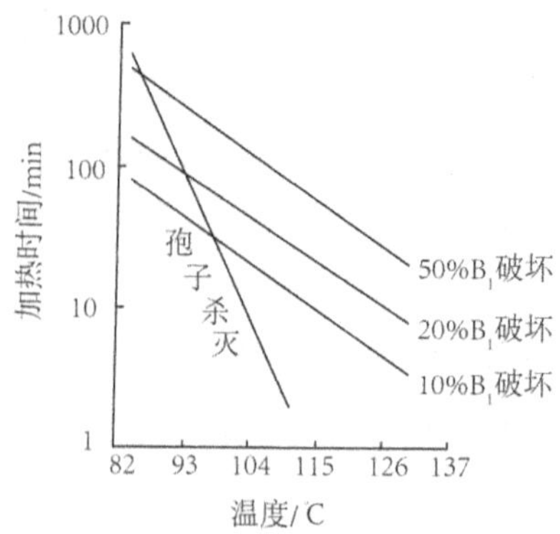

图 6-2 微生物孢子杀灭、微生素 B_1 破坏温度及时间的关系

第二节 加热杀菌的方法

一、欧姆杀菌

欧姆杀菌是一种新型的热杀菌方法，它利用电流通过食品产生热量来达到杀菌的目的。对于带颗粒（粒径小于 15mm）的食品，采用欧姆加热，则使颗粒的加热速率接近液体的加热速率，获得比常规方法更快的颗粒加热速率（1℃～2℃/s），因而可缩短加工时间，得到高品质产品。目前，英国 APV Baker 公司已制造出工业化规模的欧姆加热设备，可使高温瞬时技术推广应用于含颗粒（粒径高达 25mm）食品的加工。而常规热杀菌方法是采用管式或刮板式换热器进行间接热交换，其加热速率取决于传导、对流或辐射的换热条件。在间壁式换热过程中，热量首先由加热介质（如水蒸气）通过间壁传递给食品物料中的液体，然后靠液体与固体颗粒之间的对流和传导，传给固体颗粒，最后是固体颗粒内部的传导传热，使全部物料达到所要求的杀菌温度。显然，要使固体颗粒内部达到杀菌温度，其周围液体部分必须过热，这势必导致含颗粒食品杀菌后质地软烂，外形改变，影响产品品质。自1991年以来，英国、日本、法国和美国已将该技术及设备应用于低酸性食品或高酸性食品的杀菌。

欧姆杀菌系统主要由泵、柱式欧姆加热器、保温管和控制仪表等组成，如图6-3所示。其中最重要的部分是柱式欧姆加热器，它由4个以上电极室组成。电极室由聚四氟乙烯块切削加工而成，包以不锈钢外壳，每个电极室内有一个单独的悬臂电极（图6-4）。电极室之间用绝缘衬里的不锈钢管连接。可用作衬里的材料有聚偏二氟乙烯（PVDF）、聚醚醚酮（PEEK）和玻璃等。

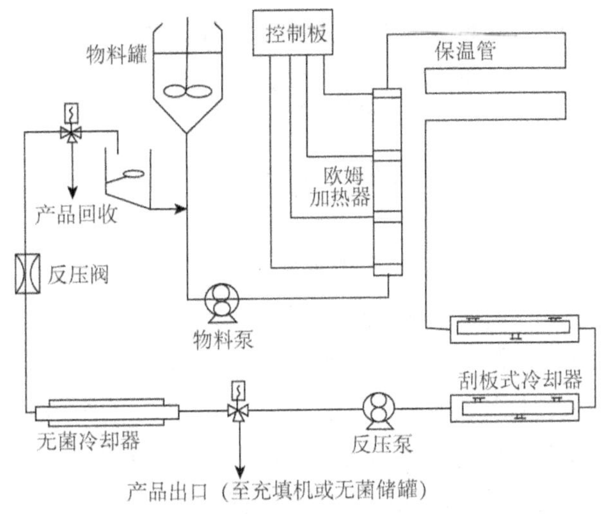

图6-3　附欧姆加热器的UHT杀菌装置流程示意图

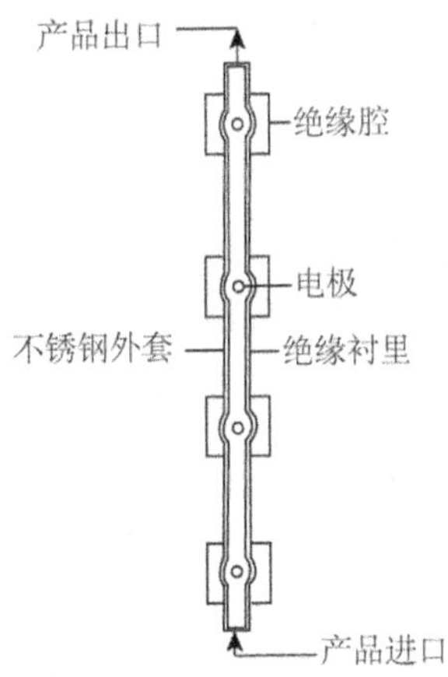

图6-4　欧姆加热器示意图

欧姆加热柱以垂直或接近垂直的方式安装，待杀菌物料自下而上流动。加热器顶端的出口阀始终是充满的。加热柱以每个加热区具有相同电阻抗的方式配置。因此，一般沿出口方向，相互连接管的长度逐段增加。这是由于食品的电导率通常随温度的升高而增大。实际上，离子型水溶液电导率随温度的升高而增大。这主要是因为温度提高加剧了离子运动，这一规律同样适用于多数食品，不过温度升高黏度随之显著增大的食品例外，如含有未糊化淀粉的物料。

在欧姆加热管内连续流动加热的条件下，物料的温升 ΔT 决定于电场强度、电极间距 L、物料流率 M 等因素，可用下式表示：

$$\Delta T = \frac{V^2 A_T \gamma}{LMC_P} \tag{6-1}$$

式（6-1）中，V——两电极间的电位差，V；

A_T——加热管的横截面积，m^2；

γ——物料的电导率，S/m；

C_P——物料比热容，J/（kg·℃）。

由式（6-1）可知，外加电场越大，物料的温升越高，加热也就越快。当电极间距增大，物料流率增大时，加热速率减小，温升也减小。

当然，由于管内物料流动速度分布得不均匀，使得管中心的物料停留时间短，而管壁处的停留时间长，使得中心处物料的温升低于管壁处的温升。当管内流动处于层流状态时，可能使中心处的物料加热不足而管壁处的加热过度。因此，在设计和操作上应避免这种稳定的层流流动，使物料加热均匀。

欧姆杀菌的操作过程如下：首先对装置进行预杀菌。欧姆加热组件、保温管和冷却管的预杀菌是通过一定浓度的、电导率与待杀菌物料相接近的硫酸钠溶液的循环来实现的。利用电流的通过达到一定的杀菌温度，通过压力调节阀控制杀菌操作的压力。其他设备，从储罐到充填机以及管路的杀菌则采用传统的蒸汽杀菌方法。采用电导率与产品电导率相近的杀菌剂溶液的目的是使下一步从设备预杀菌过渡到产品杀菌期间，避免电能的大幅度调整，以确保平稳而有效地过渡，且温度波动很小。装置杀菌完成后，循环杀菌液由循环管路中的片式换热器进行冷却。当达到稳定状态后，排掉杀菌液，同时将产品引入正位移式料泵的进料槽。在转换期间，利用无菌的空气或氮气，调节收集罐上方的压力，以对反压进行控制。收集罐用于收集硫酸钠与产品交换时的一部分混合液体。当混合液体收集完后，便可将产品转入主杀菌储罐，该罐上方的压力同样被用来控制系统中的反压。加热高酸制品时，反压维持在 0.2MPa，杀菌温度达 90℃，之间用绝缘衬里的不锈钢管连接。可用作衬里的材料有聚偏二氟乙烯（PVDF）、聚醚醚酮（PEEK）和玻璃等。

~95℃；加热低酸食品时，反压维持在 0.4MPa，杀菌温度达 120℃，之间用绝缘衬里的不锈钢管连接。可用作衬里的材料有聚偏二氟乙烯（PVDF）、聚醚醚酮（PEEK）和玻璃等。

~140℃。反压是防止制品在欧姆加热器中沸腾所必需的。物料通过欧姆加热组件时被逐渐加热至所需的杀菌温度，再依次进入保温管、冷却管（管式换热器）和储罐，最后无菌充填包装。当生产结束之后，切断电源并用水清洗设备，然后用 80℃ 的浓度为 2% 的氢氧化钠溶液循环清洗 30min。清洗液的加热用系统中的片式换热器。氢氧化钠溶液的电导率很高，不宜用欧姆加热。

欧姆加热器可装有不同规格的电极室和连接管，可达到 3t/h 的生产能力。具体产量视所要求达到的温度而定。实验室研究用的欧姆加热器为 5kW，生产能力为 50kg/h。欧姆杀菌具有以下优点：

（1）易于实现自动控制，且可立即启动和停止。

（2）维护费用低，操作费用也有节约的潜力。

（3）不需要传热面。

（4）可处理对剪切敏感的食品。

（5）系统操作连续、平稳。

（6）可处理高黏度物料，而常规杀菌时黏度不能太高，否则会影响壁面及固体界面上的传热速率。

（7）热量可在产品固体中产生，因此可处理含有大颗粒固体的产品，而对食品品质损害较少。而常规杀菌需要借助液体的传导或对流，要考虑固液比，通常颗粒含量限制在 30%~40%，以保证有足够的热流体来加热固体颗粒，但是，在常规的传热方式下，要使固体颗粒中心达到所需的杀菌温度，周围的液体往往会过热，从而产生蒸煮过度而使食品的品质受到损害。

二、超高温短时杀菌

对于加热处理敏感的食品，根据温度对细菌及食品营养成分的影响规律，考虑采用超高温短时杀菌，即 UHTST（Ultra High Temperature For Short Times）杀菌，简称 UHT。优点是：既可达到一定的杀菌要求，又能最大限度地保持食品的品质。UHT 杀菌的工艺范围一般为：加热时间为 2~10s，加热温度为 135℃，之间用绝缘衬里的不锈钢管连接。可用作衬里的材料有聚偏二氟乙烯（PVDF）、聚醚醚酮（PEEK）和玻璃等。

例如牛乳的灭菌，如果牛乳在高温下保持较长时间，则有可能发生一些不良的化学反应，使乳产生褐变现象；蛋白质发生分解而产生不良气味；糖类焦糖化而产生异味；还有可能发生某些蛋白质变性而产生沉淀。图 6-5 为牛乳灭菌和产生褐变时的温度时间曲线。由图可见，若选择灭菌条件为 110℃~120℃，15~20min，则两线之间的间距很小，说明生产工艺条件要有十分严格的措施来保证，这给实际操作带来很大的困难，而且加热时间较长，即使避免了褐变，但其他有效成分可能被破坏。因此，生产中一般选择 137℃~145℃、2~5s 的灭菌条件。这样做的好处是既能方便工艺条件的控制，满足灭菌要求，又能减少对牛乳品质的损害。

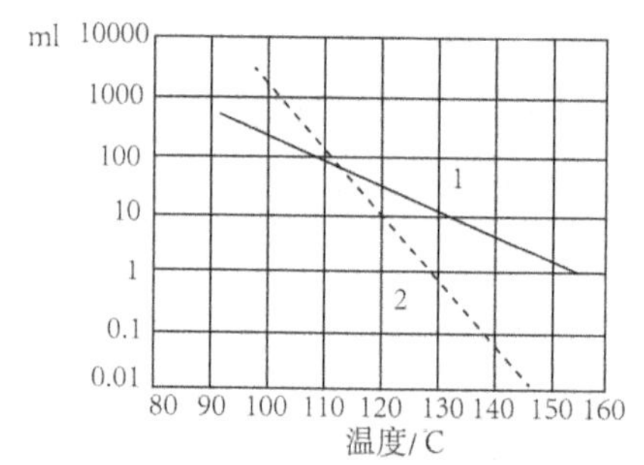

图 6-5 牛乳灭菌及导致褐变的温度时间曲线

注：1—牛乳褐变的温度时间上限；2—灭菌的温度时间下限。

由于超高温短时杀菌加热时间短，因此要求快的加热与冷却速度，即要求高的传热速率或大的传热面积。就加热而言，根据物料与热介质接触与否有直接混合式加热和间壁式加热两类。

直接混合式加热是将蒸汽直接注射到物料中或将物料喷射到蒸气中，直接混合接触加热。但由于不可避免地有部分蒸汽冷凝进入物料，还有部分物料水分因受热闪蒸而逸出，部分易挥发的风味物质将随之损失掉，故该方式不适于果汁杀菌，而常常用于牛乳等需脱去不良风味物质之物料的杀菌。

间壁式加热采用高压蒸汽或高压水作为加热介质，热量经金属换热壁传给物料，常用的间壁式换热器有板式、管式和旋转刮板式等。由于加热介质不直接与食品接触，所以可较好地保持食品物料的原有风味，故广泛用于果汁、牛乳等的 UHT 杀菌过程。

直接式加热与混合式加热的 UHT 过程相比，优点是加热快，热处理时间短，食品颜色、风味及营养成分损失少，但由于加热蒸汽与食品物料直接接触，为避免污染食品和影响食品的风味，对蒸汽的纯净度要求甚高。用于直接蒸汽喷射杀菌的蒸汽必须是干饱和蒸汽，不含油、有机物及异臭，故只能以饮用水作为锅炉用水。为了保证加热蒸汽在使用前完全干燥，除过滤器外，还要用汽液分离器。另外，喷入物料的蒸汽量必须和物料汽化排出的蒸汽是相等的，因此还需要较为复杂的自动控制系统。所有这些都将增加产品的成本。

图 6-6 为 APV—6000 型直接蒸汽喷射加热 UHT 杀菌装置示意图。

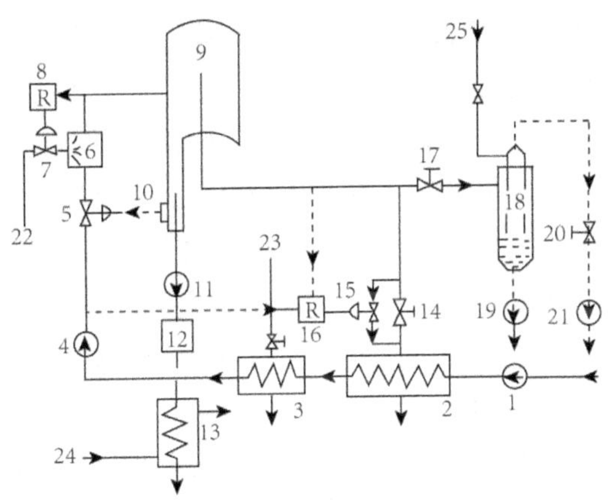

图 6-6　直接蒸汽喷射杀菌流程

注：1—输送泵；2-第一预热器；3—第二预热器；4—乳泵；5—流量气动阀；6—直接蒸汽喷射杀菌器；7—蒸汽气动阀；8—杀菌温度调节器；9—膨胀罐；10—装有液面传感器的缓冲器；11—无菌乳泵；12—均质机；13—灭菌乳冷却器；14、17—蒸汽阀；15—蒸汽气动阀；16—密度调节器；18—喷射冷凝器；19—冷凝液泵；20—真空调节阀；21—真空泵；22—高压蒸汽；23—低压蒸汽；24、25—冷却水。

以牛乳杀菌为例，原料乳由输送泵 1 送经第一预热器 2 进入第二预热器 3，牛乳升温至 75℃～80℃。然后在压力下由乳泵抽送，经流量气动阀送到直接蒸汽喷射杀菌器。在该处，向牛乳喷入压力为1MPa的蒸汽，牛乳瞬间升温至150℃。在保温管中保持这一温度2~4s，然后进入膨胀罐9中闪蒸，使牛乳温度急剧冷却到77℃左右。热的蒸汽由喷射冷凝器18冷凝，真空泵21使真空罐始终保持一定的真空度。真空罐内部汽化时，喷入牛乳的蒸汽也部分连同闪蒸的蒸汽一起从真空罐中排出，同时带走可能存在于牛乳中的一些臭味。另外，从真空罐排出的热蒸汽中的一部分进入管式热交换的第一预热器2中用来预热原料乳。经杀菌处理的牛乳收集在膨胀罐底部，并保持一定的液位。接着，牛乳用无菌乳泵11送至无菌均质机12。经过均质的灭菌牛乳在灭菌乳冷却器13中进一步冷却后，直接送往无菌灌装机，或送入无菌储罐。

间壁式加热的UHT杀菌装置的例子，是斯托克—阿姆斯特丹公司生产的套管式UHT杀菌装置（见图6-7）。系统中热交换器包括循环消毒器、加热器、冷却器、交互换热式预热器和交互换热式冷却器。循环消毒器4是一盘用不锈钢弯成的环形套管，用以加热装置的清洗、消毒用水。加热时，饱和蒸汽在外管逆向流过。在正常杀菌处理时，它不工作，产品只是经过而不加热。互换式加热器5、7，其内管与循环消器引出之内管相连，同样弯制成环形套管。在该加热器里，进入的冷原乳被外管流过的热牛乳预热。换热器5和7之间有均质阀6。UHT加热器8是安装在蒸汽罐中的不锈钢单管，管内牛乳在蒸汽罐中由蒸汽间接加热到杀菌温度。这一管子有相当长的一段延伸到蒸汽罐外，必要时，可用来延长保温时间。目前，环形单管UHT加热器被环形套管代替。制品在内管流动，而蒸汽在外管逆向通过。整个加热器分成数个分段，每一分段都装有一自动的冷凝水排出阀（见图6-8）。在加热器工作负荷最大时，蒸汽通过整个加热环形管，冷凝水在最后一阀门排出。而当某一灌装机停车、牛乳容量减少时，则只需使用部分加热环形管。自动阀流出的冷凝水与减少了的加热表面积相一致。其余加热管只不过被冷凝水充满而不起加热作用，一旦加工能力再增加时，UHT段的加热面会自动进行调整。这样就不致发生由于流过加热段整个长度的制品减少而造成的过热现象。这一设计使得加热面能适应各种不同黏度的制品。可见这种装置在产品加工能力和产品品种方面具有更大的适应性。

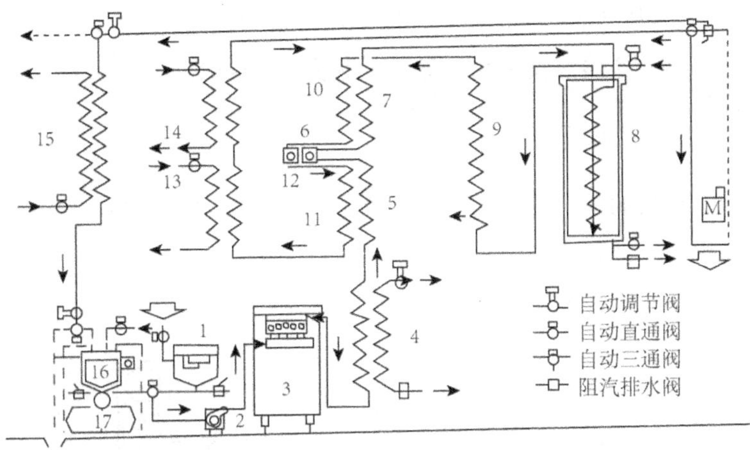

图 6-7 套管式 UHT 杀菌装置

注：1，16—储料间；2—泵；3—均质机；4—循环消毒器；5、7—互换式加热器；6、12—均质阀；8—UHT 加热器；9—恒温管；10，11—互换式冷却器；13—水冷却器；14—冷水冷却器；15—换热器；17—储槽。

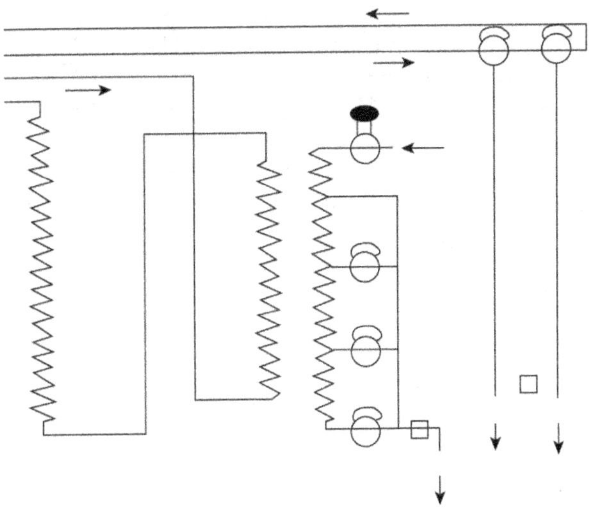

图 6-8 UHT 杀菌装置的新型加热器流程

在图 6-7 中，互换式冷却器 10 和 11 是与互换式加热器 5 和 7 偶联在同一段，做成套管式。在该互换式加热器中，已杀菌的热牛乳被外层管内逆向流过的冷原乳冷却。均质阀 12 也安装在两互换式冷却器 10 和 11 之间。水冷却器 13 也是一盘环形套管，在环形套管中，冷水作逆流流动，以冷却经过前道冷却出来的 UHT 灭菌牛乳。如果需要，冷水冷却器 14 可作为 UHT 灭菌制品的最终冷却。辅助冷却器仅作装置消毒期间冷却消毒水之用。所有热交换器均安装在一普通的不锈钢围罩内。

三、加压杀菌

罐装食品的杀菌最常使用的是静置式杀菌釜，如图 6-9 所示。其基本工作原理为：准备杀菌的罐头装满在框式杀菌小车中，借轨道推入杀菌釜中，关闭并密封釜盖，通蒸汽进行杀菌作业。

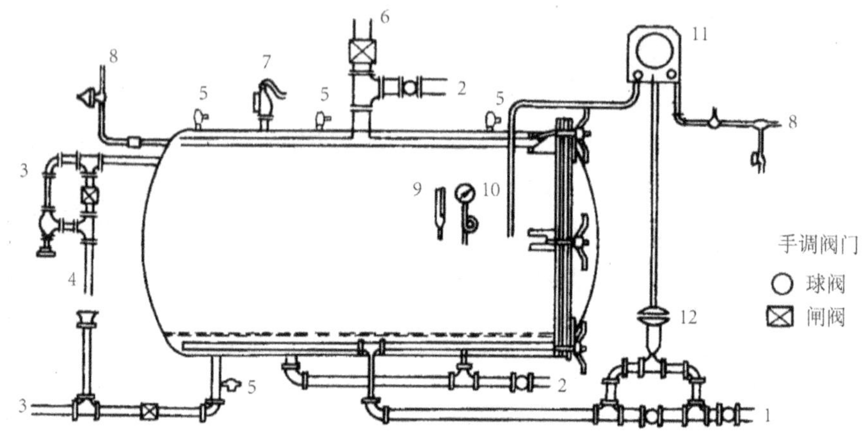

图 6-9　卧式高压杀菌装置

注：1—蒸汽管；2-水管；3—排水管；4—溢流管；5—泄气管；6—排气阀；7—安全阀；8—压缩空气管；9—温度计；10—压力计；11—温度记录控制仪；12—自动蒸汽控制阀。

（一）进蒸汽和排除空气

此时杀菌釜内温度迅速升高，釜内空气被蒸汽驱出，罐内食品也开始升温。当釜内温度达到杀菌温度时，蒸汽耗量减小，此时已关闭排气阀，因为釜内不凝缩气体的存在会妨碍罐外壁的传热效果，打开排除不凝缩气体的泄气阀。

（二）保持杀菌温度至规定的时间

通常肉类制品的杀菌温度为 121℃（绝对压力为 0.2MPa）。而杀菌时间要随罐内物料形态和罐形大小而异。因为釜内温度不等于罐内的温度，只有罐中心的温度达到规定的杀菌温度，才能算真正的杀菌起始时间，罐形越大，需要总的杀菌时间越长。

由于釜内蒸汽散布和传热的不均匀性，在釜内各部位的罐头温升也不均匀，只有所有的罐头中心都达到了最低的杀菌要求才能认为完成了杀菌过程。可采用罐头中心温度计测定釜内各部位罐头的中心温度，作出在杀菌操作时釜内各部位每一瞬间的温度梯度图，并以此作为确定该釜杀菌时间的依据。

在杀菌釜内进蒸汽的同时，由于釜底存在积水也会妨碍罐壁传热，所以产生的冷凝水须同时从釜底排除。

（三）杀菌釜的冷却

完成杀菌的罐头需要及时冷却，必须使用大量的冷却水。当冷却水进入杀菌釜时，罐外蒸汽突然冷凝而压力降低，但罐内仍保持着较高的温度和压力，很容易使罐变形，密封被破坏，甚至爆裂。通常要使用压缩空气来进行反压保护，在进冷却水的同时通入压缩空气，维持罐外压力等于或略大于罐内压力，直至所有罐内压力因冷却而降至常压为止。此时釜内冷却水温度应低于 100℃。如果因釜内填充量大，而进入冷却水温度较高，冷却水被升温至 100℃ 以上时，则应继续由下部压入冷却水，并从上部排出升温过高之冷却水。

（四）排除冷却水

罐压放空达到常压后可以由釜底排除冷却水，待冷却水排尽后，方能打开釜盖，卸出杀菌小车，在大气条件下继续冷却。为节能起见，冷却水所含热能应尽量回收利用。

目前，在食品厂所有的杀菌釜都应用自动控制仪表装置，进行杀菌的程序控制，以保证杀菌的质量，并避免人工操作的偶尔失误。而对于液体或固体混合的罐装食品，可以采用旋转或摇动式杀菌装置，使罐内液料流动而提高传热效果，可以缩短杀菌时加热所需的时间。

复合薄膜包装的软罐头通常采用高压水煮杀菌，但由于袋形扁平，易于变形，且在杀菌时容易漂移改变位置，因此在杀菌时需用栅格层层固定，以保证加热传热效果，并不致碰伤软袋。目前所用软罐杀菌釜都有传动装置，在杀菌釜内的软罐固定栅格在操作时不断旋转，可以最大限度地减少杀菌周期所需时间。为防止软罐内气体膨胀而破坏封口，一般要杀菌的软罐都用真空充填封口，也有利于水煮、杀菌和缩短加热时间。

玻璃瓶罐虽然也能耐高温，但是不太适宜于压力釜高温杀菌，因为在加热和冷却过程中内外温度稍大即易爆裂。在必须用玻璃瓶罐高压杀菌时，必须用热水浸泡蒸煮。在杀菌釜装满玻璃瓶罐后，先送入与玻璃相近温度的热水淹没全部玻璃瓶罐，然后送蒸汽加压加热。玻璃的热传导能力远不如马口铁，瓶壁也远比马口铁厚，因此加热和冷却都要缓慢，如是才能得到较好的效果。

加压杀菌也可以采用连续式机械设备。图 6-10 是一种连续式高压杀菌锅的示意图。

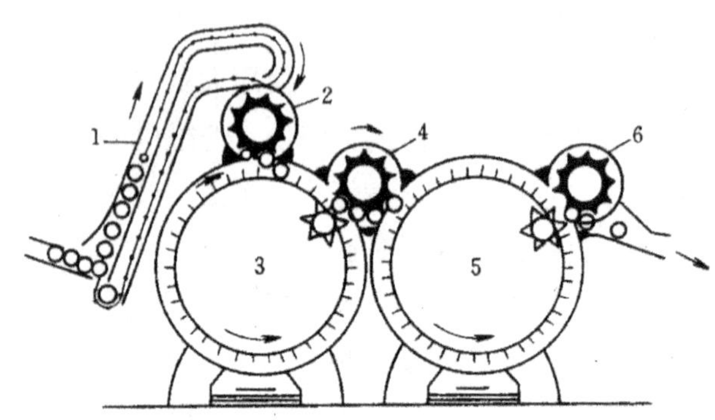

图 6-10　连续式高压杀菌锅示意图

注：1—提升机；2—进罐气封旋转阀门；3—加热杀菌锅；4—中转气封旋转阀门；5—冷却锅；6—出罐气封旋转阀门。

实罐由气封旋转阀门送入加热杀菌锅的一端，由锅内转子推动罐头沿锅壁作螺旋轨迹运动至另一端排出，进入冷却锅的一端，再由冷却锅的另一端由气封旋转阀门排出，此时罐头已冷却完毕。杀菌锅和冷却锅需相同的压力。气封旋转阀门可以在罐头进出时保持压力锅内的压力。这种杀菌设备由于罐头在压力锅中的不断运动，显著缩短了加热和冷却的时间，且每个食品罐头的加热杀菌条件均一，也可以节省热能和劳动力，生产费用降低，杀菌质量容易控制。缺点是投资费用较高，且罐头容器的规格适应性小。

图 6-11 是一种静水压杀菌设备的示意图。罐头经过预热水区进入蒸汽加热室，杀菌后经冷却水水柱离开蒸汽加热室。蒸汽室内的杀菌温度可达 121℃～127℃，蒸汽室内的压力和温度用 15m 的水柱来维持。罐头的输送由长输送链完成。

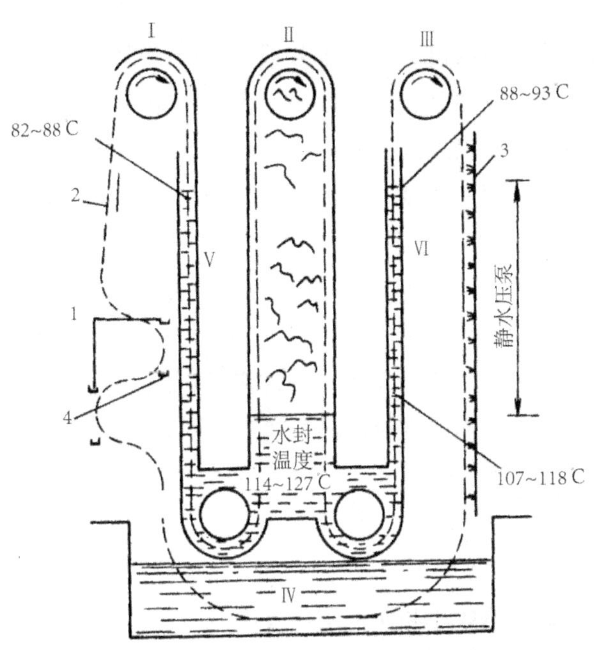

图 6-11 静水压杀菌设备示意图

注：Ⅰ—预热区段；Ⅱ—蒸汽室；Ⅲ—空气冷却区段；Ⅳ—冷却水浴；Ⅴ—进罐管柱；Ⅵ—出罐管柱；1—进罐处；2—输送带；3—喷冷水；4—出罐处。

这种杀菌设备的优点是可以在不用密封的条件下达到高压和连续操作，在每一段的操作条件稳定，不会使罐头产生突然受压和受热的情况，有效地利用热能和水，杀菌也非常均匀，容易控制。缺点是这种设备连同附属设备在内的投资费用很高，仅适用于大批量生产的企业。

四、常压杀菌

常压杀菌即100℃以下的杀菌操作，可用于水果、部分果蔬以及不要求完全无菌的低酸性食品。啤酒的杀灭酵母也属于常压杀菌。

水浴是最简单的常压杀菌法，水可用蒸汽加热，对马口铁罐、玻璃瓶罐以及软罐头都适用。瓶罐入水后水温降低，杀菌时间在水温重新加热上升到预定杀菌温度才开始计时。常压杀菌的水浴温度应根据罐头食品的种类而异。杀菌后也需要及时予以冷却。超时加热对果蔬类物料的品质破坏很大。

现在的常压杀菌更多采用蒸汽或热水喷淋式连续杀菌。罐或瓶经过一个半封闭长链带隧道，隧道长度大的可达几十米。在隧道中分为若干段，用不同温度的水或蒸汽喷淋，进行加热或冷却。通常分为五段，第一段和第二段为不同温度的预热区，第三段为杀菌区，第四段和第五段为不同温度的预冷区和冷却区。喷水系统中杀菌段的热水可加热循环使用。冷却区排出的温水可以用于第一段预冷区的喷水，而预冷区排出的热水可以用于第一段预热区的喷水。如此循环可以节省大量能源和冷却水消耗量。目前，啤酒、酸渍食品、盐渍食品的玻璃瓶罐都用这种常压喷淋杀菌法。

金属罐装食品的常压杀菌没有破瓶问题，可用蒸汽喷射段，再加预热和冷却段，组成三段式杀菌。在每一区段用软帘隔开，可减少空气的进入而提高传热效果。空气的存在对冷凝给热系数的影响很大。

五、微波杀菌

（一）微波杀菌的机理

微波杀菌是基于热效应和非热生化效应。

热效应：微波作用于食品，食品内外同时吸收微波能，温度升高。食品中污染的微生物细胞在微波场的作用下，其分子也被极化并作高频振荡，产生热效应，温度升高。温度的快速升高使其蛋白质结构发生变化，从而失去生物活性，使菌体死亡或受到严重干扰而无法繁殖。

非热生化效应：微波的作用会使微生物在其生命化学过程中所产生的大量电子、离子和其他带电粒子的生物性排列组合状态和运动规律发生改变，即使微生物的生理活性物质发生变化。同时，电场也会使细胞膜附近的电荷分布改变，导致膜功能障碍，使细胞的正常代谢功能受到干扰破坏，使微生物细胞的生长受到抑制，甚至停止生长或死亡。微波能还可使微生物细胞赖以生存的水分活度降低，破坏微生物的生存环境。另外，微波还可以导致细胞 DNA 和 RNA 分子结构中的氢键松弛、断裂和重新组合，诱发基因突变，染色体畸变，从而中断细胞的正常繁殖能力。

（二）食品微波杀菌的应用

微波可用于肉、水产品、肉制品、禽制品、罐头、水果、奶制品、蔬菜、奶、谷物、布丁和面包等一系列产品的杀菌、灭酶和消毒。

微波灭菌比常规的灭菌方法能保留更多的活性物质，其一大特点是能保证产品中具有生理活性的营养成分。因此，它非常适宜应用于人参、香菇、猴头菌、花粉、天麻以及其他中药、中成药的干燥和灭菌。

采用微波杀菌可以在包装前进行，也可以在包装好以后进行。包装材料可以用合适的塑料薄膜或复合薄膜。包装好的食品在进行微波加热灭菌时，由于食品加热时会产生蒸汽，压力过高时会胀破包装袋，因此，整个微波加热灭菌过程应在压力下进行，或将包装好的产品置于加压的玻璃器内进行微波处理。图 6-12 是在加压条件下用微波进行杀菌的系统示意图。

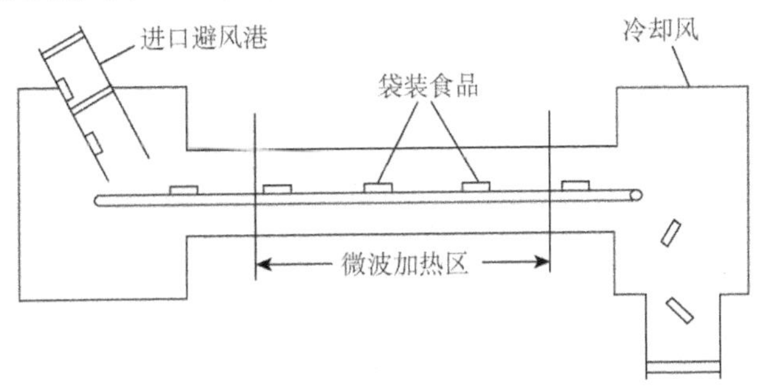

图 6-12　微波杀菌系统示意图

微波不仅可以用于固体物质的消毒，也可对液体物质进行消毒、灭菌。国外已出现了微波牛奶消毒器，采用的频率是 2450MHz，属高温瞬时杀菌，即 200℃、0.13s。消毒奶的杂菌和大肠杆菌的指标达到要求，而且牛奶的稳定性也有所提高。

微波还经常用于产品的灭酶保鲜。传统果蔬加工中往往要用沸水烫煮，以杀死部分微生物和钝化酶，如此烫煮会使大量的水溶性营养成分（如维生素等）流失。采用微波加热热烫则可解决这个问题。茶叶制造过程中的杀青也可以由微波来完成，并且产品的质量有所提高。在水产品的保鲜如虾的保鲜中，经常采用微波来钝化酶以防止酶褐变。

但由于微波场往往具有不均匀性，因此，在使用微波杀菌时，应该注意避免杀菌不足和过度加热问题。

第七章

食品的其他保鲜技术

所谓非加热杀菌是相对于加热杀菌而言的，即冷杀菌，无需对物料进行加热，利用其他灭菌机理杀灭细菌，这样可避免食品成分因热而被破坏。冷杀菌方法有多种，如放射线辐照杀菌、紫外线杀菌、超声波杀菌、放电杀菌、磁场杀菌、臭氧杀菌、高压杀菌等。

第一节 高压杀菌

高压杀菌的机理是将食品物料以某种方式包装以后，置于高压（200MPa 以上）装置中加压，使微生物的形态结构、生物化学反应、基因机制以及细胞壁膜发生多方面的变化，从而影响微生物原有的生理活动机能，甚至使原有的功能破坏或发生不可逆变化致死，从而达到灭菌的目的。

一、高压对微生物的影响

1. 高压对细胞膜壁的影响

细胞壁赋予微生物细胞以刚性和形状，而且使胞内物质与周围环境相隔离，起着控制内外物质的传输作用以及呼吸作用。如果细胞膜是极其可透的，细胞便面临死亡。细胞膜的主要成分为磷脂和蛋白质。在高压作用下，细胞膜的双层结构的容积随着磷脂分子横截面的收缩，表现为细胞膜通透性的变化。另外，高压（如 20~40MPa）能使较大细胞的细胞壁因超过应力极限而发生机械断裂，从而使细胞松解。由于真核微生物比原核微生物对压力更为敏感，所以这种作用对真菌微生物是主要的影响因素。

2. 高压对细胞形态的影响

当细胞周围的流体静压达到一定值（0.6MPa 左右）时，细胞内的气泡将会破裂。细胞的尺寸也会受压力的影响，如埃希氏肠杆菌的长度在常压下为 1~2μm，而在 40MPa 下为 10~100μm。在 30~45MPa 下，假单胞菌也会变长，而且会发生胞壁脱离细胞质膜、无膜结构、胞壁变厚等变化。

当然这些变化的程度与菌种有关，而且有些变化是可逆的，即在解除压力后会恢复到原来正常的状态。

3. 高压对细胞生物化学反应的影响

加压对增大体积、放热反应都有阻碍作用。对生物聚合物的化学键，疏水的交互反应也有影响。由于高压能使蛋白质变性，因此高压将直接影响到微生物及其酶系的活力。所有这些都将使微生物的活动受到抑制。

4. 高压对微生物基因机制的影响

核酸对剪切虽然敏感，但对流体静压力的耐受能力则远远超过蛋白质。但由酶中介的 DNA 复制转录步骤却会因高压而中断。

二、高压对食品成分的影响

1. 高压对碳水化合物的影响

高压可使淀粉改性。常温下加压到 400~600MPa，由于压力使淀粉分子的长链断裂，分子结构发生改变，淀粉会发生糊化而呈不透明的稠糊状，且吸水量也发生变化。

2. 高压对脂肪的影响

油脂类耐压程度较低，常温下加压到 100~200MPa，基本上变成固体，但解除压力后，仍能恢复到原状。另外，高压处理对油脂的氧化有一定的影响。

3. 高压对蛋白质的影响

高压使蛋白质原始结构伸展，体积发生改变而变性，即压力凝固。如鸡蛋白在超过 300MPa 的压力下会发生不可逆变性，而且压力越高，作用时间越长，变性程度越大。使蛋白质发生变性的压力大小随物料或微生物特性而异，通常在 100~600MPa 范围内。由于酶是蛋白质，因此在高压作用下，酶会钝化或失活。与迅速加热能加快酶失活一样，迅速加压也能加速酶的钝化。

4. 高压对食品中其他成分的影响

高压对食品中的维生素、风味物质、色素及各种小分子物质的天然结构几乎没有影响。例如，在柑橘类果汁的生产中，加压处理不仅不影响其感官质量和营养价值，还可以避免加热异味的产生，同时可抑制榨汁后果汁中苦味物质的生成，使果汁具有原果风味。在生产草莓果酱等产品时，可保持原果的特有风味、色泽及营养。

三、影响高压杀菌的主要因素

在高压杀菌过程中，不同的食品原料往往采用不同的杀菌条件。这主要是由于不同的原料有不同的成分及组织形态，从而使微生物所处的环境不同，因而耐压程度也不同。影响高压杀菌的主要因素有以下几个：

1. 温度

就像在常压下一样，在高压下，低温和高温对微生物也有影响，而且会加剧高压对微生物的影响，这主要是由于微生物对温度的敏感性。在低温下微生物的耐压程度降低，这主要是由于压力使得低温下细胞内因冰晶析出而破裂的程度加剧，因此，低温对高压杀菌有促进作用。

在同样的压力下，杀死同等数量的细菌，温度高则所需杀菌时间短。这是因为在一定温度下，微生物中的蛋白质、酶等均会发生一定程度的实性，因此，适当提高温度对高压杀菌也有促进作用。

2. pH

pH 会影响抑制微生物生长所需的压力。压力一方面会改变介质的 pH，如中性磷酸盐缓冲液在 680atm 下，pH 将降低 0.4；另一方面，会缩小微生物生长的 pH 适应范围。由表 7-1 可看出，对所列的两种微生物，pH 值的略微升高会使所需压力或杀菌时间大幅减小，这可能是压力影响细胞膜之故。

表 7-1 pH 对抑制微生物生长所需压力的影响

Streptococcus faecalis	pH	8.4	9.5
	所需压力/MPa	40	0.1
Serratia marcescens	pH	9	10
	所需压力/MPa	40	0.1

3. 微生物的生长阶段

微生物在生长期，特别是对数生长期，对压力很敏感。例如大肠杆菌在 100MPa 压力下，20℃时需 124h，36℃时需 36h，而在 40℃时则只需 12h。这主要是由于大肠杆菌的最适生长温度为 37℃~42℃。在这个温度范围内，大肠杆菌处于生长期，此时杀菌所需时间短，杀菌效率高。又如，

Bacillus spp 芽孢在 100~300MPa 压力下的致死率高于 11800MPa 下的致死率。这是因为在 100~300MPa 压力下，能诱发这种芽孢生长，而生长的芽孢对环境条件更为敏感。

4. 食品成分对高压杀菌的影响

食品的成分复杂，组织形态各异，因而对高压杀菌的影响也非常复杂。一般来说，当食品中富含营养成分或高糖高盐时，高压杀菌就变得困难。蔗糖浓度越高，微生物在高压下的致死率越低。其他糖，如葡萄糖和果糖也有类似影响。盐浓度越高，在高压下的致死率越低，其他微生物如啤酒酵母等也有类似表现。然而，在食品中添加适量的脂肪酸酯、糖酯或乙醇后，会增强加压杀菌效果。

四、高压杀菌装置

高压杀菌最终要由高压设备来实现。这个高压设备应具有安全、卫生、操作方便等特性。

高压杀菌装置主要有间歇式和连续式两种。由于高压操作的特殊性、连续操作较难实现。对于间歇式，其操作过程为原料充填压→保压→减压→出料，生产率较低。如果在一个装置上使用多个高压容器，使上述过程对于每个高压容器依次执行，可提高生产率和备利用率。这实际上就是一种连续操作。

高压杀菌装置主要由高压容器、加压设备和辅助装置构成。

1. 高压容器

考虑到耐高压性及卫生性，高压容器常用高强度不锈钢材料制成圆筒形。为使容器具有足够的耐压强度，器壁很厚，但结果导致设备费材、笨重。若使用绕带式预应力高压设备或多层预应力变压设备，可实现设备的轻量化。

2. 加压设备

加压设备主要由油泵、油缸、管路及控制阀等组成，依加压方式的不同，高压处理装置有直接加压式（见图 7-1a）和间接加压式（见图 7-1b）两类。前者，高压容器与加压装置分离，用增压机产生高压水，然后通过高压配管将高压水送至高压容器，使物料直接受到高压作用；后者，高压容器与加压油缸呈上下配置，在油压作用下气缸活塞的上升运动导致容器与容器活塞的相对运动，将容器内的压力介质压缩，从而间接地产生高压。

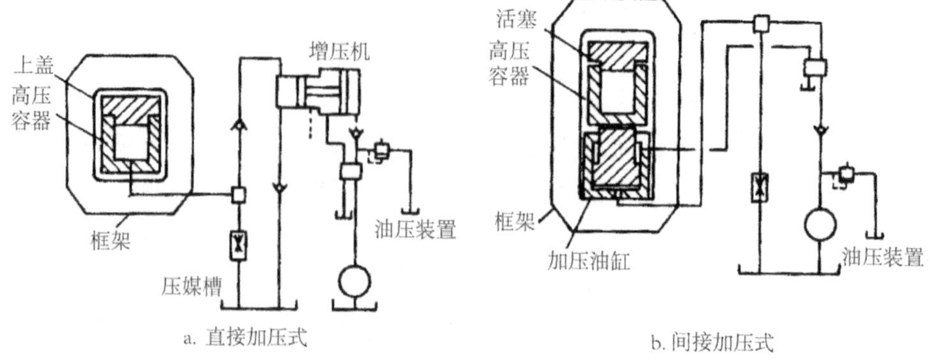

图 7-1　直接加压式和间接加压式方式示意图

3. 辅助装置

高压杀菌除了加压设备和高压容器外，还需要物料的输送装置、恒温装置以及检测控制系统等（见图 7-2）。

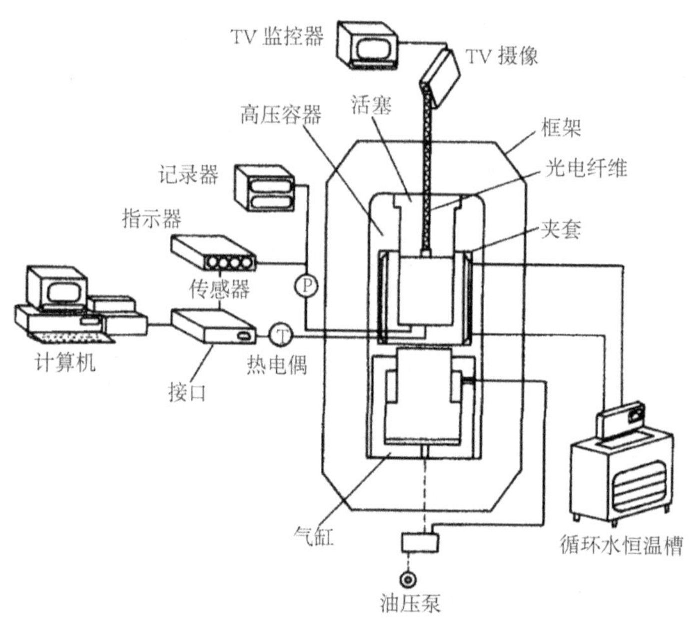

图 7-2　高压处理装置示意图

（1）输送装置。由输送带、提升机和机械手等组成。

（2）恒温装置。如前文所述，温度对高压杀菌有显著的影响，因此，高压杀菌应保证在某一温度下进行。通常可在高压容器周围设一夹套，通以一定温度的循环水，循环水由一恒温水槽提供。

(3) 检测控制系统。包括热电偶测温计、压力传感器、温度和压力显示器、计算机等。

五、高压杀菌的应用

1. 在水产品加工中的应用

高压处理水产品可最大限度地保持水产品的新鲜风味。例如，在600MPa压力下处理10min，可使水产品（如甲壳类水产品）中的酶完全失活，细菌量大大减少，并完全呈变性状态，色泽为外红内白，仍保持原有的生鲜味。这对喜食生水产制品的消费者来说尤为重要。另外，高压处理还可增大鱼肉制品的凝胶性。

2. 在果酱加工中的应用

在果酱加工中采用高压杀菌，不仅可杀灭微生物，而且可使果肉糜烂成酱，简化生产工艺，提高产品质量。这方面最成功的例子是日本明治食品公司采用室温下加压400~600MPa、10~30min的方法来加工草莓酱、猕猴桃酱和苹果酱，所得制品保持了新鲜水果的色、香、味。

3. 在肉制品加工中的应用

采用高压技术对肉类进行加工处理，与常规方法相比，在制品的柔嫩度、风味、色泽、成熟度及保藏性等方面都会得到不同程度的改善。例如，300MPa压力处理鸡肉和鱼肉10min能得到类似轻微烹饪的组织状态。常温下250MPa处理质粗廉价的牛肉能得到嫩化的牛肉制品。

第二节　超声波杀菌

一、超声对病毒的作用

超声能抑制花叶病毒，这一功能早就被人们发现了，在研究荔枝花叶病毒碎裂的生物物理特性时，观察到有空化发生，病毒产生破裂。碎裂程度似不依赖于处理时间，而依赖于超声强度。近期有学者采用超声波处理大麦种子来消灭黑穗病和条斑病，取得一定效果，也有学者采用声光效应来杀菌，杀菌率可由原来的单独超声的 33% 和单独激光的 22% 提高到 100%。

二、超声对细菌的作用

大约在 50 年前，就有利用超声波杀死不同细菌的报道，其中有对伤寒病、葡萄球菌以及部分链球菌的报道，并提出了衡量超声对细菌影响的标准，以菌氮素的透光度或溶液内所增加的氮素数值来衡量。发现经超声辐照的细菌，透光率增加，菌氮素相应减小，见表 7-2。

表 7-2 超声作用后菌氮数的减少变化情况

分组		细胞悬浮液中含量(ml)	总氮(mg/L)	菌氮素(m^2/L)	溶液中的氮(mg/L)	菌氮素减少%
Ⅰ	a	40	59.90	17.90	42.00	-46.9
	b	40	59.90	9.50	50.40	
Ⅱ	a	20	47.04	15.68	31.36	-50.0
	b	20	47.04	7.84	39.20	
Ⅲ	a	10	43.12	15.12	28.00	-66.6
	b	10	43.12	5.04	38.08	

注：a 为对照组；b 为超声辐射组。

超声波作用于液体物料时，当声强达到一定值，液体会产生空化现象或效应。在空化泡剧烈收缩和崩溃的瞬间，泡内会产生几百兆帕的高压及数千度的高温。温度变化速度可达 10^9℃/s。空化时还伴随产生峰值达 108Pa 的强大冲击波（对均相液体）和速度达 4×10^5m/s 的射流（对非均相液体）。这些效应对液体中的微生物会产生粉碎和杀灭作用。超声可以提高细菌的凝聚作用，使细菌毒力丧失或完全死亡。但短时间的超声照射也可产生相反结果，即使富有生命力的细菌个体数有所增加，这主要是因为短时间超声辐照会使细菌细胞的聚集群首先发生了机械分离，而分离单个细胞又为新的菌落提供了起源。

由此可见，超声对细菌的作用与声强度、作用时间、频率等参量密切相关。如伤寒杆菌可以用频率为4.6MHz的超声全部杀死，但葡萄菌和链球菌只能部分地受到伤害，用15kHz和20kHz的超声辐射光合细菌，这些细菌破裂并失去了自己的光合性能。同时发现，用960kHz的超声辐照20~75nm的细菌，比8~12nm的细菌破坏得多和完全得多，而杆状细菌比圆形细菌（球菌）易于被超声杀死，但芽孢杆菌的芽孢不易被杀死。

超声的破坏作用与细菌悬浮液的浓度有关，在过分浓和非常黏的悬浮液中见不到细菌的破坏，只有加热现象。同一种细菌的不同系对超声辐射的反应完全不同。而且查明，声波的破坏作用仅仅在含有空气或其他气体、微核的液体及组织中才能表现出来。通过电镜观察，超声场内细菌的破坏是机械破坏，可看到细胞膜伤害或破坏、细胞质壁分离等现象。所以，超声对细菌的作用主要是机械作用，而加热是次要的。超声的空化作用也会发生在细菌的表面上，所以细菌细胞与周围液体的黏着力比液体本身分子间的力要弱一些。弱的黏着力使细菌表面的空化加强，破坏作用将增加。除空化外，被超声活化了的氧的氧化作用在破坏微生物的细菌方面也占有重要地位。

超声辐照强度、频率、时间及温度都会影响超声对细菌及病毒的作用结果，但各个参量的规范尚在摸索中。经实验发现，在温度增高时，超声对细菌的破坏作用会加强。若声强不变，则细菌的数量会随着作用时间增加而逐渐下降，经过30~40min就会使细菌灭绝。若辐射时间和强度不变，则频率的提高也会对细菌产生更强烈的杀伤作用。在同样的作用时间下，此效应随着辐射强度的提高而增长。

利用超声的灭菌原理，可用于食具的消毒灭菌及护士的洗手消毒等，如日本生产的超声餐具清洗机。

第三节 放电杀菌

放电杀菌的工作原理为：采用的电源一般为脉冲电压，当脉冲电压施加于两电极之间时，两极之间形成一个电场，其电场强度随脉冲电压的升高而增大。当电场强度增加到一定值时，两极间介质会被击穿而放电。由于电极间施加的是脉冲电压，所以这种放电是脉冲放电。对于放电杀菌，介质为液体，故只能用于液态食品的杀菌。

在液体中放电时会形成一个主放电通道和多个弱放电通道。该放电过程会产生一些效应，从而杀灭微生物。

一、声学和力学效应

液体中放电时，放电通道及周围的液体会产生瞬态汽化而形成气泡，气泡进而剧烈膨胀、爆炸，产生声压达数百兆帕，波前速度达 10～50000m/s 的强大的超声液压冲击波。放电终了瞬间产生空穴，由于压力骤减，液体又以超声速回填空穴，形成一个回复冲击波。正是这个空化泡的压力变化，引起细胞内部的强烈振动和细胞膜破裂等现象，从而产生杀菌效应——空化杀菌。但是，空化在空间上具有不均匀性，因此，只依赖空化杀菌的话，所需杀菌时间较长。

二、电磁效应

放电时介质被击穿的过程非常迅速，一般为 10^{-7}～10^{-5}s。介质通道电阻从绝缘状态骤降到几分之一欧姆，通道电流迅速上升，电流密度可高达 10^{5}～10^{6}A/cm^{2}，并伴有几百至几千万高斯的强磁场和极大的磁场梯度以及频率很宽的电磁辐射。研究发现，高强度高梯度磁场对微生物具有杀灭作用。

三、热学效应

在放电通道内，带电粒子的高速运动会产生热量，使通道内温度升高，但由于相对整个介质来讲，放电通道极小，故液体介质的总体温度的温升并不高，一般不会因热学效应而引起介质和微生物性质的显著变化。

四、电化学效应

放电通道内会产生多种等离子体和基本粒子，它们在电场作用下高速运动，具有很高的能量，对微生物细胞产生冲击使细胞膜破坏，甚至使细胞内大分子分解，切断 DNA 链，导致细胞破坏、死亡。另外，在外加电场的作用下，细胞膜上会产生瞬态电势，使细胞膜产生电荷分离，当横跨膜上的电势超过其临界值时，细胞膜上会出现空隙，从而导致细胞膜功能受损。

总而言之，脉冲放电杀菌是电化学效应、冲击波空化效应、电磁效应和热学效应等的综合作用结果，并以电化学效应和冲击波空化效应为主要作用。

放电杀菌的效果决定于脉冲宽度、电场强度、液体食品的电阻率、电极种类、pH、微生物种类以及原始污染程度等因素。放电杀菌中的高压放电杀菌已经成功地用于牛奶、果汁等的杀菌。

第四节　放射线辐照杀菌保藏法

比紫外线波长更短（具有高能量）的 X 射线和 Y 射线，能激励被辐照物质的分子，使之引起电离作用，这种高能量的放射线总称为电离放射线。微生物细胞的细胞质，在一定强度的放射线辐照下，没有一种结构不受影响，根据受影响轻重程度而产生变异或死亡。

一、放射线辐照对微生物的作用

各种微生物细胞也不同程度地具有对放射线所造成损伤的修复功能，这就是说，微生物对放射线具有一定的抵抗性。由于各种微生物对放射线损伤的修复功能不同，故放射线对各种微生物的致死效果也各有所异。另外，微生物受电离放射线的辐照，细胞中的细胞质分子引起电离，并产生种种化学变化，使细胞直接死亡，同时对于维持生命的一些重要物质引起离子化。例如存在于细胞中的大量水分，在放射线高能量的作用下，引起化学反应，分解为 OH 根和氢原子，从而也间接引起微生物细胞的致死作用。

一般来说，细菌芽孢大于酵母，酵母大于霉菌和细菌（营养细胞）。耐热性大的微生物，对放射线的抵抗力也往往比较大，但也有例外。微生物随着被照射剂量的增加，其活菌的残存率逐渐下降。活菌数减少一个对数周期（90%的菌被杀死）所需要的射线剂量称为 D 值，单位为戈瑞（Gy），常用千戈瑞（kGy）表示。这里的 D 值单位与加热杀菌的 D 值单位不一样，切勿混淆。由于微生物对放射线的感受性（敏感性）不同，若按罐藏食品的杀菌，必须完全杀灭肉毒芽孢杆菌 A、B 型菌的芽孢，多数研究者认为需要的剂量为 40～60kGy，根据 12D 的杀菌要求，破坏 E 型肉毒杆菌芽孢的 D 值为 21kGy。

研究者认为，微生物细胞中的脱氧核糖核酸（DNA）、核糖核酸（RNA）对放射线的作用尤为敏感。它直接影响着细胞的分裂和蛋白质的合成。细胞中对放射线抵抗力最弱的部分是 DNA。

二、放射线辐照对食品成分的影响

食品受放射线照射后，对成分会产生一定的影响。在碳水化合物方面，首先将引起纤维素、半纤维素、果胶、淀粉等长碳链碳水化合物碳链的切断，生成葡萄糖、果糖等还原糖，从而使机械强度降低、抗菌力下降、黏度变小、淀粉的碘反应色调发生变化、对淀粉酶的敏感性增大等。以上这些变化是一般食品所不希望的。但对于红藻类提取琼脂、褐藻类提取藻酸等操作来说，若预先经低剂量的辐照，可得率可有显著提高。另外，对于不同烹调要求的一些蔬菜，采用适当的剂量辐照可使原来坚韧的纤维软化。

维生素受放射线辐照也会引起变化，最不稳定的是维生素 C 和 B 族维生素中的维生素 B_1。这种变化与加热处理的情况相似。在热稳定性较高的维生素中，维生素 K 对放射线的敏感性最高。

氨基酸受放射线辐照会引起脱氨作用生成胺。含硫氨基酸被分解生成硫化氢和甲硫醇，这是显著的异臭成分（一定浓度时）。同时，由于蛋白质的脱氢、脱硫等化学反应，将引起种种特性的变化。

脂肪是对放射线辐照最敏感的成分之一。放射线的能量可使脂肪的活性亚甲基（$—CH=CH—CH_2—CH=CH—$）的碳引起脱氢，造成一连串的氧化连锁反应，产生自由基，促进脂肪的酸败，故油脂受放射线辐照会引起酸败臭和带来过氧化物积累的问题。

植物性色素受放射线辐照时仍较稳定，但动物性色素的稳定性差，如牛肉用 0.5kGy 的剂量辐照，就会引起褐变。

酶若单独溶于水中时，几乎所有的酶只要用几戈瑞的剂量辐照，其酶活力就会显著地降低，但当酶存在于食品中时却非常稳定。特别是在氮气流动或冻结状态中，使酶活力完全破坏所需剂量将是完全杀菌的 5 倍。

另外，放射线辐照对于食品中原有毒素的破坏几乎是无效的。

从以上情况看，食品受放射线辐照会引起成分的变化，导致异味的发生、过氧化物的增加和物理性质的变差。但以上变化，一般是利用单一成分进行辐照实验的。因为食品是由多种成分有机结合的，整体食品的辐照变化情况与以上就不完全一样，由于食品成分间有相互保护的作用，一般较单一成分辐照的变化为小。另外，食品对于利用杀菌剂量的放射线辐照，一般来说，蛋白质并不引起分解，碳水化合物也较稳定，脂肪的变化亦小，食品中其他成分的变化则更少。另外在辐照方法上，应尽量采用低温辐照、缺氧辐照，或利用增感剂以及选择最佳的辐照时间等，这样对于进一步减轻放射线辐照对食品的副作用是完全可能的。

三、放射线辐照杀菌的影响因子

1. 温度

在冻结状态下，微生物对放射线的抵抗性为一般状态的 1.5~2 倍。研究者认为，这是由于在冻结时，细胞中自由基和其他反应性物质的移动减少，以致间接致死的效果降低。另外，从放射线辐照对食品成分的破坏来看，温度的影响非常大，表现为温度高、破坏性大。因此，为了使杀菌的副作用尽量地减少，还是尽可能在低温下进行为好。

2. 氧气

当放射线照射微生物时，氧气的有无对杀菌效果有显著的影响。一般来说，有氧气存在的情况下，放射线杀菌的效果较好。如沙门氏菌在厌氧状态下，对放射线的抵抗力是通气状态的 3 倍。但就放射线对食品成分的破坏而言，则厌气为优。厌气状态的破坏程度不到通气状态的 1/10。故实际运用放射线作食品杀菌时，仍是在厌气状态下进行的。

3. 保护物质和增感物质

将实验物质放在pH为7.0、0.1mol/L的磷酸缓冲液中，进行D值的比较，使D值增高的（对有机物质有保护作用）称为保护物质，使D值降低的（促进杀菌）称为增感物质。

氨基酸、葡萄糖等以及其他对生物体有保护作用的一些成分，对微生物受放射线的辐照具有保护作用。特别是半胱氨酸、谷胱甘肽等化合物，是有效的保护物质。

经研究发现，增感物质的种类较多，如萘诱导体和碘乙酸等，可使微生物对放射线的感受性提高10~100倍。因此这样的物质被添加后，射线的杀菌剂量可以较原来减少至1/100~1/10。但现在能够用于食品的仅是维生素K。

四、放射线辐照食品的卫生安全性

辐照食品是把被处理的食品在钴-60γ射线中穿过一次，研究确认当食品离开了辐照源，射线就没有了，放射线不残留在食品中。从原子反应的理论研究中知道，要使γ射线打开原子核引起核反应最低能量要在5MeV以上，而钴-60发生的γ射线的最大能量只有1.33MeV，同5MeV相差很远，同样对电子加速器发射出的电子束的能量要在10MeV以上才能引起核反应，所以辐照不会激发产生新的放射性物质。

为了安全起见，WHO、WFO和IAEA（国际原子能机构）的联合专家委员会，特地对食品使用的辐照源作了规定：能量在10MeV以下的电子；能量在5MeV以下的γ射线和X射线。

对于辐照食品的毒理学方面，各国科学家亦进行了大量的研究。其中研究时间最长、耗资最多的是美国进行的两项动物喂饲实验：辐照牛肉的毒理实验和辐照鸡肉的毒理实验研究。用高剂量（47~71kGy）处理的辐照牛肉，花了5年时间，耗资500多万美元，用于实验的动物有1500条狗、27000只大白鼠和20000只小白鼠。所进行的毒理学实验的项目繁多，受试的啮齿类动物都进行了四代的繁殖实验，其结果证明是安全的。1980年11月，WHO、FAO、IAEA三国际组织的联合专家委员会经过认真审议，发表了一份建议书，强调指出，任何食品的辐照，直到总体平均剂量10kGy，都没有毒性危险，也无须对处理食品进行毒性实验。

由于辐照的作用，能使食品中一些长链分子断裂形成较小的分子，称为辐射分解产物（以下简称辐解物）。其实在烹调和加热的过程中，食品中的某些成分也会分解成较小的分子。美国对经高剂量（47~71kGy）辐照彻底灭菌的牛肉进行测试，鉴别出辐解物共有65种，它们是含有2个到27个碳原子的脂肪酸化合物和某些它们的醇、醛和酮的衍生物，3种芳烃类及某些含硫、氮、氯的化合物。而这些分解产物中的大部分不是特异性产物，也就是说，在通常的加热、烹调中也能产生。即使有10多种特异性的辐解物，但其总量亦小于每千克牛肉2mg。分析结果证明，这些辐解物不会造成任何有损于人类健康的不良影响。特别应指出，这些辐解物的量同人们日常生活中接触的食品添加剂、环境化学污染、烹调和加工分解产物相比是十分低的。

五、放射线辐照在食品保藏方面的应用

放射线辐照对食品品质会有一定的影响，因此在使用中要注意用其所长，避其所短。食品通过适当剂量的放射线辐照，可赋予其良好的生物学效果，达到杀菌、杀虫或抑制发芽和成熟度等目的，并可改善品质。

利用放射线辐照食品，因其处理目的不同，所用剂量及处理方法也有所不同。一般将1kGy以下者称为低剂量，1~10kGy者称为中剂量，10kGy以上者称为高剂量。

低剂量辐照，目的并不在于杀菌，而是调节和控制生理机能以及驱除虫害等方面的效果。低剂量对食品组织以及成分的影响是极微小的。

中剂量辐照，是以延长食品保藏期为目的。该辐照剂量尚不能将微生物孢子完全杀死，但可将肉、鱼虾类、香肠等加工食品表面附着的主要病原菌及带毒菌全部杀灭。通过辐照，保藏期可延长2~4倍。

高剂量辐照，是以食品在常温下进行长期储藏为目的而进行的完全杀菌。对于所有微生物，包括孢子（尤其是耐热性肉毒芽孢杆菌的芽孢）都要全部杀灭。但完全杀菌所用辐照的剂量较高，将造成副作用而使食品不同程度地引起变质。为了尽量减少副作用，在操作时应结合运用脱氧、冻结、添加杀菌增感剂及食品保护剂等方法。对食品以外材料（例如食品包装材料、医疗器械等）的完全杀菌，以25kGy为标准使用剂量。

第五节 植物激素和植物生长调节剂保鲜法

一、细胞分裂素类

常用的细胞分裂素类物质多是人工合成的BA（6-苄基腺嘌呤）。施用较低浓度的细胞分裂素类物质对叶菜类及青椒、菜豆、黄瓜等蔬菜有抑制叶绿素降解、延迟黄化、延缓衰老等作用。刚采下来的甜樱桃用BA处理，在20℃下储藏7d，结果外表更好看，果柄青绿，失重也少。BA对荔枝、龙眼的储藏保鲜也起了一定的作用。由于BA等细胞分裂素类物质价格昂贵，在生产上尚未普遍应用。

二、生长抑制剂

生长抑制剂是指对植物生长有特殊阻抑作用，能抑制种子萌发、根茎伸长的一类化合物。生长抑制剂可分为两大类：一类是天然生长抑制剂，如脱落酸、水杨酸等；另一类是人工合成的生长抑制剂，如三碘苯甲酸、整形素、矮壮素、丁酰肼、青鲜素等。

（一）青鲜素

杧果采后用1/1000～2/1000青鲜素处理，可延迟后熟，青鲜素与1/1000托布津混合液浸泡柑橘果实，可抑制其呼吸强度，保持品质。板栗、马铃薯、洋葱、大蒜等用青鲜素处理，可抑制其发芽。

（二）丁酰肼

采前喷洒丁酰肼可提高苹果的硬度，且在储藏期间仍维持相当水平。采后处理则使其呼吸高峰出现延迟，呼吸强度比对照低50%，减轻虎皮病的发生。龙眼在采前用丁酰肼溶液喷洒，可提高龙眼果实采后的耐储性。采后处理果实对其成熟衰老作用不大。

三、生长素类

常用的生长素类调节剂有 2，4-D 萘乙酸（NAA）等，低浓度的生长素物质对防止多种果树的采前落果、减轻储藏病害、延长储藏寿命，均有明显效果；例如用浓度为 $1\times10^{-4}\sim2.5\times10^{-4}$ 的 2，4-D 溶液处理柑橘类果实，可保持果蒂青绿，有效地防止蒂腐病和黑腐病的病菌入侵，已在生产上广泛应用。浓度为 5×10^{-4} 的 NAA 溶液浸泡菠萝果实，可延缓果实的成熟衰老，延长鲜果销售时间。NAA 也可明显地延缓番茄和香蕉的后熟衰老。

四、赤霉素类

商品名叫“九二 O”，在果树生产上广泛应用。果实生长后期喷施赤霉素，可推迟果实成熟，延长储藏寿命，这在苹果、梨、李、杏、柿、菠萝、柑橘和香蕉上都有报道。采后用赤霉素处理，可显著地延迟番石榴、香蕉、杧果和番茄的成熟，其作用在于降低了呼吸强度，推迟呼吸高峰的出现和延迟变色。

第六节　减压保鲜

一些果蔬在冷藏的基础上再加上降低气压的条件，可以进一步降低呼吸和产品自身生成的乙烯，从而明显地延长储藏期。1966 年布尔格（Burg）夫妇发现在低于大气压条件下储藏果实，有抑制成熟的作用，并提出了完整的减压储藏理论和技术。此后，许多学者相继开展了广泛的研究。应用范围从最先试用于苹果，迅速扩大到其他水果、蔬菜、花卉、苗木以及鱼、肉、禽等动物性食品。减压技术也由初期的一次性或间歇式轻度降压，发展到高度降压的减压气流法。从 1975 年起，美国开始有供商业应用的减压系统设备。

减压储藏（Hypobaric Storage）是气调储藏的发展，也是一种特殊的气调储藏方式。减压储藏也称为低大气压储藏（Subatmospheric Storage）。

一、减压鲜藏原理及效益

减压储藏的原理是，降低气压，使空气中各种气体组分的浓度都相应地降低。其关键是把产品储藏在密闭的室内，抽出部分空气，使内部气压降到一定程度，并在储藏期间保持恒定的低压。简言之，减压储藏的原理在于：一方面不断地保持减压条件，稀释氧浓度，抑制乙烯的生成；另一方面把果蔬业已释放的乙烯从环境中排除，从而达到储藏保鲜的目的。

减压处理能促进植物组织内气体成分向外扩散，这是减压储藏更重要的作用。植物组织内气体向外扩散的速度，与该气体在组织内外的分压差及其扩散系数成正比，扩散系数又与外部的压力成反比，所以减压处理能够大大加速组织内乙烯向外扩散，减少内部乙烯的含量。据测定，当气压从100kPa降至26.7kPa时，苹果内部的乙烯几乎减少4倍。在减压条件下，植物组织其他挥发性代谢产物，如乙醛、乙醇、芳香物质等也都加速向外扩散，这些作用对防止山野菜的后熟衰老都是极有利的，并且一般是减压越多，作用越明显。减压储藏还可以从根本上消除二氧化碳中毒的可能性。

减压气流法不断更新空气，各种气味物质不会在空气中积累。减压储藏还可以迅速排除产品带来的田间热，这与真空会原理相同。低压还可以抑制微生物的生长发育和孢子形成，因而减轻某些浸染性病害。减压储藏对一些真菌的生长和发育有显著影响。在62.8kPa的低压下，对真菌影响不大，若减压到37.0kPa以下，则菌丝被覆率减小，生长显露期后延，孢子形成受到抑制。压力越低，这些作用越明显。减压处理的产品移入平常的空气中，后熟仍然较缓慢。因此，可以有较长的货架期。减压储藏比冷藏更能够延长产品的储藏期。

减压储藏也有其缺陷和可能产生的问题。首先，经济上的可行性问题，由于减压储藏要求储藏室经常处于比大气压低的状态，这就要求储藏室或储藏库的结构是耐压建筑，在建筑设计上还要求密闭程度高，否则达不到减压目的。这就使得减压库的造价比较高。其次，对生物体来说，减压是一种反常的逆境条件，可能会由此引起新的生理障碍和新的生理病害。产品对环境压力急剧改变可能会有反应，如剧减压时青椒等果实会开裂，在减压下储藏的产品，有的后熟不好，有的味道和香气较差。

二、减压鲜藏的方法和主要设备

减压储藏库实际上包括有供储藏产品的减压室（减压罐）以及加温器、气流计和真空泵等设备。

目前小规模实验性的减压储藏中，其减压室多采用钢质的储藏罐，储藏量小。储藏量大的减压室，必须用钢筋混凝土制作才比较可靠。加湿器主要用于加湿通入减压室的空气，因为减压储藏中需要维持高的相对湿度，否则储藏产品会很快失水萎蔫。要想准确地确定减压室的相对湿度是非常困难的，通常采用的办法是用加湿器使室内空气饱和，再通过观察库内安装的一个透明塑料板上的水分凝结情况，来确定室内的相对湿度。气流计的真空泵是调节空气通入量和减压度的必要设备。

在减压储藏中减压处理基本上有两种方式：定期抽气（静止式）和连续抽气（气流式）。定期抽气是将储藏容器抽气，待达到要求的真空度后，便停止抽气，以后适时补氧和抽气，以维持规定的低压。这种方式虽可促进山野菜组织内乙烯等气体向外扩散，却不能使容器内的这些气体不断向外排出。连续抽气是在整个装置的一端用抽气泵连续不断地排气，另一端则不断输入高湿度的新鲜空气，控制抽气和进气的流量，使整个系统保持一定的真空度。图 7-3 是减压气流储藏的基本设备。

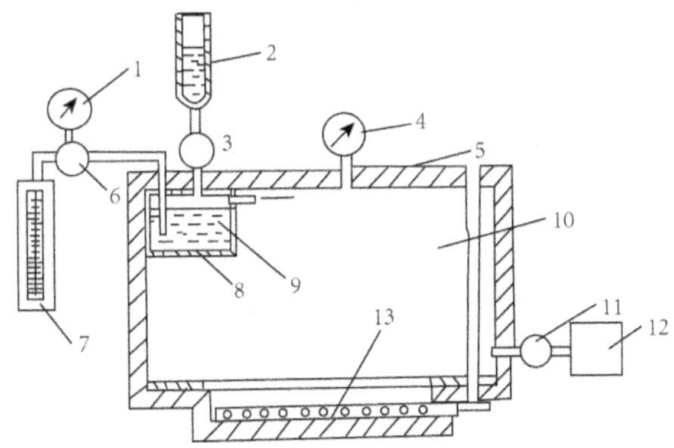

图 7-3　减压气流储藏的基本设备

注：1—真空表，指示真空调节器的下流压力；2—加水器；3—阀门，平时关闭，需补偿水时开启；4—温度表；5—隔热墙；6—真空调节器；7—空气流量计；8—加湿器；9—水，可加入挥发性杀菌剂如仲丁胺；10—减压储藏室；11—真空节流阀；12—真空泵；13—制冷系统的冷却管。

在减压条件下企图扩散速度很大。因此，产品可以在储藏室内密集堆积，室内各部位仍能维持较均匀的温度和气体成分。由于系统在接近露点下运行，湿度很高，产品的新陈代谢又低，所以产品能保持良好的新鲜状态。

第七节　臭氧保鲜技术

一、臭氧简介

臭氧是一种良好的空气消毒剂，可以减少空气中的真菌和酵母菌的数量，对果实表面的病原菌生长也有一定的抑制作用。近年来，各种能产生臭氧的装置，被称为水果、蔬菜保鲜机，已相继进入市场。应当指出，臭氧虽然可降低空气中的霉菌孢子数量，减轻储藏库墙壁、包装物和水果表面的霉菌生长，减少储藏库的异味，但对控制果蔬腐烂的作用不大，甚至无效。

臭氧的分子式是 O_3，相对分子质量为 48，密度为 1. 58。臭氧由氧气转化而产生，带有特殊的腥味，雷雨天闪电时可产生臭氧，有些电机、变压器、复印机等电器的运行也可将空气中的氧气转变成臭氧。臭氧的稳定性较差，分解后仍转变成氧气，在 270℃下可瞬时分解，常温下可自行分解，一般在空气中的分解半衰期为 20 ~ 50min，在水中的分解半衰期约为 16min。

二、臭氧杀菌

大规模臭氧发生通常采用紫外辐射或电晕放电等方法。波长在 185nm 的紫外辐射最易被氧分子吸收并产生臭氧，大气的臭氧层主要由紫外辐射产生。微生物实验室用于无菌室灭菌的紫外灯也由此产生臭氧，由于考虑到经常性吸入浓度较高的臭氧不利于人体健康，目前生产的许多紫外灯滤掉了部分短波紫外辐射，也就是所谓的无臭氧紫外灯。用紫外方法产生臭氧虽然纯度较高，但能耗也高，因此实际应用较少。电晕放电法是通过交变高压电场使空气电离，将氧分子转变成臭氧。这种方法能耗较低，单机臭氧产量大，是目前应用最多的一类臭氧发生设备。图 7-4 分别是根据电晕放电原理制成的臭氧发生装置。

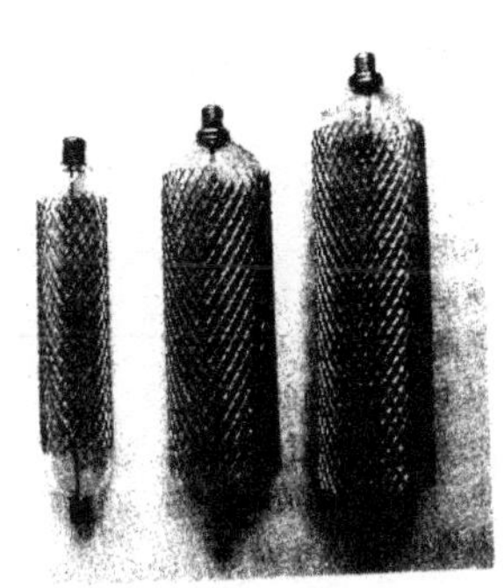

图 **A**　不同规格的家用杀菌臭氧发生管

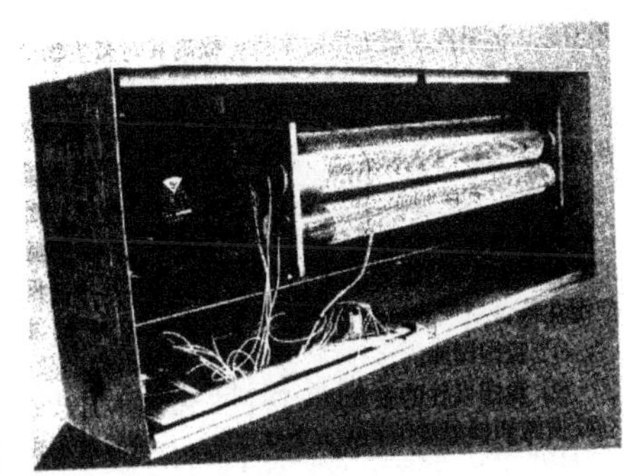

图 **B**　工业用臭氧发生器

图 7-4　臭氧发生装置

臭氧具有强的氧化性，可引起细胞活性物质的氧化、变性、失活，对生物细胞具有较强的杀灭作用。由于臭氧性质不稳定，分解后成为正常的氧气，在处理基质上一般无残留，因此被普遍认为是一类可以在食品中安全应用的杀菌物质。人体直接吸入臭氧可产生一定的毒性作用，一般空气中臭氧浓度达到 0. 02mg/kg 时人就可觉察，我国劳动保护法规允许工作环境中的空气臭氧浓度为 0. 1mg/kg。

臭氧对各类微生物的强烈杀菌作用已经有许多研究。如有实验表明，绿脓杆菌（Pseudomonas aeruginosa）在 15℃、相对湿度为 73%、臭氧浓度为 0. 08～0. 6mg/kg 条件下 30min 的死亡率可达 99. 9%，用浓度为 0. 3mg/L 的臭氧水溶液处理大肠杆菌和金黄色葡萄球菌 1min 的杀灭率均达到 100%。芽孢对臭氧的抗性较营养细胞强，如要杀灭水中枯草芽孢杆菌黑色变种的芽孢需要将水中的臭氧浓度提高到 3. 8～4. 6mg/L，作用时间延长到 3～10min。臭氧对真菌也有较强的杀灭作用，一些杀菌实验如表 7-3 所示。

表 7-3　臭氧对常见霉菌的灭杀效果

霉菌种类	臭氧浓度（mg/L）	处理时间（min）	杀菌率（%）
毛霉	3. 9～10. 7	10～20	96

续表

霉菌种类	臭氧浓度（mg/L）	处理时间（min）	杀菌率（%）
枝孢霉	23	30	100
链格孢霉	3.9~10.7	10~20	96
镰孢霉	15.5	20	100
橘青霉	15.4	30	100
杂色曲霉	9.6	100	100
黑曲霉	15	1	100
烟曲霉	3.9~10.7	10~20	96

臭氧的高杀菌效率和低残毒特性已引起人们的广泛关注，其应用范围正在不断地扩展，目前臭氧应用最多的领域是饮用水杀菌处理、果蔬保鲜及空气的除臭消毒等。在其他食品的防腐保鲜方面也有不少成功应用的研究。

臭氧在饮用水杀菌处理方面早在20世纪初就已有规模化的应用，其杀菌效果非常理想，不产生二次污染，还兼有脱色、除异味等作用。在欧美许多发达国家，臭氧处理饮用水已相当普及，我国一些大城市也开始应用臭氧水处理设备。水处理的臭氧投加量一般为1~3mg/L，维持时间10~15min。

臭氧在果蔬保鲜中的应用一般与气调库配合，对果蔬表面的微生物有良好的杀灭作用。另外，臭氧的强氧化性可将果蔬产生的乙烯氧化破坏，对延缓果蔬后熟、保持果蔬新鲜品质有理想的效果。应用时需针对不同的果蔬品种确定合适的处理剂量，高的剂量虽有好的杀菌防腐效果，且一般也不产生残毒，但高浓度的臭氧可能对果蔬固有的色泽、芳香风味等有不利影响。

关于臭氧在粮食储藏保鲜方面的应用也有一些研究。有实验表明，对高水分的粮食用臭氧处理后可明显延长保质期（见表7-4）。对于正常水分的粮食，臭氧处理不仅能减少粮食中霉菌的含量，提高粮食储藏的稳定性，还可杀灭粮食中的害虫，避免有毒杀虫药剂的使用。

表 7-4　臭氧对高水分粮食的防霉效果

粮食品种	水分（%）	原始霉菌含量（×10² 个/g）	处理后霉菌含量（×10² 个/g）	5d 霉菌量（×10² 个/g）		10d 霉菌量（×10² 个/g）	
				处理组	对照组	处理组	对照组
小麦	16.3	8.0	0.3	2.6	8000	30	霉变
玉米	16.8	5.0	0	2.3	230	19	霉变
稻谷	15.3	10.0	0.4	0.6	33	70	霉变

注：* 臭氧处理浓度为 10~40mg/kg，处理时间为 30h，储藏温度为 25℃~27℃。

应当指出，在大型粮库中应用臭氧防霉、杀虫的技术尚不成熟。其中的原因是多方面的，例如，臭氧的穿透力较弱，分解速度较快，自然扩散仅能作用于粮堆的表层，即使利用风机强制气体环流也较难使臭氧在粮堆中均匀分布，从而会影响臭氧杀灭虫、霉的效果。粮堆渗透障碍的因素也使得臭氧处理粮食需要较高的剂量和延续较长的时间，提高了使用成本，增加了臭氧氧化粮食的程度。总之，臭氧对杀灭虫、霉的有效性和不产生有毒残留污染粮食及环境是人们寻找安全储粮方法的一个希望，但要实际应用尚有许多技术问题需要解决，其应用价值也有待验证。

参考文献

[1]E. L. 柯斯乐. 扩散流体系统中的传质[M]. 北京:化学工业出版社,2002.

[2]毕文成,胡静,肖作兵. 植物源防腐剂的研究现状及发展趋势[J]. 食品工业,2013,34(5):174-177.

[3]博德 R. B,斯图沃特 W. E. 传递现象[M]. 北京:化学工业出版社,2004.

[4]曹菲,张蕾. 微孔膜在果蔬气调包装中的应用及发展前景[J]. 中国包装,2004(2).

[5]陈照章,王恒海,黄永红,等. 磁场影响水溶液冰晶的试验及装置[J]. 江苏大学学报(自然科学版),2008,29(5):428-431.

[6]陈照章,王恒海,黄永红,等. 交变磁场对含盐溶液冰晶形成的影响[J]. 应用科学学报,2008,26(2):145-149.

[7]崔颖,王秀娟,高会英,等. 不同的磁场处理时间对河套蜜瓜储藏品质的影响[J]. 内蒙古科技大学学报,2015,34(3):305-308.

[8]樊宏彬,高梦祥,张长峰. 交变磁场在葡萄保鲜中的应用研究[J]. 农产品加工(学刊),2005,11:28-29,36.

[9]范传会,陈学玲,何建军,等. 混合保鲜剂浸泡对新鲜莲藕冷藏保鲜过程中色泽和气味的影响[J]. 现代食品科技,2019,35(12):47-53.

[10]方杰. 交变磁场对沙生果蔬地梢瓜采后生理生化特性的影响[D]. 包头:内蒙古科技大学,2020.

[11]房增科. 电磁场作用下液体黏度变化的机理研究[D]. 广州:华南理工大学,2010.

[12]高梦祥,胡翠翠,严奉伟,等. 磁场和抑制剂对莲藕多酚氧化酶反应动力学的影响[J]. 农业机械学报,2008,39(1):78-81.

[13]高梦祥,王春萍. 交变磁场对草莓保鲜效果的影响[J]. 食品研究与开发,2010,31(1):155-158.

[14]高梦祥,王雯蕙,严奉伟,等.交变磁场对苹果多酚氧化酶反应动力学的影响研究[J].食品科学,2009,30(5):60-63.
[15]高梦祥,张长峰,樊宏彬.交变磁场对葡萄保鲜效果的影响研究[J].食品科学,2007,28(11):587-590.
[16]高梦祥,张长峰,吴光旭,等.交变磁场对鲜切莲藕切片保鲜效果的影响[J].食品科学,2008,29(1):322-324.
[17]国家统计局.中国统计摘要[M].北京:中国统计出版社,2019.
[18]国食品学报,2006,6(1):96-100.
[19]胡红艳,卢立新.微孔膜包装内外气体交换的理论研究[J].包装工程,2006,27(6):6-38.
[20]胡红艳.微孔膜果蔬气调包装机理及应用研究[D].无锡:江南大学,2007.
[21]胡红艳.微孔膜果蔬气调包装机理及应用研究[D].无锡:江南大学,2007.
[22]胡欣,张长峰,郑先章.减压冷藏技术对鲜切果蔬保鲜效果的研究[J].保鲜与加工,2012,12(6):17-20,24.
[23]黄利强.磁场结合气调包装对葡萄保鲜效果的研究[J].包装工程,2010,31(11):23-26.
[24]贾敬敦,马海乐,葛毅强,等.食品物理加工技术与装备发展战略研究[M].北京:科学出版社,2016.
[25]贾一鸣,邸倩倩,刘斌,等.磁场对豌豆储藏品质的影响[J].冷藏技术,2018,41(3):25-28.
[26]江镇海.聚乳酸的应用与市场前景[J].上海化工,2010,35(2):37-38.
[27]姜云中.包装膜的气体渗透机理与各种测试方法的分析比较[J].塑料包装,2004,14(3):46-48.
[28]蒋华伟,李战升.脉冲磁场下储藏小麦自身呼吸 CO_2 变化分析研究[J].河南工业大学学报(自然科学版),2013,34(3):79-82.
[29]蒋维钧.化工原理[M].北京:清华大学出版社,2003.
[30]孔硕,袁唯,余铭.可食性膜在果蔬储藏保鲜中的应用[J].中国食品添加剂,2012(增刊):174-177.
[31]李代明.食品包装学[M].北京:中国计量出版社,2008.

[32]李家政.国内果蔬气调保鲜膜发展态势[J].保鲜与加工,2006,5:44.

[33]李家政.微孔保鲜膜制备方法与应用[J].保鲜研究,2007,7(3):25-27.

[34]李平,辛建华,童军茂,等.外源茉莉酸甲酯和拮抗菌协同储藏哈密瓜保鲜的研究[J].安徽农学通报(上半月刊),2012,18(21):72-74,145.

[35]李铁华,张慜.硅窗气调保鲜储藏茶树菇的化学及生理变化研究[J].食品科学,2009,30(6):255-259.

[36]李元政,胡文忠,萨仁高娃,等.天然植物提取物的抑菌机理及其在果蔬保鲜中的应用[J].食品与发酵工业,2019,45(14):239-244.

[37]联合国粮食及农业组织(FAO):http://www.fao.org/faostat/zh/#data,2021.

[38]刘剑虹,李景天,李贵珍,等.磁场对水果保鲜的实验研究[J].云南师范大学学报(自然科学版),1999,19(6):64-65.

[39]刘晓丹,谢晶.利用酶动力学拟合在密闭条件下香菇呼吸速率方程及米氏方程[J].中柳萌萌,方彦雯,方志财,等.静磁场对成熟樱桃番茄口味的影响[J].植物生理学报,2020,56(6):1259-1266.

[40]娄耀郏,赵红霞,李文博,等.静磁场对鲤鱼冷冻过程影响的实验[J].山东大学学报(工学版),2013,43(6):89-94.

[41]娄耀郏.静磁场对食品冷冻过程影响的实验研究[D].济南:山东大学,2014.

[42]卢立新.果蔬气调包装理论研究进展[J].农业工程学报,2005,21(7):175-180.

[43]吕盛坪,吕恩利,陆华忠,等.果蔬预冷技术研究现状与发展趋势[J].广东农业科学,2013,40(8):101-104.

[44]罗娜.果蔬采后热激及交变磁场联合处理的理论与实验研究[D].天津:天津大学,2018.

[45]罗铱泳.自发气调包装对豇豆耐藏性及品质的影响[J].广东农业科学,2006,8.

[46]马海乐,许审时,何荣海,等.利用Fura-2/AM荧光探针法和LCSM法研究受磁场处理S. aureus细胞 Ca^{2+} 的跨膜行为[J].光谱学与光谱分析,2012,32(2):407-410.

[47]马修钰,王建清,王玉峰,等.果蔬保鲜方法概述[J].中国果,2016,36(6):4-9.

[48]钱伯章.新型生物降解塑料的开发和应用[J].橡塑技术与装备,2007(1):36-42.

[49]钱静亚.脉冲磁场对枯草芽孢杆菌的灭活作用及其机理研究[D].镇江:江苏大学,2013.

[50]裘纪莹,王未名,陈建爱,等.拮抗菌在果蔬保鲜中的应用研究进展[J].食品工业科技,2009,30(5):334-336.

[51]任翠荣,刘金光,王世清,等.常压低温等离子体处理对草莓保鲜效果的影响[J].青岛农业大学学报(自然科学版),2017,34(3):228-234.

[52]任猛,左秋杰.冰箱中磁场保鲜技术的应用研究[J].家电科技,2019,(5):83-85.

[53]石立三,吴清平,吴慧清,等.我国食品防腐剂应用状况及未来发展趋势[J].食品研究与开发,2008(3):157-161.

[54]史莹莹,杨晴丽,柳雅丽,等.低温等离子体在食品中应用的研究[J].农产品加工,2020,7:63-66,70.

[55]滕斌,王俊.果蔬储藏保鲜技术的现状与展望[J].粮油加工与食品机械,2001(4):5-8.

[56]佟继旭,朱志强,赵瑞瑞,等.不同 SO_2 保鲜剂对红地球葡萄采后储藏品质的影响[J].农产品质量与安全,2019(1):19-23.

[57]王景.Ca、1-MCP 和复合保鲜剂对黄瓜保鲜效果的研究[D].成都:四川农业大学,2012.

[58]王鹏飞.电磁场对细胞冻结特性的影响[D].天津:天津商业大学,2015.

[59]王铁柱,李喜宏,陈丽,等.多孔保鲜膜 MA 机理与数学模型研究[J].保鲜与加工,2004,1:20-23.

[60]王婷婷,李大鹏,徐晓燕,等.黄连、连翘对几种常见食品污染菌的体外协同抑菌效果[J].食品与发酵工业,2011,37(5):70-72.

[61]王秀娟.交变磁场对内蒙古河套蜜瓜生理生化特性的影响[D].包头:内蒙古科技大学,2015.

[62]王志伟.果蔬保鲜和加工技术分析[J].南方农业,2020,14(21):

192-193.

[63]王周玉,岳松,蒋珍菊,等.可生物降解高分子材料的分类及应用[J].四川工业学院学报,2003(增刊1):145-147.

[64]王卓,周丹丹,彭菁,等.低温等离子体对蓝莓果实的杀菌效果及对其品质的影响[J].食品科学,2018,39(15):101-107.

[65]夏广臻.磁场、静电场辅助制冷分别对食品保鲜及冷冻影响的研究[D].青岛:青岛科技大学,2019.

[66]肖北鹰,魏双进,马步州,等.微孔膜的研究和应用进展[J].干旱地区农业研究,2000,18(1):79-83.

[67]徐峰,郭豫,赵江燕,等.聚乳酸高分子材料的生物安全性评价[J].中国包装工业,2014(10):12-14.

[68]徐文达,程裕东,岑伟平,等.食品软包装材料与技术[M].北京:机械工业出版社,2003.

[69]徐晓玲,梅安待,罗自生,等.壳聚糖添加纳米碳酸钙助剂涂膜对枇杷品质的影响[J].食品与发酵工业,2008(4):142-145.

[70]闫师杰,梁丽雅,牛海玲,等.包装方式对郎枣和梨枣失重及储藏效果的影响[J].保鲜与加工,2004,4(6):1-3.

[71]杨柳,张一,王磊,等.香辛料精油复配抑菌效果研究[J].中国调味品,2016,41(4):57-60.

[72]杨思广,梁兴泉,唐忠锋,等.微孔保鲜膜研究进展[J].化工技术与开发,2004,33(3):29-31.

[73]姚义.微孔膜加工工艺及其应用[J].塑料科技,1994,4:12-31.

[74]曾名湧.食品保藏原理与技术[M].北京:化学出版社,2014.

[75]曾荣,张阿珊,陈金印.植物源防腐剂在果蔬保鲜中应用研究进展[J].中国食品学报,2011,11(4):161-167.

[76]张福平.自发气调包装对台湾青枣耐藏性及品质的影响[J].山东农业大学学报,2007,38(3):388-390.

[77]张憨,肖功年.果蔬MAP保鲜技术研究进展[J].中国食物与营养,2003(3):36-38.

[78]张鸿雁,林国莉,李如莲,等.番茄果腐病拮抗菌的筛选及对番茄的防腐保鲜作用[J].生物技术通报,2022,38(3):69-78.

[79]张蕾,曹菲,卢静.孔径和开孔数目对打孔膜包装效果的影响[J].包装工程,2004,25(2):12-14.

[80]张慜,刘倩.国内外果蔬保鲜技术及其发展趋势[J].食品与生物技术学报,2014,33(8):785-792.

[81]张武杰,李保国,黄志强.冰箱中加磁场对果蔬冷藏保鲜的影响研究[C].上海市制冷学会2007年学术年会,中国上海,2007:162-164.

[82]张武杰,李保国,张毅鹏,等.磁场在果蔬冷藏保鲜中的应用研究[J].食品科学,2007(5):335-338.

[83]张秀莉,张卫东,张泽延.膜吸收用疏水性多孔膜结构参数的确定[J].膜技术与科学,2005,25(2):25-29.

[84]赵红霞,张科,娄耀郑,等.静磁场对马铃薯冷冻过程影响的实验研究[C].产业竞争力与创新驱动——2014年山东省科协学术年会,中国山东淄博,2014:151-155.

[85]赵红霞,周子鹏,韩吉田,等.直流磁场影响猪肉冷冻过程的实验研究分析[C].2013中国制冷学会学术年会,中国湖北武汉,2013:86-87.

[86]郑巨孟.中空纤维膜及膜接触器传质特性的研究[D].杭州:浙江大学,2003.

[87]周玲,何贵萍,阎梦索,等.PE/Ag_2O纳米包装袋对苹果切块品质的影响[J].食品科技,2010,35(6):56-59.

[88]周武艺.荔枝纳米保鲜剂研究及应用进展[J].北方园艺,2011(1):185-187.

[89]周子鹏.弱磁场对食品冻结过程影响的研究[D].济南:山东大学,2013.

[90]朱宏莉,杨彬彬,张秀齐,等.果蔬保鲜加工现状及发展浅析[J].食品科学,2006(10):596-600.

[91]Alok Saxena, Amarindar Singh Bawa, P Srinivas Raju. Use of modified atmosphere Binhi V N, Y D A, Belyaev I Y. Effect of static magnetic field on E. colicells and individual rotations of ion - protein complexes[J]. Bioelectromagnetics, 2001, 22: 79-86.

[92]Binhi V N. Interference mechanism for some biological effects of pulsed magnetic fields[J]. Bioelectrochemistry and Bioenergetics, 1998, 45(1):

73-81.

[93]Binhi V N. The mechanism of magnetosensitive binding of ions by some proteins[J]. Biophysics,1997,42(2):317-322.

[94]Brocklehurst B,Mclauchlan K A. Free radical mechanism for the effects of environmental electromagnetic fields on biological systems[J]. International Journal of Radiation Biology,1996,69(1):3-24.

[95]Cakmak T,Cakmak Z E,Dumlupinar R,et al. Analysis of apoplastic and symplastic antioxidant system in shallot leaves:impacts of weak static electric and magnetic field[J]. J Plant Physiol,2012,169(11):1066-1073.

[96]Dellarosa N,Frontuto D,Laghi L,et al. The impact of pulsed electric fields and ultrasound on water distribution and loss in mushrooms stalks[J]. Food Chemistry,2017,236:94-100.

[97]Dellarosa N,Tappi S,Ragni L,et al. Metabolic response of fresh-cut apples induced by pulsed electric fields[J]. Innovative Food Science & Emerging Technologies,2016,38:356-364.

[98]Edmonds D T. Larmor precession as a mechanism for the detection of static and alternating magnetic fields[J]. Bioelectrochemistry and Bioenergetics,1993,30:3-12.

[99]Edmunds J A,Wuebles D L,Scott M J. Energy and radiative precursor emission,paper presented at the 8th Miami International Conference on Alternative Energy Sources,December,1987,14-16.

[100]Elez-Martínez P,Martín-Belloso O. Effects of high intensity pulsed electric field processing conditions on vitamin C and antioxidant capacity of orange juice and gazpacho,a cold vegetable soup[J]. Food Chemistry,2007,102(1):201-209.

[101]Eva Almenar,Valeria Del-valle,Pilar Hernandez-Munoz,et al. Equilibrium modified atmosphere packaging of wild strawberries[J]. Journal of Science of Food and Agriculture,2007,87,1931-1939.

[102]Ghauri S A,Ansari M S. Increase of water viscosity under the influence of magnetic field[J]. Journal of Applied Physics,2006,100:066101.

[103]Goharkhah M,Salarian A,Ashjaee M,et al. Convective heat transfer char-

acteristics of magnetite nanofluid under the influence of constant and alternating magnetic field[J]. Powder Technology,2015,274:258-267.

[104]González-Arenzana L,Portu J,López R,et al. Inactivation of wine-associated microbiota by continuous pulsed electric field treatments[J]. Innovative Food Science & Emerging Technologies,2015,29:187-192.

[105]Her J-Y, Kang T, Hoptowit R, et al. Oscillating magnetic field(OMF) based supercooling preservation of fresh-cut Honeydew melon[J]. Transactions of the ASABE,2019,62(3):779-785.

[106]Hosoda H,Mori H,Sogoshi N,et al. Refractive indices of water and aqueous electrolyte solutions under high magnetic fields[J]. The Journal of Physical Chemistry A,2004,108(9):1461-1464.

[107]I Ozdemir,F Monnet,B Gouble. Simple determination of the O_2 and CO_2 permeances of micro perforated pouches for modified atmosphere packaging of respiring foods[J]. Po Harvest Biology and Technology, 2005, 36: 209-213.

[108]Jaime Gonzalez,Ana Ferrer,Rosa Oria,et al. Salvador. Determination of O_2 and CO transmission rates through micro perforated films for modified atmosphere packaging fresh fruits and vegetables[J]. Journal of Food Engineering,2008,85:194-201.

[109]Ji W,Huang H,Deng A,et al. Effects of static magnetic fields on Escherichia coli[J]. Micron,2009,40(8):894-898.

[110]Kang T,Her J-Y,Hoptowit R,et al. Investigation of the effect of oscillating magnetic field on fresh-cut pineapple and agar gel as a model food during supercooling preservation[J]. Transactions of the ASABE,2019,62(5): 1155-61.

[111]Kang T,You Y,Jun S. Supercooling preservation technology in food and biological samples:a review focused on electric and magnetic field applications[J]. Food Sci Biotechnol,2020,29(3):303-321.

[112]Kato H,Tomita S,Yamaguchi S,et al. Subzero 24-hr nonfreezing rat heart preservation:a novel preservation method in a variable magnetic field[J]. Transplantation,2012,94(5):473-477.

[113] Kricheldorf H R. Syntheses and application of polylactides[J]. Chemosphere,2001,43(1):49-54.

[114] Kumari B,Tiwari B K,Hossain M B,et al. Recent advances on application of ultrasound and pulsed electric field technologies in the extraction of bioactives from agro-industrial by-products[J]. Food and Bioprocess Technology,2017,11(2):223-241.

[115] Leong S Y,Du D,Oey I. Pulsed electric fields enhances calcium infusion for improving the hardness of blanched carrots[J]. Innovative Food Science & Emerging Technologies,2018,47:46-55.

[116] M Schreiner,P Peters,A Krumbein. Changes of Glucosinolates in mixed fresh-cut broccoli and cauliflower florets in modified atmosphere packaging [J]. Journal of Food Science,2007,72(8):585-589.

[117] Meunier F. Solid sorption:an alternative to CFCs[J]. Heat Recovery Systems & CHP,1999,13(4):289-952.

[118] Mok J H,Her J Y,Kang T,et al. Effects of pulsed electric field(PEF) and oscillating magnetic field(OMF) combination technology on the extension of supercooling for chicken breasts[J]. Journal of Food Engineering,2017,196:27-35.

[119] Montreal Protocol. Montreal protocol on substances that deplete the Ozone Layer,Final Act,United Nations Environmental Program,Nairobi,September,1987.

[120] Monzen K,Hosoda T,Hayashi D,et al. The use of a supercooling refrigerator improves the preservation of organ grafts[J]. Biochem Biophys Res Commun,2005,337(2):534-539.

[121] Niu X,Du K,Xiao F. Experimental study on the effect of magnetic field on the heat conductivity and viscosity of ammonia - water[J]. Energy and Buildings,2011,43(5):1164-1168.

[122] Odewole M M,Olalusi A P,Oyerinde A S,et al. Microstructures and elemental distribution of magnetic field pre-treated fluted pumpkin leaf[J]. Acta Technologica Agriculturae,2020,23(1):12-17.

[123] Opal J Stewart,G S V Raghavan,Kerith D Golden,et al. MA storage of

Cavendish bananas using silicone membrane and diffusion channel systems [J]. Post Harvest Biolog and Technology, 2005, 35: 309-317.

[124] Oxygen and perforated film package on quality of fresh-cut cabbages[J]. Journal of the Science of Food and Agriculture, 2007, 87: 2019-2025.

[125] P Allan-wojtas, C F Forney, L Moyls, et al. Structure and gas transmission characteristics of micro perforations in plastic films[J]. Packaging Technology and Science, 2007.

[126] Packaging to extend shelf life of minimally processed jackfruit(Artocarpus heterophyllu L.) bulbs [J]. Journal of Food Engineering, 2008, 87: 455-466.

[127] Parniakov O, Bals O, Lebovka N, et al. Pulsed electric field assisted vacuum freeze-drying of apple tissue[J]. Innovative Food Science & Emerging Technologies, 2016, 35: 52-57.

[128] Patricia cia, Eliane A Benato, Jose M, et al. Modified atmosphere packaging for extending the storage life of "Fuyu" persimmon[J]. Postharvest Biology and Technology, 2006, 42, 228-234.

[129] Perez M B, Serr A M, Alonso M, et al. Effect of whey protein-and hydroxypropyl methylcellulose-based edible composite coatings on color change of fresh-cut apples[J]. Postharvest Biology and Technology, 2005, 36(1): 77-85.

[130] Pinela J, Ferreira I C. Nonthermal physical technologies to decontaminate and extend the shelf-life of fruits and vegetables: trends aiming at quality and safety[J]. Crit Rev Food SciNutr, 2015, 57(10): 2095-2111.

[131] Rahman M A, Khair A, Bala B K, et al. Influence of intracellular structured water formed by Xe gas on the shelf life of eggplant fruit(solanum melongena L.) [J]. Pakistan Journal of Biological Sciences, 2001, 4(12): 1543-1546.

[132] Rai D R, Tragi S K, Jha S N, et al. Qualitative changes in the broccoli under modif atmosphere packaging in perforated polymeric film[J]. Journal of Food Science and Technology, 2008, 45(3): 247-250.

[133] Rakoczy R, Lechowska J, Kordas M, et al. Effects of a rotating magnetic

field on gas-liquid mass transfer coefficient[J]. Chemical Engineering Journal, 2017, 327: 608-617.

[134] Rosen A D. Mechanism of action of moderate-intensity static magnetic fields on biological systems[J]. Cell Biochemistry and Biophysics, 2003, 39(2): 163-73.

[135] Rosen A D. Membrane response to static magnetic fields: effect of exposure duration [J]. Biochimica et Biophysica Acta (BBA) - Biomembranes, 1993, 1148(2): 317-320.

[136] Rosen A D. Threshold and limits of magnetic field action at the presynaptic membrane[J]. Biochimica et Biophysica Acta (BBA) - Biomembranes, 1994, 1193(1): 62-66.

[137] San Mart N M F, Harte F M, Lelieveld H, et al. Inactivation effect of an 18-T pulsed magnetic field combined with other technologies on Escherichia coli[J]. Innovative Food Science & Emerging Technologies, 2001, 2(4): 273-277.

[138] Sarangapani C, Patange A, Bourke P, et al. Recent advances in the application of cold plasma technology in foods[J]. Annu Rev Food Sci Technol, 2018, 9: 609-629.

[139] Stefsn R, Kapuganti J G, Werner M K. Plant cells oxidize hydroxylamines to NO[J]. Journal of Experimental Botany, 2009, 60(7): 2065-2072.

[140] Tanaka H, Nakanishi K. Hydrophobic hydration of inert gases: thermodynamic properties, inherent structures, and normal-mode analysis[J]. Journal of Chemical Physics, 1991, 95(5): 3719-3727.

[141] Tylewicz U, Tappi S, Mannozzi C, et al. Effect of pulsed electric field (PEF) pre-treatment coupled with osmotic dehydration on physico-chemical characteristics oforganic strawberries[J]. Journal of Food Engineering, 2017, 213: 2-9.

[142] Wenzhong Hu, Aili Jiang, Haiping Qi, et al. Effects of initial low XU W T, PENG X L, LU Y B, et al. Physiological and biochemical responses of grapefruit seed extract dip on "Redglobe" grape [J]. Academic Press, 2009, 42(2): 471.